건축학 전공자를 위한

건축 구조설계 실무 | 학습편 |

▶ 박기우, 김영민 감수
▶ 마이다스아이티 저

DESIGN CURRICULUM

STRUCTURE DESIGN FOR ARCHITECTURE

Introduction
머리말

본 **건축구조실무 교재**는 건축학을 전공하는 학생 또는 건축설계 실무자께서 구조에 대한 기본적인 개념과 이해를 바탕으로 이론과 관련된 예제의 해석과 결과확인 과정을 통해 건축 구조물의 역학적 거동을 분석하고 예측하는 능력을 키우는 데 도움을 주고자 제작되었습니다.

역학서적에서 배우는 다양한 해법의 원리를 이해하고 절차를 숙달하는 과정은 대단히 중요합니다. 그리고 이러한 기본 과정을 바탕으로 실제 구조물에 대하여 힘의 흐름을 분석하고 응력의 발생을 예측하는 능력을 갖기 위해서는 다양한 조건의 예제에 대한 폭넓은 역학적 경험과 지식이 필요합니다. 그러나 이론적 해법에 의한 필산(筆算, 수계산)으로 구조물의 거동을 분석하는 것은 계산 자체에 많은 시간과 노력이 요구되므로 다양한 구조물의 역학적 조건을 경험해 보기는 어렵습니다.

이 책에서는 건축설계를 함에 있어 흔히 볼 수 있는 간단한 예제에 대하여 수치해석을 통해 그 해를 구하거나 모사(simulation)하는 절차를 설명합니다. 또한 3D모델링과 구조해석/구조설계 진행을 통해 구조도면까지 빠른 시간내에 생성하는 방법들을 제시합니다. 건축개요와 기본설계도면만으로도 구조설계 해결이 가능하도록 도와 드립니다.

이 책에 제시된 예제를 모두 실습한 이후에도 다양한 예제들을 동일한 방법으로 검토하고 분석하면 소수 예제의 계산에 의해서는 습득하기 어려운 구조적인 사고와 예측 능력을 키워나갈 수 있기를 기대합니다. 나아가서는 하나의 3D모델에서 건축과 구조를 모두 해결하는 BIM설계 능력을 갖추게 될 것으로 기대합니다.

본 **"건축학 전공자를 위한 건축 구조설계 실무"**를 통해 종합설계를 학습하는 사람들이 수치해석도구를 더욱 유용하고 실질적으로 활용할 수 있게 되어 구조적인 역량과 기술력 향상에 큰 발전과 도움이 되기를 기대합니다.

NOTES for Readers

일러두기 : 이 책의 구성에 대하여

이 책은 총 6개의 장으로 구성되어 있습니다.

1장과 2장은 '구조이론'섹션으로 구조에 대한 기본적인 이론을 바탕으로 이해를 돕고자 역학 개념을 설명하고 수계산에 필요한 해석개념 및 이론에 대하여 설명하였습니다.

3장은 '프로그램 입문'섹션으로 midas eGen과 Drawing으로 프로젝트를 시작하기에 앞서 구조프로그램을 사용하기 전 반드시 알아야 할 사항과 프로그램이 제공하는 교육내용의 이해도를 높여 기능을 빠르게 습득하여 실무프로젝트에 효과적으로 적용할 수 있도록 설명하고자 하였습니다.

4장과 5장은 '실무 초급'섹션으로 실무에서 만날 수 있는 초급과정의 실무 과제를 프로그램을 이용하여 모델 생성 방법을 단계별로 자세하게 설명하여 누구라도 쉽게 따라하며 올바른 구조물 수치해석 경험을 할 수 있도록 하였습니다.
또한 해석 수행 후 건축 구조 해석 및 설계의 의미 있는 결과 값을 확인하는 방법을 설명하고자 하였습니다.

6장은 '실습 중급'섹션으로 초급과정과 마찬가지로 실무에서 만날 수 있는 중급과정의 실무 과제를 프로그램을 이용하여 모델 생성, 구조 해석 및 설계를 단계별로 진행할 수 있도록 설명하고자 하였습니다.

이 책에서는 구조역학 기본지식이나 프로그램 기본 사용법에 대한 설명은 최소화하고 학교에서 배운 구조적인 지식을 실무에 적용해 보고 이해하는데 중점을 두었습니다. 따라서 이 책을 통하여 차례로 실습하는 과정에서 새롭게 등장하는 구조개념이나 해석이론 및 기능의 사용법에 대한 설명은 시중의 구조역학 기본서나 MIDAS 프로그램 매뉴얼을 참조하시기 바랍니다. 각 기능에 대한 매뉴얼은 원하시는 기능에 커서를 두시고 F1버튼을 누르시면 기능에 대한 사용법이 상세히 설명되어 있습니다.

또한, 프로그램 기본 사용법에 대한 온라인 강의자료가 홈페이지의 교육센터에 준비되어 있으니 많은 활용 바랍니다. (http://www.midasarchi.com)

---

* 본 교재는 midas eGen Academic 230버전(2015년), SI 단위를 활용하여 제작되었습니다.

건축학 전공자를 위한

건축 구조설계 실무

학습편

TABLE OF CONTENTS

Section 1. 구조 이론

01. 건축 구조설계 개요
02. 건축 구조시스템 및 내진 설계

Section 2. 프로그램 입문

03. 건축구조 프로그램의 이해

Section 3. 실습 초급

04. 철근 콘크리트 건물 실습
05. 철골 공장 건물 실습

Section 4. 실습 중급

06. 필로티가 있는 RC 다세대 주택 실습

DESIGN CURRICULUM

STRUCTURE DESIGN FOR ARCHITECTURE

Section 1. 구조 이론

01
건축 구조설계 개요

DESIGN CURRICULUM

STRUCTURE DESIGN FOR ARCHITECTURE

01. 건축 구조설계 개요

TABLE OF CONTENTS

1.1 이해하기 **7**

1.1.1 구조해석과 구조설계의 개념 7

1.1.2 구조설계의 목적 8

1.1.3 유한요소해석의 이해 10

1.2 구조 원리 **11**

1.2.1 설계하중 11

1.2.2 힘과 변형 15

1.2.3 구조물의 기능 17

1.2.4 미학과 구조 21

DESIGN CURRICULUM

STRUCTURE DESIGN FOR ARCHITECTURE

1.1 이해하기

1.1.1 구조해석과 구조설계의 개념

구조체에 하중이 가해지면 구조체는 변형이 일어나게 되며 이 변형에 따라 이 구조체에 가해진 외력과 평형을 이루는 내부 응력이 발생한다.
이와 같이 외력에 대한 **구조체의 변형과 응력분포를 구하는 것(계산하는 것)**을 일반적으로 **구조해석(Analysis)이**라 한다.

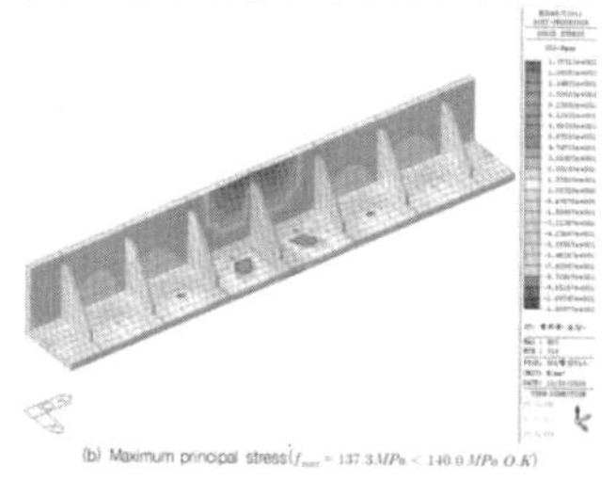

그림 1.1 구조물의 구조해석

구조설계(Design)란 구조해석에 따라 결정되는 구조체 내, 각 부재의 요구되는 강도를 충족할 수 있는 부재의 크기, 형태, 재료 등을 **결정하는 것**을 뜻한다. 그러므로, 구조설계를 하기 위해서는 정확한 구조해석이 선행되어야 하며 최적설계(Optimum design)를 얻기 위해서는 구조해석과 구조설계가 반복적으로 이루어져야 한다.

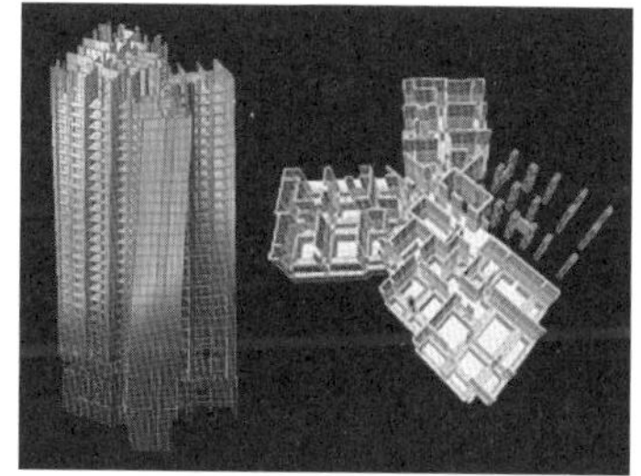

그림 1.2 구조해석 후 부재의 결정

예를 들어 핸드폰을 떨어뜨렸을 경우, 핸드폰이 깨질 것인지, 흠이 날 것인지, 휠 것인지와 같이 어떤 변형이 일어날지에 대해 계산하는 것이 구조해석이라 할 수 있다. 구조 설계의 경우에는 핸드폰이 일정 높이에서 떨어졌을 때에도 이 외력에 견딜 수 있는 최적의 조건으로 핸드폰의 형태나 크기, 재료를 결정하는 것을 뜻한다.

1.1.2 구조설계의 목적

우리 주변에는 복잡한 자연현상이 늘 일어나고 있다. 이러한 현상들을 모두 고려하여 안전하고 경제성 있는 구조물을 건설하기 위해 구조설계는 필요하다.

구조역학이나 건축공학에서 다루어온 구조해석법은 주로 이론 해석법에 해당한다. 건축 구조물의 구조해석법에는 이론적인 접근법 외에도, 수치해석에 의한 방법, (모형)시험에 의한 방법, 경험법 등이 있다. 이들 해석법은 건축 구조물의 구조적인 문제를 해결하는 도구라 할 수 있으며, 여기서는 수치해석법으로 다루는 방법을 학습한다.

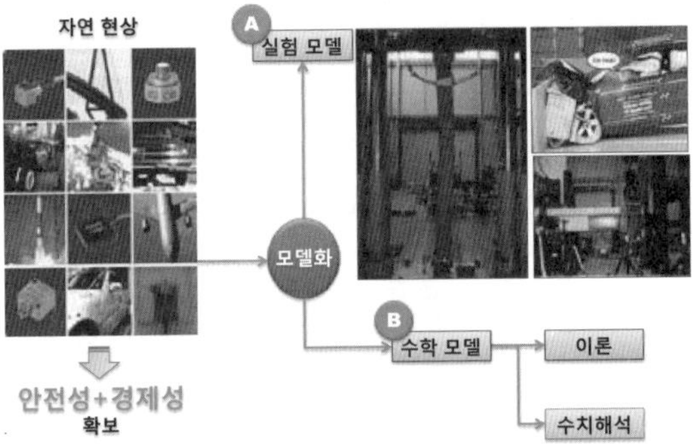

그림 1.3 구조설계 방법

각 구조설계 해석법을 살펴보면, (모형)시험에 의한 방법은 고가이고 시간이 오래 걸리며 구현이 불가능한 경우도 발생하게 된다. 그러나 결과 값은 가장 작은 오차를 가지고 있다. 반면 이론적인 해석법의 경우는 실제 문제의 거의 99.99%는 형상의 복잡성으로 인하여 풀 수가 없다.

따라서 구조설계 해석법에서 실험과 이론이 안고 있는 모든 문제점을 해결해 주는 **수치해석법**이 가장 일반적으로 활용되고 있다.

수치해석법은 1960년대 이후 컴퓨터의 발달로 급속히 파급되며 공학, 자연과학 분야를 뛰어넘어 학문 전 분야로 확산되고 있는 추세이다. 그러나 신뢰성 있는 결과를 도출하기 위해서는 모델링 오차 및 수치해석 오차 성분을 모두 최소화 시켜야 한다. 현재는 수많은 검증과정을 통해 수치해석 결과의 오차가 매우 작다.

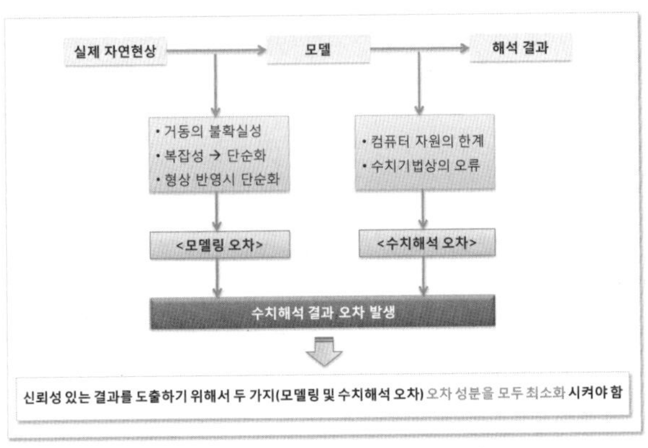

그림 1.4 수치해석법의 오차 성분

N・O・T・E

CAE와 CAD의 차이점

수치해석법과 같이 컴퓨터를 사용한 구조해석 및 설계를 CAE(Computer Aided Engineering)이라고 한다. CAD(Computer Aided Design)보다 광범위한 개념인 CAE는 모델링에 담고 있는 정보가 기하형상뿐 아니라 재료, 하중, 경계조건, 기준 등을 내포하고 있다. CAD에서는 하나의 선에 불과 하지만, CAE 구조 모델링에서의 선은 하나의 요소가 되고 양 쪽 끝은 절점이 되어 기둥과 같은 요소로 인식된다.

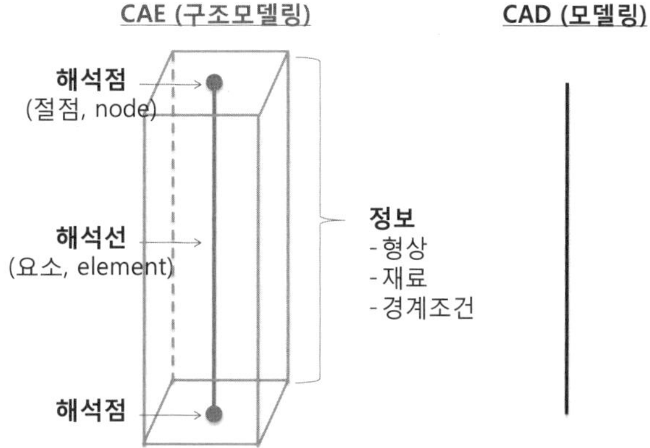

그림 1.5 CAE와 CAD의 모델링 정보

모델링에서 기본이 되는 선이 가지고 있는 특성도 다르다.
CAD에서 선은 길이에 대한 크기만이 존재하는 "스칼라"이고, 구조모델링이 가능한 CAE에서 선은 길이에 대한 크기 뿐 아니라 방향도 존재하는 "벡터"와 더불어 어느 지점에 그 벡터가 작용하는 지를 통해 "힘"도 존재하게 된다.
따라서 CAD는 모델링의 기하형상만을 담을 수 있고, CAE는 기하형상 뿐만 아니라 구조해석과 구조설계가 가능하다.

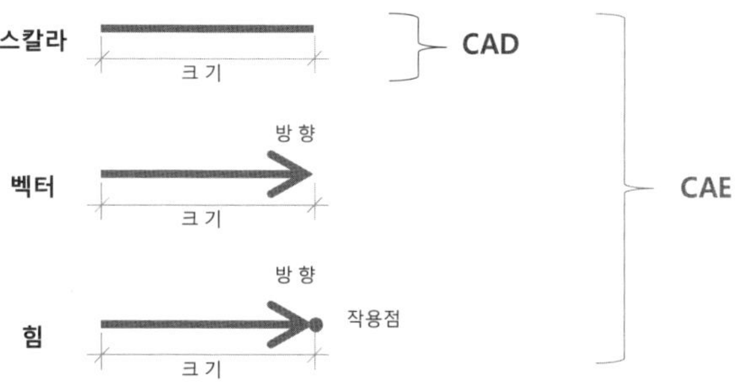

그림 1.6 CAE와 CAD의 구성요소 특성

1.1.3 유한요소 해석의 이해

구조물의 형태나 실제모형을 컴퓨터 프로그램 등을 이용해 모델화 하여 실제로 적용되는 응력 등 여러 가지 변수들을 입력자료로 하고, 변위나 응력상태 등을 출력자료로 하여 적용모델의 변형거동을 수치적으로 규명하는 해석법으로 유한요소법(FEM), 유한차등법(FDM), 경계요소법(BEM) 등이 있다.

대표적 수치해석법은 유한요소법(FEM)으로서 현재 활용범위가 가장 넓은 수치해석법이다. 유한요소법(FEM, finite-element method)은 대상을 유한개의 요소(작은 영역)로 분할하여 요소의 절점에서의 연속성을 이용하여 근사값을 통해 절점해를 구한다. 유한개의 각 영역을 **요소(element)**, 그리고 요소를 구획 짓는 선들의 교점을 **절점(node)**이라 한다(그림 1.7).

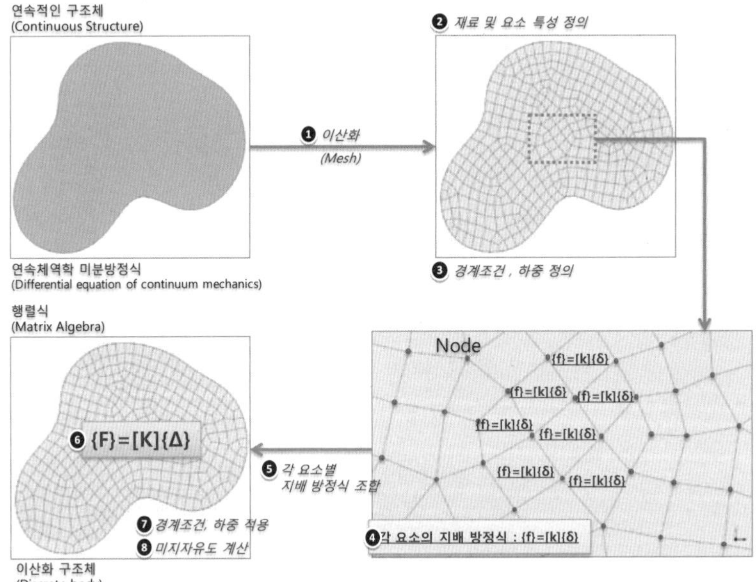

그림 1.7 유한 요소 해석법 흐름도

수치해석의 풀이 방법은 기존 이론해법과 전혀 다르며, 통상 상용 수치해석 프로그램을 이용하여 해석을 수행한다. 불규칙한 임의 형상의 구조물도 쉽게 모델링이 가능하고 여러 가지 종류의 하중조건 적용이 가능하며 유한요소로 영역을 나누기에 특정 부위에 대한 상세검토도 가능하다. 또한 모델 변경이 쉽기 때문에 다양한 조건에 대한 검토가 가능하고 동적 거동, 비선형 거동 등 다양한 구조물의 거동 구현이 가능한 장점을 가지고 있다.

1.2 구조 원리

1.2.1 설계하중

(1) 고정하중

고정하중은 구조체의 자체 무게, 즉 **자중(自重)**을 포함하여 구조체에 영구히 설치되어 크기와 위치에 변동이 없이, 연직 방향으로 작용하는 하중을 의미한다.
건축 구조물에서 기둥, 보, 벽, 마루 등 구조체 자체의 중량과 배관 및 배전 설비를 포함한 천장 재료, 바닥 및 벽체의 마감 재료, 냉난방, 환기, 엘리베이터와 같은 기계 설비의 무게 등 상시 구조물 위에 고정되어 사용하는 하중을 합계한 것이다.

(2) 활하중

활하중은 건축물의 사용자와 그에 달린 가구, 사무 집기, 저장품 등이 건축물을 점유함으로써 발생하는 하중이다. 활하중은 고정하중과 달리 건축물에 고정되어 있지 않고 수시로 이동할 가능성이 있기 때문에 정확한 분포를 계산하기 어려우며, 화재나 수해 등 비상시 건축물 사용자의 피난 등으로 하중 집중을 초래할 우려도 있다. 활하중은 용도가 정해지면 용도에 알맞게 기본 등분포 활하중을 사용하면 된다.

(3) 적설하중

적설하중은 눈이 지붕에 쌓여 발생하는 하중이다. 지상 적설하중의 기본 값은 재현기간 100년에 대하여 수직으로 가장 깊은 적설 깊이를 기준으로 하며, 건축물 하중기준에서는 울릉도, 대관령 7kN/㎡ , 강릉 3kN/㎡, 속초 2kN/㎡, 인천 0.8kN/㎡, 그 밖의 전 지역은 0.5kN/㎡으로 하고 있다.

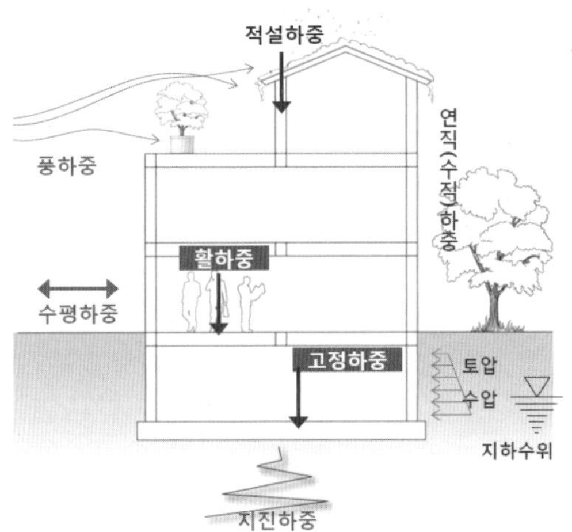

그림 1.8 하중의 종류

(4) 풍하중

풍하중은 바람이 건축물을 밀거나 끌어 당김으로써 생기는 하중이다. 바람은 기압차에 의한 공기의 이동으로, 운동에너지를 가지고 이동 중인 공기의 입자가 그 진로를 방해하는 건축물을 밀어내거나 주위에 복잡한 소용돌이를 만들면서 흡입하는 힘을 발휘하게 되는데, 이 힘이 건축물에는 수평 방향의 하중으로 작용하게 된다.
구조물에 작용하는 풍하중의 산정은 복잡한 공기 역학적 문제로, 구조물이 위치하는 지역의 기본 풍속과 더불어 고도 분포, 지형에 따른 할증 등 여러 가지 계수들이 고려되어야 하며, 이 부분에 대해서는 건축물 하중기준에 상세히 규정되어 있다.
풍하중에 대해 견디는 설계를 **내풍 설계**라고 한다.

(5) 지진하중

지진하중은 지진이 일어났을 때 건축물에 작용하는 지반의 가속도와 건축물의 질량이 곱하여져 생기는 관성력에 의한 수평하중이다.
지진이 구조체가 지반 표면에 접하는 부위에 도달하여 구조물의 밑면에 작용하는 설계용 총 전단력을 밑면전단력이라고 한다.
지진하중의 산정에서는 구조물의 유연성도 고려되어야 한다. 유연성이 커서 큰 변형을 할 수 있는 구조물은 지진에 의한 변형 에너지를 크게 흡수할 수 있기 때문에 지진하중의 크기를 줄이는 결과를 가져온다. 지진하중은 2400년 재현주기의 설계지진하중(50년에 5% 지진 발생확률이며 MMI 5~6단계)에 대해 설계하도록 되어있다. 지진에 대해 견디는 설계는 **내진 설계**라 한다.

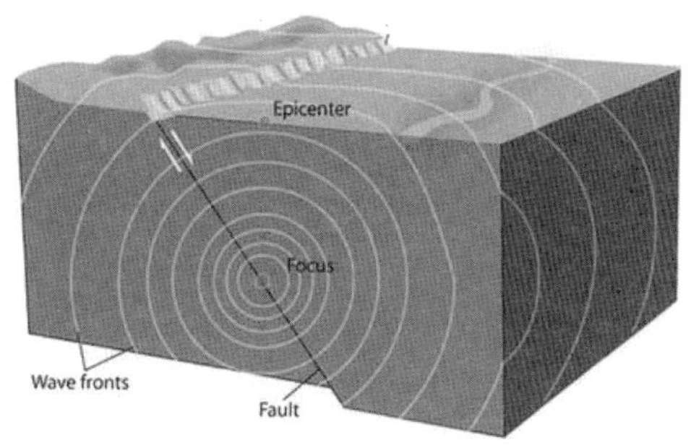

그림 1.9 지진하중의 발생

건축설계 시, 사이트 분석, 동선분석, 인접대지와의 연관성 등 건축물과 대지와의 궁합이 좋으면 좋은 건축물이라고 할 수 있다.
그러나 구조적인 측면에서 구조물은 대지와의 궁합이 좋으면 나쁜 구조물이다. 구조물의 고유진동수와 외부 힘에 대한 고유진동수가 같아 진폭이 커지면서 에너지가 증가하는 현상인 **공진(Resonance)현상**이 발생되기 때문이다.

그림 1.10 공진 현상의 예 (타코마 브릿지)

구조물의 고유주기는 강성이 작고, 질량이 크면 주기가 길어지며, 반대로 강성이 크고 질량이 작으면 주기가 짧아지게 된다.
강성이 크다는 것은 딱딱하다라는 의미와 같고, 강성이 작다는 것은 부드럽다고 표현할 수 있다. 즉, 구조물의 고유주기는 건물의 층수가 낮을수록 질량이 작아지고 단단해지기 때문에 주기가 짧아지게 된다.
지반의 경우, 부드러운 연약지반은 주기가 길고 딱딱한 암반지반은 주기가 짧다. 우리나라의 경우 대부분 암반지반이기 때문에 주기가 짧은 쪽에 속한다. 암반지반의 고유주기는 대체로 0.1~0.5초로 1~5층 건물의 고유주기와 비슷하다.

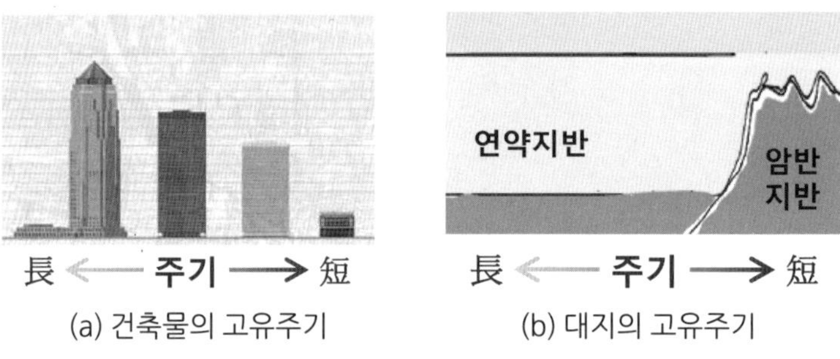

(a) 건축물의 고유주기 (b) 대지의 고유주기

그림 1.11 건축물과 대지의 고유주기

따라서 우리나라의 경우는 중저층도 지진에 안전하다고는 볼 수 없다.
우리나라의 대지가 암반지반인 것을 고려하여 구조물의 진동주기를 잘 조절하는 내진설계가 중저층 구조물에도 필요하다.
합리적인 내진설계를 위해서는 용도에 맞는 구조시스템을 적절하게 설정해야 하고, 최적의 구조설계가 이루어져야 한다.

(6) 하중조합

구조물에 고정하중, 활하중, 적설하중, 풍하중, 지진하중과 같은 여러 종류의 하중들이 동시에 작용하는 경우에는 하중의 조합이 고려되어야 한다. 고정하중은 모든 구조물에 기본적으로 존재하며, 활하중은 건축물의 모든 내부 바닥에 작용하나, 지붕에는 활하중보다는 적설하중이나 풍하중이 더 크게 작용한다. 풍하중이나 지진하중은 고정하중과 활하중의 작용 상태에서 부가될 수 있으나, 최대 설계용 풍압과 지진하중이 동시에 작용할 확률은 매우 작으므로 풍하중과 지진하중의 조합은 고려되지 않는다.
풍하중이나 지진하중 등 작용기간이 길지 않은 하중을 단기하중이라고 하며, 단기하중과의 하중 조합에서는 구조 부재 또는 구조체의 저항 성능을 설계 기준에서 정하는 값보다 50퍼센트 또는 33.3퍼센트 더 크게 하여 구조 안전도를 검사할 수 있다.

1.2.2 힘과 변형

하중의 작용 위치에 따라 구조 부재에는 여러 가지 형태의 힘과 변형이 생긴다. 그림 1.12와 같이 부재의 축과 같은 방향으로 작용하는 힘을 축방향력이라고 하며, **축방향력** 중에서 그림 1.12(a)와 같이 부재를 잡아 당기는 형태로 작용하는 힘을 **인장력**이라고 한다. 인장력이 작용하면 부재는 길이 방향으로 늘어나는데, 이와 같은 변형을 **인장 변형**이라고 하고, 인장력을 주로 지지하는 **부재를 인장재**라고 한다. 엘리베이터를 달아매는 케이블은 인장재의 좋은 예이다.

축방향력 중에서 그림 1.12(b)의 힘은 부재를 누르는 형태로 작용하는데, 이런 힘을 **압축력**이라고 하고, 압축력에 의하여 부재가 줄어든 형태로 바뀌는 것을 **압축 변형**이라고 한다. 인장재와 같은 개념으로 압축재는 압축력을 주로 받는 부재이며, 대표적인 압축재로는 기둥을 들 수 있다.

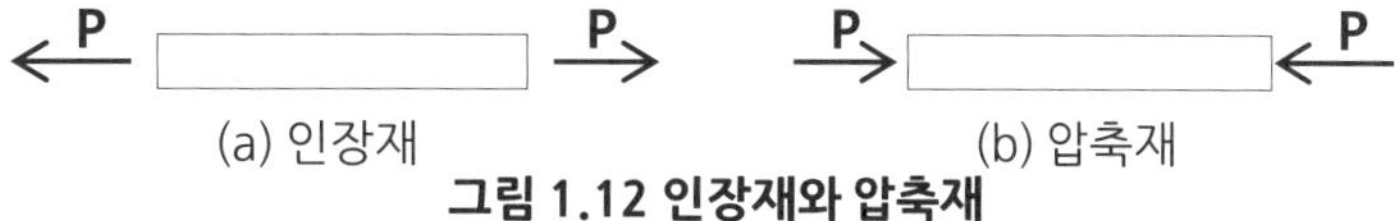

그림 1.12 인장재와 압축재

그림 1.13과 같이 부재의 축에 수직으로 작용하는 하중은 비교적 복잡한 형태의 내부 저항력, 즉 내력과 변형을 일으킨다. 그림 1.13 부재의 지지점 부근에서는 부재에 작용하는 힘과 부재를 지지하는 힘이 서로 반대 방향으로 교차하면서 부재를 자르려는 성향을 나타내며, 이에 따라 부재는 그림 1.13(a)와 같은 형태의 변형을 한다. 이와 같이 서로 교차하면서 부재를 자르려는 힘을 전단력, 그에 의한 변형을 전단 변형이라고 하며, 전단력을 주로 지지하는 구조를 전단 구조라고 한다. 고층 건물에서 풍하중이나 지진하중 등 수평하중을 지지할 목적으로 설치되는 전단벽은 전단 구조에 속한다.

그림 1.13 부재의 중앙은 축에 수직하게 작용하는 하중에 의하여 아래로 처지면서 휨 변형을 한다. 부재가 휘면, 그림 1.13(b)와 같이 오목한 면에는 압축 내력, 볼록한 면에는 인장 내력이 생겨 휨 변형을 일으키는 외력과 균형을 유지한다.

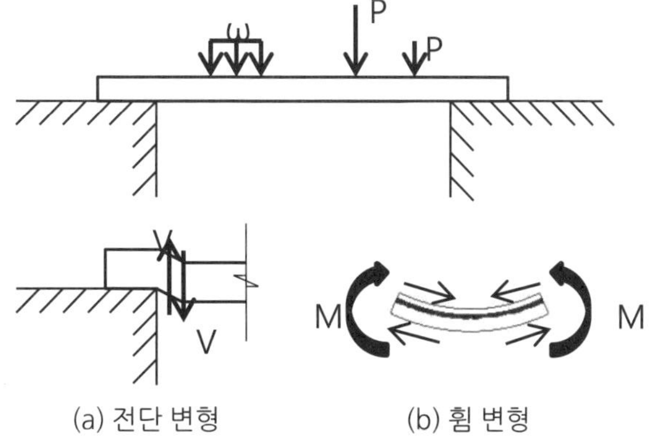

그림 1.13 전단변형과 휨변형

하중이 그림 1.12의 축방향이나 그림 1.13의 축에 수직 방향과 달리 그림 1.14와 같이 축에 서로 반대 방향으로 회전을 일으키게 작용하는 경우도 있다. 이런 힘에 부재는 비틀림 변형을 하며, 부재 내부에는 복잡한 형태의 내력이 생긴다. 부재가 H형강과 같이 얇은 판 부재로 되어 있는 경우에는 비틀림 변형에 의하여 전단 내력이 생기면서 축방향으로 인장 및 압축 내력이 생기나, 두꺼운 부재나 원형 단면의 부재에는 전단 내력만 생긴다.

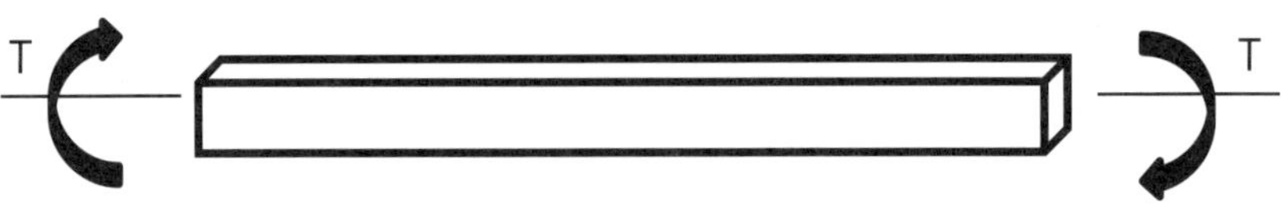

그림 1.14 비틀림 변형

외력에 의한 부재의 주요 변형은 인장 변형, 압축 변형, 전단 변형, 휨 변형, 비틀림 변형 등이 있으나, 부재 내력은 기본적으로 인장력, 압축력 및 전단력만 존재하며, 휨 변형과 비틀림 변형에 의한 부재 내력은 이 세 기본 내력의 복합된 형태가 된다.

1.2.3 구조물의 기능

(1) 기본적인 구조 기능

재료와 시공기술의 발달, 구조적 해석방법의 발전은 건축설계에 있어서 많은 자유로움을 가져다 주었고, 그 범위를 상당히 넓혔다. 현대 건축에서 가장 일반적으로 사용되는 구조해석 방법 및 구조해석을 수행함에 있어서 우리가 기본적으로 알아야 할 구조물의 기능에 대해서 살펴보고자 한다.
기본적으로 알아야할 구조물의 기능은 다음과 같이 4가지로 나누어 설명 할 수 있다. 즉, 평형, 안정, 강도, 미 이다.

(2) 평형

평형의 기본적인 요구조건은 건물 또는 그 일부분이 이동하지 않는다는 것과 관련된다. 확실히 이 요구사항을 완벽히 만족할 수는 없다. 어떤 움직임은 피할 수도 없으며, 때로는 필요한 것이기도 하기 때문이다. 그러나 건물의 허용변위는 보통 건물의 크기에 비하여 매우 작아서, 육안으로 봐서는 건물은 이동하거나 변형하지 않는 것처럼 보인다.

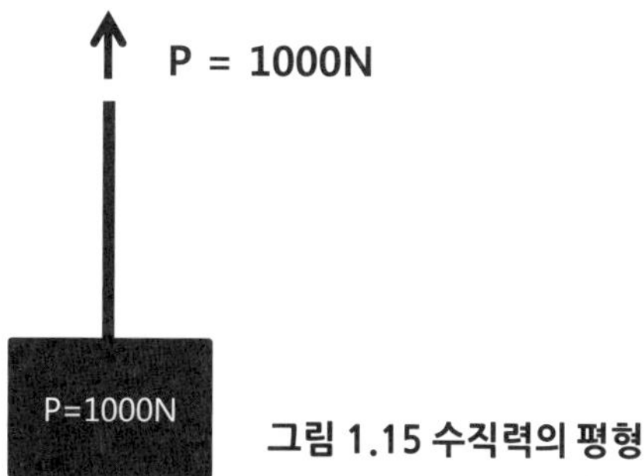

그림 1.15 수직력의 평형

1687년 아이작 뉴턴이 발표한 물체의 운동 법칙을 우리는 **뉴턴의 법칙**이라고 한다. **정정구조물**은 발휘한 힘에 의한 하중을 지지하게 되고, 그 힘의 크기는 사용된 재료에 의존하지 않는다. 한편, 뉴턴의 법칙에만 근거하여 설계할 수 없고, 또 재료의 성질에 대한 지식을 필요로 하는 구조물을 **부정정** 이라고 한다. 대부분의 현대 구조물은 부정정이다.
특히 간단한 구조물의 평형에 대한 기본적인 조건들은 쉽게 예시할 수 있다. 케이블에 달아맨 추의 경우 케이블의 당김에 의하여 지탱된다. 케이블은 또한 건물 꼭대기에 있는 활차에 매달린다. 만일 이 추의 무게가 1000N이고, 정지상태에 있다면, 케이블은 추에 대하여 1000N의 인장력으로 작용하는 것이다. 추의 무게와 케이블의 상향 인장력은 같고, 또한 평형된다. 즉, 케이블에 매달려 있는 추는 "평형상태"에 있다. (그림 1.15)

흔히 있는 또 다른 평형의 상태를 다음과 같은 예로써 설명할 수 있다. 똑같은 무게의 두개의 박스가 같은 길이의 시소 양쪽 끝에 놓여 있다고 하자. 시소의 지지점은 두 박스의 무게를 "수직으로 평형되게 하고" , 그것을 합한 무게와 동등하게 밀어올림으로써 "반작용 한다". 두 박스의 무게가 다른 경우에도 가벼운 박스에 작용거리를 길게, 무거운 박스에 작용거리를 짧게 함으로써 회전에서의 평형을 얻을 수 있다. 실제로 회전에서의 평형에서는 각 박스의 무게와 각 작용거리와의 곱이 같은 값이 된다. 여기서 작용거리는 지지점으로부터의 거리이다.

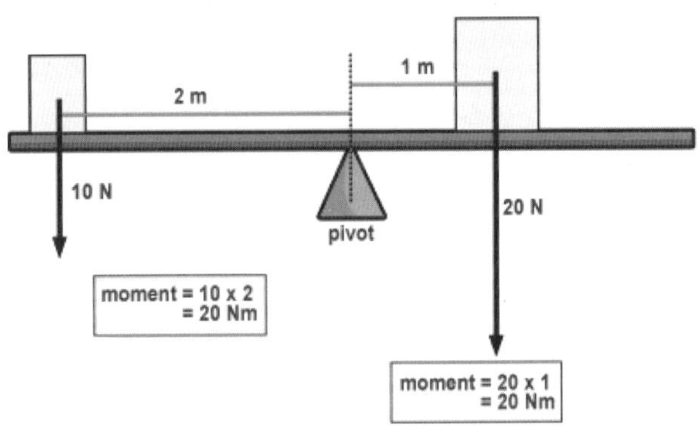

그림 1. 16 회전에서의 평형(모멘트 평형)

이처럼 간단한 평형의 원리는 모든 구조물에 적용될 수 있다는 것을 알 수 있다. 서로 동등하게 맞서 있는 힘들은 일정방향에서의 평형 상태가 되며, 힘과 작용거리의 곱이 서로 동등하고 부호가 다를 때에는 회전에서의 평형이 이루어진다. 하나의 힘과 그 작용거리의 곱을 **모멘트**라고 하기 때문에, 서로 동등하고 부호가 다른 힘들은 회전에서의 평형이 이루어진다고 말할 수 있다.
그림 1.16과 같이 중심축에서 왼쪽편에 있는 상자는 반시계 방향의 모멘트, 즉 10x2=20Nm, 오른편에 있는 상자는 시계 방향의 모멘트, 즉 20x1=20Nm로 크기는 동등하고 방향은 반대이기 때문에 회전에서 평형을 유지하고 있다.

(3) 안정

강체의 **안정**은 건물에 허용 될 수 없는 이동이 일어날 때의 발생할 수 있는 위험성과 관련이 있다. 고층건물이 태풍의 영향을 받을 때, 땅 속에 잘 고정되어 있지 않거나 자중으로 균형이 잘 잡혀 있지 않으면, 그 건물은 붕괴되지도 않은 채 넘어지는 경우가 있다. 그 건물은 회전에서 불안정한 것이다. 이것은 특히 높고 좁은 건물에서 일어나기 쉽다.
회전에 의한 불안정은 그 밖에 건물이 **"잘 균형 잡히지 않았다"**든가, 지반의 지지력이 고르지 않을 때 일어난다. 건물 하부의 지반이 고르지 않게 침하하면 피사의 사탑처럼 회전하고, 결국 넘어지기도 한다.

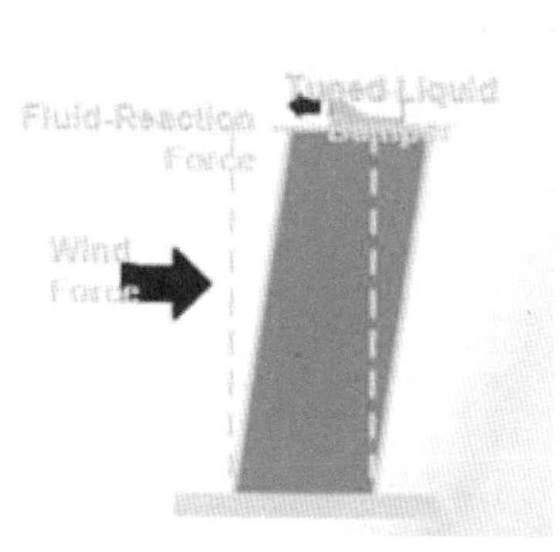

(a) 바람에 의한 불안정

(b) 부동침하에 의한 불안정(피사의 사탑)

그림 1.17 불안정의 예

불안정에 관한 이러한 예는 모두 지반과 건물의 기초에 관련된다. 더욱이 기초는 보이지 않는 곳에 있기 때문에 일반사람들은 그 중요성과 비용에 관하여 거의 모른다. 예를 들어, 물이 스며든 느슨한 모래 위에 세워진 구조물의 기초는, 건물을 그러한 지반 위에 "떠 있게" 해야 한다. 즉 그러한 기초는 구조적으로 선체와 같은 "부잔교"의 방법으로 구축된다. **부잔교** 혹은 **온통기초**는 건물의 무게를 넓은 지면에 확산시켜서 지내력이 약한 토질 위의 압력을 감소시킨다.(그림 1.18 (c)) 일반 지내력의 토질에서는 건물의 무게가 독립된 직방형의 철근콘크리트 **확대기초**로 지지되는 것이 보통이다. (그림 1.18 (a), (b))

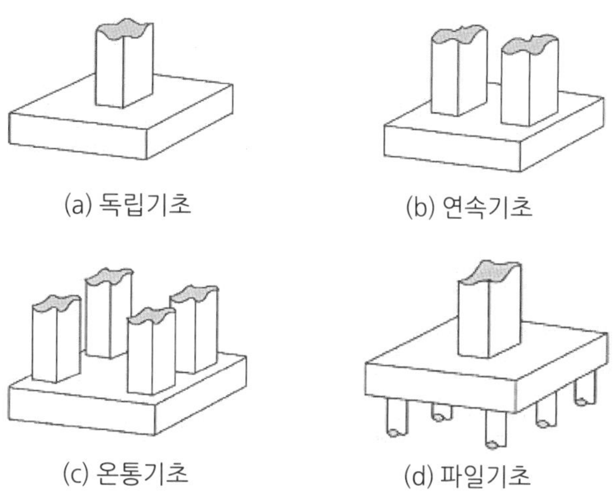

(a) 독립기초

(b) 연속기초

(c) 온통기초

(d) 파일기초

그림 1.18 기초의 종류

구조물의 안정을 확실하게 하기 위하여 지반파괴에 대한 세심한 예방책이 제대로 취해져야 한다. 말뚝 표면의 마찰에 의하거나 견고한 암반층에 의하여 건물이 지지될 수 있을 만한 깊이까지 나무, 콘크리트 또는 강철말뚝을 땅 속에 박아 넣을 수 있다. 이러한 기초를 **말뚝 기초**라 칭한다.

(4) 강도

강도에 있어서 중요시 되는 것은 예상되는 모든 하중에서의 구조물 자체의 안전과 각 부분 안전함에 있다. 강도를 점검하기 위해서는 먼저 **구조의 방식**이 선택되고, 그곳에 걸릴 예상하중이 정해진다. 다음으로 구조물의 중요한 지점에서의 응력상태가 결정되고, 그 응력의 상태는 재료가 안전하게 견딜 수 있는 응력의 종류 및 크기와 비교된다. 각기 다른 크기의 안전율은 하중상태와 재료 성질의 불확실성을 고려하여 사용된다.

강성을 **강도**와 혼동해서는 안 된다. **강성**은 얼마만큼 변형하기 힘든가?를 측정하는 척도라면 **강도**는 얼마만큼 힘을 받을 수 있는가? 를 측정할 수 있는 척도라 할 수 있다.

구조물의 능력 중 강성과 강도 외에 한가지가 더 있다면 바로 **연성**이다. **연성**은 얼마만큼 버틸 수 있는가? 의 척도이다.

구조물 능력의 각각에 대한 개념은 다음 그림을 통해 쉽게 이해할 수 있을 것이다.

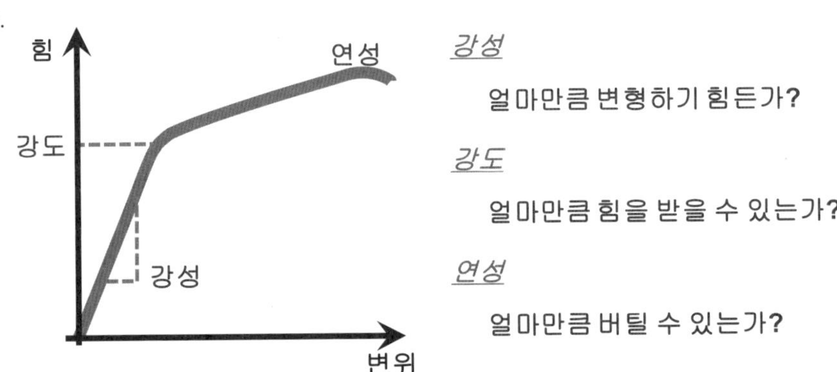

그림 1.19 구조물의 능력 개념도

어떤 구조적 결함은 사소한 손상만을 초래하지만, 또 다른 결함은 구조물의 파괴를 일으킬 수도 있다. 그러므로 설계자는 구조물의 중요한 지점에서 생기는 가장 불리한 응력상태를 구하기 위하여 여러 가지 하중조건하에서 강도를 검토해야 한다.

1.2.4 미학과 구조

미적 구성요소가 없는 건축물은 존재하지 않지만 과연 구조의 미학은 존재하는 것일까? 만약 구조의 미학이 존재한다면, 건축사가 그것에 관심을 가질 만큼 꽤 깊이 건축물에 영향을 주는 것일까?
아름다움에 대한 미의 기준은 시대에 따라 많이 변화해 왔다. 미의 개념은 변화하지만, 건축물에 대한 아름다움의 추구는 인간의 영구적인 열망중의 하나이다. 이런 미적으로 만족스러운 건축물들은 부분적으로 구조원칙을 무시한 채 축조될 수도 있다. 이와 반대로 위대한 구조가들은 건물이 구조적으로 바르게 설계되면 미는 구조의 정확성에서 자연히 나오므로 미 때문에 특히 신경을 쓰지 않아도 된다고 주장을 하기도 한다. 비록 미학에 관심을 가지지 않더라도 Maillart와 Nervi와 같은 공학 천재들은 미에 대한 천부적인 감성으로 구조물들을 설계하였다. (그림 1.20 참조)

그림 1.20 마이야르 교

이처럼 건축미학에 구조의 영향을 고려하게 된다면, 건축가의 미적 욕구도 충족할 수 있으며 구조의 정확성을 통해 안전하게 사용할 수 있는 건축물을 설계하는 것이 가능하게 된다. 사람의 안전을 중요시 해야 하는 일인 만큼 건축 미학에 구조의 영향은 필수적으로 필요한 것이다.
미와 구조 이 두 가지가 모두 충족되었을 때 진정한 건축 미학이 발현되었다고 할 수 있겠다.

Section 1. 구조 이론

02
건축 구조상식

DESIGN CURRICULUM

STRUCTURE DESIGN FOR ARCHITECTURE

02.
건축 구조시스템 및 내진 설계

TABLE OF CONTENTS

2.1 건축구조 시스템 **25**

2.1.1 건축구조 시스템의 이해 25

2.1.2 건축구조 시스템의 종류 25

2.2 내진 설계 **27**

2.2.1 내진설계의 정의 27

2.2.2 지진을 하중으로 바꾸는 방법 29

2.2.3 지반의 종류 32

2.2.4 지진에 대해 저항하는 방법 33

DESIGN CURRICULUM

STRUCTURE DESIGN FOR ARCHITECTURE

2.1 건축구조 시스템

2.1.1 건축구조 시스템의 이해

앞선 내용에서 구조물의 능력에는 3가지 **강성, 강도, 연성**이 있다는 것을 알 수 있었다.
구조 부재와 내력 요소를 조합하여 구조물의 능력이 발현되도록 구조물을 한 몸의 저항체로 생각한 것을 **구조시스템**이라고 한다. 좋은 시스템은 구조물이 3가지의 능력을 잘 발현할 수 있도록 해 주는 것이다. 즉 좋은 구조시스템은 강성, 강도, 연성이 높은 구조물이다.
쉽게 말하자면 우리가 봤을 때 자연스럽고 튼튼해 보이는 건축물일수록 좋은 구조물이라 할 수 있다. 자연스럽게 힘이 흐르게 하고 구조물의 능력대로 힘을 흘리는 것이다.

2.1.2 건축구조 시스템의 종류

건축구조 시스템의 종류에 대해서 살펴보도록 하자.
건축구조 시스템에는 크게 4가지 종류기 있다. 내력벽 시스템, 골조 시스템, 이중골조 시스템, 가새 시스템이다. 우리는 여기서 앞의 3가지 시스템인 내력벽 시스템, 골조 시스템, 이중골조 시스템에 대해서 살펴보도록 하겠다.

(1) 내력벽 시스템

내력벽 시스템은 벽이 주로 모든 하중을 분담하는 시스템이라고 할 수 있다. 우리가 일반적으로 주로 사용하는 아파트의 경우 구조 부재 중 벽과 슬래브가 모든 하중을 분담하고 있기 때문에 아파트는 내력벽 시스템의 하나이다.

내력벽

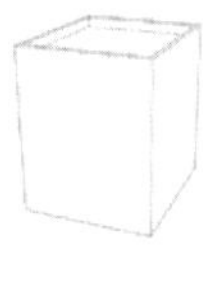

슬래브
벽

그림 2.1 내력벽 시스템 (예 : 아파트)

(2) 골조 시스템

골조 시스템의 경우는 슬래브, 보, 기둥, 접합부가 구조물에 전해지는 모든 하중들을 분담하는 시스템이다.
즉, 구조 부재가 되는 뼈대(보, 기둥, 슬래브, 접합부)가 전체 하중을 견디는 형태이고 이는 학교나 강당, 그리고 근린생활 시설과 같이 큰 공간을 필요로 하는 곳에 주로 사용되는 시스템이다.

골조

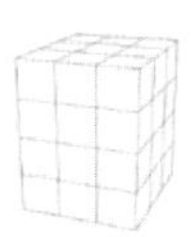

슬래브
기둥
보
접합부

그림 2.2 골조 시스템 (예 : 근린생활시설(상업시설))

(3) 이중골조 시스템

이중골조 시스템은 앞서 설명한 내력벽 시스템과 골조 시스템이 혼합된 형태라 할 수 있다. 따라서 하중에 저항하는 부재는 벽, 보, 기둥, 접합부 이다. 보통 코어는 내력벽 시스템으로 코어 바깥의 생활공간은 골조시스템으로 적용하는 경우가 많다.
이중골조 시스템의 경우 골조 시스템보다 횡력(가로방향의 힘)에 저항하는 힘이 벽 부재로 인하여 더 크기 때문에 횡력저항 시스템으로 많이 이용된다.
주로 고층의 건축물이 바람에 의한 횡력을 많이 받기 때문에 주로 고층 건물에서 많이 채택되는 시스템이라 할 수 있다.

이중골조

슬래브
벽
기둥
보
접합부

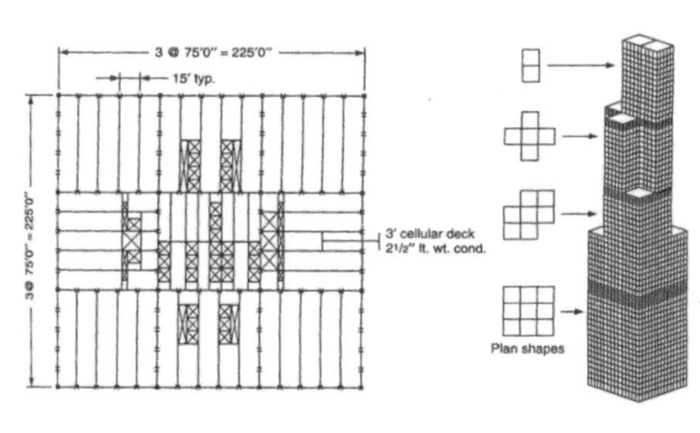

그림 2.3 이중골조 시스템 (예 : 상업시설(고층))

2.2 내진설계

2.2.1 내진설계의 정의

이 장에서는 내진설계의 정의에 대해서 알아 보고자 한다. 내진설계는 지진에 대하여 건축구조물을 어느 정도로 보호할 것인가, 다시 말하면 어느 정도의 손상을 허용할 것인가를 결정하는 것이다.

현재 우리나라의 내진설계에 대한 정의는 다음과 같이 정리할 수 있다.

그림 2.4 내진설계 철학

(1) 약한 지진으로 인하여서는 구조물이 손상되지 말아야 하고
(2) 중간 지진으로 인하여서는 구조물의 손상은 허용하되 수리가 가능하여야 하며
(3) 강한 지진으로 인하여서는 구조물의 파손은 허용하되 사람의 생명을 다치게 하는 붕괴는 일어나지 말아야 한다.

내진설계 정의가 뜻하는 바는 어느 정도 세기의 지진까지는 구조물의 손상을 제한한다든지, 지진 후 수리하여 다시 사용할 수 있을 정도의 손상만을 허용하는 등 경제적인 측면을 고려하도록 배려하는 것이지만, 궁극적으로는 경제적인 손실을 감수하고서라도 사람의 생명을 보호하려는 것이다. 내진설계의 정의는 설계자가 건축구조물을 설계만 하고 그 책임을 끝내는 것이 아니라, 건물이 지어진 후 실제로 지진이 발생하였을 경우, 건물이 어떻게 거동하도록 할 것인가를 결정하도록 요구하고 있다.

지진은 매우 불확실한 하중의 요인이기 때문에 정확하게 예측할 수 있는 성격의 것이 아니다. 그러나 여기서 분명한 것이 있다면 지진으로부터 자유로울 수 있는 곳은 이 지구 위에 없다는 것이다. 지역에 따라 차이가 있다면 지진발생의 빈도로 인한 차이일 뿐이다. 이는 우리나라도 지진으로부터 완전히 자유로운 안전한 지역일 수 없다는 말이 된다.

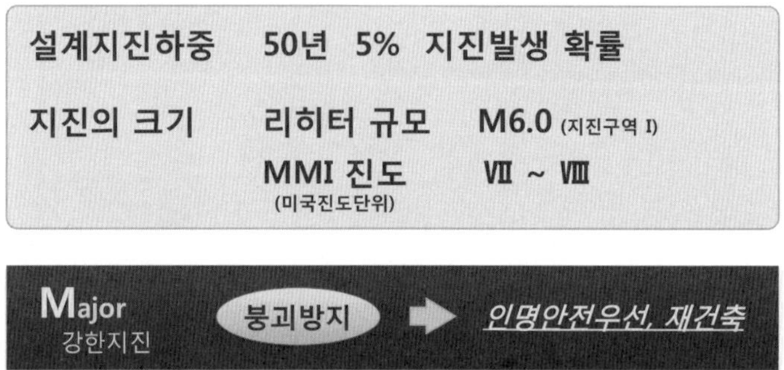

그림 2.5 우리나라 내진설계 재현 주기

우리나라의 경우 지진에 대해 설계할 때 지진의 재현 주기는 2400년으로 하고 있다. 이는 50년 동안 5% 발생할 확률이 있고 지진의 리히터 규모는 M6.0정도의 규모의 지진에 대해 안전할 수 있도록 설계하고 있는 것이다. 그만큼 불확실한 지진에 대해서 사람이 안전할 수 있도록 설계하고 있다.

내진설계는 건축구조물이 전혀 손상되지 않고서 지진을 견딜 수 있도록 구조물 자체를 강하게 하는 힘을 다스리는 방법으로 설계하거나, 지진에 의한 변형을 줄이거나 구조부재의 변형 능력을 늘리는 변형을 다스리는 방법으로 설계하거나, 지진에너지를 흡수하기 위한 별도의 기계 기구를 설치하거나 구조물 일부의 손상을 통하여 막대한 지진에너지를 흡수함으로써 지진을 견디도록 하는 에너지를 다스리는 방법으로 설계 할 수 있다.

이에 대한 자세한 방법은 2.2.4에서 자세히 소개하도록 하겠다.

2.2.2 지진을 하중으로 바꾸는 방법

지진을 하중으로 바꾸는 방법에는 3가지 방법이 존재한다. 그 3가지 방법은 지진파, 응답스펙트럼, 밑면 전단력으로 하중을 구하는 방법이다.

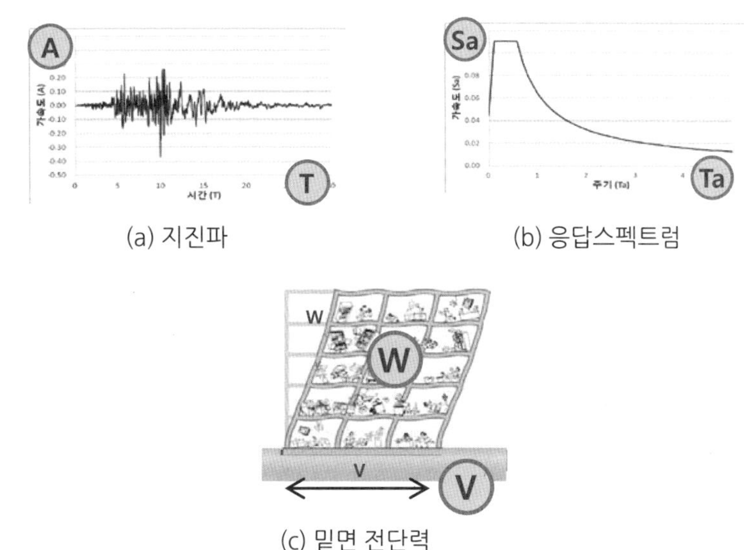

(a) 지진파

(b) 응답스펙트럼

(c) 밑면 전단력

그림 2.6 지진을 하중으로 바꾸는 방법

첫번째로는 실제 발생하는 시간과 가속도로 이루어진 지진파를 입력하여 구하는 방법이다. 시간변화에 따라 변화하는 가속도를 입력하는 방법이고 이를 시간이력해석법이라고 한다. 이 방법은 비정형적이고 고층건물에 아주 정확히 지진에 대한 해석을 하고자 할 때 사용하는 방법이다. 그림 2.6의 (a)와 같이 상당히 복잡한 방식으로 계산이 이루어진다.

다음으로 정형의 단순한 중저층 구조물에 많이 쓰이는 방법으로 등가정적 해석법이 있다. 이 방법은 그림 2.6의 (c)와 같이 건물의 중량을 가지고 약산의 형태로 지진하중을 계산하여 적용하는 방법으로 지진에 대하여 잘 알지 못하여도 적용이 가능하다. 수계산으로 하중계산이 가능하기 때문에 컴퓨터가 발달하기 전에 많이 사용되던 방법이다.

하지만 현재는 컴퓨터가 발달해서 응답스펙트럼을 사용한 동적해석법을 많이 사용하고 있다. 동적해석법은 그림 2.6의 (b)의 그래프와 같이 응답스펙트럼이라는 것을 가지고 적용한다. 건물의 주기와 가속도라는 상관관계를 가지는 그래프로 표현하고 있다.

응답스펙트럼의 경우 비정형적인 중저층 구조물 뿐만 아니라 고층 건물과 정형적인 중저층 건물에도 모두 적용될 수 있기 때문에 가장 널리 이용되는 방법이다.

· 응답스펙트럼

응답스펙트럼에 대해 조금 더 자세히 살펴보도록 하겠다.

응답스펙트럼 그래프 그림 2.7과 같이 가로축엔 주기, 세로축엔 가속도를 나타낸다. 주기는 건물이 왔다갔다 한 번 왕복하는 시간을 의미한다. 가속도는 지진하중의 크기와 비례한다.

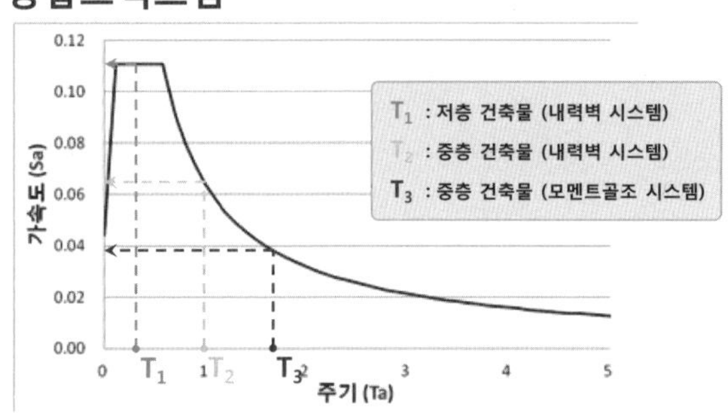

그림 2.7 응답스펙트럼

예를 들어보자.

그림 2.7에서 빨간선은 저층의 내력벽 시스템 녹색선은 중층의 내력벽 시스템이다. 저층의 경우 주기가 짧고 해당하는 주기에 대한 가속도는 그래프에서 보는바와 같이 크다. 그리고 중층의 경우 저층보다 주기가 길고 해당하는 가속도는 그래프에서 보는 것과 같이 저층보다 작다.

그림 2.7을 통해서 알 수 있듯이 건물의 수직적인 규모 즉 층수가 높아짐에 따라 주기가 길어지고 가속도 값이 작아지게 된다. 이는 주기가 길어질수록 상대적으로 지진하중이 작다는 의미이다.

다른 예를 살펴보면, 앞선 예제와 같이 녹색선은 중층의 내력벽 시스템이고 파랑선은 비슷한 규모의 구조시스템이 다른 건물이다.

그림에서 알 수 있듯이 구조 시스템에 따라 건물이 더 유연해져 주기가 길어지기 때문에 지진하중이 작게 작용된다.

결국, 건물의 수직적인 규모(층수)와 구조시스템에 따라 지진하중이 커지거나 작아 질 수 있다.

· 밑면 전단력

정형의 단순한 건물에 사용하는 등가정적해석법(밑면 전단력)에 의한 지진하중 V는 다음의 간단한 식으로 계산한다.

여기서 W는 건물 무게, Cs는 지진계수로서 일반적으로 0.1~0.4의 값을 가진다. 이는 지진하중의 크기는 건물 무게의 10~40%정도라는 것을 의미한다.

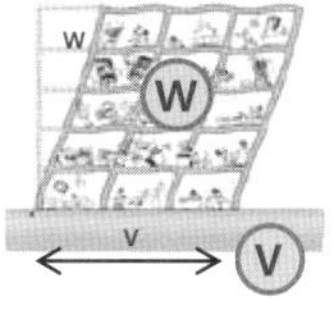

$$V = C_s \times W$$

지진하중　계수　건물중량

$$C_s = \frac{S}{\left(\frac{R}{I}\right) \times T} = \frac{S \times I}{R \times T}$$

그림 2.8 밑면 전단력

지진계수는 그림 2.8의 공식에 의해서 계산된다. 각 계수들이 의미하는 것은 다음과 같다.

[상수 (고정)] **S** : 지역과 지반에 따라 정해지는 가속도 계수
I : 건물의 용도에 따라 정해지는 중요도 계수
[변수 (변경)] **R** : 건물의 시스템에 따라 정해지는 반응수정계수
T : 건물의 고유주기

가속도계수는 건물이 지어지는 지역, 예를 들면 서울, 경기, 광주, 부산 등과 지반, 땅의 상태에 따라 결정되는 계수이다.
중요도계수는 건물의 중요도와 관련된 값으로 자연재해가 발생했을 때 인명피해가 많이 발생할 수 있는 용도일수록 중요도가 커진다. 그리고 재해가 발생했을 때 피난시설로 사용되는 학교, 병원, 소방서, 공공기관 등 건물의 피해가 있으면 안되는 건물들은 중요도 계수가 크다.
반응수정계수는 구조시스템계수이다. 이것은 건물의 구조시스템에 따라 달라지는 것으로 모멘트골조, 내력벽, 내력벽-골조 상호 시스템에 따라 기준에 값이 정해져 있다.
마지막으로 고유주기는 건물이 가지고 있는 고유주기 값을 입력하면 된다.
밑면 전단력 계산식에서 알 수 있듯이 지진하중은 구조시스템계수가 크고 주기가 길어진다면 작아진다.
직접 구조설계에 대해 검토하고 설계할 때 이점을 고려하도록 하자.

2.2.3 지반의 종류

우리나라는 재현주기 2400년의 지진위험도로 정의된 최대예상지진에 대해 설계하도록 법규로 지정되어 있다. 다음 표2-1의 지역계수는 우리나라 지진구역 및 이에 따른 지역계수의 값을 나타낸 것이다.

표 2-1. 지진구역 구분 및 지역계수

지진구역	행정구역	지역계수 S
1	지진구역 2를 제외한 전지역	0.22
2	강원도 북부, 전라남도 남서부, 제주도	0.14

※ 강원도 북부(군,시): 홍천, 철원, 화천, 횡성, 평창, 양구, 인제, 고성, 양양, 춘천시, 속초시, 전라남도 남서부(군,시) : 무안, 신안, 완도, 영광, 진도, 해남, 영암, 강진, 고흥, 함평, 목포시

지진발생시 구조물이 위치한 지반의 성질에 따라 구조물의 거동은 상당한 차이가 있다.

국지적인 토질조건, 지질조건과 지표 및 지하 지형이 지반운동에 미치는 영향을 고려하기 위하여 지반을 표 2-2와 같이 5종으로 분류한다. 대상지역의 지반을 분류할 수 있는 자료가 충분하지 않고, 지반의 종류가 S_E일 가능성이 없는 경우에는 지반종류 S_D를 적용할 수 있다.

이 외에 지질조사보고서를 통해 지반의 종류가 정해진 경우는 지질보고서에 나와 있는 대로 지반의 종류를 선택하면 된다.

표 2-2. 지반의 분류

지반 종류	지반종류의 호칭	상부 30m에 대한 평균지반특성		
		전단파속도(m/s)	표준관입시험 N (타격횟수 /300mm)	비배수전단강도 S_u (x 10^{-3}MPa)
S_A	경암지반	1,500 초과	-	-
S_B	보통암 지반	760에서 1,500		
S_C	매우 조밀한 토사지반 또는 연암 지반	360에서 760	>50	>100
S_D	단단한 토사 지반	180에서 360	15에서 50	50에서 100
S_E	연약한 토사 지반	180미만	<15	<50

위에서 언급한 것과 같이 지진발생시 구조물이 위치한 지반의 성질에 따라 구조물의 거동은 상당한 차이가 있다. 따라서 지질조사 보고서를 통하여 구조물이 위치한 지반의 종류를 제대로 파악해야 한다.

파악한 지반의 종류는 구조설계 및 검토 시 건물정보에 지반의 종류 및 지내력 값에 정확한 값을 입력하여 진행하도록 한다.

지반의 종류 및 지내력에 따라 구조물의 검토 및 설계는 변경되게 된다.

2.2.4 지진에 저항하는 방법

지진에 대해 저항하는 방법은 3가지가 있다. 공학용어로 내진, 제진, 면진이다. 내진은 구조물 자체가 지진에 대해 버티도록 설계하는 것, 제진은 지진하중을 분담 할 수 있는 장치를 달아 설계하는 것, 면진은 구조물이 지진하중의 영향을 받지 않도록 지반과 만나는 곳에 Damper라는 장치를 설치하는 것이다.
각 시스템의 이해를 돕기 위한 그림은 다음과 같다.

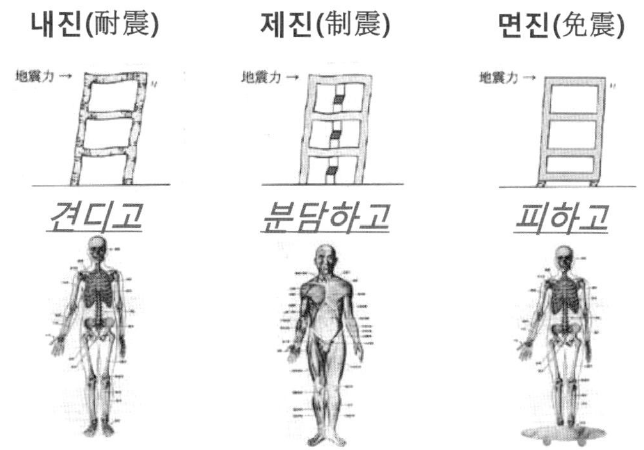

그림 2.9 지진에 저항하는 방법

내진은 인체에 빗대어 볼 경우 뼈대의 강성을 높이는 일이라고 하겠다. 즉, 구조물의 뼈대인 기둥, 보, 벽의 강성을 높여 지진에 대해 구조물 자체가 잘 버티게끔 하는 설계라 볼 수 있다.
제진은 뼈에 근육과 같은 Damper를 다는 일이다. 구조물의 뼈대인 기둥, 보, 벽 뿐만 아니라 근육의 역할을 하는 Damper를 통해 기둥, 보, 벽이 받는 하중을 Damper도 같이 분담하는 형태로 지진에 대한 하중을 나눠가지게 한다.
마지막으로 면진은 땅이 흔들려도 구조물 내에 생활하고 있는 사람은 영향을 받지 않도록 바퀴가 달린 보드를 타는 것과 같이 Damper위에 구조물을 설치하는 것이다. 판과 판 사이에 스프링이 올려져 있는 형태의 Damper위에 구조물을 짓게 되면 지진이 왔을 시 Damper만 지진에 움직이고 그 위에 설치된 구조물은 지진의 영향을 전혀 받지 않게 된다.
역사적인 구조물이나 박물관 등 보존가치가 있는 건물은 이와 같이 면진 장치를 하게 되어 있는데, 대략 전체 공사비의 10% 정도가 추가로 소모되는 것으로 보고되어져 있다. 또한 일본의 경우에는 잦은 지진으로 인하여 면진 장치를 많이 사용한다.
이 중에서 우리나라에서 중저층 구조물이 대부분 채택하고 있는 시스템은 내진 시스템이다. 기둥, 보, 벽의 강성을 높여 설계하여 구조물 자체가 지진에 맞서도록 하는 것이다.

Section 2. 프로그램 입문

03
건축구조 프로그램의 이해

03. 건축구조 프로그램의 이해

TABLE OF CONTENTS

3.1 프로그램 사용 준비 **37**

3.1.1 작업 환경 파악 37

3.2 프로그램 환경 이해 **39**

3.2.1 구조설계 프로세스 39

3.2.2 전처리 모드와 후처리 모드 46

3.2.3 해석파일 관리 48

3.3 구조모델링의 이해 **49**

3.3.1 절점과 구조선 49

3.3.2 층(story)의 개념 52

3.3.3 부재관리 56

3.3.4 특성 및 하중 설정 58

DESIGN CURRICULUM

STRUCTURE DESIGN FOR ARCHITECTURE

3.1 프로그램 사용 준비

3.1.1 작업 환경 파악

1) midas eGen의 화면 구성

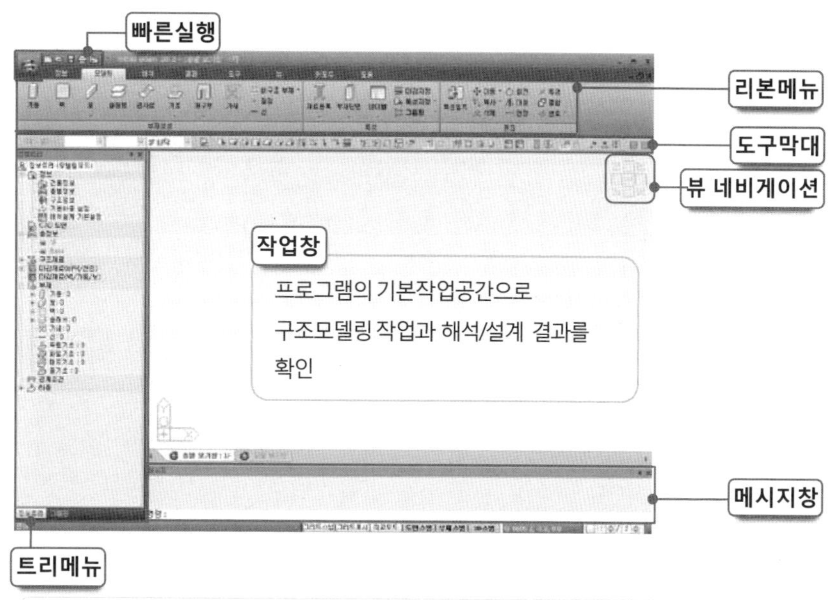

작업 중에 생성되는 모델링 관련 정보를 기록, 관리하고 해석/설계를 수행 후에는 모든 결과를 확인하고 검토하는 메뉴를 나열하는 창

홈페이지 > 교육 > 단위기능 따라하기 > 기본기능익히기 > *"작업환경 파악 및 설정하기"* ▶ 참조

- **메시지 창**

대기상태

명령어 실행 후 다른 명령어를 입력하기 위해서는 [대기상태]가 되도록 한다. 키보드의 Enter 나 ESC 를 누르면 " **명령 :** " 의 [대기상태]로 설정된다.

명령어 입력 후 키보드의 Enter 대신 Space 를 눌러도 동일한 기능을 한다.

명령어 입력상태

메시지창에 보 생성 명령어 'CB'를 입력 후 Enter 를 누르면 다음과 같은 상태

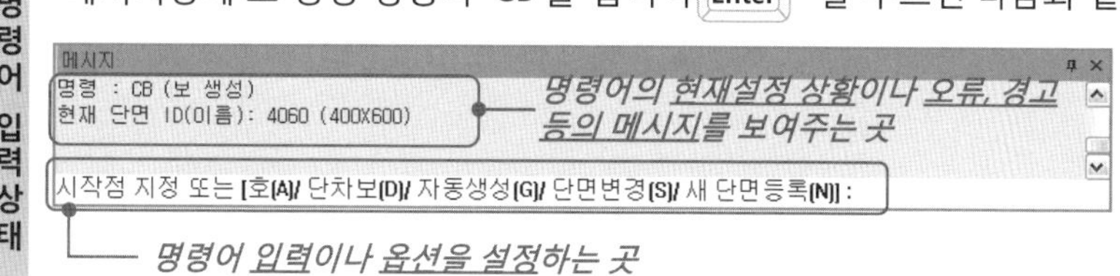

NOTE

- **midas eGen에서 모델링은 명령어를 입력하고, 메시지창이 가이드 해 주는 순서를 따라 작업을 진행한다.**

현재 단면은 ID 4060 의 단면(400X600)으로 설정되어 있고, 이 상태로 작업창에 보를 생성하면 현재 설정된 단면으로 보가 생성된다.

따라서, 모델링 과정에서 명령어 입력 후 현재설정 정보를 확인하면서 작업하는 것은 대단히 중요하다.

기본설정 외의 기능 (단면을 변경하거나(S), 보의 자동생성 기능(G))을 이용하기 위해서는 해당 옵션의 영문이니셜(S 또는 G)를 입력하고 Enter 를 눌러 옵션기능을 활용 할 수 있다.

• 뷰 네비게이션의 활용

작업 중 원하는 뷰를 설정할 수 있다.

홈페이지 > 교육 > 단위기능 따라하기 > 기본기능익히기 > *"작업환경 파악 및 설정하기"* ▶ 참조

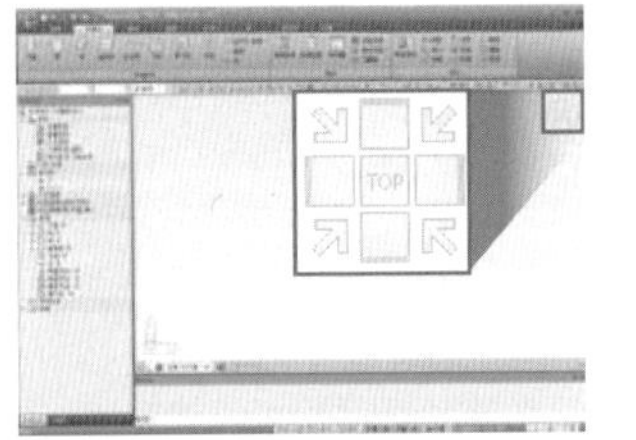

▪ 뷰 네비게이션을 하나씩 선택하면서 작업 뷰가 어떻게 변경되는지 확인해 본다.

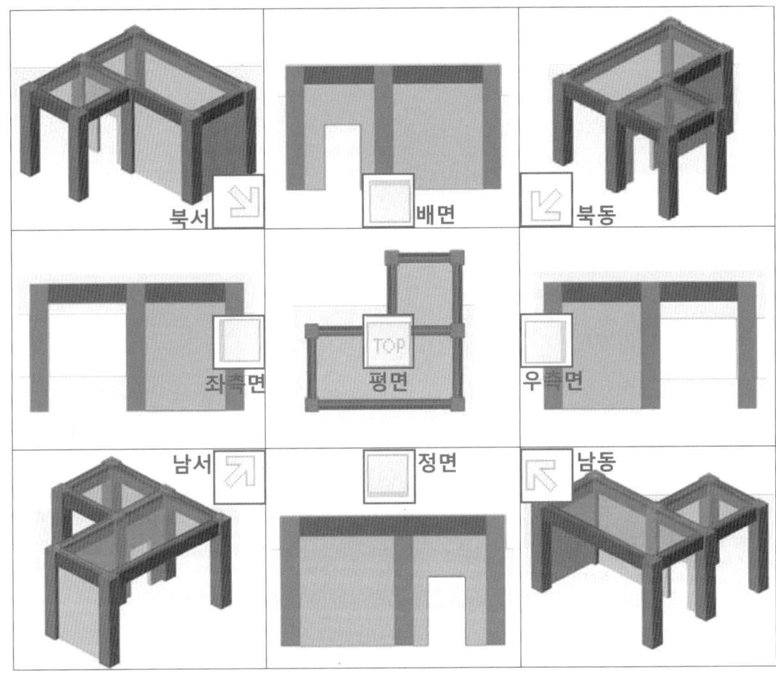

NOTE

▪ **뷰 네비게이션의 3D뷰 표기는 글로벌 좌표 를 기준으로 Y방향을 북쪽으로 보고 명시했다.**

• 동적 뷰 활용

홈페이지 > 교육 > 단위기능 따라하기 > 기본기능익히기 > *" View 활용, Display 활용 "* ▶ 참조

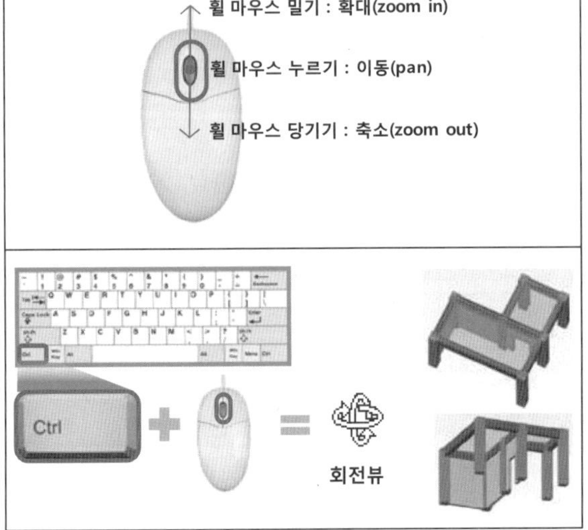

3.2 프로그램 환경 이해

3.2.1 구조설계 프로세스

midas eGen의 **구조설계 프로세스**는 프로그램을 사용하여 프로젝트를 수행하기 전 반드시 이해해야 할 정보이다.
프로그램의 작업 프로세스는 실무구조설계 프로세스와 유사하다.

1) midas eGen 프로그램의 메뉴 구성

프로그램의 메뉴구성은 작업프로세스를 기반으로 배열되어 있다

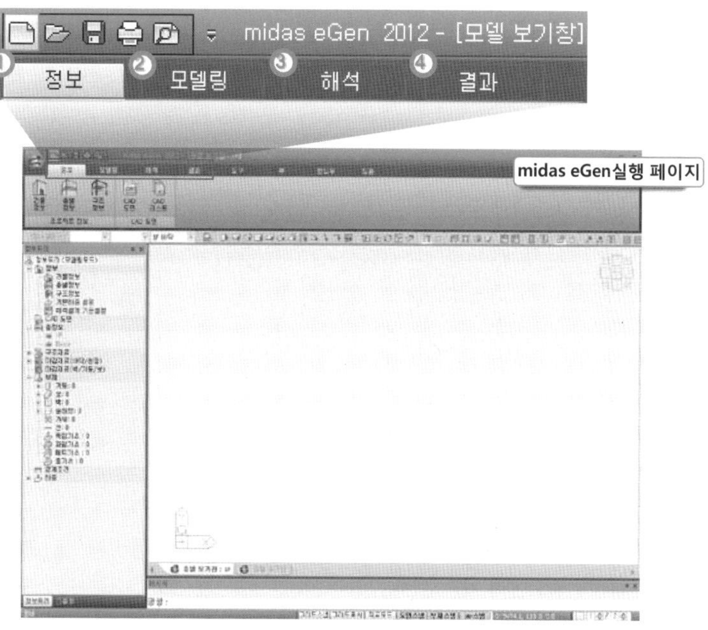

midas eGen을 활용하여 구조설계를 완성하는 프로세스는
정보 입력 후 모델링을 하고, 해석/설계 후 결과물을 획득하는 일련의 과정으로 구성되어 있다.

이 장에서는 midas eGen을 활용하여 구조설계를 완성하는 프로세스에 대하여 알아보자.
각 단계가 어떠한 작업들로 구성되어 있는지 학습하면서, **전체적인 흐름**을 이해하는 것이 중요하다.

NOTE

- **구조설계란?**
  구조계획에 따라 형성된 3차원공간의 구조체에 대하여 구조역학을 기초로 한 골조해석 및 구조계산으로 이 기준에 따라 구조안전을 확인하고 구조체 각 구조부재에 대하여 이를 시공 가능한 도서로 작성하여 표현하는 일련의 창조적 과정의 업무

  - 출처 : 건축구조기준 (KBC 2009)

2) midas eGen을 활용한 구조설계 프로세스

다음과 같은 프로세스를 따라 프로그램을 구동하는 것이 좋다.

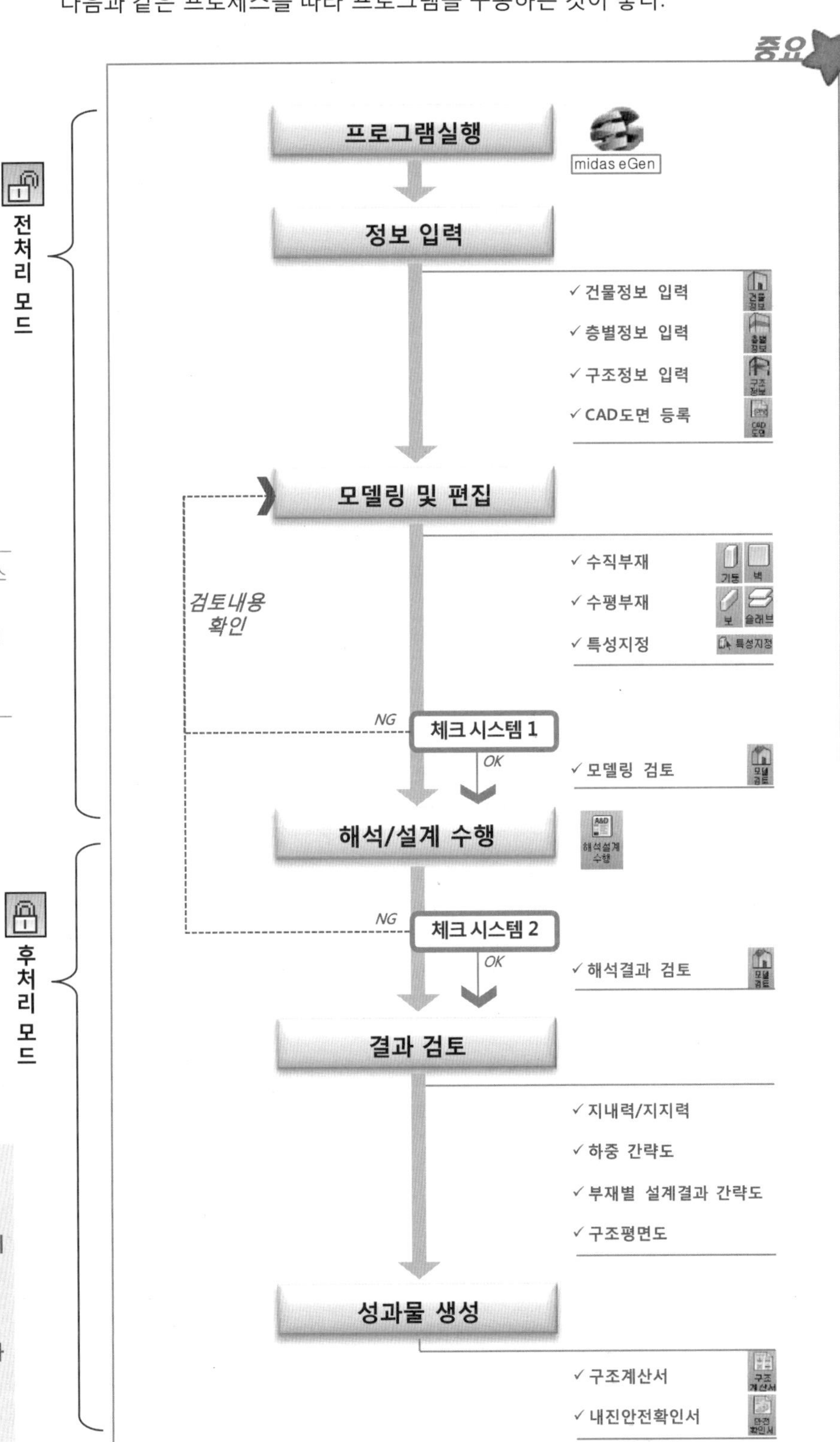

해석 전/후로 [모델검토] 체크시스템을 활용하여 잘못된 부분을 수정하고, 결과를 확인한 후 구조설계 편집을 하여 프로젝트를 완성하도록 한다.

NOTE

- **전처리, 후처리 란?**
  작업환경은 해석/설계 수행을 기준으로 전처리 모드와 후처리 모드로 나누어 진다. 전처리 모드에서는 정보입력과 모델링의 수정을 할 수 있으며, 후처리 과정에서는 구조해석결과를 검토할 수 있다.

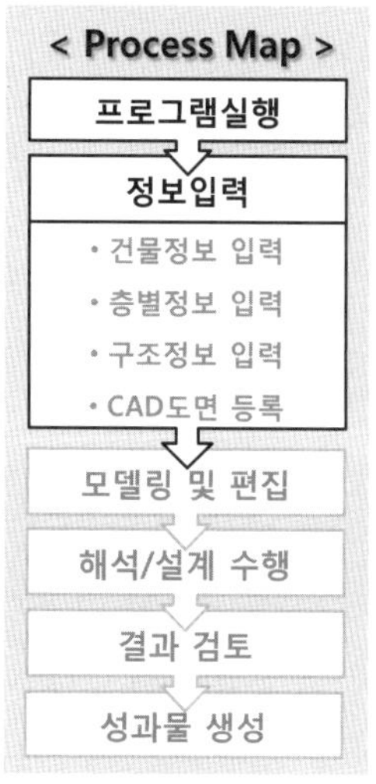
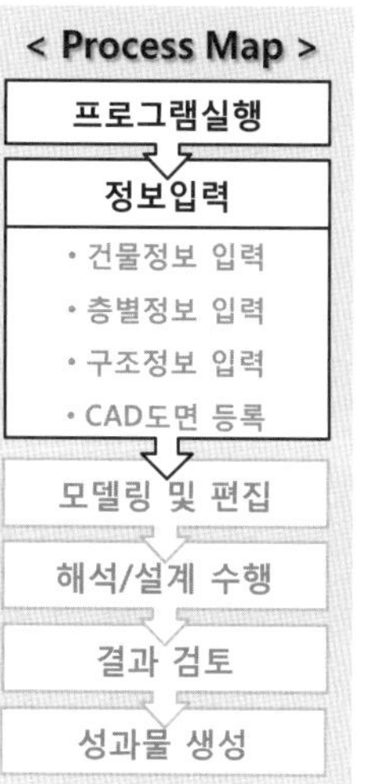

midas eGen프로그램을 설치하면 바탕화면에 [midas eGen]바로가기 아이콘이 생성된다. 아이콘을 더블클릭 하여 프로그램을 실행한다.

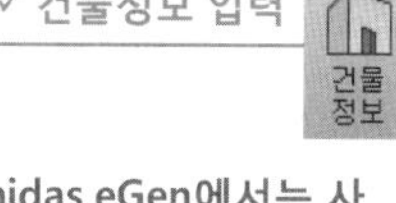

정보입력단계에는 **프로젝트 정보**를 입력하는 과정과 모델링의 밑그림이 될 **CAD도면을 등록**하는 과정이 있다.

✓ 건물정보 입력

midas eGen에서는 사용자가 입력한 프로젝트 정보를 토대로 구조해석/설계에 필요한 정보를 자동으로 산정한다.

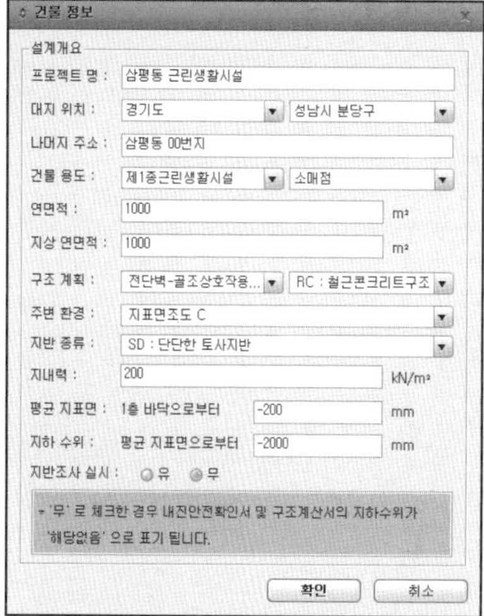

✓ 층별정보 입력

모델링을 할 작업환경을 만드는 단계이다. 층을 설정하고 층고를 입력한다.

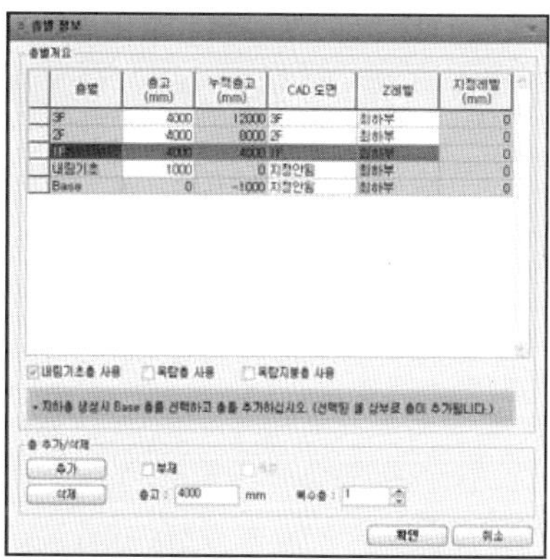

✓ 구조정보 입력

구조
정보

재료의 강도와 마감하중, 활하중을 설정한다. 건물용도 및 층별정보에 의해 보편적으로 사용되는 기본값이 자동으로 설정된다.

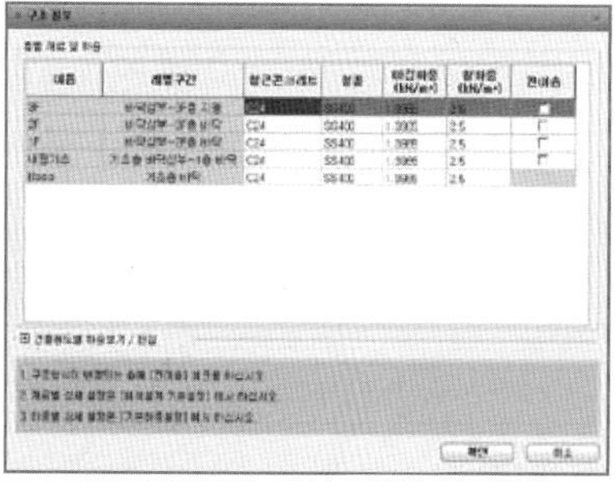

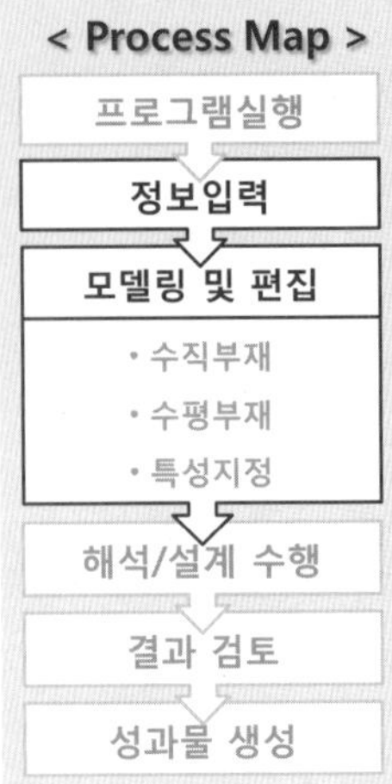

✓ 도면정보 입력

밑그림으로 활용할 CAD도면을 편집하고 층별로 등록한다.

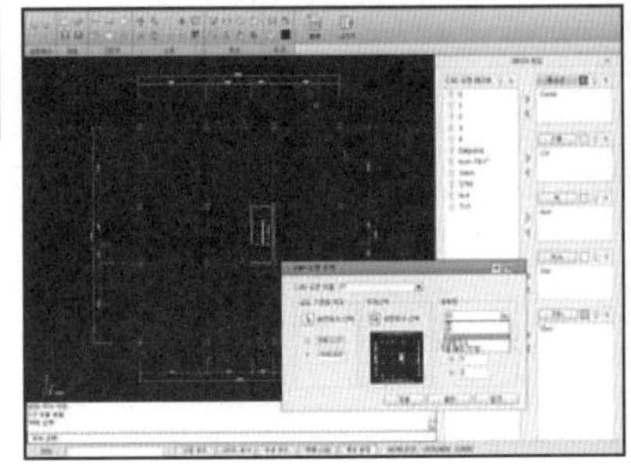

모델링 및 편집

✓ 수직부재

기둥

벽

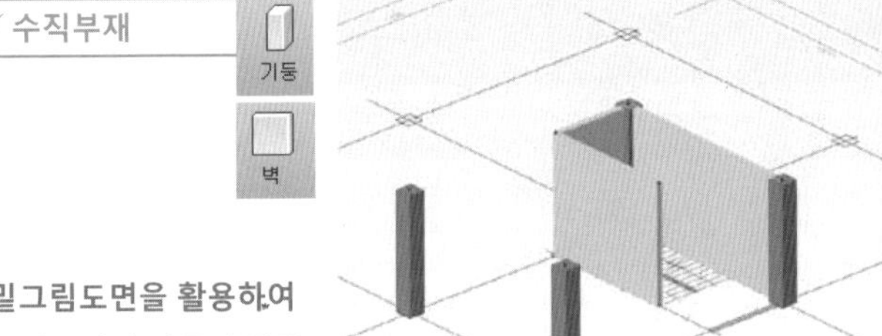

밑그림도면을 활용하여 수직부재인 기둥과 벽을 모델링 한다.

✓ 수평부재

midas eGen에서는 수평부재인 보와 슬래브의 자동 생성 기능을 제공하고 있다.

벽체에 개구부를 생성하고, 상부구조물을 지지하는 기초를 생성한다.

개구부

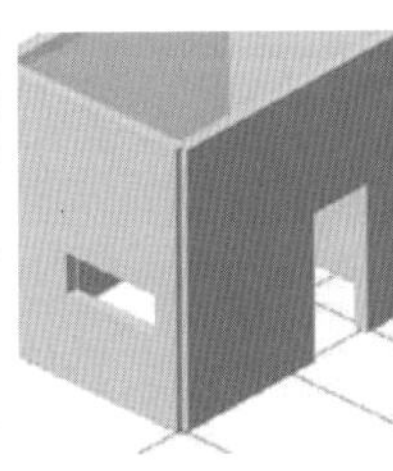

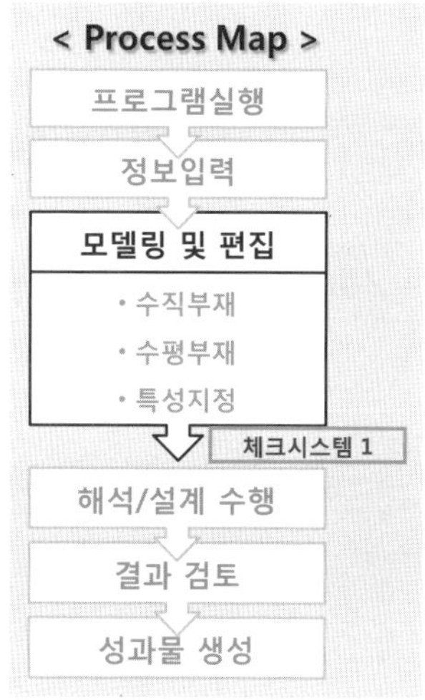

✓ 특성지정 　특성지정

모델링 한 부재에 구조해석을 위해서 eGen이 자동으로 부여하는 구조특성 외에 추가적인 특성을 지정하는 기능이다.

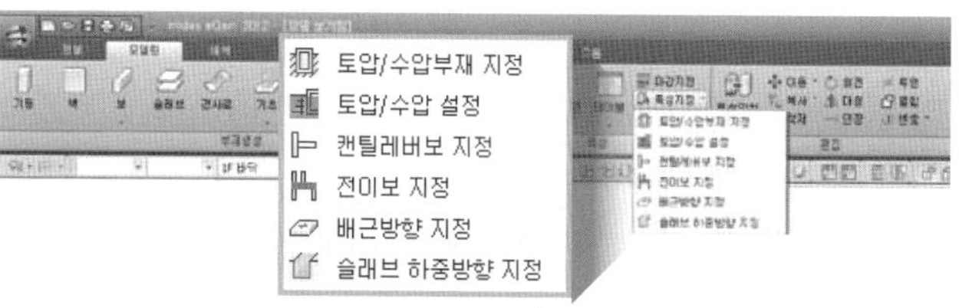

▪ 예시 : 토압/수압부재 지정 기능으로 지중보 지정

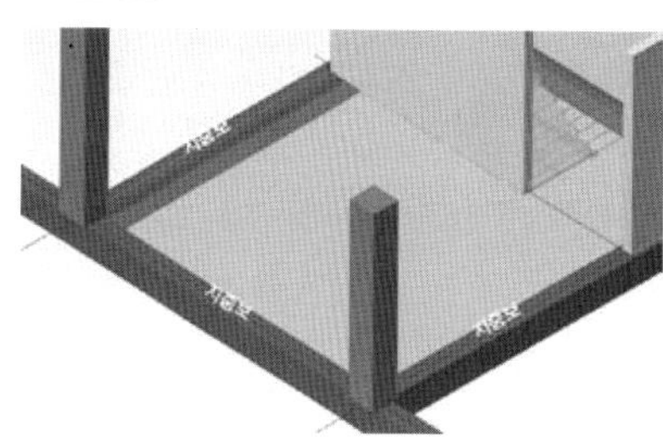

체크 시스템 1

✓ 모델링 검토 　모델 검토

해석/설계 수행 전 구조모델링에 대한 검토를 할 수 있다.

• 하중
• 재료
• 단면&배치

에 대해 모델을 검토한다.

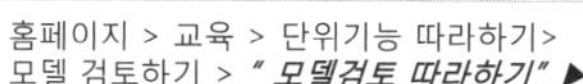

검토가 필요한 항목은 붉은 색 글씨로 표시되며, 해결가이드를 따라 수정한다.

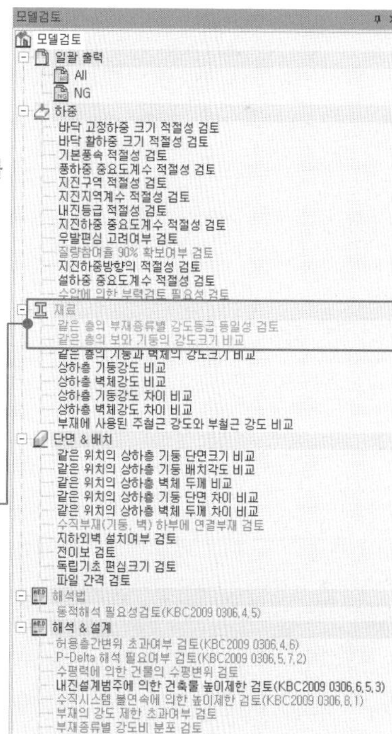

< Process Map >

- 프로그램실행
- 정보입력
- 모델링 및 편집
- 체크시스템 1
- **해석/설계 수행**
- **체크시스템 2**
- 결과 검토
- 성과물 생성

해석/설계 수행

✓ 해석/설계 진행중

해석/설계가 진행되면서 해석/설계 내용과 진행 상태를 알려주는 그래프와 질량참여율 그래프가 나타난다.

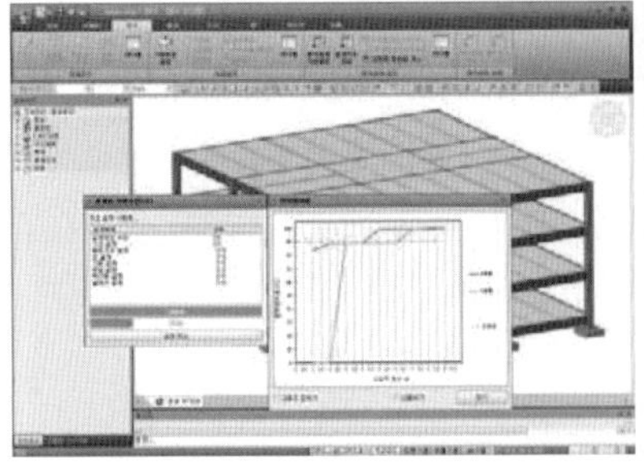

✓ 해석/설계 완료

후처리모드로 전환되며, 도구막대의 모드아이콘이 에서 로 변경되어 정보나 모델을 수정하지 못하고 결과를 검토하고 편집하는 환경으로 설정된다.

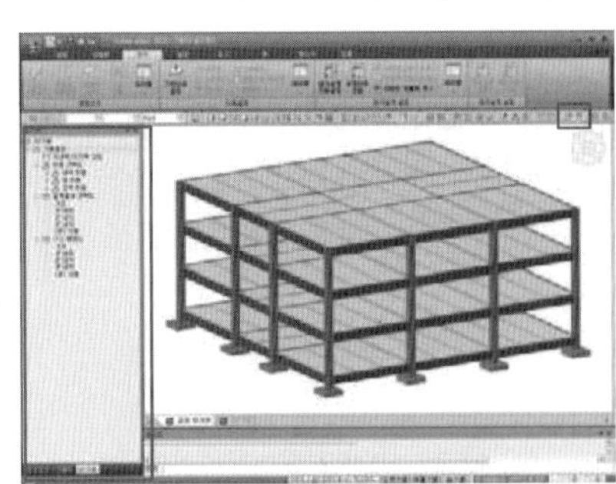

홈페이지 > 지원 > 질문과 답변 > FAQ> *" 31.전처리,후처리 모드는 무엇인가요? "* ▶ 참조

체크 시스템 2

✓ 모델링 검토

해석/설계 수행 후 해석결과에 대한 검토를 할 수 있다.

- 해석법
- 해석&설계

에 대해 모델을 검토한다.

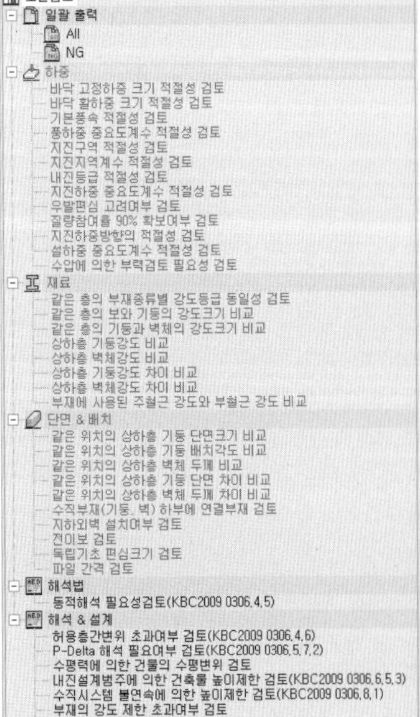

홈페이지 > 교육 > 단위기능 따라하기> 모델 검토하기 > *" 모델검토 따라하기"* ▶ 참조

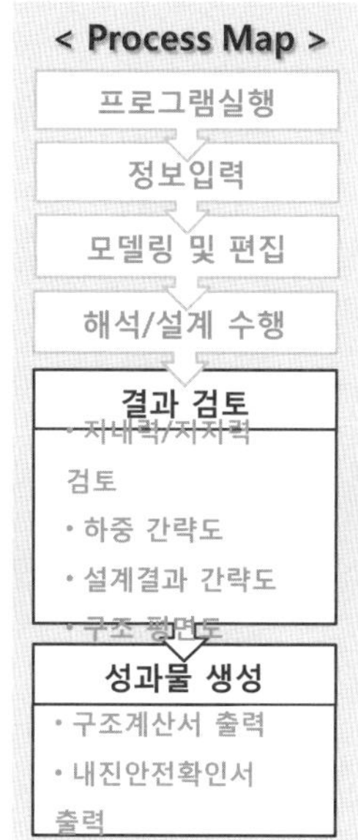

홈페이지 > 교육 > 단위기능 따라하기 > 설계 결과 검토하기 > *"2D기본 및 설계결과 편집가이드"* ▶ 참조

결과 검토

프로그램은 구조물 및 부재에 대한 적절성 여부를 OK / NG / CK 세가지 형태로 보여준다.

- ✓ **OK 적절**
- ✓ NG **부적절** (OK가 되도록 변경해 주어야 한다)
- ✓ **CK 경제성 검토** (가정단면이 허용강도 내에 있으나 보다 경제적으로 설계할 수 있는 부재를 표시해 준다)

✓ 지내력/지지력 검토

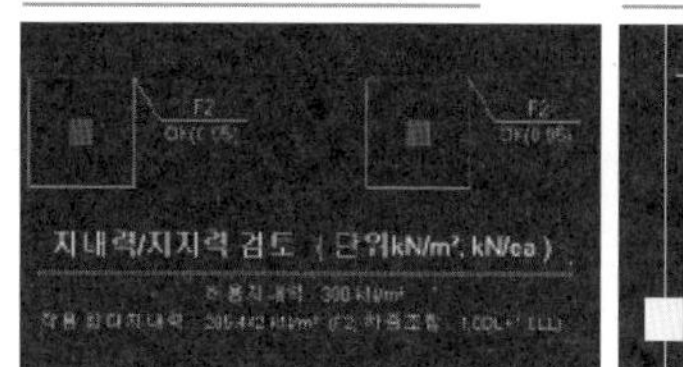

✓ 하중 간략도

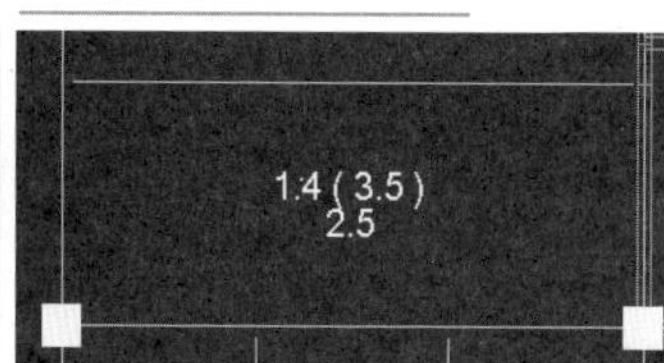

✓ 설계결과 간략도

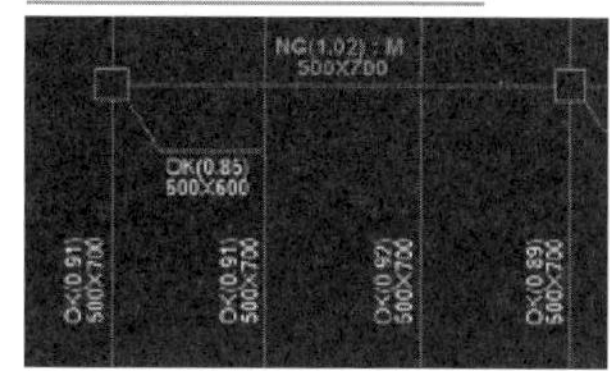

✓ 구조 평면도

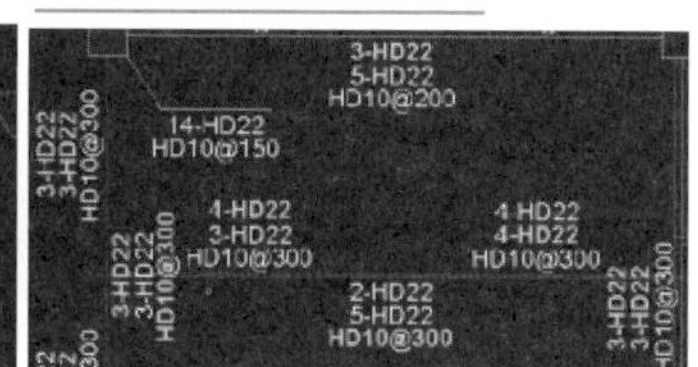

성과물 생성

구조계산서와 안전확인서를 프로그램에서 바로 출력할 수 있다.

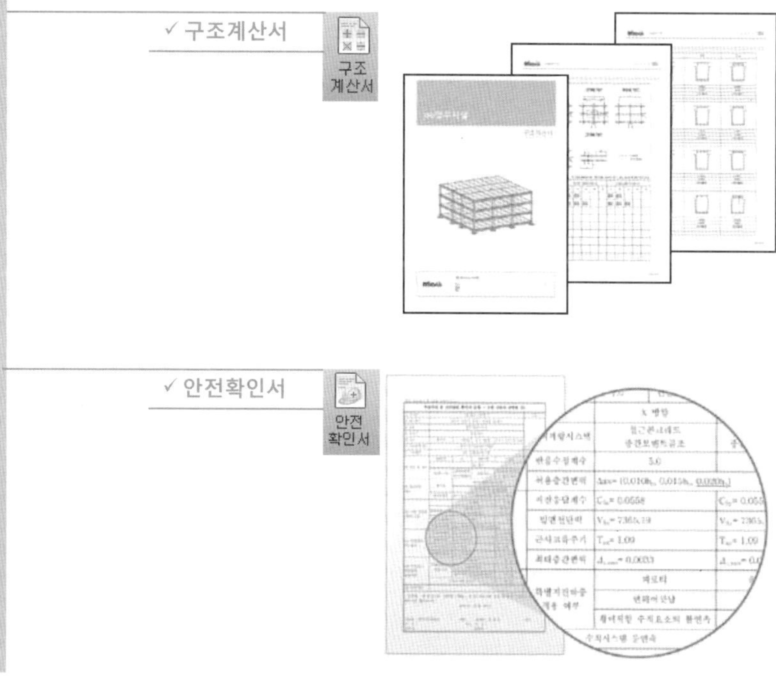

3.2.2 전처리 모드와 후처리 모드

midas eGen은 전처리모드(Preprocessing Mode)와 후처리모드(Post-processing Mode)로 프로그램 환경체계를 구분하고 있다.
이는 해석/설계작업 후, 모델링 데이터를 임의 수정함으로 인해 기존의 해석 또는 설계결과가 삭제되는 것을 예방하기 위한 것이다.

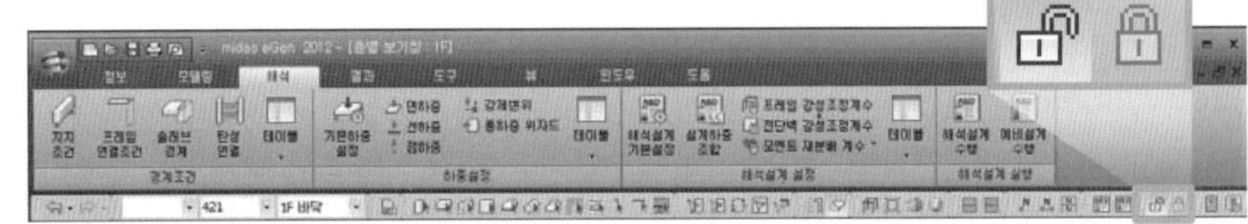

전처리 모드와 후처리 모드는 도구막대의 자물쇠모양 아이콘으로 확인하고 전환할 수 있다.

✍ **NOTE**

- 전처리 모드가 가지는 기능
- CAD형상을 읽어내는 기능
- 경계조건의 설정기능
- 하중조건의 설정기능
- 재료의 물리특성 설정기능
- 재료의 데이터베이스 기능

전처리 모드 (Preprocessing Mode)

'전처리 모드'는 해석/설계를 수행하기 전, 부재생성을 비롯하여 구조해석을 위한 각종 정보를 입력하는 상태이다.
모델링에 필요한 모든 데이터의 입력과 수정작업만을 수행하게 되고, [해석설계수행]과정에서 해석이 오류 없이 완료되면 모드가 '전처리 모드'에서 '후처리 모드'로 자동 전환된다.

후처리 모드 (Post-processing Mode)

'후처리 모드'는 해석/설계가 완료된 상태로 모델의 편집과 CAD명령을 사용할 수 없다.
구조물의 반력, 변위, 부재력, 응력 등 해석결과에 대한 확인 및 분석작업과 생성된 구조해석, 설계결과물을 보다 합리적으로 편집할 수 있으며, 최종결과물을 출력할 수 있다.

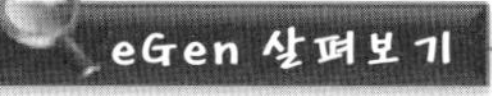

	해석 전 (전처리 모드)	해석 후 (후처리 모드)
화면구성	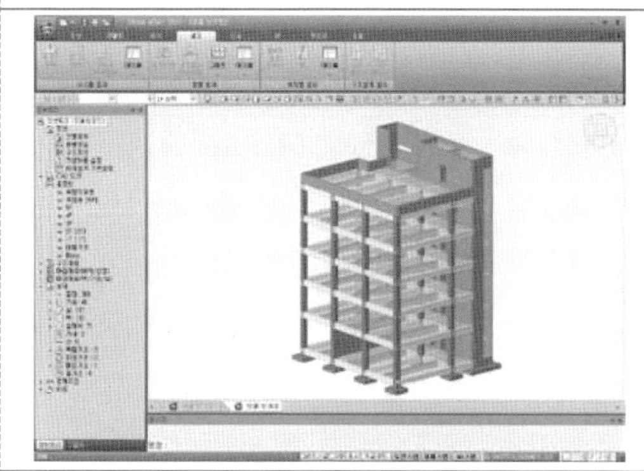	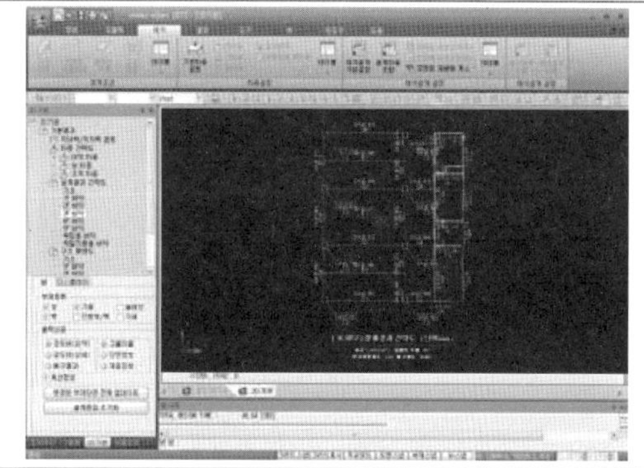
리본메뉴	 해석/설계를 수행하기 전 상태이므로, 리본메뉴 > [결과]의 각 항목들이 **비활성화** 되어 있어 결과값을 확인 할 수 없다.	리본메뉴 > [결과]의 각 항목들을 확인 할 수 있으며, 성과물인 **'구조계산서'**와 **'안전확인서'**를 출력할 수 있다.
트리메뉴	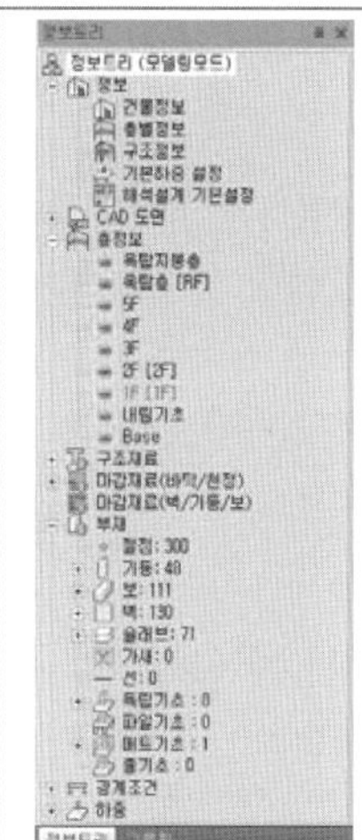 트리메뉴에서 [정보트리]창과 [그룹핑]을 확인 할 수 있다. [정보트리]창에서는 사용자가 입력한 정보들이 트리형태로 기록되고 관리된다.	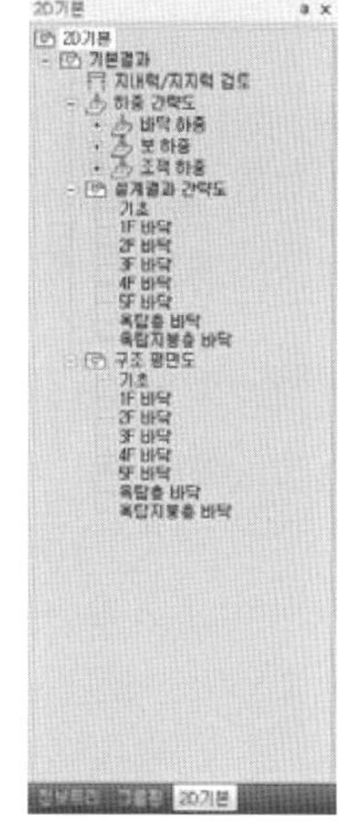 트리메뉴에 [정보트리], [그룹핑] 외에 [2D기본]을 확인할 수 있도록 메뉴가 추가된다. [2D기본]은 해석/설계 수행 후 그 결과를 검토하고 수정할 수 있는 정보창이다.
도구막대	 도구막대의 아이콘이 열린 자물쇠 모양의 [전처리모드]에 표시되어 있다.	해석/설계수행이 완료되면 도구막대의 아이콘이 잠긴 자물쇠 모양의 [후처리모드]로 자동전환 된다.
작업창	층별 보기창 : 1F / 모델 보기창 층별 보기창과 모델 보기창이 설정되어 있다.	결과 보기창 / 2D기본 작업창이 [결과 보기창]으로 전환되며, 트리메뉴에 [2D기본]창이 추가되어 층별, 부재별 설계결과를 확인할 수 있다.

3.2.3 해석파일 관리

정보입력과 구조모델링을 완성한 후 해석/설계를 수행하면 모델파일(000.meb)이 저장된

위치에 여러가지 해석파일들이 생성된다.

Sample

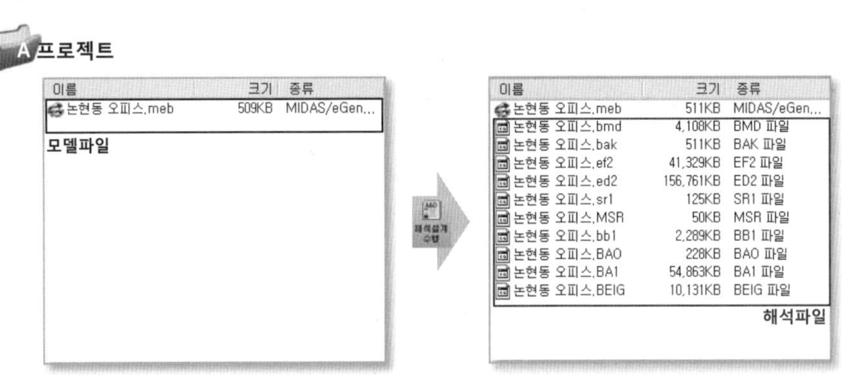

▪ **각 해석파일 정보**

확장자명	설 명
. bmb	후처리 모델파일
. ef2	부재력 결과 (RC)
. ef1	부재력 결과 (Steel)
. ed2	설계결과(RC)
. ed1	설계결과(Steel)
. bak	입력정보 백업파일(모델정보)
. sr1	층 결과 테이블
. MSR	Mode별 Story결과 (층 전단력 및 관성력)
. bb1	설계결과파일
. BAO	응답스펙트럼 결과를 보여주는 텍스트
. BA1	부재력, 변위 등 해석결과/ 선형 해석결과
. BEIG	고유치 해석결과

해석/설계가 완료되어 해석파일들이 생성된 상태에서 저장하고, 이후에 모델파일을 열면 후처리 모드 상태로 프로그램이 실행되어 해석결과를 바로 확인할 수 있다.

반면 해석파일 중 일부를 삭제하거나 다른 폴더로 이동한 후, 모델파일을 열었을 경우에는, 해석 전의 상태(전처리 모드)에서 프로그램이 실행된다.

해석파일들을 삭제하더라도 모델파일을 열어 해석/설계를 재수행하면 다시 해석파일들이 생성되며, 모델을 수정하고 다시 해석/설계를 수행하면 기존의 해석파일이 새로운 해석파일로 변경된다.

따라서, 모델파일의 관리가 무엇보다 중요하며, 위와 같은 특성상 **하나의 폴더** 안에 **하나의 프로젝트 파일만 저장**하는 것이 좋다.

Sample

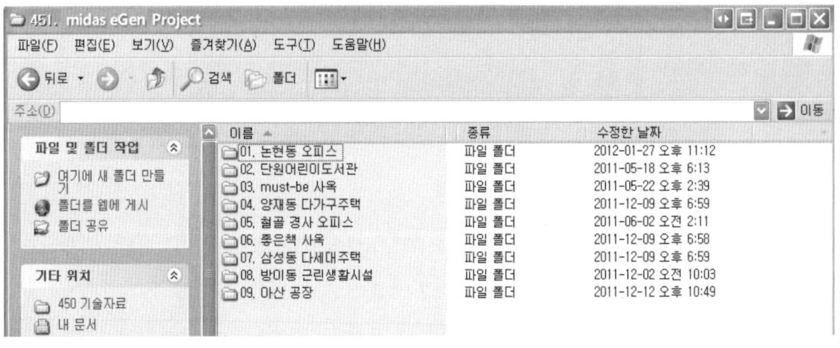

3.3 구조모델링의 이해

3.3.1 절점과 구조선

구조 모델링을 하기 위해서, **절점**과 **구조선**의 개념을 반드시 익혀야 한다.
midas eGen에서의 모델링은 **구조계산을 하기 위한 모델링**이다.
건물에 발생하는 하중을 기초까지 전달하기 위해서 모든 부재의 절점과 구조선은 반드시 연결되어야 한다.

1) 절점과 구조선 확인하기

✓ 절점 확인 방법

보기/
감추기

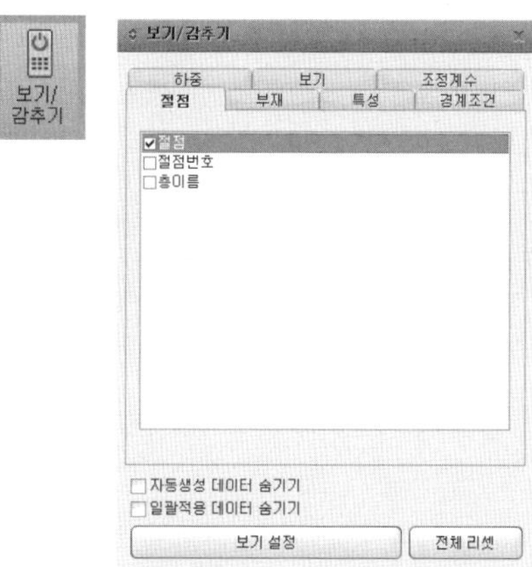

① 메뉴 : [뷰]탭 > [디스플레이] > [보기/감추기] 아이콘 클릭
- 혹은 [도구막대]의 [보기/감추기] 아이콘 클릭
- 단축명령어 : Ctrl + E

② [보기/감추기] 창에서 [절점]탭 클릭
③ [절점]에 체크 후 [확인]버튼 클릭

✓ 구조선 확인 방법

① 메뉴 : [뷰]탭 > [보기설정] > [와이어프레임] 아이콘 클릭
- 혹은 [도구막대]의 [와이어프레임] 아이콘 클릭
- 단축명령어 : Ctrl + H

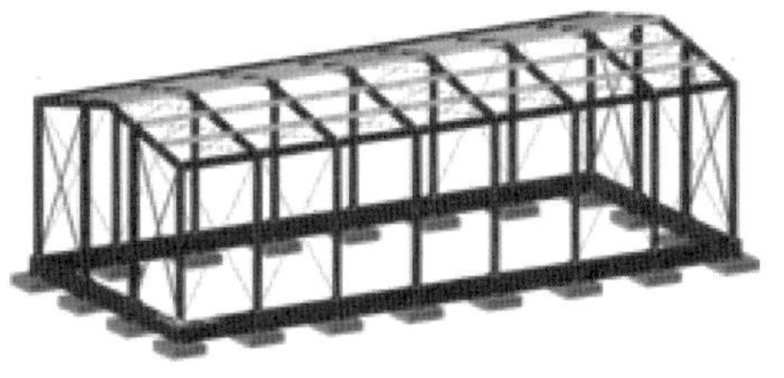
<부재 형상보기>

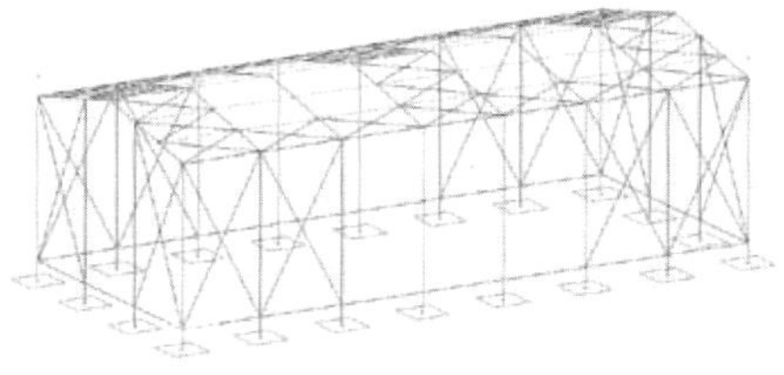
<와이어프레임 보기>

NOTE

- 부재간 절점과 구조선의 연결을 확인하기 위해 와이어프레임을 자주 확인하는 것이 좋다.

2) 부재별 절점과 구조선

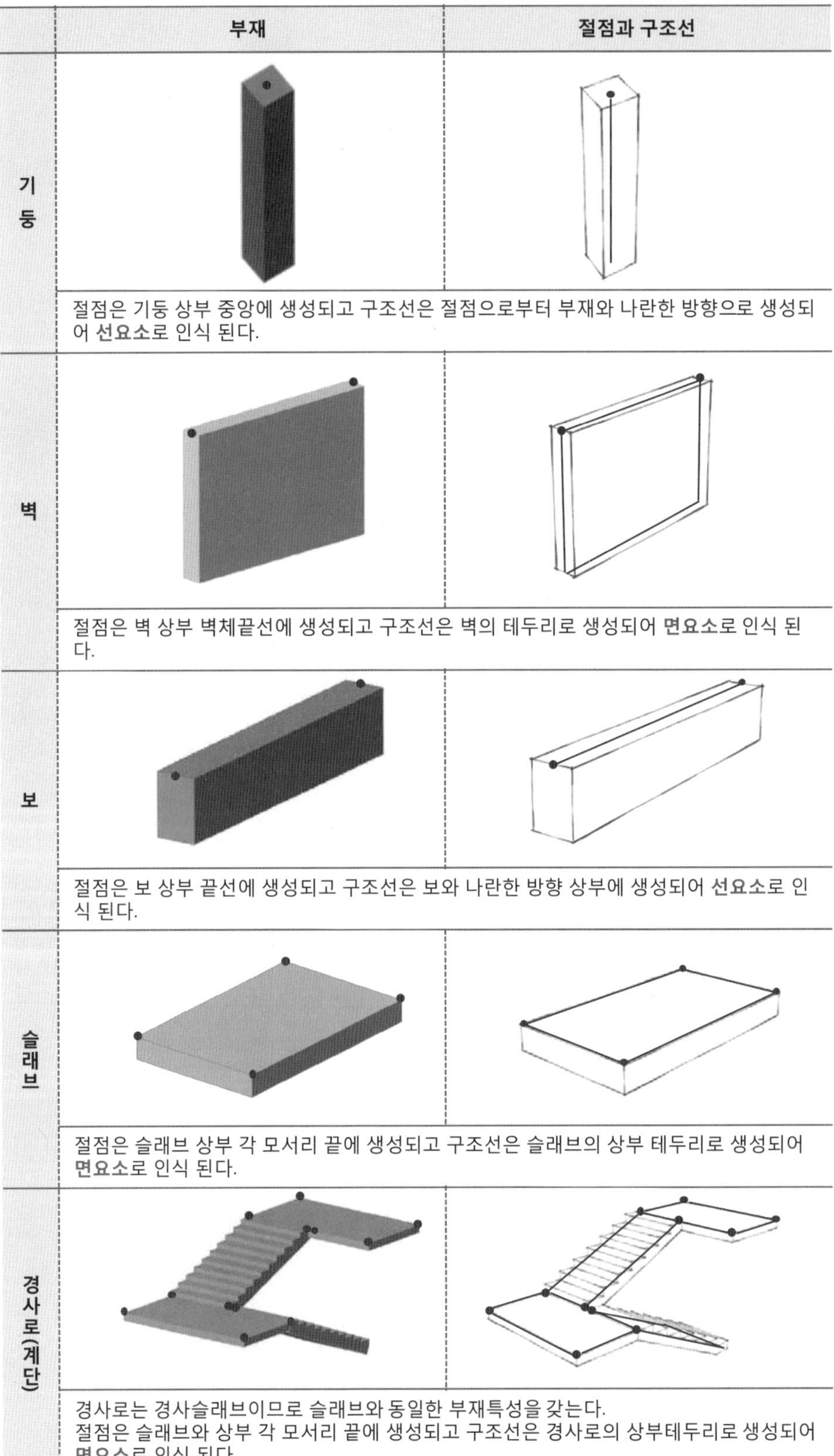

	부재	절점과 구조선
기둥		
	절점은 기둥 상부 중앙에 생성되고 구조선은 절점으로부터 부재와 나란한 방향으로 생성되어 **선요소**로 인식 된다.	
벽		
	절점은 벽 상부 벽체끝선에 생성되고 구조선은 벽의 테두리로 생성되어 **면요소**로 인식 된다.	
보		
	절점은 보 상부 끝선에 생성되고 구조선은 보와 나란한 방향 상부에 생성되어 **선요소**로 인식 된다.	
슬래브		
	절점은 슬래브 상부 각 모서리 끝에 생성되고 구조선은 슬래브의 상부 테두리로 생성되어 **면요소**로 인식 된다.	
경사로(계단)		
	경사로는 경사슬래브이므로 슬래브와 동일한 부재특성을 갖는다. 절점은 슬래브와 상부 각 모서리 끝에 생성되고 구조선은 경사로의 상부테두리로 생성되어 **면요소**로 인식 된다.	

3) 절점과 구조선의 연결

건물에 발생하는 하중을 기초까지 전달하기 위해서 모든 부재는 절점과 구조선으로 연결되어야 한다. 구조 모델링에서 부재간의 연결은 힘의 흐름을 연결시켜주는 과정이므로 연결된 부재들은 절점을 공유하면서 모델링하는 것이 모델링의 핵심이다.

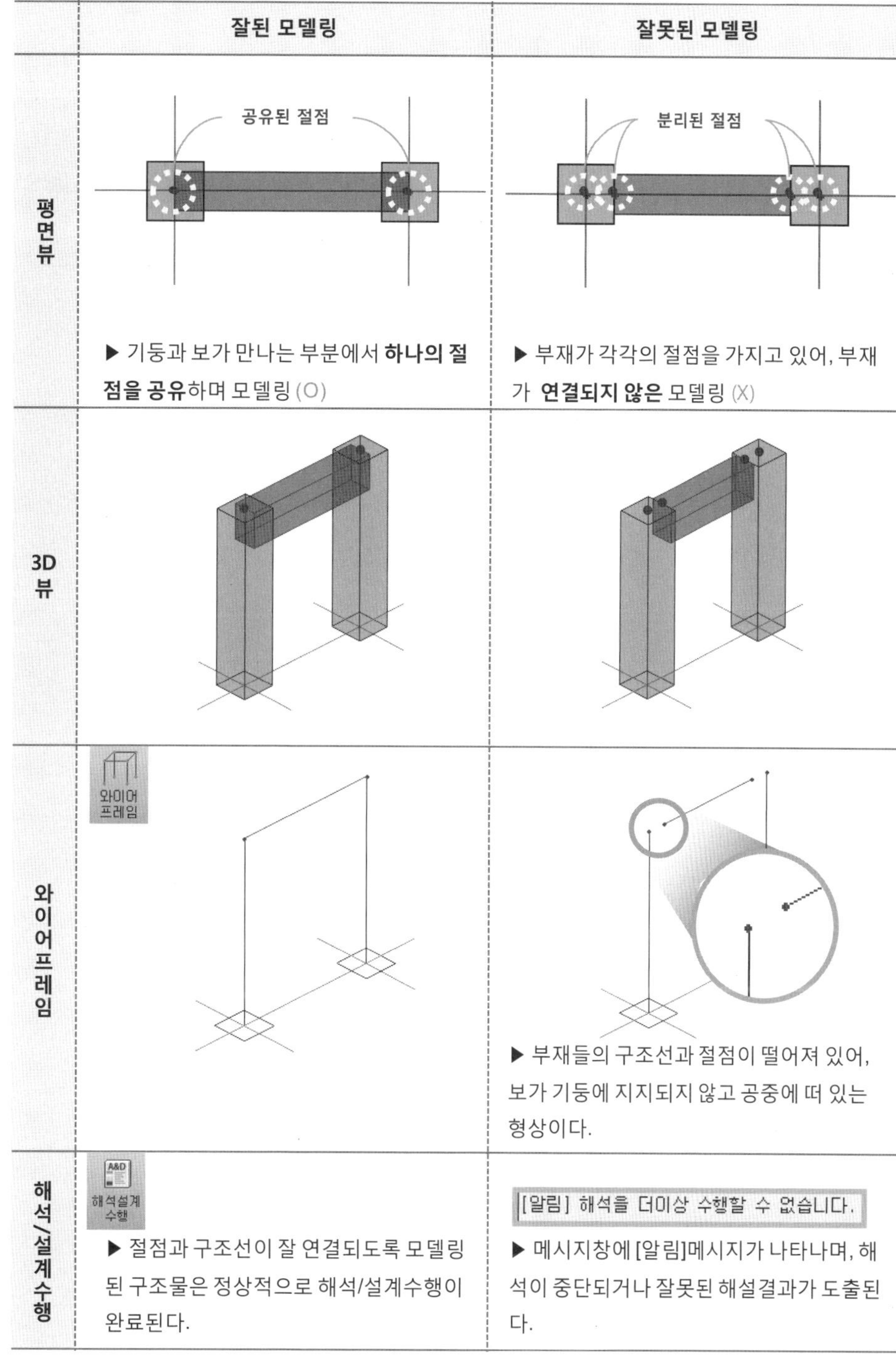

	잘된 모델링	잘못된 모델링
평면뷰	▶ 기둥과 보가 만나는 부분에서 **하나의 절점을 공유**하며 모델링 (O)	▶ 부재가 각각의 절점을 가지고 있어, 부재가 **연결되지 않은** 모델링 (X)
3D 뷰		
와이어프레임		▶ 부재들의 구조선과 절점이 떨어져 있어, 보가 기둥에 지지되지 않고 공중에 떠 있는 형상이다.
해석/설계수행	▶ 절점과 구조선이 잘 연결되도록 모델링된 구조물은 정상적으로 해석/설계수행이 완료된다.	[알림] 해석을 더이상 수행할 수 없습니다. ▶ 메시지창에 [알림]메시지가 나타나며, 해석이 중단되거나 잘못된 해설결과가 도출된다.

3.3.2 층(story)의 개념

일반적으로 아래의 그림과 같은 건물을 1층 건물이라고 한다.
이 1층 건물은 최하부 기초에서부터 지붕 슬래브까지의 구조요소로 이루어져 있다.

▪ **하중이란?**

⇒ **건축물에 작용하는 힘**

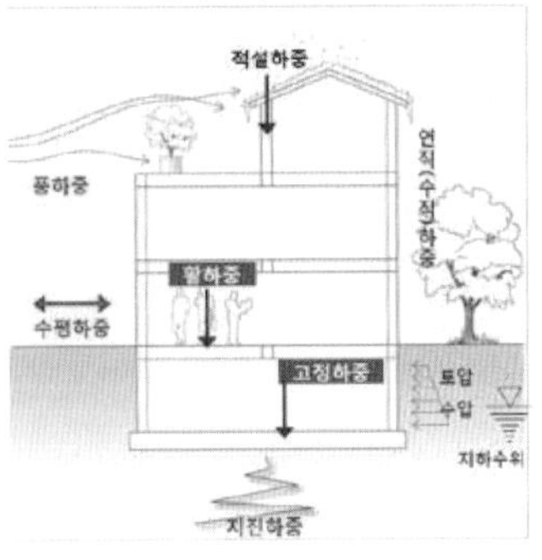

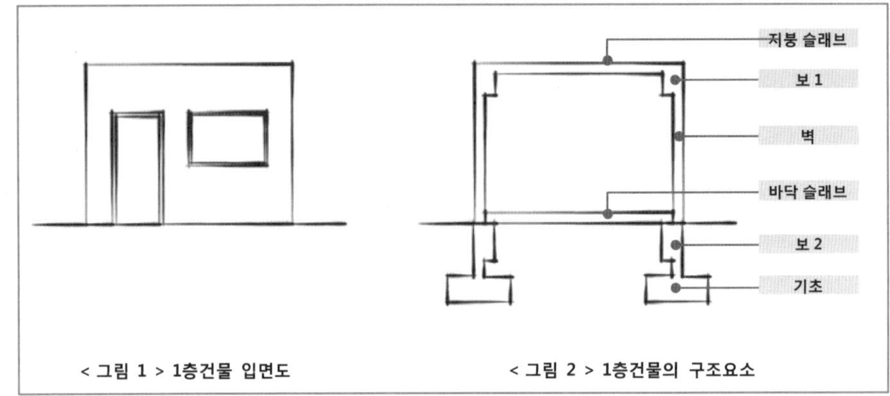

< 그림 1 > 1층건물 입면도

< 그림 2 > 1층건물의 구조요소

▪ **구조체에서의 하중전달 흐름**

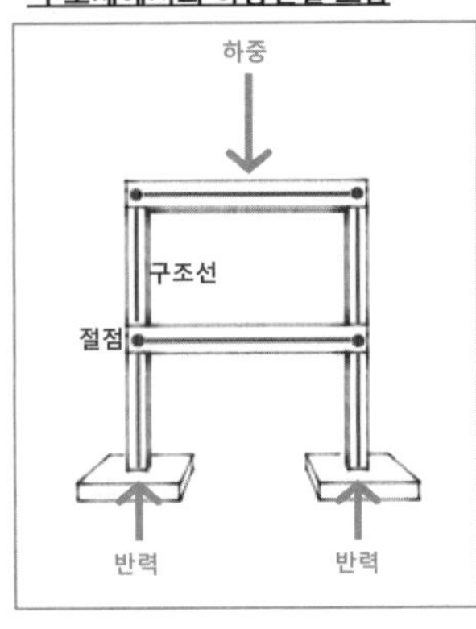

건축평면도 작성시에는 1층 바닥레벨에서 약 1.2m 높이에서 수평으로 절단하여 아래로 본 형상을 표현하고 있다. 그리고 이 평면도에서 표현되지 않는 1.2m 상부에 대해서는 특별히 지붕 평면도를 작성하여 표현한다.

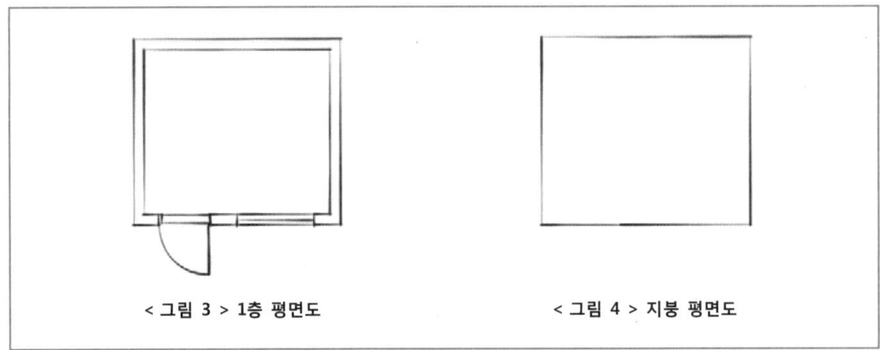

< 그림 3 > 1층 평면도

< 그림 4 > 지붕 평면도

도면을 절단면 아래로 그리는 이유로 구조평면도 작성시 위**<그림2>**의 **'보 1'** 은 **"지붕바닥 구조평면도"**에 점선으로 표시하고 일반적으로 '**RG1**' 의 형태로 그룹 이름을 적용하며, **'보2'**는 **"1층바닥 구조평면도"**에 점선으로 표시하고 일반적으로 **'1G1'** 의 형태로 그룹이름을 적용한다.

반면 midas eGen에서는 위의**<그림2>**에서 **지붕슬래브 / 보 1 / 벽** 을 **'1개 층(Story)'**으로 규정한다.

1) midas eGen에서 의 층 개념

● 모델링 층 개념 (n 타입)

midas eGen에서 층 개념은 아래의 **<그림 1>**에서 보는 바와 같이 해당 층의 상부슬래브로 부터 그 아래층의 상부슬래브 윗부분까지를 **1개 층(Story)**으로 규정하고 있다.

간단히 도식으로 표현하면 1개 층은 ⊓ 와 같은 형상이 되어 **n타입** 이라고 부르며 midas eGen에서 특별히 **"OO층 레벨구간"**이라고 정의한다.

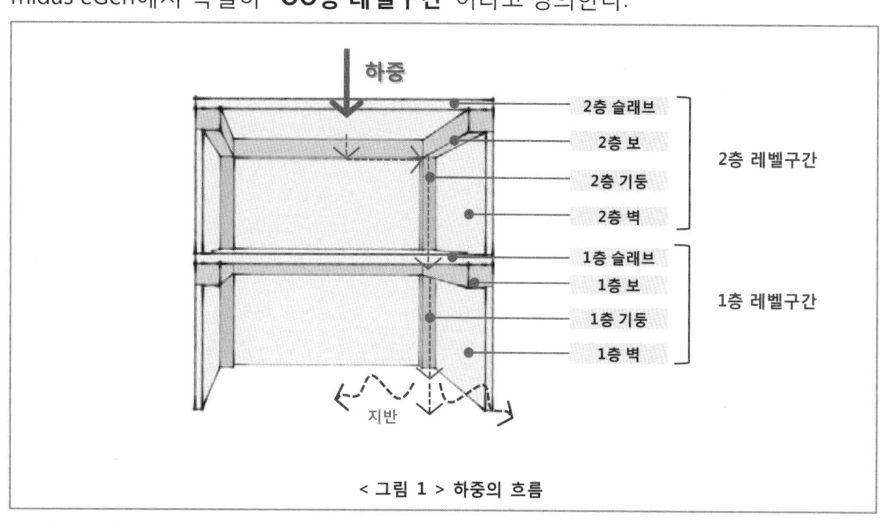

< 그림 1 > 하중의 흐름

✓ 확인하고자 하는 부재에 마우스 커서를 가져가면 **Tool tip**이 나타난다.

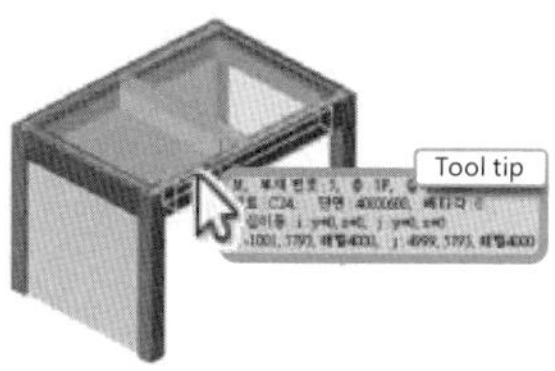

따라서 **2층바닥 슬래브**는 1층 레벨구간에 속하는 **1층 슬래브**가 된다.

모델링 된 부재에 마우스 커서를 올려 **Tool tip**을 확인하거나 부재를 더블클릭하여 **속성창**을 보면 해당부재의 소속 층을 알 수 있다.

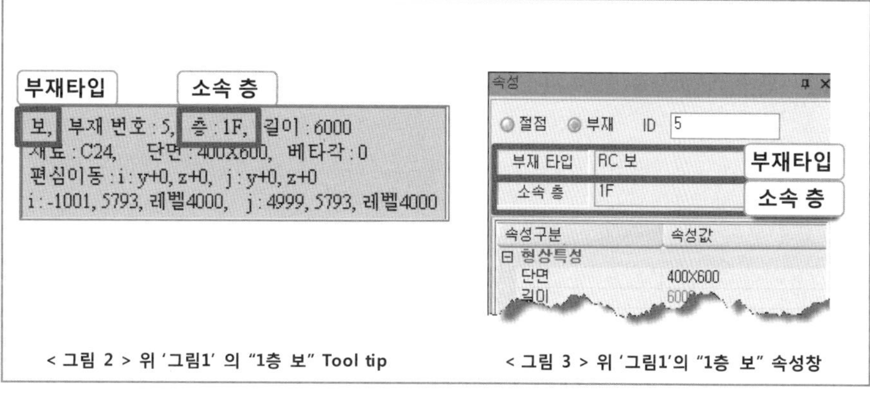

< 그림 2 > 위 '그림1' 의 "1층 보" Tool tip

< 그림 3 > 위 '그림1'의 "1층 보" 속성창

✓ 확인하고자 하는 부재를 더블클릭하면 화면 왼쪽 트리메뉴에 **속성창**이 나타난다.

이렇게 규정한 이유는 건물에 작용하는 하중의 흐름이 슬래브 → 작은보 → 큰보 → 기둥/벽을 기본단위로(n형상) 반복되면서 최종적으로 기초로 전달되어 지내력과 평형을 이루는 원리 때문이다. 또한 구조해석을 요하는 층간변위, 층전단력 등이 n형상의 하중들의 조합으로 산정되기 때문이다.

eGen 도우미

midas eGen에서는 n타입의 모델링 층개념을 가지고 있으므로, 동일한 부재를 다른 층으로 복사하기 위해서는 [층간복사] 기능을 활용할 수 있다.
이 기능을 통해 기준층과 동일한 평면을 가진 상부층의 경우, 빠르게 한 층(Story)의 모든부재와 특성들을 복사하여 생성할 수 있다.

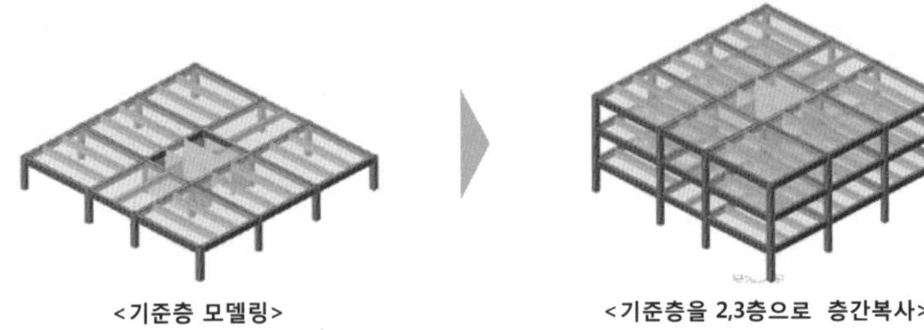
<기준층 모델링> <기준층을 2,3층으로 층간복사>

NOTE

- 도면작성시 일반적인 층 개념은 각 층 바닥부터 1.5m높이에서의 부재정보를 표현하지만, 그 정보들은 상부구조물을 표현하고 있는 것이다.
이를 근거로 eGen에서의 구조 모델링은 각층 바닥에 도면 Tracing을 위치시켜 도면 위로 부재가 생성되는 방식으로 구성되어 있다.

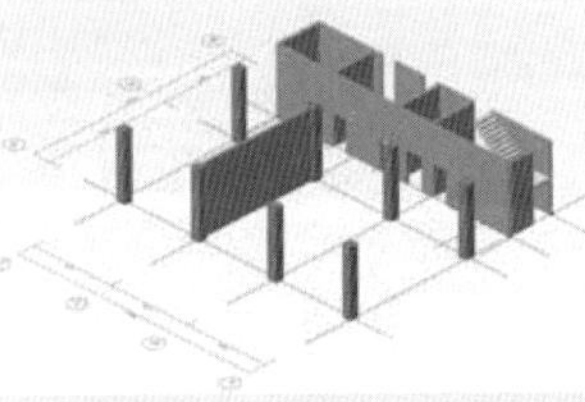

- 모델링은 도면 위로 생성되는 방식으로 하지만, 결과물은 export와 익숙한 사용성을 위해 [**F 바닥] 의 형식으로 표기한다.

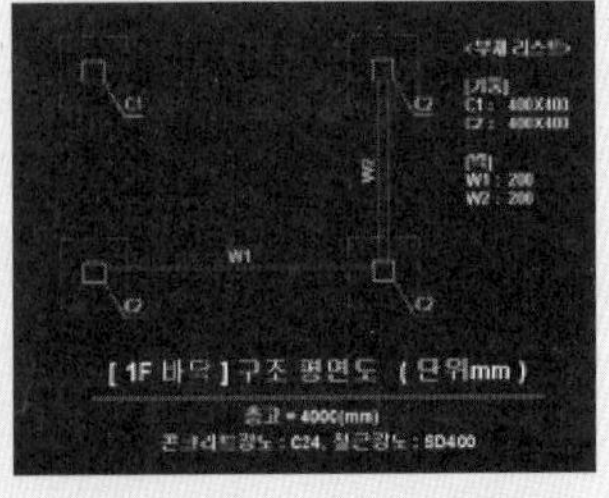

● 구조평면도 층 개념 (u 타입)

구조계산을 근거로 구조평면도를 작성할 때는 각층 바닥레벨에서 약 1.2m높이에서 수평으로 절단한 면의 하부를 표현한다.

절단면에 위치한 수직부재와 그 하부의 바닥슬래브 및 보 등의 수평부재를 그리기 때문에 **u타입**이라고 부르고 있다.

midas eGen의 결과물인 '구조평면도'와 '구조계산서'에 앞서 서술한 모델링 층개념(n타입)을 적용하면 도면 표현이나 부재그룹이름 적용에 모순이 발생한다. 1층 구조평면도에 모델링상 1층 소속 부재인 1층 슬래브, 1층 보를 표시하면 사용상의 혼란을 초래할 수 있기 때문에 생성된 결과물의 표현에서는 관습에 입각하여 **u타입**으로 나타내고 있다.

즉 모델링상의 1층 슬래브는 "2층 바닥 구조평면도"에 2S1의 형태로 표시하여 기존의 도면작성방법과 동일한 형태의 결과물을 제공한다.

Sample

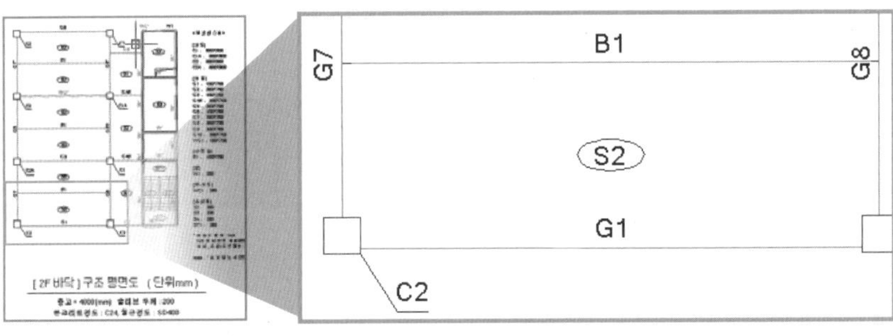

<구조평면도 -2F바닥>

2) 작업창

midas eGen의 모델링 작업환경은 [층별보기창]과 [모델보기창]으로 대별된다. 작업환경은 작업창 하단의 작업환경 선택 탭을 클릭하여 선택한다.

층별보기창	모델보기창
	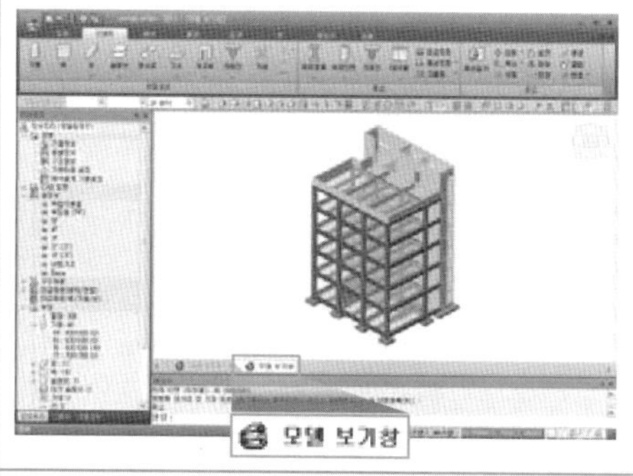
설정한 층의 도면을 기준으로 상부층과 하부층이 보여진다. 모델링은 도면을 기준으로 상부층의 부재, 하부층의 부재들을 생성, 편집할 수 있다.	모든 층이 전체적으로 보여진다. 전체 층을 자유롭게 확인하며 부재를 생성, 편집할 수 있으며, 구조물 전체의 모습을 확인하며 모델을 수정할 때 편리하다.

작업창 상단에는 작업층 설정 기능이 있어 모델링을 원하는 작업층을 선택할 수 있다.
작업층은 층별정보에서 작성한 층수를 기반으로 원하는 층의 바닥을 선택하도록 되어 있다. 2층 바닥을 작업층으로 선택하면 2층 바닥 레벨에 위치하는 수평, 수직부재를 모델링 할 수 있다. 즉 수평부재인 2층 바닥슬래브(소속층은 1층), 2층 바닥보(소속층은 1층)와 2층 바닥에서 시작하는 2층 기둥, 벽 등의 수직부재를 생성할 수 있다.
만약 [3D스냅]을 끄고 작업을 해 보면 작업층의 특성을 분명히 알 수 있을 것이다.

참조
홈페이지>교육>단위기능따라하기>기본기능익히기 >
"View 활용, Display활용" 중 *01. View 활용하기* ▶

3.3.3 부재 관리

midas eGen에서 생성 된 구조모델은 단순한 기하 모델이 아니라 **구조해석/설계에 필요한 정보를 포함**하고 있다.

구조모델에 필요한 정보라는 것은 **부재의 재질, 강도, 경계조건** 및 **지지조건** 등을 말한다. 이러한 정보를 체계적으로 관리하기 위해서 부재들은 고유한 관리체계로 분류된다.

▪ **midas eGen의 부재관리 체계**

부재타입	기둥, 보, 벽 등의 부재타입으로 관리체계상 최상위 등급
부재 ID	전체 구조물에는 다양한 단면크기의 부재들이 사용될 수 있다. 따라서 동일한 부재타입 내에서 각 단면 크기별로 고유한 번호를 부여하는데 이를 '부재ID'라고 한다. 동일한 부재 타입 내에서 동일한 부재ID를 중복하여 사용할 수 없다. (예 - 부재타입 '기둥' 안에 '1'이라는 부재ID가 두개이상 존재할 수 없다.)
부재이름	일반적으로 부재의 단면치수로 자동설정 됩니다. 사용자가 한글을 포함하여 별도의 이름을 부여할 수 있다. 철골부재의 부재이름은 DB로부터 선택한다.
부재번호	구조부재를 모델링하면 부재마다 각각의 번호가 부여되는데, 이를 '부재번호'라 한다. 부재번호는 부재타입과 별개로 부재의 생성 순서대로 1번을 시작으로 모든 부재에 중복 없이 부여된다.

✓ 도구막대의 [부재번호]아이콘 을 클릭하면, 생성된 부재들의 번호(부재ID)를 확인 할 수 있다.

부재를 새롭게 등록하면, '부재이름'이 부재의 단면치수로 자동설정 되기 때문에 혼돈이 생길 수 있다. 부재의 ID와 이름 그리고 단면치수는 부재등록시 설정할 수 있다.

✓ [정보트리]에는 일반적으로 쓰이는 단면의 DB가 기본설정되어 있고, 새로운 부재를 등록하며 'ID:이름' 형태로 [정보트리] > [부재] 에 추가기록되어 관리된다.

<[정보트리] 기본설정>

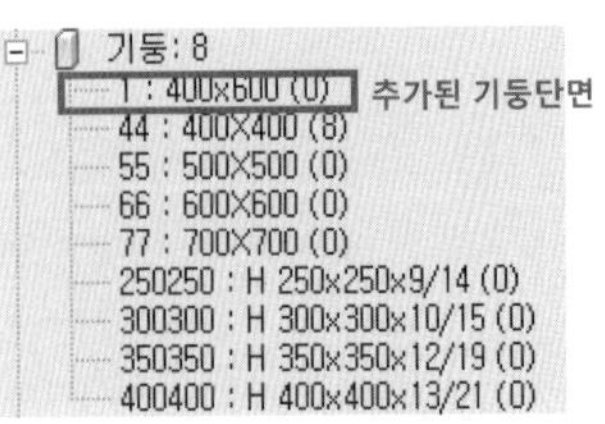

<부재 추가 후 [정보트리]>

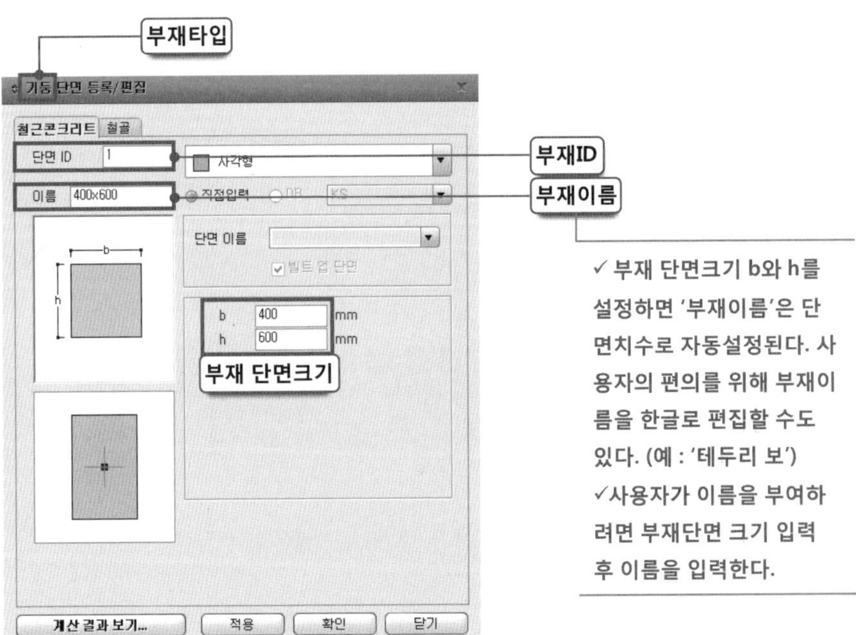

✓ 부재 단면크기 b와 h를 설정하면 '부재이름'은 단면치수로 자동설정된다. 사용자의 편의를 위해 부재이름을 한글로 편집할 수도 있다. (예 : '테두리 보')

✓사용자가 이름을 부여하려면 부재단면 크기 입력 후 이름을 입력한다.

부재의 ID와 단면은 midas eGen에서 다음과 같이 정보를 표현하고 있다.

< 그림 1 > "1층 보"의 Tool tip

< 그림 2 > "1층 보" 의 속성창

홈페이지 > 교육 > 단위기능따라하기 > 부재생성하기 > *"기둥 생성하기"* ▶

• 부재 속성창

[기둥부재 속성창]

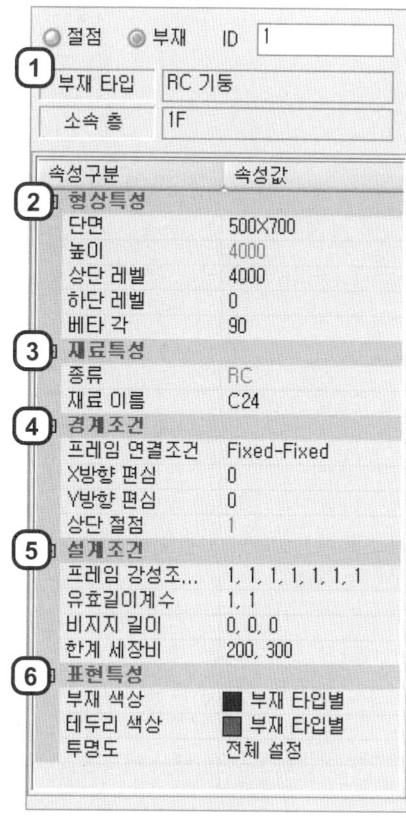

① **기본정보** 부재의 ID 와 부재의 타입, 소속 층을 확인할 수 있다.

② **형상특성** 단면 크기, 상단 레벨, 경사각 정보를 확인 할 수 있다. 층고를 높이의 기본값으로 가진다.

③ **재료종류** 부재의 구조 재료와 '구조정보' 기능에서 설정한 재료강도가 설정되어 있다.

④ **경계조건** 주변 부재와 연결되는 단부의 연결조건이 지정되어 있으며 편심 적용 시 편심거리를 확인 할 수 있다.

⑤ **설계조건** 부재의 위치와 구조적 역할에 따라 부재 설계 시 고려되는 조건들이 설정되어 있다.

⑥ **표현특성** 해당부재만 별도의 색상과 투명도를 설정할 수 있다.

속성창은 tool tip과 같이 부재가 가지고 있는 정보를 보여주고 편집할 수 있는 기능을 제공한다. 각 부재별로 단면, 레벨, 재료, 경계조건 등을 사용자가 직접 속성창에서 변경할 수 있다.

3.3.4 특성 및 하중 설정

1) 특성 부여

midas eGen에서는 구조모델링을 하면서 특정한 하중이나 경계조건을 가진 부재에 대해서 특성지정을 하도록 되어 있다.

즉 기본데이타 외의 추가적인 정보를 사용자가 직접 설정하는 것이다.

예를 들면, 보 생성 후 [특성지정]의 '토압/수압부재 지정'을 하면, 해당 부재는 '지중보'로 설정되어 해석/설계 시 부재에 토압과 수압이 고려된다.

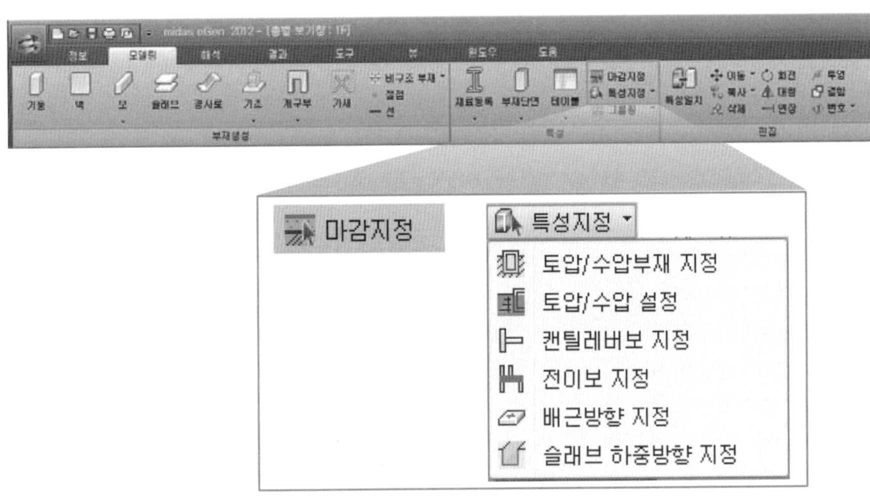

Sample

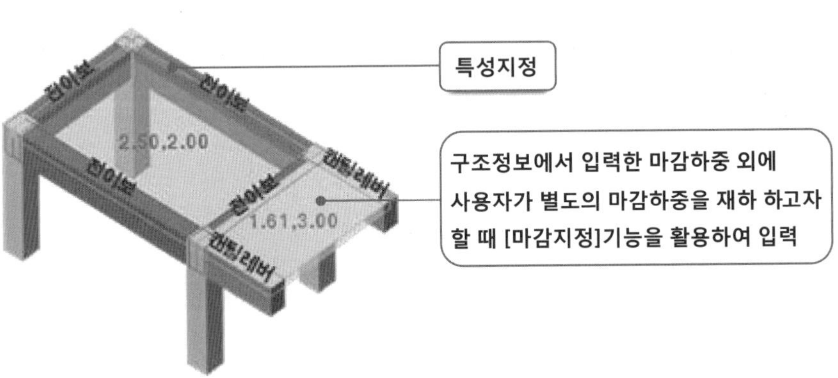

참조

홈페이지 > 교육 > 실무예제 따라하기> *"필로티가있는 RC다세대주택 따라하기"* 중 02.모델링 및 편집 ▶

2) 경계조건 및 하중 설정

기본 설정된 조건 외에 사용자가 직접 부재의 경계조건을 변경하거나, 별도의 하중을 설정 할 수 있는 기능이다.

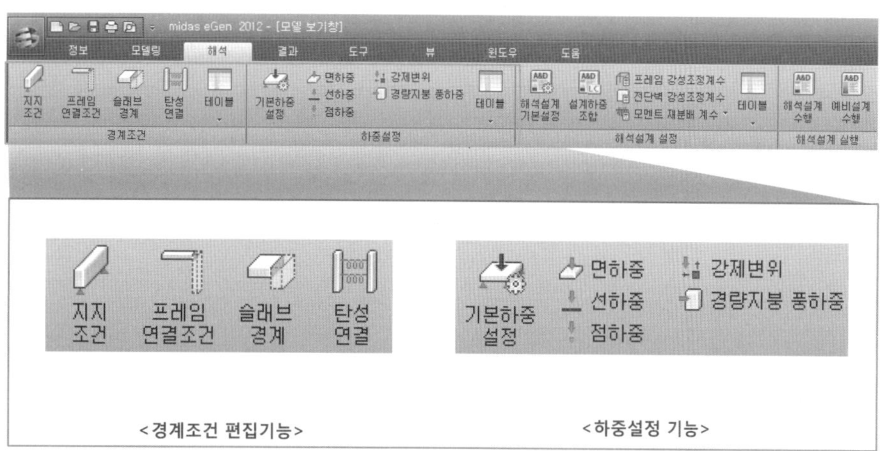

<경계조건 편집기능> <하중설정 기능>

홈페이지 > 지원 > 구조용어풀이 > *경계조건* ▶ 참조

Sample

경량지붕 풍하중 기능으로 박공지붕형태 철골건물의 풍하중을 설정할 수 있다.

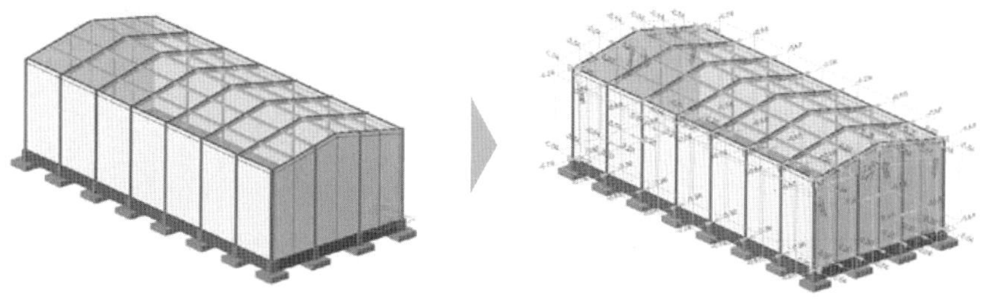

홈페이지 > 교육 > 실무예제 따라하기 > *"[기초] 철골건물 따라하기" 중 02.모델링 및 편집* ▶ 참조

Section 3. 실습 초급

04
철근 콘크리트 건물 실습

DESIGN CURRICULUM

STRUCTURE DESIGN FOR ARCHITECTURE

04.
철근 콘크리트 건물 실습

TABLE OF CONTENTS

4.1 학습 준비 **63**

4.1.1 프로그램 실행 63
4.1.2 프로젝트 정보 확인 64

4.2 정보 입력 **65**

4.2.1 건물정보 입력 65
4.2.2 층별정보 입력 67
4.2.3 구조정보 입력 68
4.2.4 CAD도면 등록 69

4.3 모델링 및 편집 **73**

4.3.1 수직부재의 생성 73
4.3.2 수평부재의 생성 77
4.3.3 모델링 완성 85

4.4 해석/설계 수행 **95**

4.4.1 모델검토 수행 I 95
4.4.2 해석/설계 수행 97
4.4.3 모델검토 수행 II 98

4.5 결과 검토 **100**

4.5.1 2D 기본 결과 검토 100
4.5.2 NG부재 설계 편집 105
4.5.3 성과물 생성 112

DESIGN CURRICULUM
STRUCTURE DESIGN FOR ARCHITECTURE

4.1 학습 준비

4.1.1 프로그램 실행

따라하기
프로그램을 시작하고 새로운 프로젝트 작업준비를 하겠다.

1. midas eGen 프로그램 실행
   - 바탕화면의 midas eGen 아이콘 더블클릭

2. midas eGen의 작업화면 확인

3. 새 파일 열기
   - 메뉴 : [빠른실행] > [새파일] 아이콘 클릭
     또는 단축명령어 : NEW
     또는 단축키 : Ctrl + N

4. 저장하기
   - 메뉴 : [빠른실행] > [저장] 아이콘 클릭
     또는 단축명령어 : SAVE

5. 파일명 입력 후 [저장] 버튼 클릭

1) midas eGen 실행하기

2) 새 파일 열기

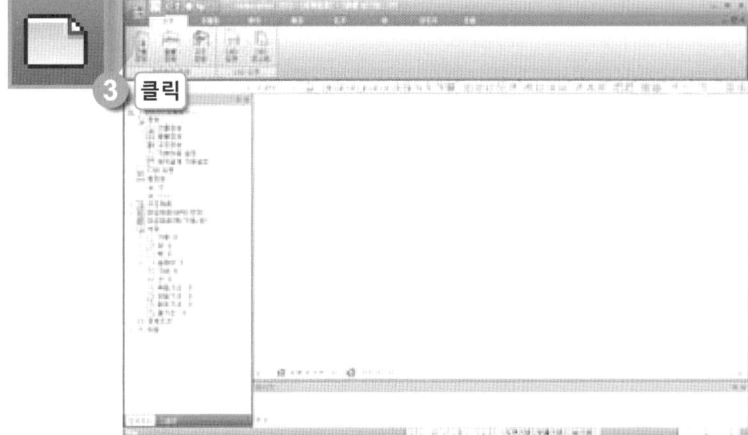

3) 저장하기

4.1.2 프로젝트 정보 확인

프로젝트 개요

건물용도	업무시설 / 일반업무시설	
위 치	경기도 성남시 분당구 삼평동 00번지	
연 면 적	2980.8m^2	
층별정보	지상 3층 / 내림기초층	
구조정보	특 징	• 철근콘크리트 구조 • 전단벽-골조상호작용 시스템 (기둥+보의 프레임과 전단벽이 포함된 구조형식)
	층 고 (mm)	• 1~3층 : 4000 • 내림기초층 : 1200 • 1층 바닥 : GL - 200
	부재단면정보 (mm)	• 1~3층 기둥 단면 : 600x600 • 슬래브 단면 : 150 • 계단 슬래브 단면 : 150 • 계단실 내력벽 단면 : 200

NOTE

- 풍하중 선정을 위한 기본 정보
  - 지역 : 경기도 성남시
  - 지표면 조도 구분 : C
  - 기본 풍속 : 25m/sec
  - 중요도 계수 : 0.95
  - 지형 계수 : 1.0

4.2 정보 입력

midas eGen의 메뉴구성은 작업프로세스를 기반으로 배열되어 있다.

정보 → 모델링 → 해석 → 결과

이번 장에서는 첫번째 과정으로 프로젝트의 정보를 입력하도록 하겠다.
[정보] 메뉴의 하위메뉴 구성 또한 작업프로세스를 기반으로 배열되었다.
프로젝트 정보는 [건물정보]-[층별정보]-[구조정보] 순서대로 입력하도록 한다.

4.2.1 건물정보 입력

midas eGen에서는 사용자가 입력한 프로젝트 정보를 토대로 구조 해석/설계에 필요한 구조정보를 자동으로 산정하게 된다.

따라서 프로젝트의 정보를 정확하게 입력하는 것은 신뢰할 수 있는 결과물을 얻기 위한 매우 중요한 작업이다.

따라하기

해석/설계 수행 시 기본 데이터베이스로 활용될 건물 정보를 입력한다.

1. 건물정보 창 열기
   - 메뉴 : [정보] > [건물정보]
   아이콘 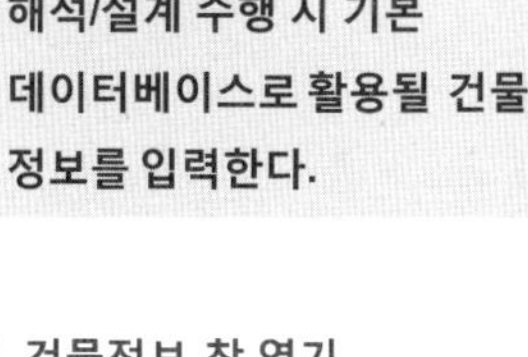 클릭
   또는 단축명령어 : BI

2. 건물정보 입력
   - 설계개요 입력
   - 각 세부정보는 구조해석을 위한 데이터를 자동으로 생성하는데 활용된다.

3. [확인] 버튼 클릭

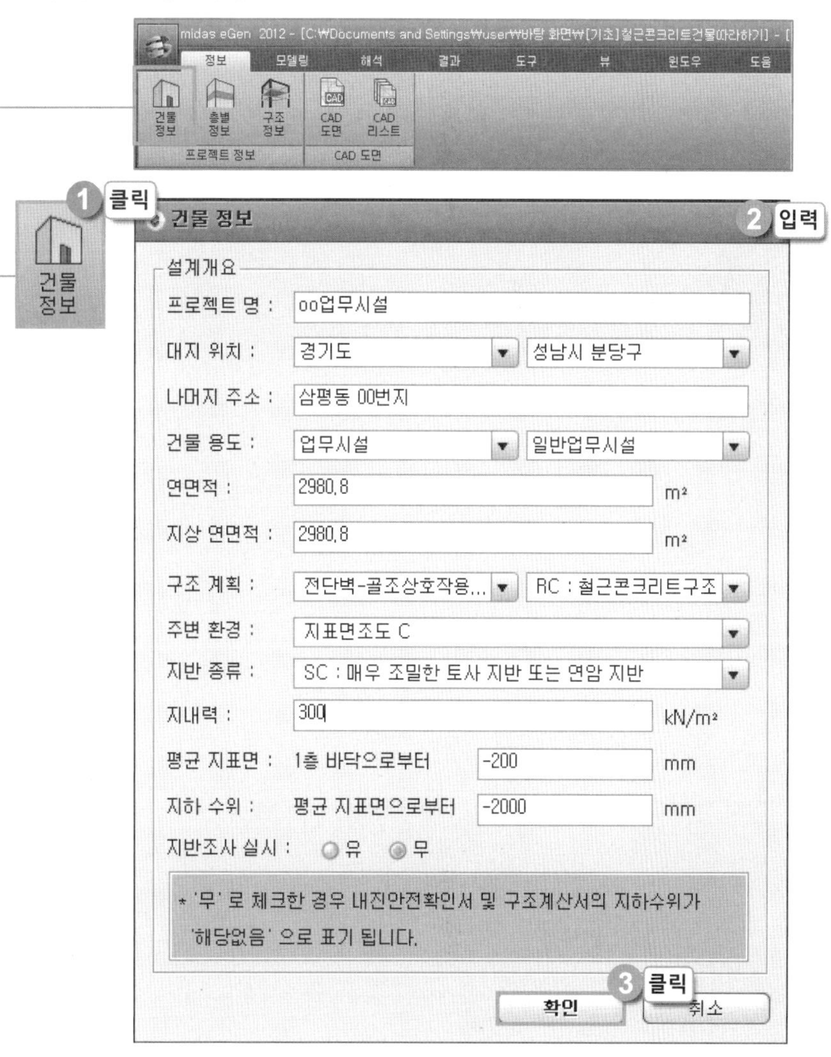

NOTE

- 지내력 입력 시, 단위에 유의하도록 한다. (SI 단위계로 입력)
  1,000 kg•f = 1 ton•f ≒ 10 kN

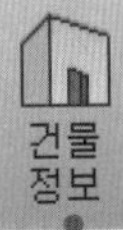

건물정보 :

건물개요(프로젝트 명, 대지위치, 용도, 연면적 등)와 구조데이터베이스(주변환경, 지반종류, 지내력, 평균지표면, 지하수위 등)를 입력합니다. 입력한 정보들은 건물의 하중 산정과 결과물 출력 시 사용된다.

건물 정보

설계개요

- 프로젝트 명 : 삼평
- 1 대지 위치 : 경기
- 나머지 주소 : 삼평
- 2 건물 용도 : 창고
- 3 연면적 : 496.
- 지상 연면적 : 496.
- 4 구조 계획 : 모던
- 5 주변 환경 : 지표
- 6 지반 종류 : SC
- 지내력 : 200
- 7 평균 지표면 : 1층
- 8 지하 수위 : 평균
- 지반조사 실시 :

* '무' 로 체크한 경
'해당없음' 으로 지

---

1 대지위치

내진설계를 위한 지역계수와 풍하중 산정을 위한 기본풍속결정 등

예) 대지위치 정보 입력 시 프로그램에 자동적용되는 데이터

대지위치	지역계수(s)	기본풍속 (V0)(m/s)
서울	0.22	30
제주	0.14	40

(KBC 2009기준)

---

2 건물용도

구조물의 용도별 활하중 입력 및 마감하중의 기본설정값 결정 등

---

3 연면적

건축물의 중요도 결정 등

---

4 구조계획

구조시스템에 따라서 지진하중을 산정하는 계수 결정 등(건물용도 및 층수정보를 동시에 고려하여 결정)

예) midas eGen의 구조계획 분류

1) 모멘트-저항골조 시스템	2) 내력벽시스템	3) 전단벽-골조상호시스템
건물 전체가 기둥+보의 프레임으로 구성된 구조형식	건물 전체가 전단벽으로 구성된 구조형식	기둥+보의 프레임과 전단벽이 포함된 구조형식
공장형 / 오피스형	전단벽 / 필로티형	골조 / 내력벽 코어

---

5 주변환경

지표면조도에 따라 풍하중 산정 기준 결정

---

6 지반종류

지반종류에 따라 지진하중 산정에 영향을 주는 지반증폭계수의 결정

---

7 평균지표면

토압 · 수압부재 지정시 토압의 자동설정 값 결정

---

8 지하수위

토압 · 수압부재 지정시 수압의 자동설정 값 결정

따라하기

층별 모델링작업 위해 건물의 층 정보를 입력한다.

1. [층별정보] 창 열기

• 메뉴 : [정보] >[층별정보] 아이콘 클릭
또는 단축명령어 : SI

2. 생성할 층 정보 입력

- 3층까지 두 개의 층을 한번에 생성하기 위해
① [복수층]에 '2' 입력
② [층고] 에 '4000' 확인

3. 층 추가

• [추가] 버튼 클릭

4. [내림기초층 사용] 체크

- 내림기초는 지하가 없는 경우 기초를 동결선 아래로 내리기 위해서 필요한 기능입니다.
① [내림기초층 사용] 체크
② [내림기초층]의 해당 [층고] 에 '1200' 입력
(내림기초층 기본설정값 : 1000)

5. [확인] 버튼 클릭

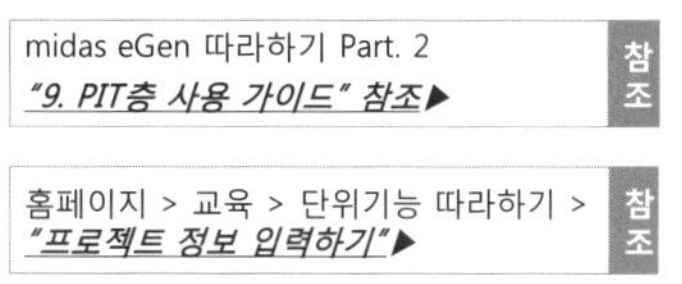

NOTE

▪ midas eGen에서 지상층을 추가하려면 [1F]를 클릭한 뒤 [추가] 버튼을 클릭한다.

▪ 지하층은 [Base]를 클릭한 뒤 [추가]버튼을 클릭하여 생성한다.

▪ 층별 정보 입력 시 해당 층의 층고 만 입력하면 누적층고는 자동으로 계산된다.

4.2.2 층별정보 입력

[층별정보] 입력은 구조모델링 작업에 앞서 층별 작업환경을 만드는 단계이다. **[층별정보]에서 층을 설정하고 층고를 입력하면, 모델링 단계에서 각 층고에 맞게 구조부재들을 생성할 수 있다.**

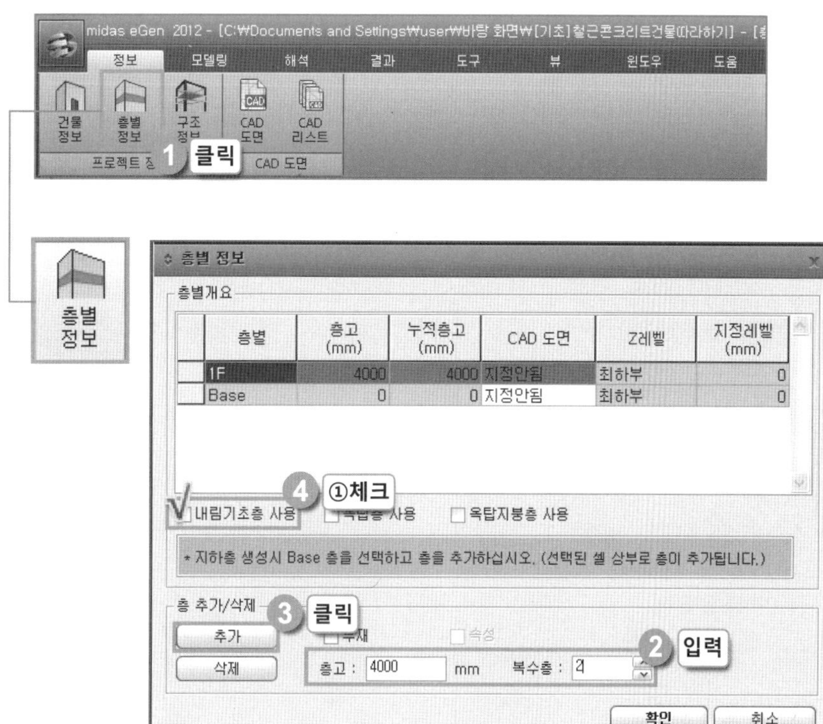

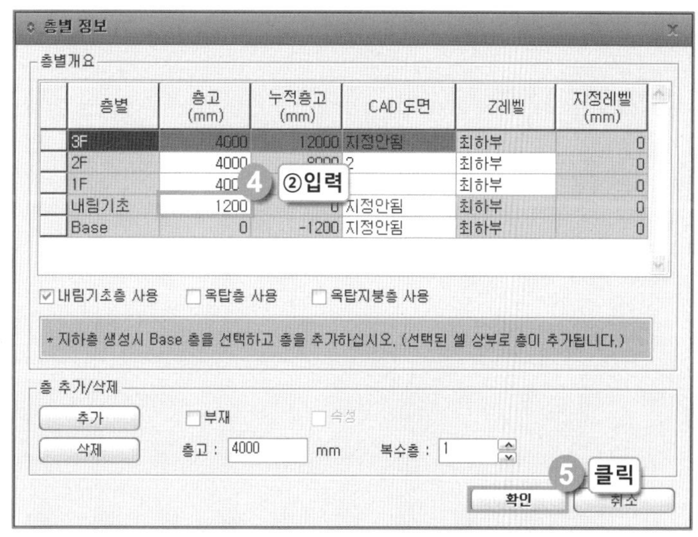

따라하기

구조물의 재질정보와 하중을 설정한다.

4.2.3 구조정보 입력

[구조정보]에서는 [건물정보]에서 선택한 [건물용도]에 보편적으로 사용되는 재료와 하중값이 기본설정 되어 있고, 사용자는 해당 프로젝트에 사용할 재료의 강도와 마감하중을 설정할 수 있다.

1. [구조정보] 창 열기

- 메뉴 : [정보] >[구조정보]

아이콘 클릭

또는 단축명령어 : AI

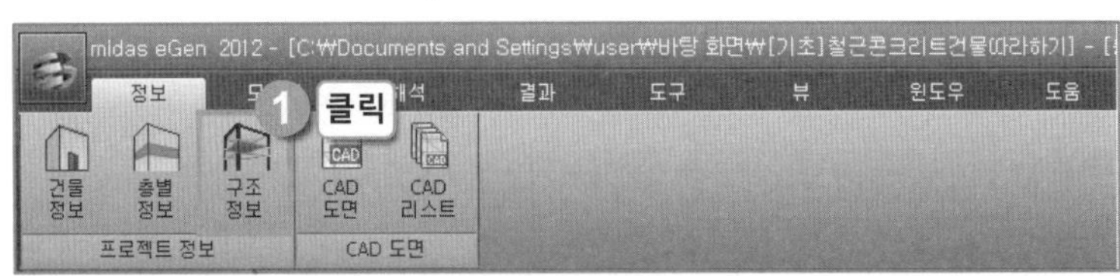

2. [3F] 활하중 변경

- [3F]의 [활하중]에 '1.00' 입력
- 본 따라하기 모델의 3층 상부 슬래브는 KBC 2009 건축구조 기준에 의거하여 '점유•사용하지 않는 지붕' 활하중 값인 1.0kN/m²를 입력한다.
  (3F 활하중의 기본설정값 : 3.00)
- 전층의 구조형식이 동일하므로 [전이층]에는 체크하지 않는다.

3. [확인] 버튼 클릭

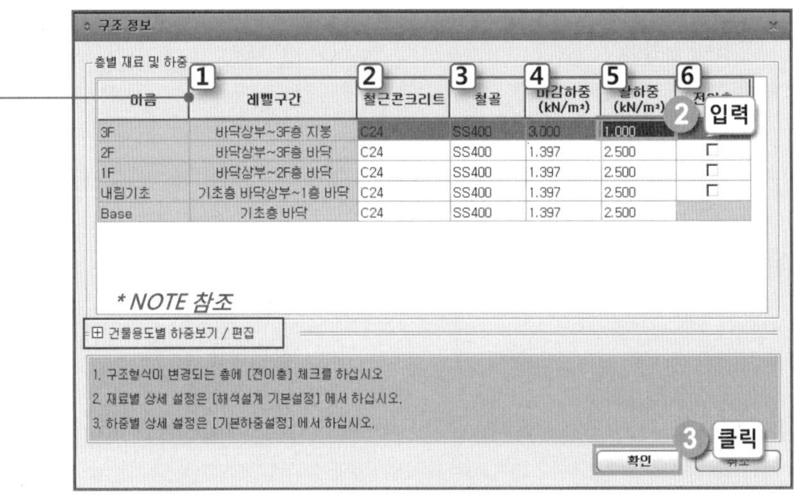

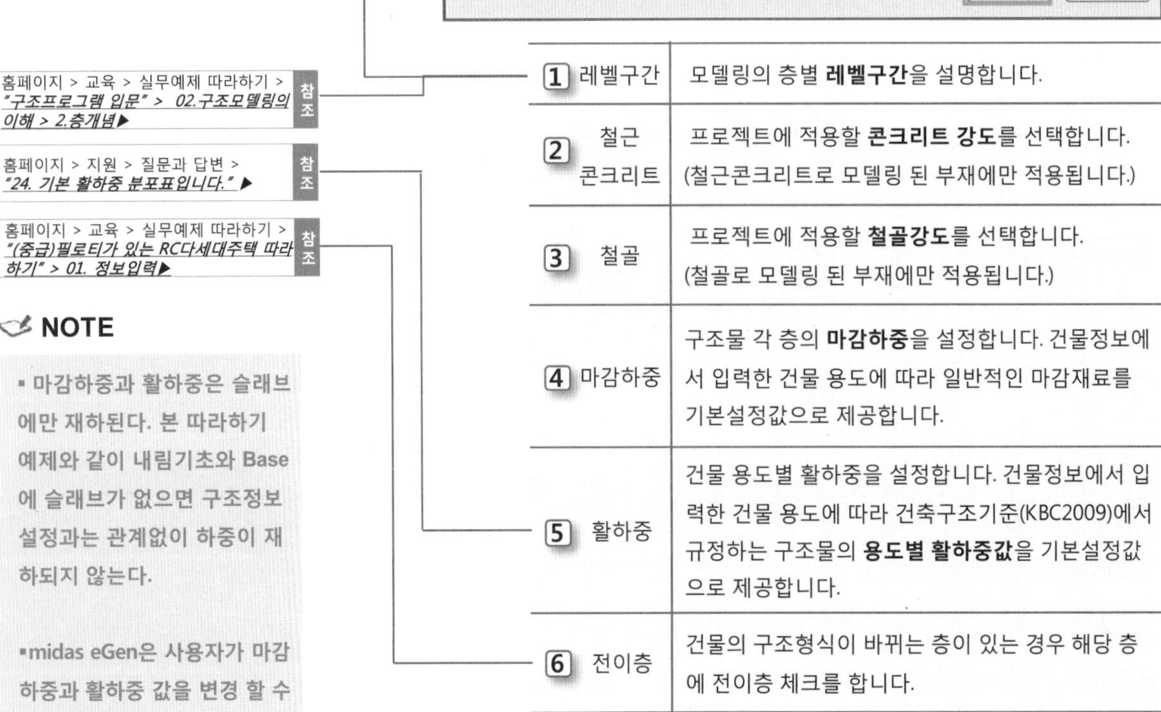

홈페이지 > 교육 > 실무예제 따라하기 > *"구조프로그램 입문" > 02.구조모델링의 이해 > 2.층개념▶* 참조

홈페이지 > 지원 > 질문과 답변 > *"24. 기본 활하중 분포표입니다."* ▶ 참조

홈페이지 > 교육 > 실무예제 따라하기 > *"(중급)필로티가 있는 RC다세대주택 따라하기" > 01. 정보입력▶* 참조

1 레벨구간	모델링의 층별 **레벨구간**을 설명합니다.
2 철근콘크리트	프로젝트에 적용할 **콘크리트 강도**를 선택합니다. (철근콘크리트로 모델링 된 부재에만 적용됩니다.)
3 철골	프로젝트에 적용할 **철골강도**를 선택합니다. (철골로 모델링 된 부재에만 적용됩니다.)
4 마감하중	구조물 각 층의 **마감하중**을 설정합니다. 건물정보에서 입력한 건물 용도에 따라 일반적인 마감재료를 기본설정값으로 제공합니다.
5 활하중	건물 용도별 활하중을 설정합니다. 건물정보에서 입력한 건물 용도에 따라 건축구조기준(KBC2009)에서 규정하는 구조물의 **용도별 활하중값**을 기본설정값으로 제공합니다.
6 전이층	건물의 구조형식이 바뀌는 층이 있는 경우 해당 층에 전이층 체크를 합니다.

NOTE

- 마감하중과 활하중은 슬래브에만 재하된다. 본 따라하기 예제와 같이 내림기초와 Base에 슬래브가 없으면 구조정보 설정과는 관계없이 하중이 재하되지 않는다.
- midas eGen은 사용자가 마감하중과 활하중 값을 변경 할 수 있도록 지원하고 있다.

4.2.4 CAD도면 등록

midas eGen은 3차원 구조모델링을 편리하게 하기 위해 **2D평면도를 밑그림으로 활용한다**. 메뉴의 [정보] > [CAD도면]에는  과  가 있다.

CAD 도면	[CAD도면]은 CAD도면 편집창을 이용하여 건축도면을 불러와 밑그림으로 전환하는 기능입니다. 또한 기본적인 도면편집 기능을 제공하여 도면수정이 가능하다.
CAD 리스트	[CAD리스트]는 등록된 CAD도면의 리스트를 관리하는 기능입니다. 작업창에 등록된 층별 도면을 활성화/비활성화 하고, 선택하여 편집창에서 수정할 수 있다.

1) CAD도면 불러오기

따라하기

[CAD도면 편집창]을 실행하고 도면을 불러온다.

1. [CAD도면 편집창] 열기
   - 메뉴 : [정보] > [CAD도면] 아이콘 클릭
2. CAD파일 불러오기
   - 메뉴 : [CAD도면 편집창] > [실행메뉴] > [열기] 아이콘 클릭
3. 해당 CAD파일 열기
   - '[기초]철근콘크리트건물 따라하기.dwg' 파일 선택 후 [열기] 버튼 클릭

[CAD도면 편집창]

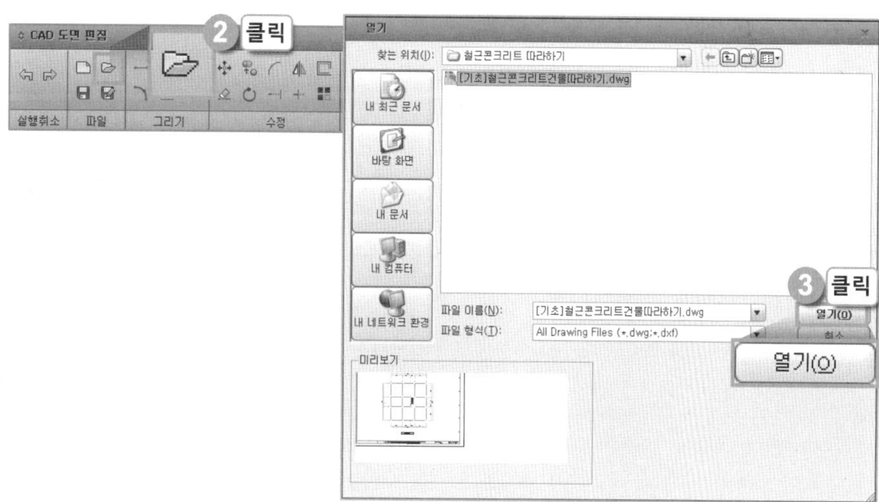

2) CAD도면 레이어 할당하기

따라하기

CAD도면을 밑그림 레이어로 할당한다.

구조 모델링에 필요한 레이어를 밑그림으로 활용하기 위해 CAD에서 작성된 도면 레이어를 각각 밑그림 레이어로 할당하는 과정이다.

1. CAD도면 레이어를 밑그림 레이어로 이동

- 방법1 : 선택 → 이동 방식
- 방법2 : Drag and Drop 방식

2. 다른 레이어도 같은 과정으로 이동

- Center ▶ 중심선
- Col ▶ 기둥
- Wall ▶ 벽
- Dim ▶ 치수
- Stairs ▶ 기타

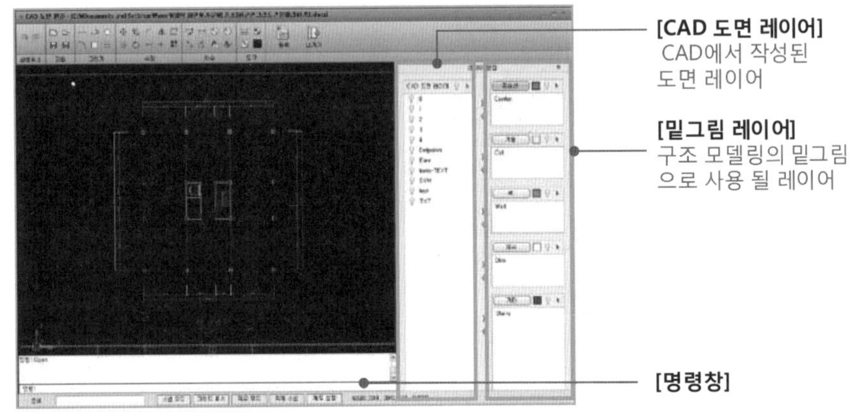

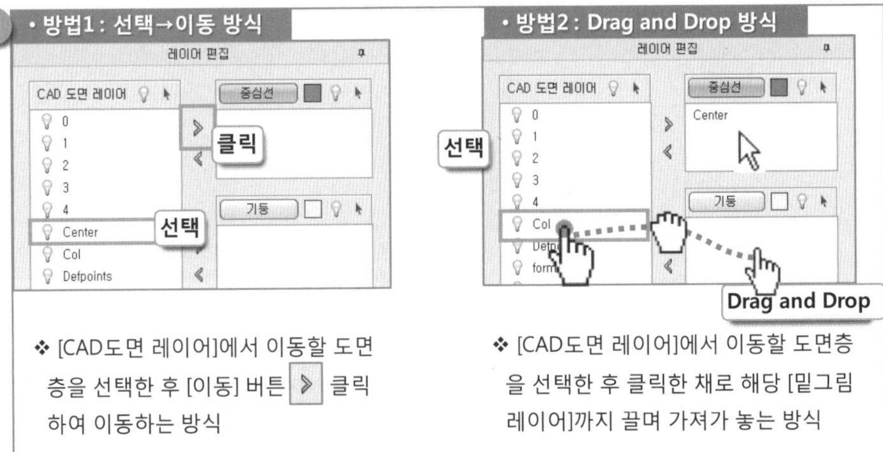

❖ [CAD도면 레이어]에서 이동할 도면층을 선택한 후 [이동] 버튼 > 클릭하여 이동하는 방식

❖ [CAD도면 레이어]에서 이동할 도면층을 선택한 후 클릭한 채로 해당 [밑그림 레이어]까지 끌며 가져가 놓는 방식

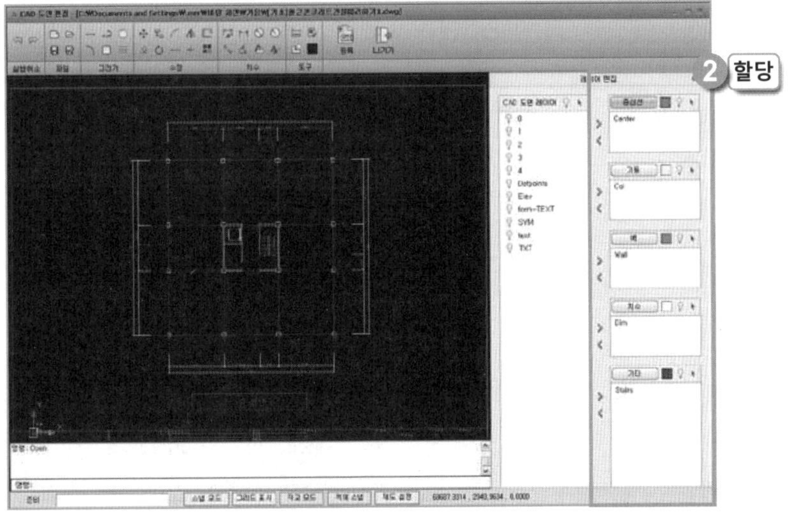

NOTE

- CAD도면의 중심선과 주요 구조 레이어들을 미리 정리해 두면 밑그림 레이어의 할당이 용이하다.
- 간단한 캐드작업을 통해 불러온 도면은 수정할 수 있다. 방법은 캐드와 동일하게 메뉴의 아이콘을 클릭하거나 명령창에 명령어를 입력한다.
  예) L : Line 생성
  CO : Copy
  MI : Mirror 등
- CAD도면 레이어에서 할당된 레이어는 활성화 되어 선명하게 표시 된다.

3) CAD도면 등록하기

CAD도면을 구조모델링의 밑그림으로 등록한다.

[CAD] 아이콘을 클릭하여 밑그림을 각 층별로 등록한다.
도면을 등록하는 과정은 CAD프로그램에서 Block을 지정하는 방법과 유사하다.

1. CAD도면 등록창 열기

• 메뉴 : [실행메뉴] > [등록] 아이콘 클릭

[CAD도면 등록창]

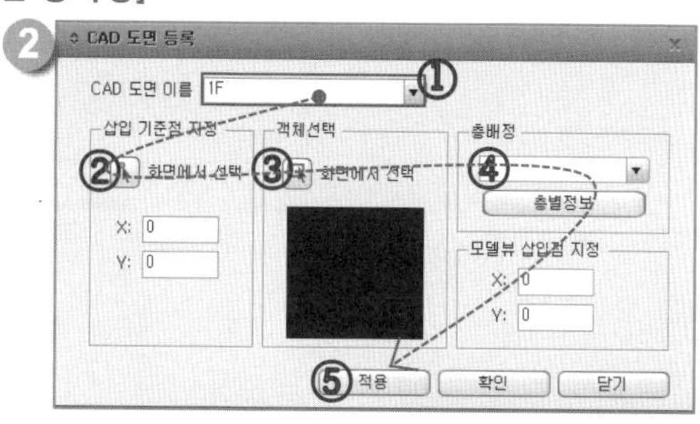

2. CAD도면을 해당층에 배정

[1층 도면 등록 순서]

① CAD도면 이름 : '1F' 입력

→ CAD 도면 이름은 사용자가 임의로 정할 수 있다.

② 삽입 기준점 지정

[화면에서 선택]아이콘 클릭

→ 기준이 되는 도면의 한 점 클릭

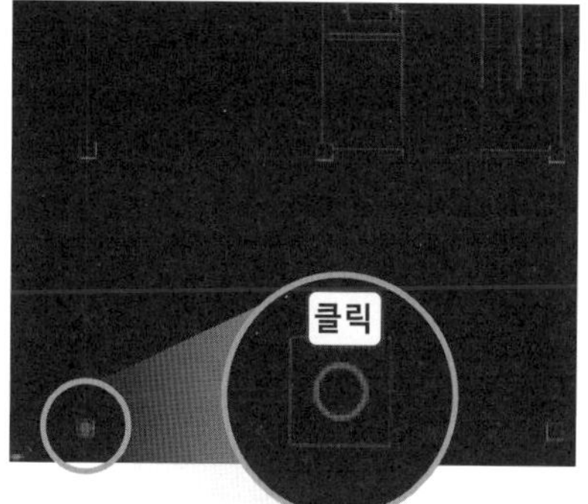

※ 본 따라하기에서는 기준점을 (X1) /(Y1) 교차점 으로 설정했다.

➢ **기준점을 클릭하면 녹색 원형마크가 표시된다.**

✍ NOTE

▪ 객체 선택 시, 도면 전체를 드래그하더라도 밑그림 레이어에 할당된 레이어만 각 층별 밑그림으로 등록된다.

▪ 기준점은 수직적으로 연속되는 부재(코어 벽 또는 기둥)의 한 점이나, 층별 공통 중심선의 교차점등을 선택하는 것이 좋다.

eGen 도우미

<UCS 좌표축>

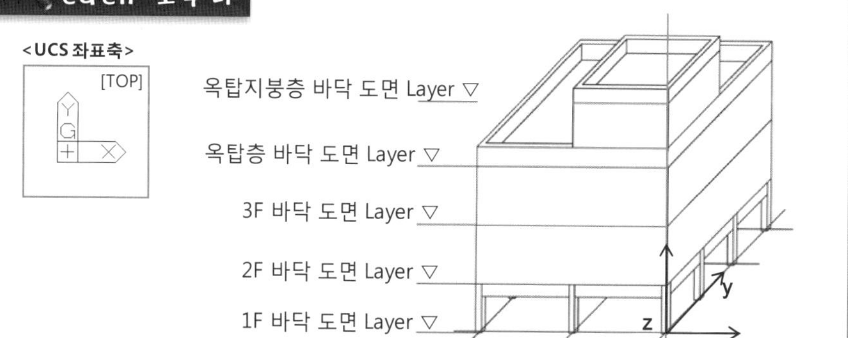

❖ 기준점은 각층 도면 레이어를 겹쳐놓았을 때 z축으로 일직선상에 동일한 위치에 선택하도록 한다.

❖ 기준점을 설정한 위치에 UCS좌표축의 원점이 생성되고, eGen작업창에서 확인할 수 있다. 또한 UCS 좌표축을 기준으로 층별 구조모델링을 완성할 수 있다.

③ 객체 선택

[화면에서 선택]아이콘 클릭 → 1F에 등록할 도면이 포함되도록 두점 클릭 후 Enter

④ 층배정

드롭다운 버튼 클릭 → 선택한 개체를 배정할 층선택

⑤ [적용] 버튼 클릭

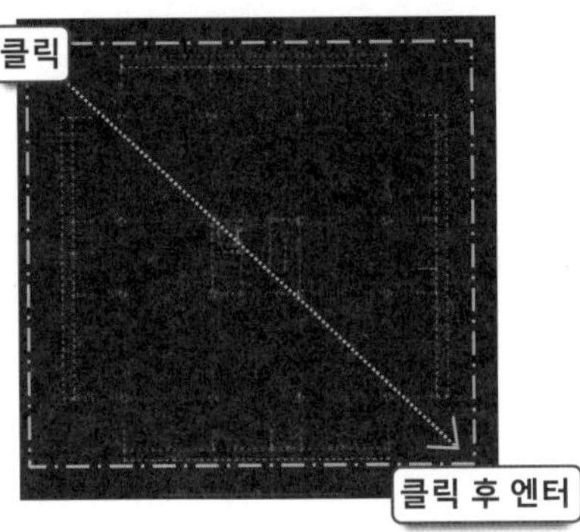

3. CAD도면 등록 완료

- 2F, 3F도면을 동일한 과정으로 등록한 후 [확인] 버튼 클릭
- "3F 도면이 3F 바닥에 등록되었습니다." 대화상자 [확인] 버튼 클릭

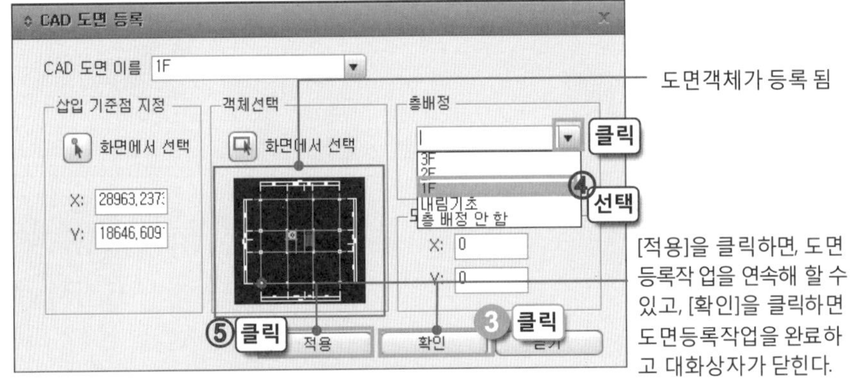

4. [CAD도면 편집창] 나가기

- 메뉴 : [실행메뉴] > [나가기] 아이콘 나가기 클릭

5. eGen 작업창 확인

- 정보트리에서 층별로 CAD 밑그림이 등록되었는지 확인

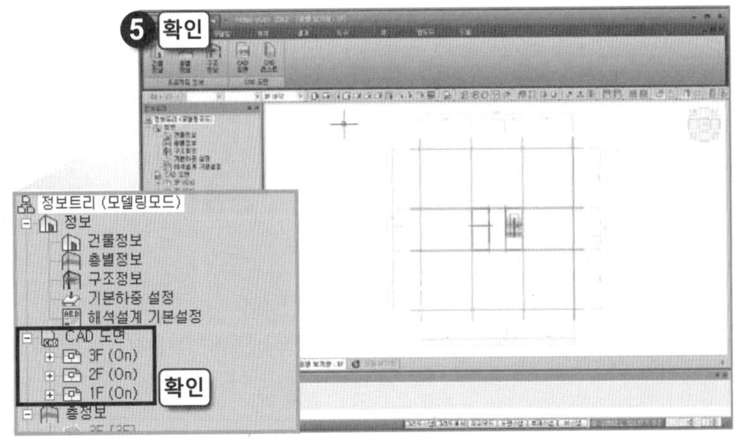

NOTE

- 등록한 도면이 보이지 않는 경우 정보트리에서 각층 도면을 우클릭하여 [보이기/숨기기]를 클릭하면 도면의 활성과 비활성을 설정할 수 있다.

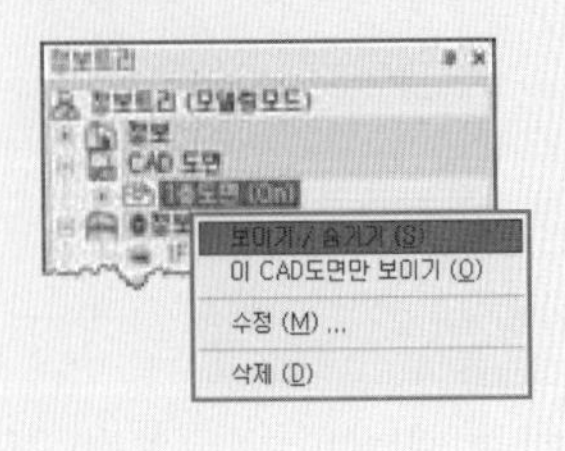

4.3 모델링 및 편집

4.3.1 수직부재 생성

따라하기

기둥을 생성하자.

1. 기둥 생성

- 메뉴 : [모델링] > [부재생성] > [기둥] 아이콘 기둥 클릭
  또는 단축명령어 : CC

2. 스냅 활성화 확인

- 화면아래 도면스냅 부재스냅 3D스냅 활성화 확인
  - 비활성화 되어있는 경우 클릭하여 활성화한다.

3. 기둥 모델링

- CAD도면에 스냅하여 기둥의 대각선 끝 두점을 클릭
  - 모델링 시 프로그램 하부 메시지 창에 나타나는 옵션사항을 지속적으로 확인하며 작업한다.

4. 다른 기둥도 같은 방법으로 생성

NOTE

- 오른쪽 상단의 뷰네비게이션 또는 단축키 Ctrl + Shift + I 를 사용하여 부재를 확인할 수 있다.

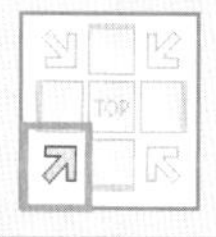

뷰네비게이션

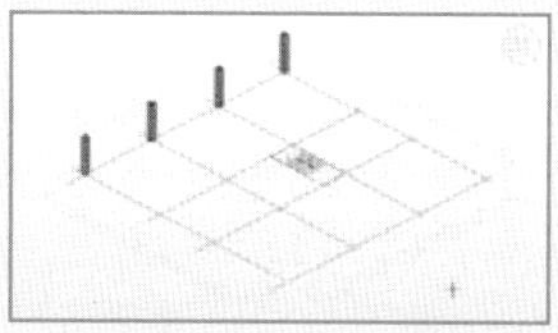

- 생성한 철근콘크리트 기둥은 그 단면정보가 자동 등록되며, 정보트리에서 확인할 수 있다.

1) 기둥 생성

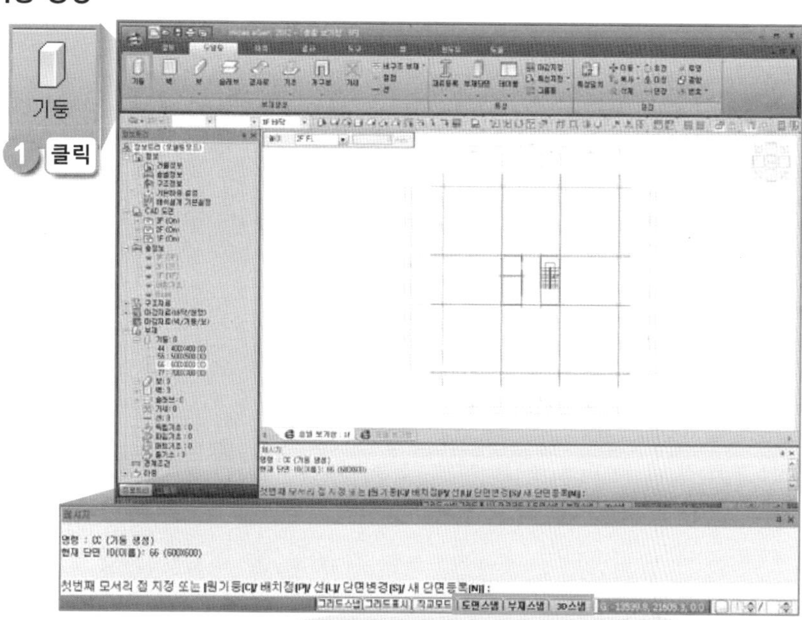

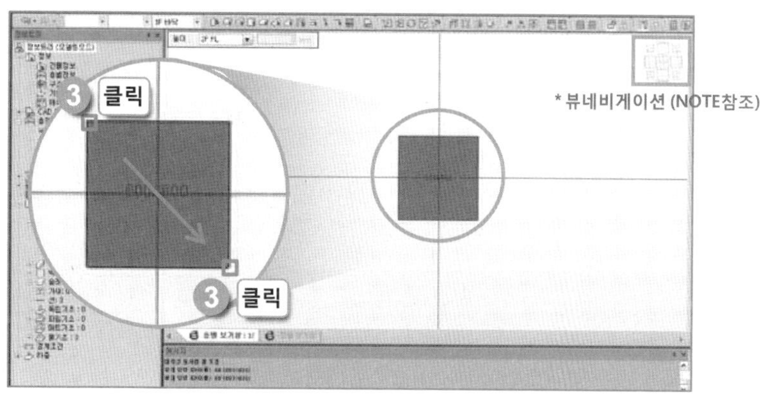

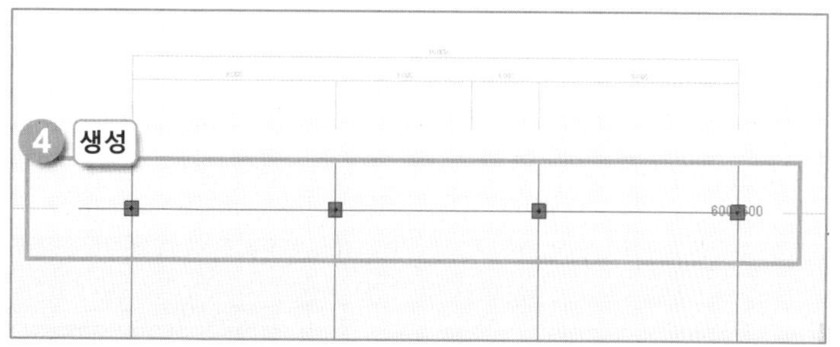

5. 기둥 복사

- 본 따라하기에서는 복사기능을 활용하여 기둥을 빠르게 모델링 한다.

[부재 복사 순서]

① 메시지창에 'CO' 입력 후 Enter or Space

② 복사할 부재 드래그하여 선택 후 Enter or Space

③ 기준점 지정
→기준이 되는 도면의 한 점 클릭

④ 복사할 점 지정
→ 삽입할 도면의 한 점 클릭

⑤ 나머지 복사점 연속 클릭
→ 삽입할 나머지 두 점을 클릭해 모델링 완료

- 기둥복사는 기둥단면 크기와 단면상 절점 위치가 모두 동일한 경우에만 사용한다.

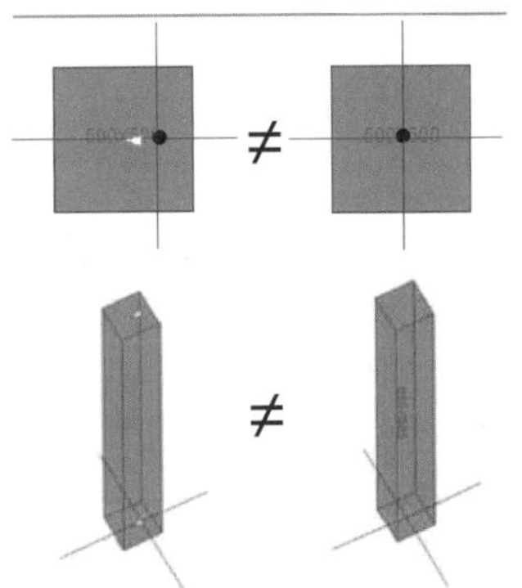

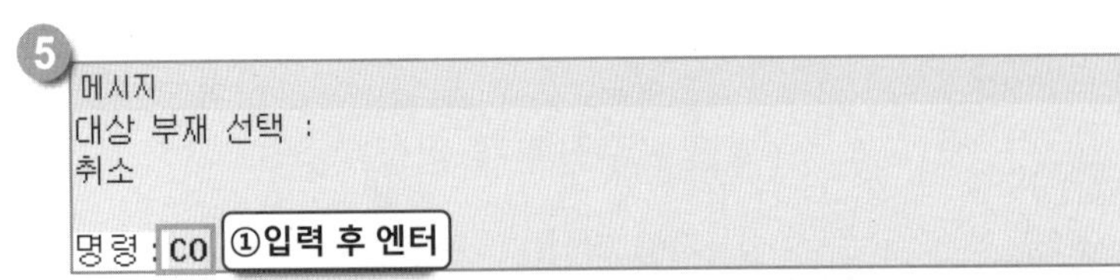

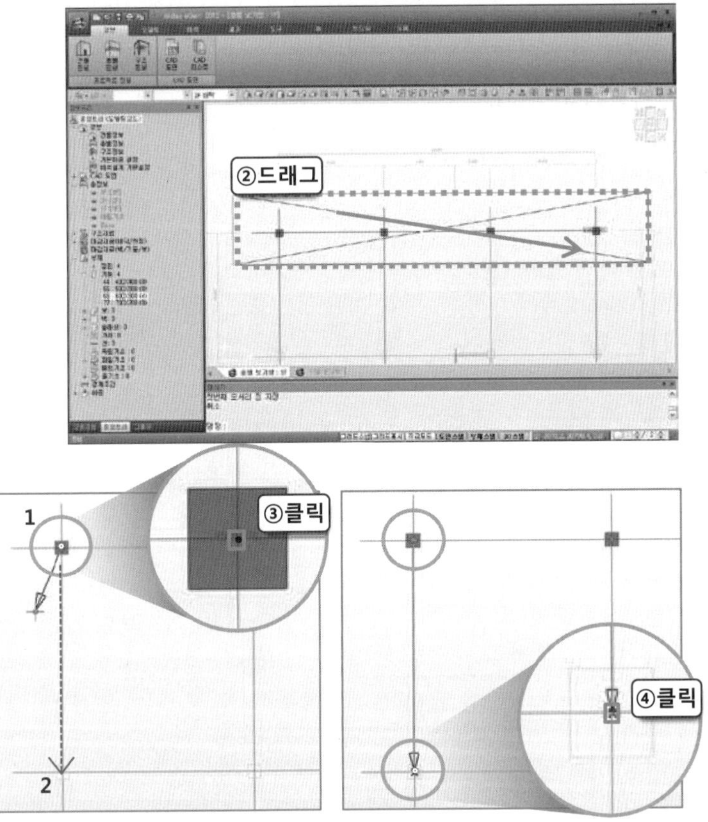

6. 생성된 기둥 확인

• [뷰네비게이션]의 [남서방향] 클릭

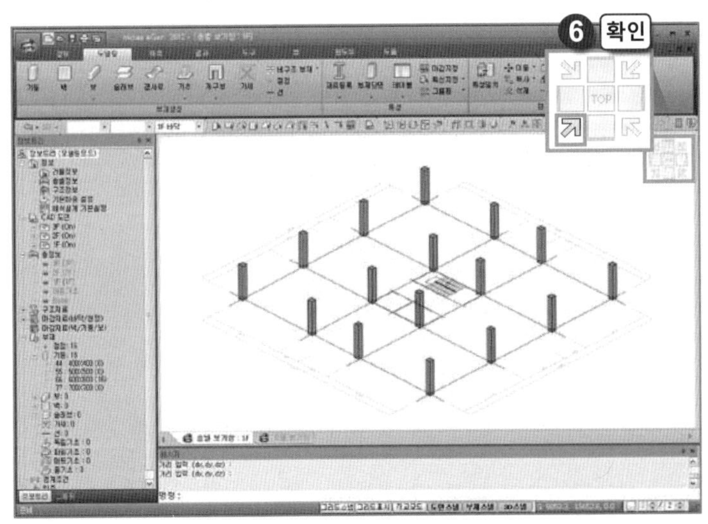

NOTE

▪ CAD의 복사기능 명령어와 실행순서가 동일하다.

따라하기

벽을 생성하자.

2) 벽 생성

1. 작업환경 설정

- [뷰네비게이션]의 [TOP] 클릭
  또는 단축키 : Ctrl + Shift + T

2. 벽체 생성

- 메뉴 : [모델링] > [부재생성] > [벽] 아이콘 (벽) 클릭
  또는 단축명령어 : CW

3. 벽 단면 확인

- 메시지창에 [단면 ID] 200 확인
  (벽 단면 기본설정값 : 200)

4. 벽 모델링

- 벽의 시작점과 끝점을 순서대로 클릭하여 각각 모델링

홈페이지 > 교육 > 실무예제 따라하기 > *"구조프로그램 입문"* > *02. 구조모델링의 이해*▶ 참조

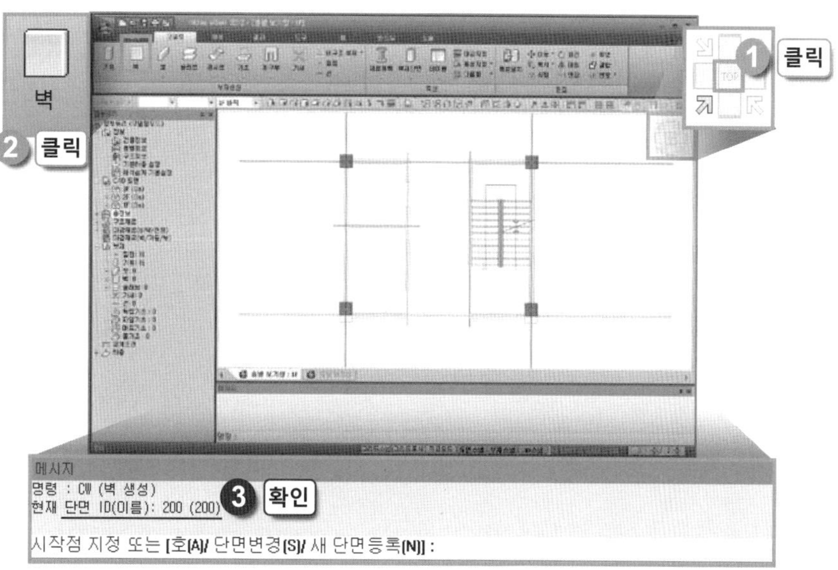

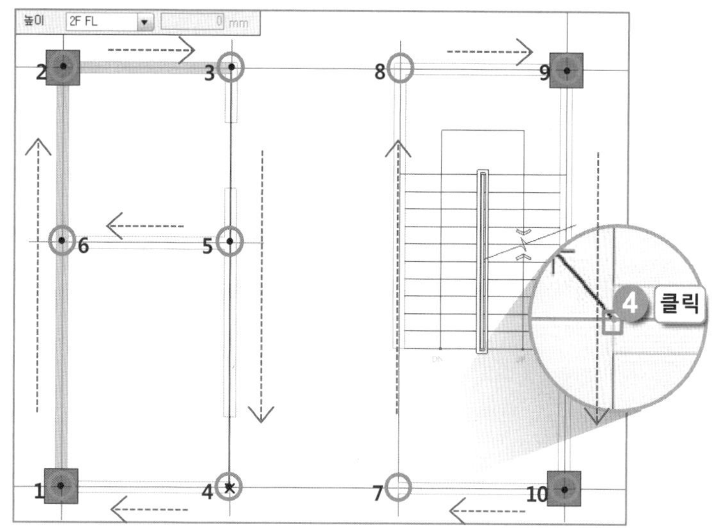

NOTE

- 벽체의 시작점과 끝점은 중심선의 교차점이 되어야 한다. 따라서 기둥과 벽이 만나는 부분은 그림처럼 중심선이 교차하는 기둥 내부에 클릭해야 한다.
- 절점을 연결하여 모델링을 하기 때문에 벽체의 모서리가 떨어져 보이거나 벽의 일부가 중복되어 보이게 된다.
- 벽 두께를 변경하고자 하는 경우에는 메시지 창의 옵션에 따라 단면변경 S를 입력하여 변경할 수 있다.

• 잘된 예

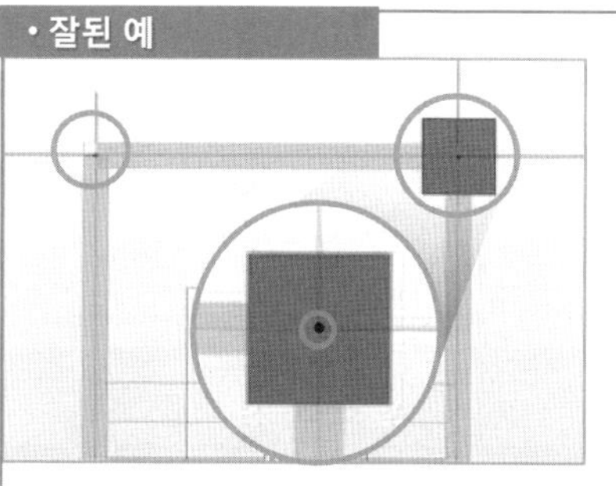

▶ 벽과 기둥이 절점을 공유하여 부재가 연결이 된 상태(O)

• 잘못 된 예

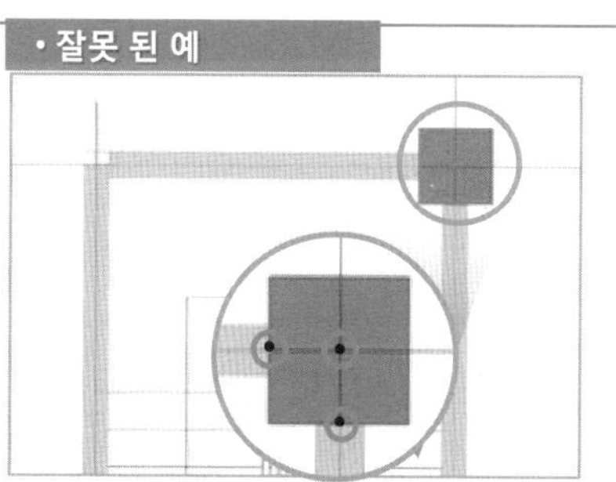

▶ 벽과 기둥의 절점이 만나지 않아 부재가 연결되지 않은 상태(x)

따라하기

벽 개구부를 생성하자.

1. 벽 개구부 생성시작

- 메뉴 : [모델링] > [부재생성] > [개구부]아이콘 [개구부] 클릭 > [벽 개구부] [벽 개구부] 클릭
  또는 단축명령어 : CWO

2. 개구부 크기 확인

- 메시지창에 [개구부 높이] 2100, [하단거리] 0 확인

TIP - 개구부 크기 변경 방법
① [개구부높이] 'H' 입력 후 Enter
② '2100' 입력 후 Enter
③ [하단거리] 'D' 입력 후 Enter
④ '0' 입력 후 Enter

3. 개구부 모델링

- CAD 밑그림을 기준으로 개구부의 시작점과 끝점을 클릭하여 모델링

4. 생성된 벽 개구부 확인

- [뷰네비게이션]의 [남서방향] 클릭

NOTE

- 개구부 높이(H) : 개구부의 창문 높이를 의미한다.
- 하단거리(D) : 바닥슬래브에서 개구부 최하단까지 거리를 의미한다.

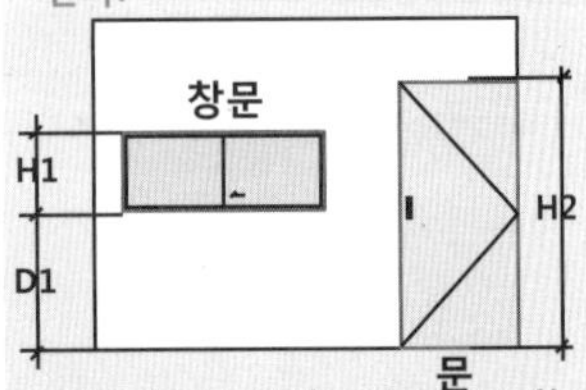

- 창문 개구부 크기 : 높이 H1, 하단거리 D1
- 문 개구부 크기 : 높이 H2, 하단거리 0

3) 벽 개구부 생성

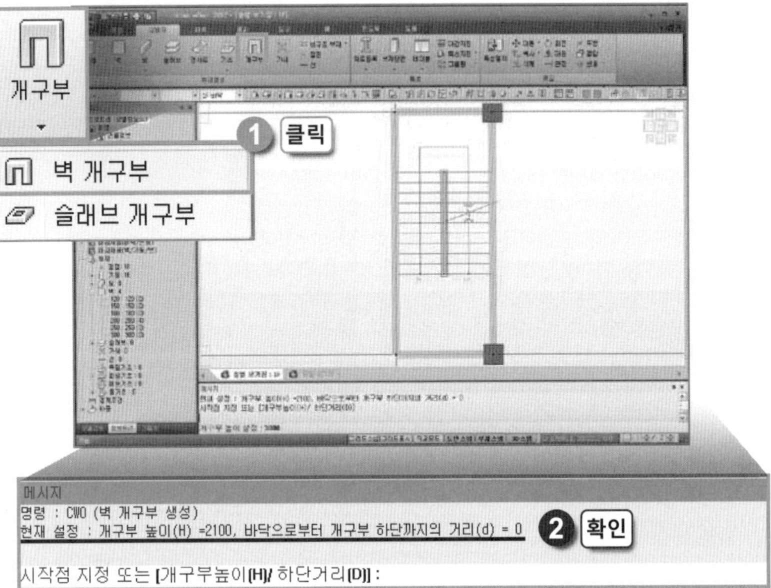

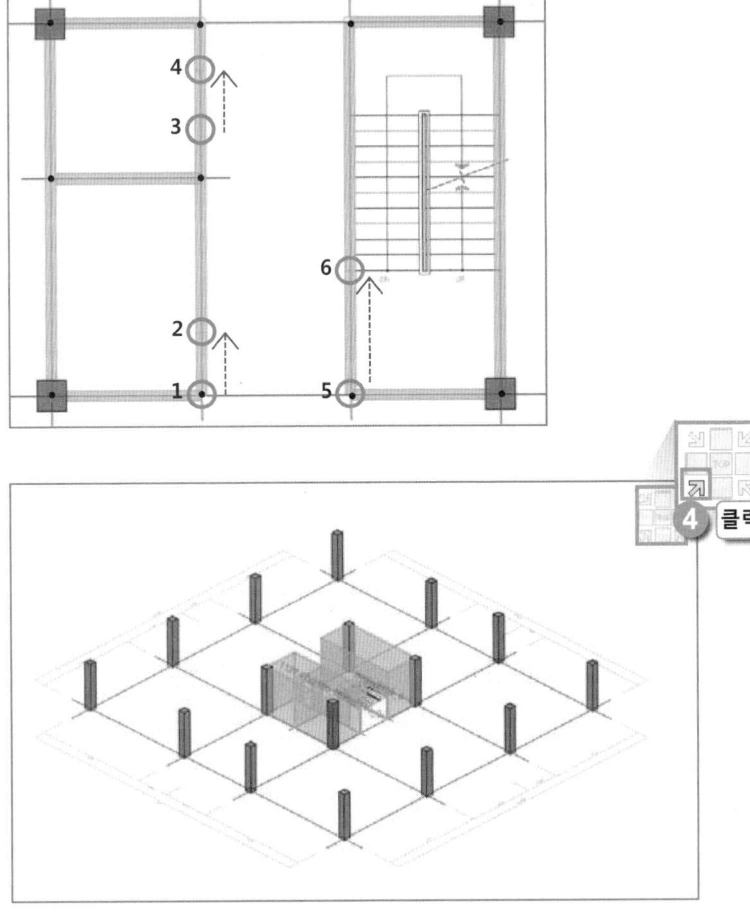

4.3.2 수평부재 생성

midas eGen에서는 수평부재(보,슬래브)에 대한 자동생성 기능을 지원한다. 보 자동생성기능은 기둥이 모델링 된 상태에서 각 기둥의 절점을 연결하는 중심선이 존재하는 경우에 중심선을 따라 생성한다. **따라서 '2F 바닥'에 보를 자동생성 하려면 1층 기둥을 모델링 한 후, '2F바닥'에 도면을 활성화 시킨 상태**에서 자동생성기능을 사용해야 한다.

따라하기

큰 보를 자동생성하자.

1) 큰 보 생성

1. 작업환경 설정

① 층지정 드롭다운 버튼 클릭
② [2F 바닥] 선택
③ CAD 밑그림이 2F 레벨 위치에 있는지 확인
→ 보이지 않는 경우 [정보트리] > [CAD 도면] > 2F(On) 인지 확인
→ 2F(Off)인 경우 마우스 우클릭하여 [보이기/숨기기(S)] 클릭해 활성화 한다.

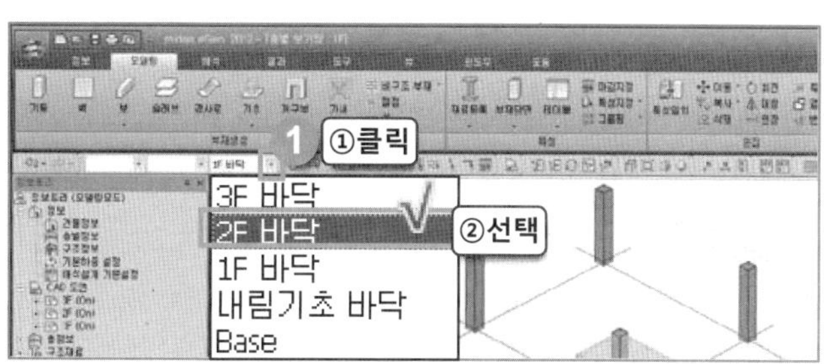

2. 큰 보 생성시작

• 메뉴 : [모델링] > [부재생성] > [보] 아이콘 클릭 > [큰 보] 큰보 클릭
또는 단축명령어 : CB

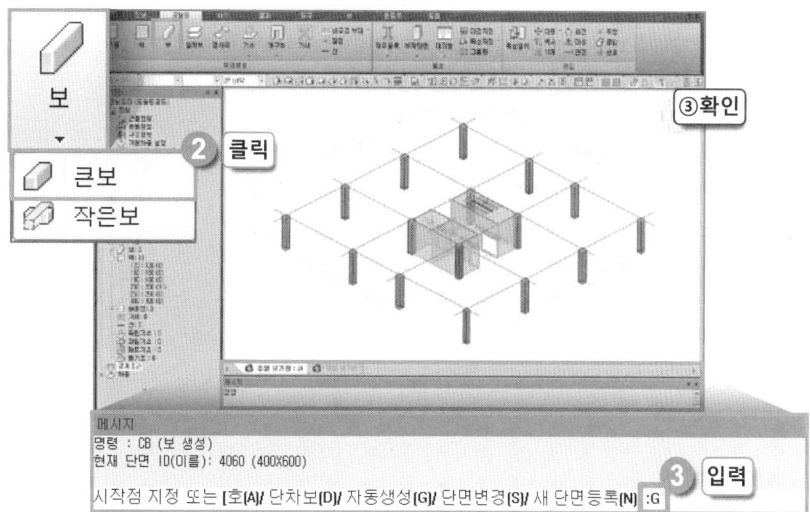

3. 큰 보 자동생성

• 메시지창에 [자동생성] 'G' 입력 후 Enter
- 적당한 보의 단면이 자동으로 적용되며, 큰 보가 자동생성 된다.

4. 자동생성된 큰 보 확인

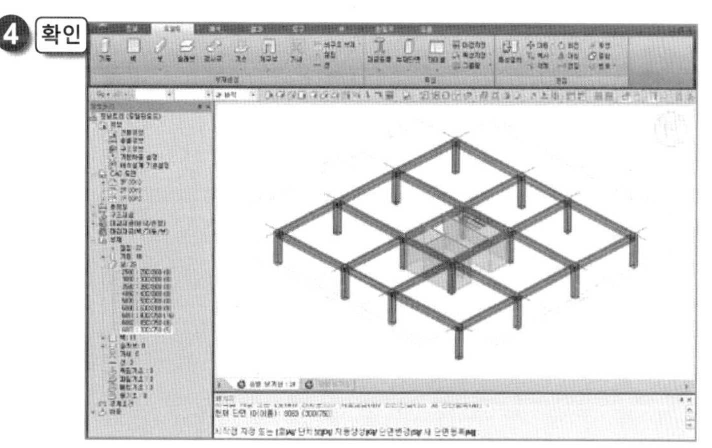

NOTE

▪ 큰 보의 자동생성기능은 기둥 간의 스팬을 고려하여 최적의 단면크기가 제공된다.

따라하기

작은 보를 자동생성하자.

2) 작은 보 생성

1. 작업환경 확인

- 작업층 [2F 바닥] 확인

2. 작은 보 생성시작

- 메뉴 : [모델링] >[부재생성]> [보] 아이콘 [보] 클릭 > [작은 보] [작은보] 클릭
- 또는 단축명령어 : CSB

3. 작은 보 자동생성

- 메시지창에 [자동생성] 'G' 입력 후 [Enter]
- 작은 보가 자동생성 된다.

4. 자동생성된 작은 보 확인

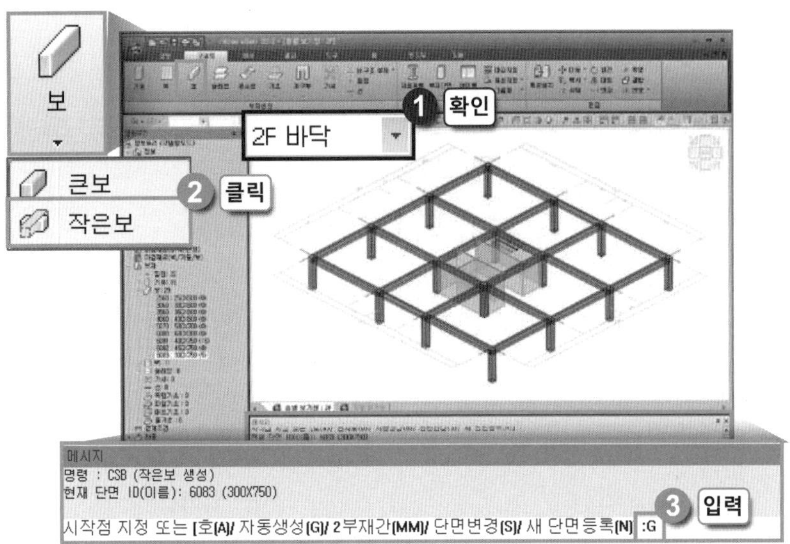

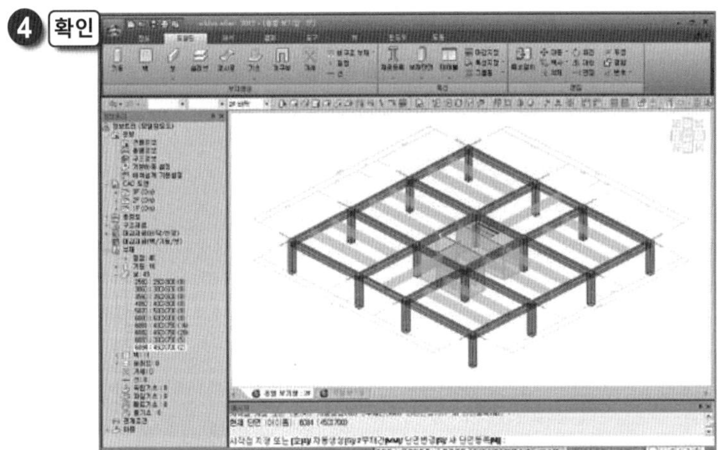

midas eGen 따라하기 Part. 2
"1. 부재기준으로 편심이동" 참조▶ 참조

NOTE

- 작은 보의 자동생성 기능은 큰 보로 구획된 슬래브 영역의 장변과 단변의 길이비를 파악하여 작은 보의 배치 방향이 결정되며, 3m 간격으로 자동배치 된다.
- 기둥 – 기둥 : 큰 보로 모델링
- 보 – 보 : 작은 보로 모델링
- 기둥 – 캔틸레버 : 큰 보로 모델링
- 보의 종류에 따라 경계조건이 자동 설정되므로 보를 구분하여 모델링 한다.

• 작은 보 자동생성 결과

• 시공성을 고려한 작은보 계획

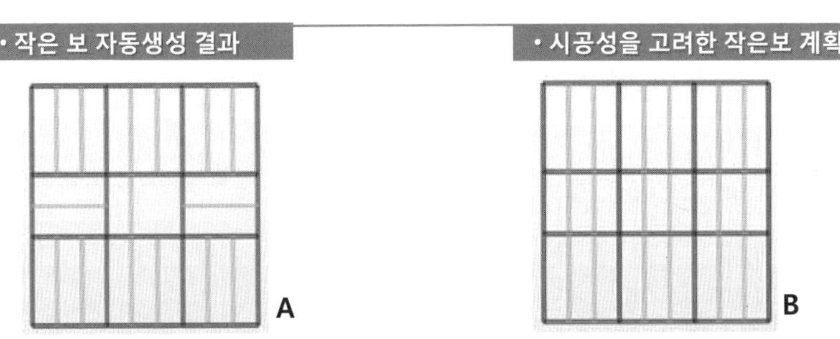

❖ 작은 보 자동생성 결과는 A와 같다. 향후 사용자가 시공성을 고려하여 작은 보 계획을 B와 같이 수정할 수 있다. 본 따라하기에서는 A형태로 결과값을 확인 한 후 B형태로 수정하여 NG부재를 OK로 변경하는 방법을 학습하겠다.

따라하기

슬래브를 자동생성하자.

3) 슬래브 자동생성

1. 작업환경 확인

• 작업층 [2F 바닥] 확인

2. 슬래브 생성

• 메뉴 : [모델링] > [부재생성] > [슬래브] 아이콘 [슬래브] 클릭 > [슬래브] [슬래브] 클릭

또는 단축명령어 : CS

3. 슬래브 단면 변경

① 메시지창에 [단면변경] 'S' 입력 후 [Enter]

② '150' 입력 후 [Enter]

(슬래브 단면 기본설정값 : 200)

4. 슬래브 자동생성

• 메시지창에 [자동생성] 'G' 입력 후 [Enter]

\- 슬래브가 폐구간에 의해 자동생성 된다.

5. 불필요한 슬래브 삭제

① 계단실 슬래브와 엘리베이터실 슬래브 선택

② [Delete] 키 누르거나 메시지창에 'E' 입력 후 [Enter]

6. 완성된 슬래브 확인

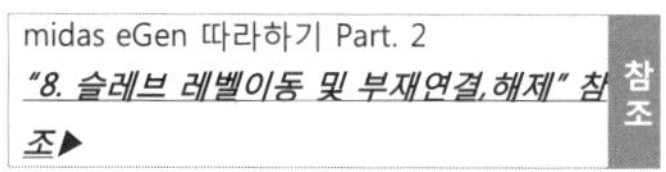
midas eGen 따라하기 Part. 2
"8. 슬래브 레벨이동 및 부재연결,해제" 참조▶

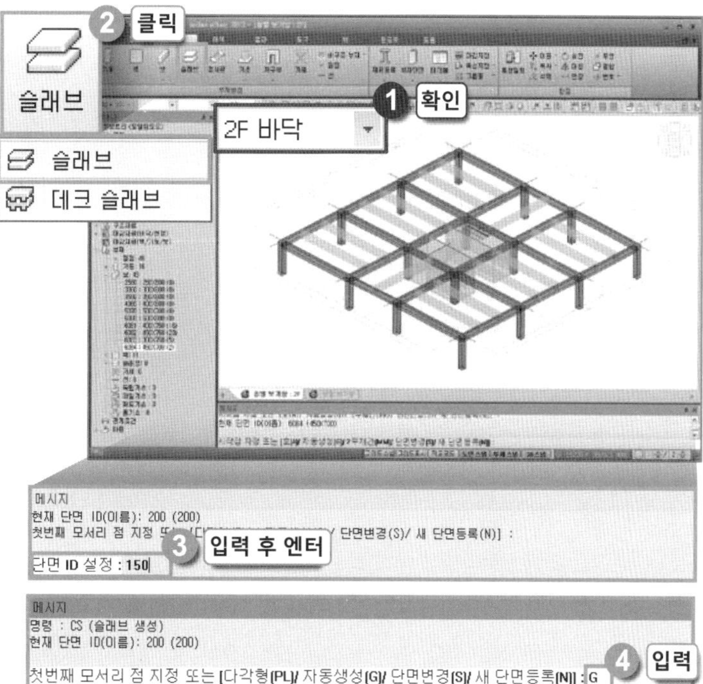

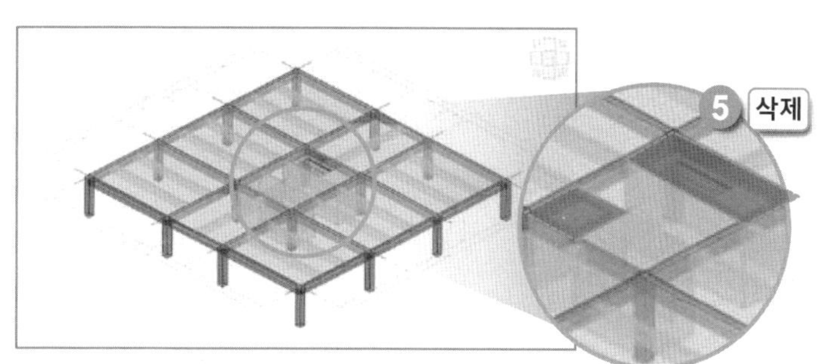

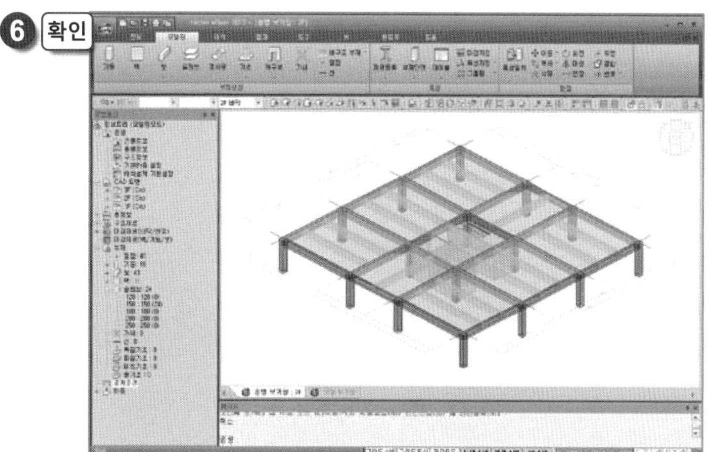

NOTE

▪ 보나 벽으로 둘러쌓인 폐구간의 슬래브는 자동생성(G)으로 한번에 생성한다.

▪ 폐구간이 아닌 부분은 자동생성되지 않으니 확인이 필요하다.

4) 경사로 생성

본 따라하기에서는 경사로를 다음과 같은 순서로 생성하는 과정을 학습하겠다.

〈경사로 모델링 순서〉

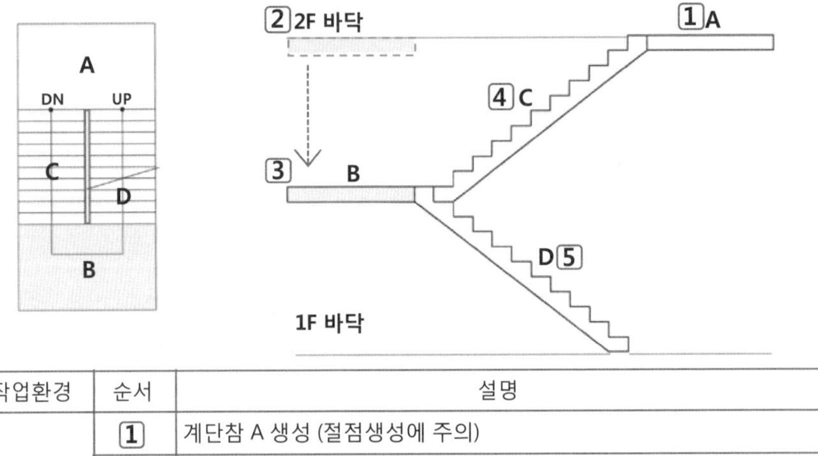

작업환경	순서	설명
2F 바닥	1	계단참 A 생성 (절점생성에 주의)
	2	계단참 B 생성 (절점생성에 주의)
	3	계단참 B 수직이동 ([이동]기능사용)
	4	계단 경사로 C 생성 (계단참 A와 계단참 B 연결, 단수 10)
1F 바닥	5	계단 경사로 D 생성 (계단참 B와 1F 바닥 연결, 단수 10)

- 계단은 아래 그림과 같이 경사로와 계단참으로 분리하여 모델링한다.

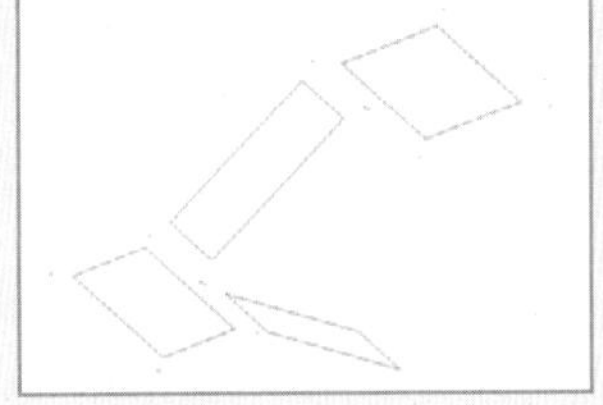

(1) 계단참 생성하기

절점 생성에 유의하며 계단참을 생성한다.

1. 계단실 부분 선택활성

- 작업의 편리성을 위해 해당부분만 선택활성 한다.
  - ① 부재별선택창에서 [벽 선택] 클릭
  - ② 1층 벽체 드래그하여 선택
  - ③부재별선택창에서 [기둥 선택] 클릭
  - ④ 3층 계단 부분 드래그하여 선택
  - ⑤ F2 누르거나 [선택활성] 클릭

2. 선택활성된 계단실 부분 확인

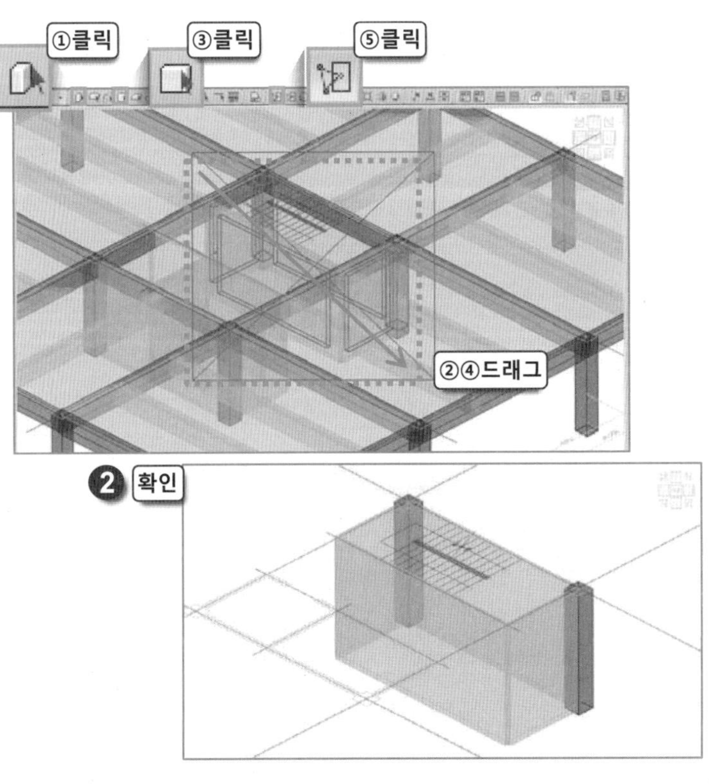

3. 계단참 생성

- 메뉴 : [모델링] >[부재생성] > [경사로] 아이콘 경사로 클릭
  또는 단축명령어 : CST

4. 계단참 단면 변경

- 메시지창에 [단면 ID] 150 확인

TIP – 경사로 단면 변경 방법
① [단면변경] 'S' 입력 후 Enter
② '150' 입력 후 Enter

5. [직교모드] 활성

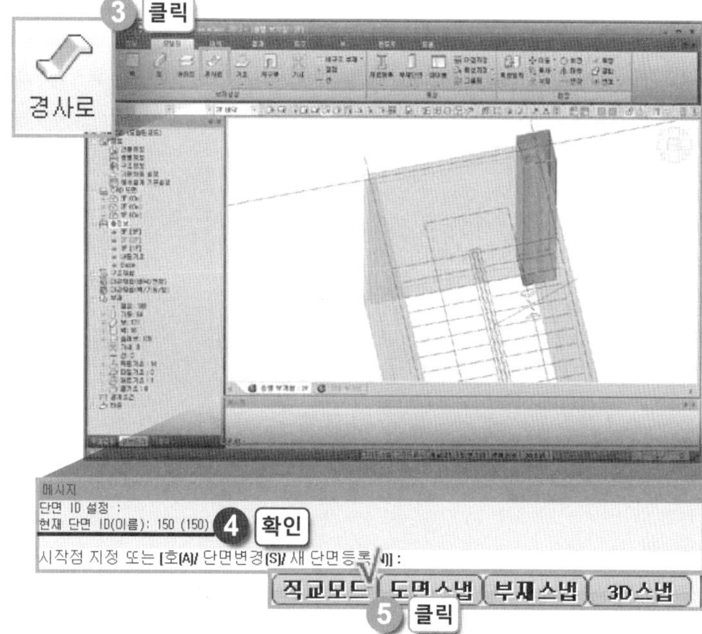

홈페이지 > 교육 > 단위기능 따라하기 > 부재 생성하기 > *"경사로(계단) 생성하기"* ▶ 참조

계단참 절점 생성

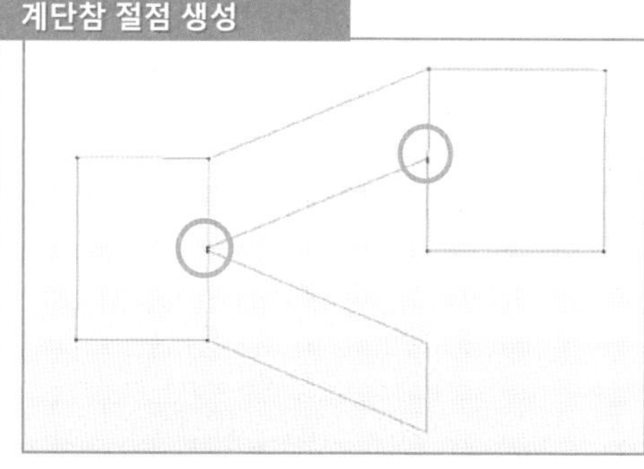

❖ 계단참 생성시 계단참 중앙부에 반드시 절점을 형성해야 한다. 이때 생성된 절점은 계단생성 과정에서 모델링의 기준이 된다.

직교모드의 활용 직교모드

❖ 스냅되지 않는 [5번]지점에서는 [직교모드]를 활용하면 쉽게 생성할 수 있다.

❖ [4번] 절점 클릭 후 [5번]지점을 선택해야 하는데, 도면상의 교차점이나, 모델링의 절점이 없어 스냅할 지점이 없다.

❖ 이때, [직교모드]가 켜진 상태에서 계단부분의 도면 교차점을 클릭하면 [5번]지점에 절점이 형성된다.

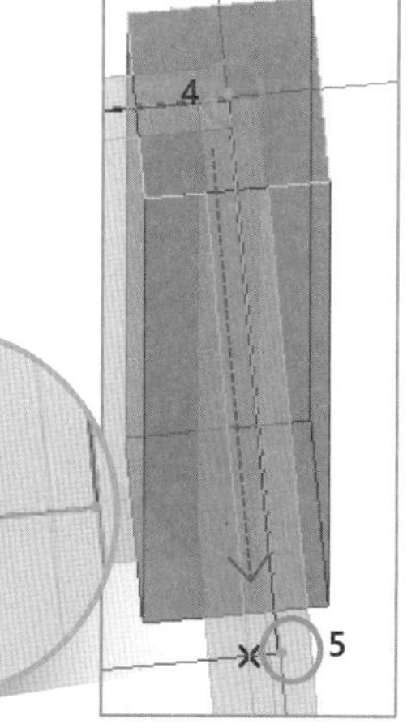

6. 계단참 절점 생성

• 계단과 계단참을 연결해야 하므로 계단참 중간에 두 점을 클릭하여 절점을 생성

- 6번 지점 클릭 후 메시지창에 'C' 입력 후 Enter 하거나, 1번지점 다시 클릭해 모델링

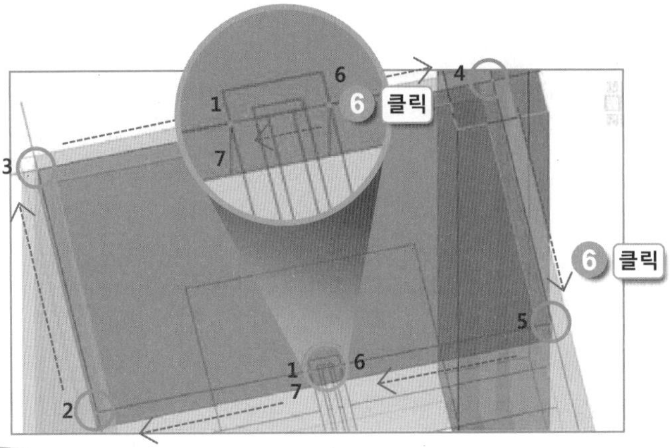

7. 반대쪽 계단참 모델링

• 같은방법으로 반대쪽 계단참을 [2F 바닥]에 모델링

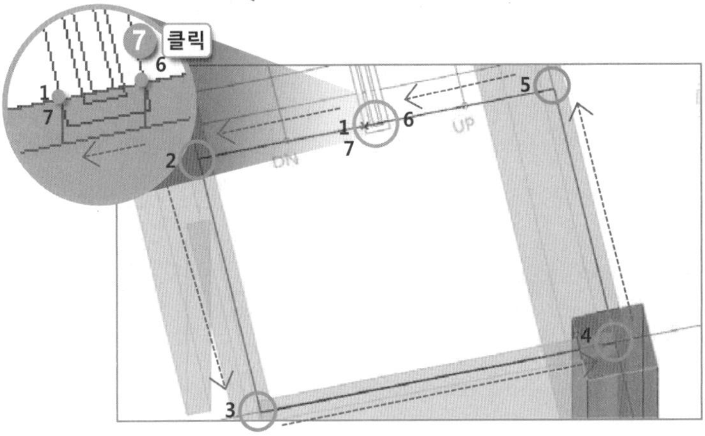

8. 계단참을 위치에 맞게 이동

[부재 이동 순서]

① 메뉴 : [모델링] > [편집] > [이동]
이동 클릭
또는 단축명령어 : M

② 이동 부재 클릭
→ 이동할 계단참 클릭 후 Enter

③ 이동 기준점 지정
→ 이동 할 절점 클릭
(어떤 절점을 선택해도 무방)

④ 이동거리 입력
→ Z방향 아래쪽으로 2m 이동을 위해 메시지창에 '0,0,-2000' 입력 후 Enter

- 또는 기준점지정에 기둥 절점 클릭 후 기둥의 중간스냅(midpoint)을 클릭해 이동하는 방법도 있다.

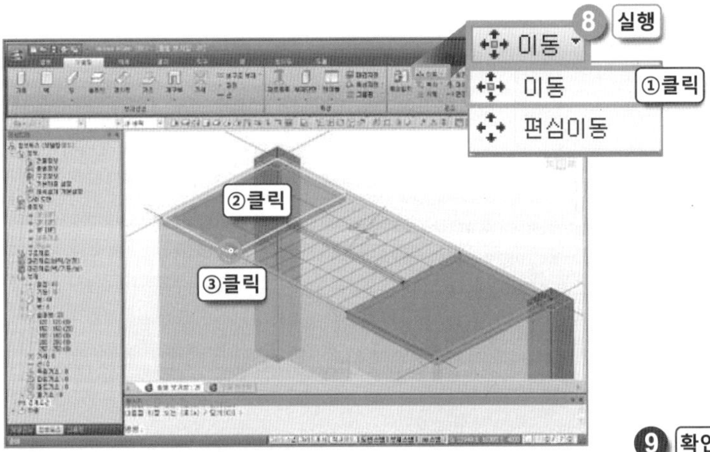

9. 계단참 이동 확인

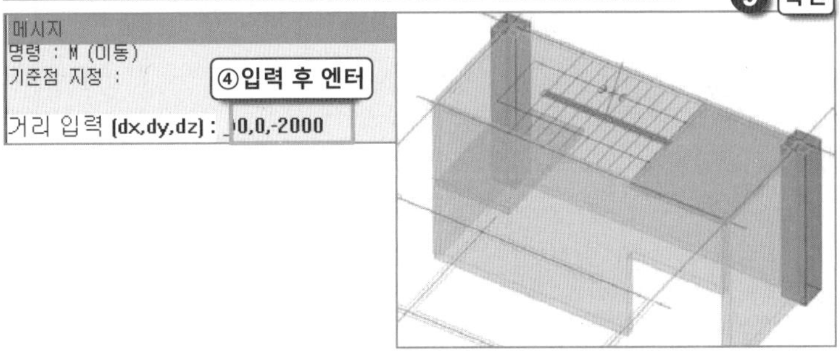

NOTE

▪ 상하부층으로 연결되는 계단 경사로의 시작부분과 끝부분이 평행해야 한다.

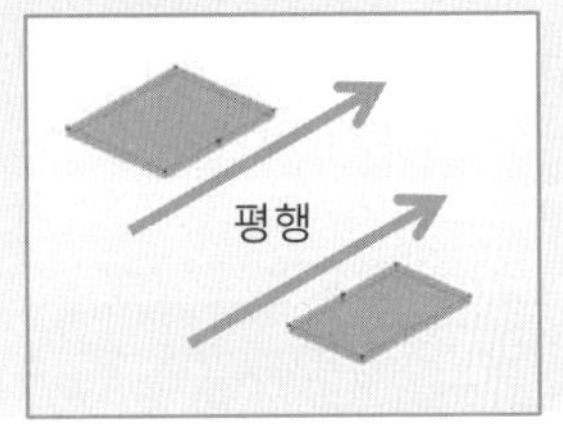

(2) 경사로 생성하기

따라하기

경사로를 생성하자.

1. 작업화면 설정

• 작업층을 [1F 바닥]으로 설정

2. 계단참 선택활성화

- 작업의 편리성을 위해 계단부분만 선택활성화 한다.

① 부재별선택창에서 [경사로 선택] 클릭

② 계단참 부분 드래그하여 선택

③ F2 누르거나 선택활성 아이콘 클릭 하여 선택활성

3. 경사로 생성

• 메뉴 : [모델링] > [부재생성] > [경사로] 아이콘 (경사로) 클릭

또는 단축명령어 : CST

4. 경사로 단면 확인

• 메시지창에 [단면 ID] 150 확인

(경사로 기본설정값 : 200)

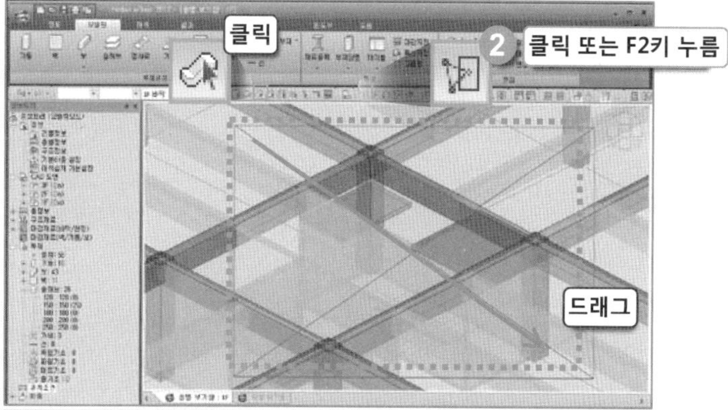

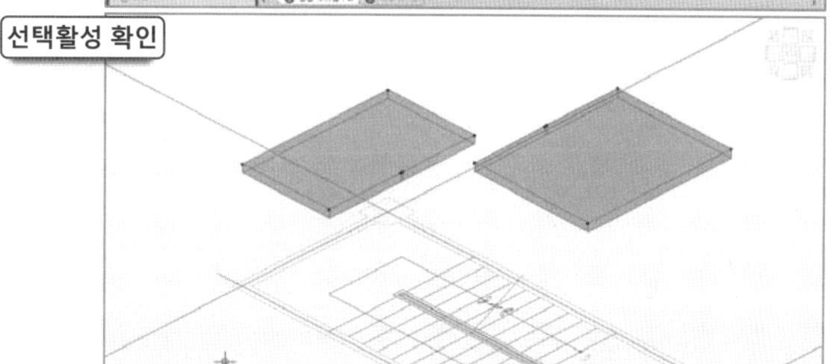

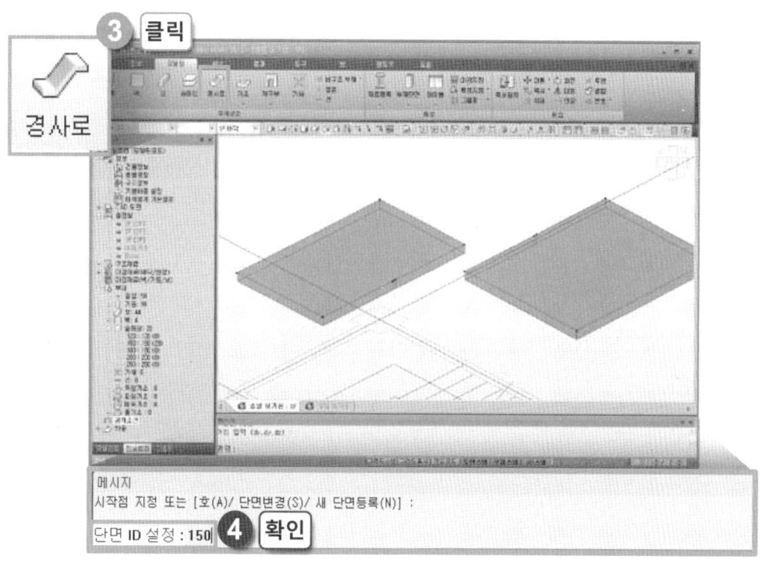

NOTE

▪ 작업의 편의를 위해서 필요한 부분만 선택하고 F2를 누르면 그 부분만 활성화 된다.

- 선택된 부분 활성화 : F2
- 선택된 부분 비활성화 : Ctrl + F2

5. 경사로 모델링

- 경사로 생성 부분을 차례로 클릭하여 경사로 생성
  - 스냅모드의 [직교모드]를 해제한다.

    계단참의 절점에 [3D스냅]하여 경사로 생성 부분을 차례로 클릭하여 생성한다.
  - 4번 절점 클릭 후 메시지창에 'C' 입력 후 Enter 하거나 1번 절점을 다시 클릭 해 경사로 생성구역을 설정한다.

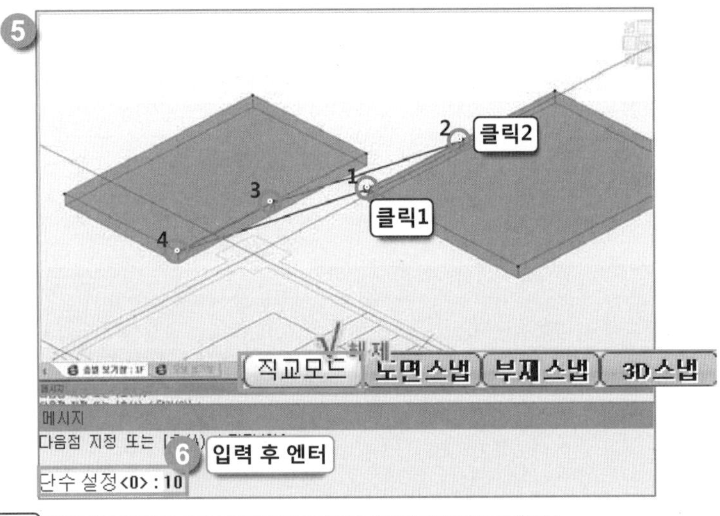

6. 단수 입력

- 메시지창에 '10' 입력 후 Enter

7. 생성된 경사로 확인

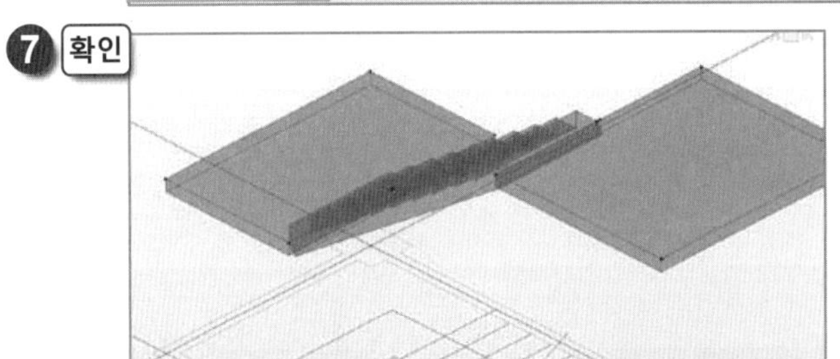

8. 반대쪽 경사로 모델링

① 경사로 생성 부분 차례로 클릭 → [1F 바닥] 의 CAD도면에 [도면스냅]하여 생성지점 클릭

② 단수 설정 : 메시지창에 '10' 입력 후 Enter

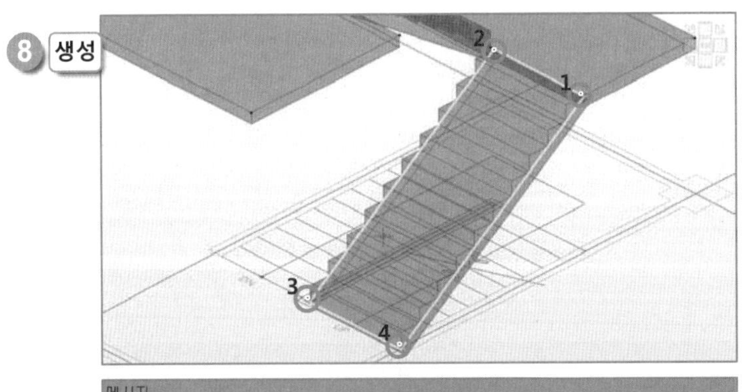

9. 생성된 경사로 확인

- [뷰네비게이션]의 [남서방향] 클릭

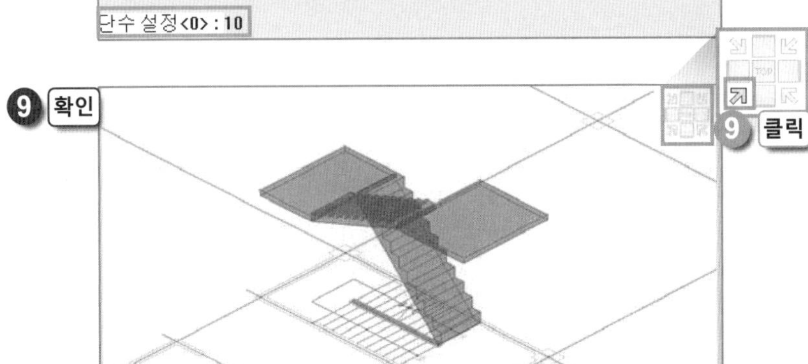

4.3.3 모델링 완성

따라하기

1층의 모든 부재를 층간복사하여 2,3층을 생성하자.

1.완성된 1층 모델링 확인

- 화면 하단의 [모델 보기창] 클릭
  - 층간복사의 결과는 모델보기창에서 확인할 수 있다.

2. 층간복사 실행

- 층간복사 기능을 실행해 1층 전체를 2,3층에 동일하게 복사한다.

[층간복사 실행 순서]

① 메뉴 : [모델링] > [편집] > [복사] 복사 클릭 > [층간복사] 층간복사 클릭
또는 단축명령어 : SCO

② 대상부재 선택
→ 1층 부재 전체 드래그 후 Enter

③ 복사할 층번호 입력
→ 메시지창에 '2,3' 입력 후 Enter

3. 층간복사 된 모델링 확인

NOTE

- 층별보기창은 작업층을 기준으로 해당층과 그 하부층이 보여진다.

1F 바닥

(작업 층 설정 창)

- 모델보기창에서는 모델링 한 전체모델을 볼 수 있다. 층복사 기능과 같이 전층을 모두 확인하며 작업해야 하는 경우는 모델보기창에서 작업하는 것이 좋다.

1) 2F, 3F 모델링

1층 모델링이 완성되었다. 본 따라하기에서는 2,3층 평면이 1층과 동일하므로 **1층 전체를 복사하여 빠르게 2,3층을 모델링 하도록 한다.**

(1) 층간복사

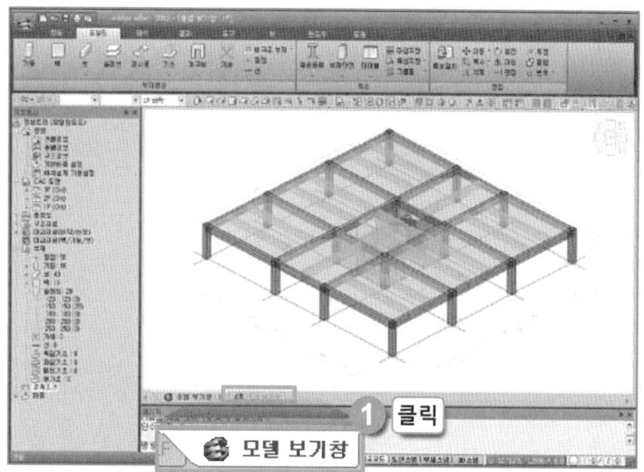

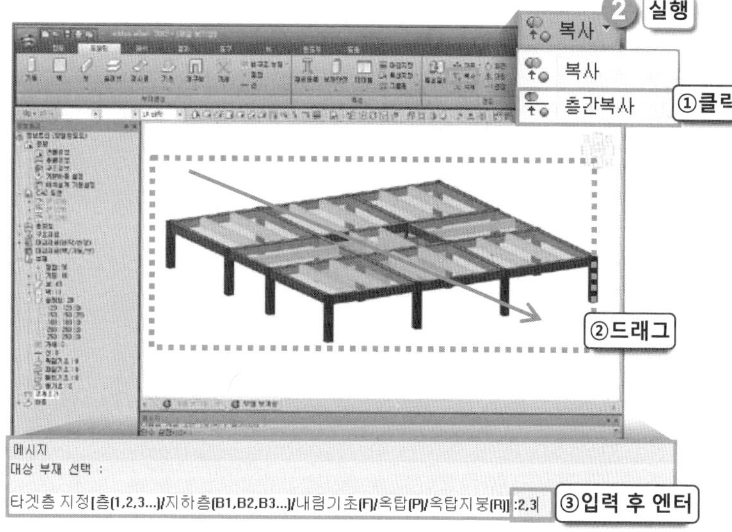

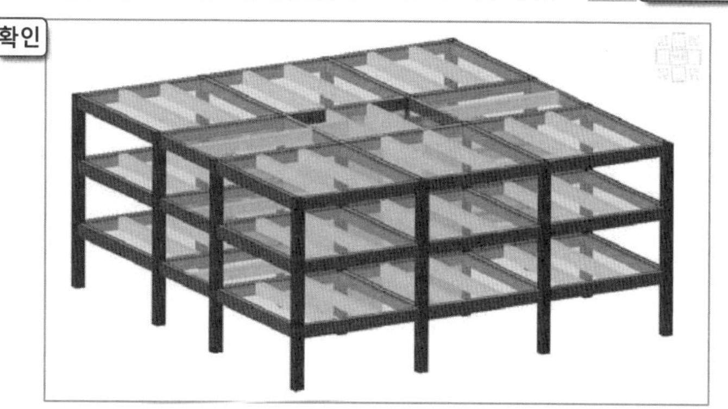

(2) 3층 모델링 수정

본 따라하기에서는 3층에서 지붕층으로 올라가는 계단이 없다. **3층 계단을 삭제하고, 엘리베이터실과 계단실의 상부 슬래브를 생성한다.**

따라하기

3층 부재를 수정하자.

1. 작업환경 설정

- 화면하단의 [층별보기창] 클릭
- 작업층을 [3F 바닥] 으로 설정
- [뷰네비게이션]의 [TOP] 클릭
  또는 단축키 : Ctrl + Shift + T
- 층활성아이콘 [상부층] 클릭

2. 계단삭제

- 본 따라하기에는 옥탑층이 없기 때문에 3층과 옥탑을 연결하는 3층 계단을 삭제한다.

① 부재별선택창에서 [경사로 선택] 클릭

② 3층 계단 부분 드래그하여 선택

③ Del 키 누르거나 메시지창에 'E' 입력 후 Enter

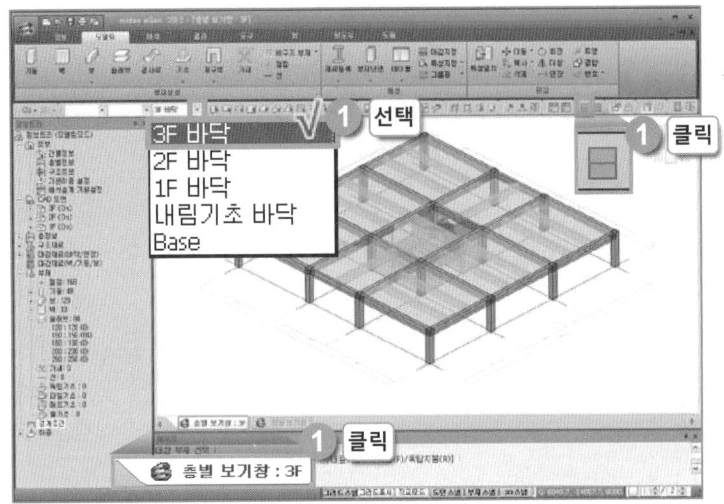

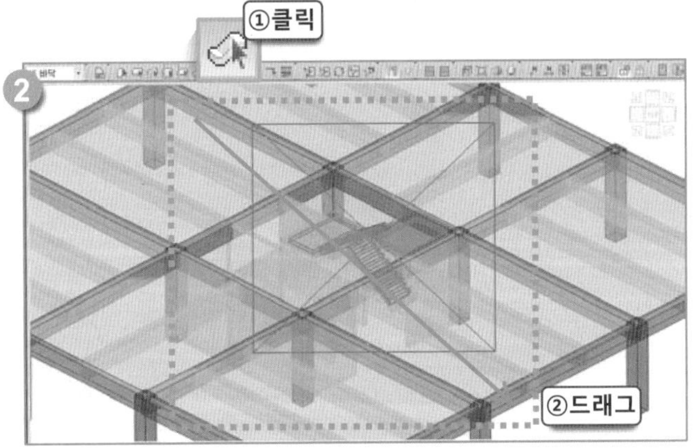

3. 3층 슬래브 부분생성 시작

- 메뉴 : [모델링] > [부재생성] > [슬래브] 아이콘 클릭 > [슬래브] 클릭
  또는 단축명령어 : CS

4. 슬래브 단면 확인

- 메시지창에 [단면 ID] 150 확인

5. 슬래브 부분모델링

- 계단실과 엘리베이터실의 상부 슬래브 2개를 직접 생성 한다.
- 3D스냅 활용하여 벽체상부의 절점을 대각선으로 클릭

6. 생성된 슬래브 확인

7. 전체 모델링 확인

- 화면하단의 [모델 보기창] 클릭

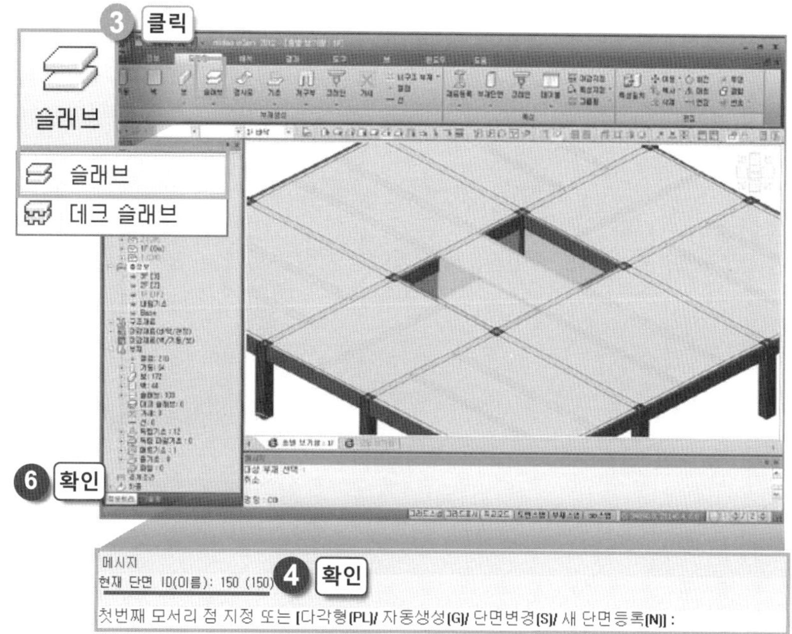

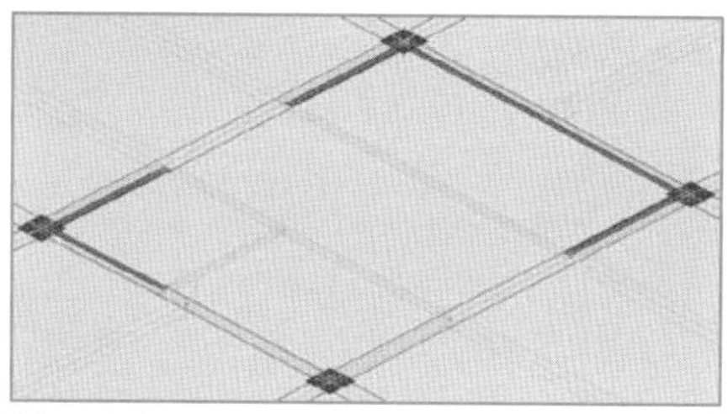

➢ [부재 보기 옵션] 을 통해 부재를 불투명하게 볼 수 있다.(Ctrl +5,6)

따라하기

내림기초를 생성하자.

1. 작업환경 설정

- **화면하단의 [층별 보기창] 클릭**
- **작업층을 [1F 바닥] 으로 설정**
- **[뷰네비게이션]의 [TOP] 클릭**
  또는 단축키 : Ctrl + Shift + T

2. 층간복사 실행

- 층간복사기능을 이용해 내림기초를 생성합니다.

[층간복사 실행 순서]

① 메뉴 : [모델링] > [편집] > [복사] 복사 클릭 > [층간복사] 층간복사 클릭
또는 단축명령어 : SCO

② 기둥 선택
→ 부재별선택창에서 [기둥 선택] 클릭
→ 1층 부재 전체 드래그

③ 큰 보 선택
→ 부재별선택창에서 [큰보 선택] 클릭
→ 1층 부재 전체 드래그

④ 작은 보 선택
→ 부재별선택창에서 [작은보 선택] 클릭
→ 1층 부재 전체 드래그

⑤ 벽 선택
→ 부재별선택창에서 [벽 선택] 클릭
→ 1층 부재 전체 드래그

⑥ 슬래브 선택
→ 부재별선택창에서 [슬래브 선택] 클릭
→ 1층 부재 전체 드래그 후 Enter

⑦ 복사할 층번호 입력
→ 메시지창에 'F' 입력 후 Enter

2) 기초 생성

본 따라하기에서는 내림기초층을 생성한 뒤, 독립기초와 매트기초를 생성한다. 내림기초층은 기초를 동결선 이하로 내리기 위해 생성한다.

(1) 내림기초층 생성

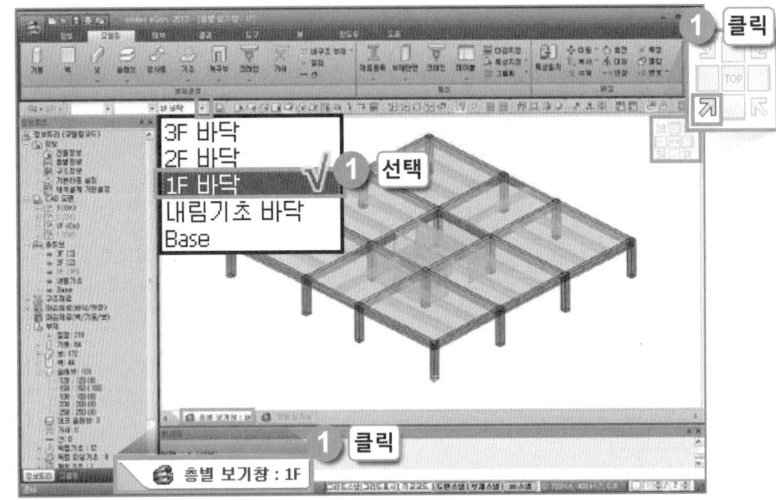

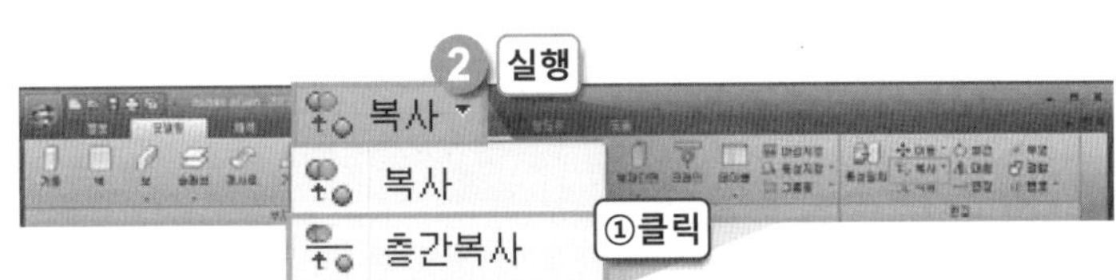

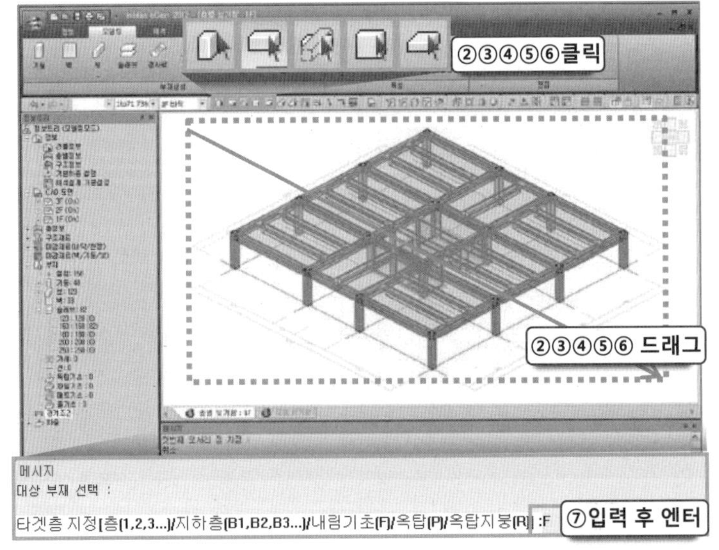

3. 생성된 내림기초 확인

4. 작업환경 설정

- 내림기초층을 수정하기 위해 도면층을 변경한다.
- 작업층을 [내림기초 바닥] 으로 설정
- [뷰네비게이션]의 [TOP] 클릭
  또는 단축키 : Ctrl + Shift + T

5. 벽체 재생성

① 개구부 정보가 있는 복사된 벽체 삭제

② 메뉴 : [모델링] > [부재생성] > [벽] 아이콘 벽 클릭
  또는 단축명령어 : CW

③ [높이]의 [레벨지정] 선택 후 '-1200' 입력

④ 생성할 지점 클릭해 모델링

6. 슬래브 생성

① 메뉴 : [모델링] > [부재생성] > [슬래브] 아이콘 슬래브 클릭 > [슬래브] 슬래브 클릭
  또는 단축명령어 : CS

② 생성할 지점 클릭해 모델링

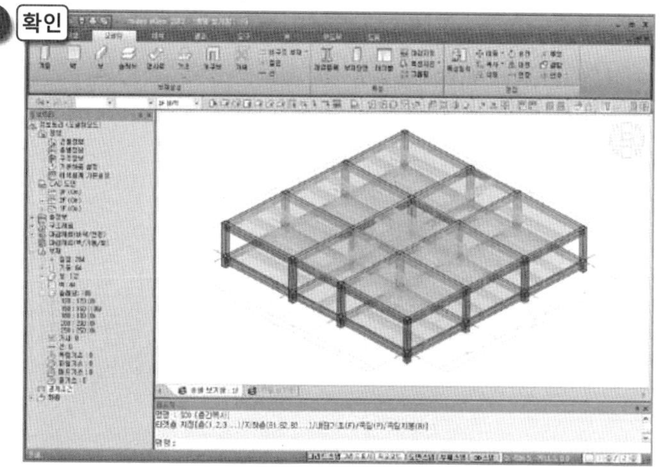

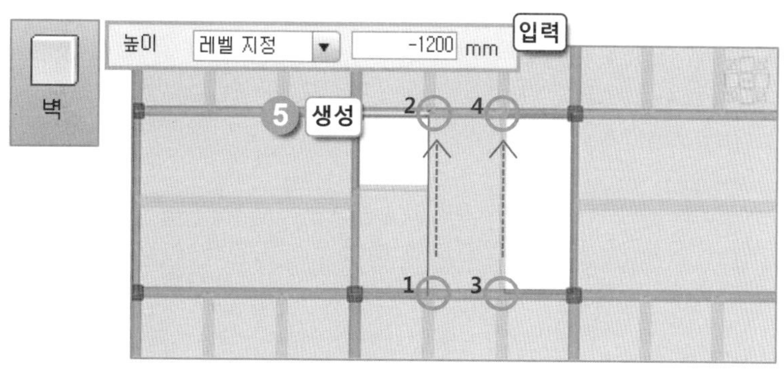

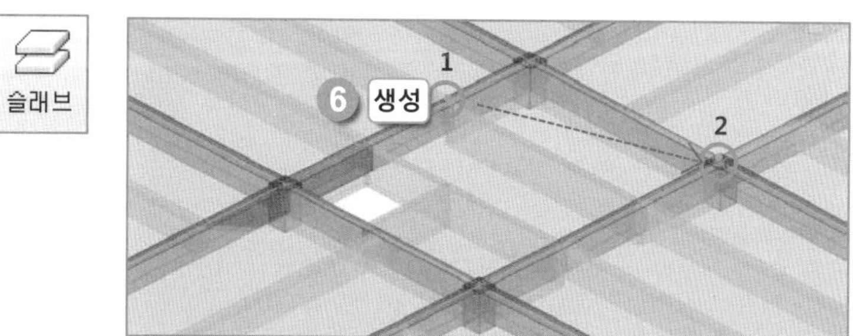

➢ 계단실 하부의 슬래브는 생성하고, 엘리베이터실 하부(pit 공간)의 슬래브는 생성하지 않는다.

따라하기

독립기초를 생성하자.

(2) 독립기초 생성

1. 작업환경 확인

- 작업층 [내림기초바닥] 확인

2. 독립기초 생성시작

- 메뉴 : [모델링] > [부재생성] > [기초] 아이콘 [기초] 클릭 > [독립기초] [독립기초] 클릭

또는 단축명령어 : FI

3. 독립기초 모델링

- 내림기초층 전체 드래그 후 Enter
- 전체를 선택해서 기둥 외의 다른 부재가 선택되더라도 기둥 아래에만 독립기초가 생성된다.

4. 필요없는 독립기초 삭제

- 코어 하부는 매트기초를 형성할 것이므로 코어 하부의 독립기초를 삭제한다.

① 부재선택아이콘 [기초선택]

② 코어 하부 독립기초 드래그해 선택

③ 메시지창 'E' 입력 하거나 Del 키 눌러 삭제

5. 생성된 독립기초 확인

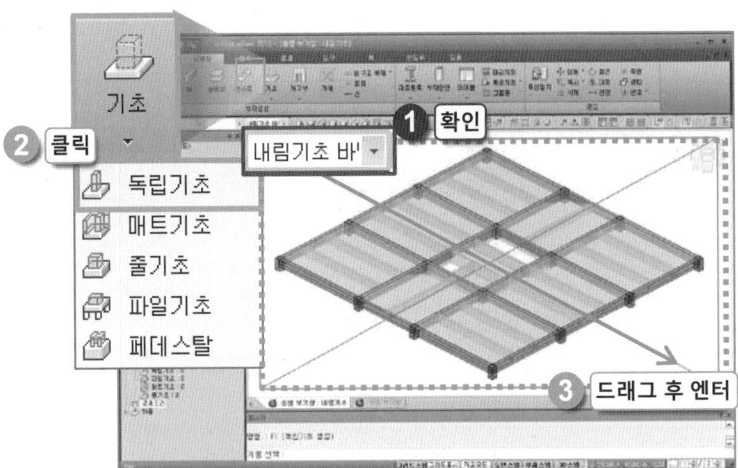

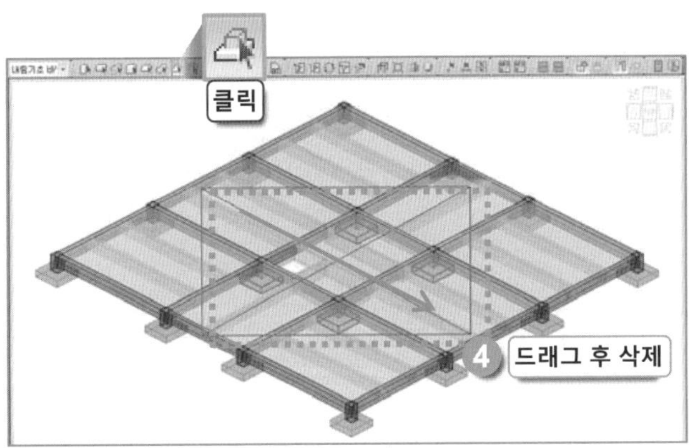

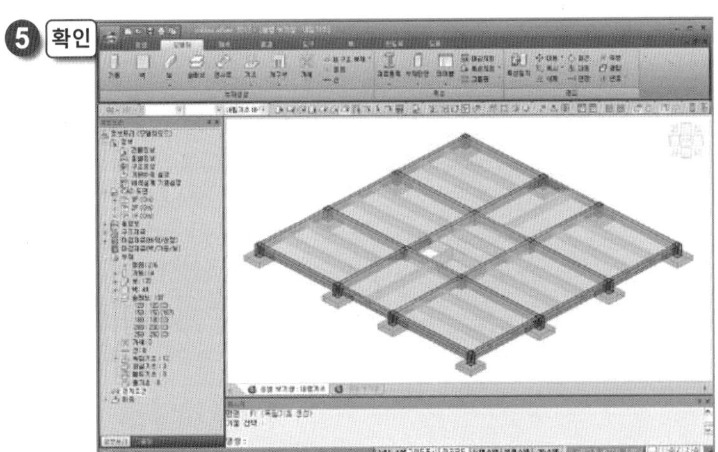

NOTE

- 독립기초는 기본설정인 '단면ID:0 (200X200X500)' 으로 모델링 하면 일정한 임의의 크기로 제공되며, 해석/설계 과정에서 최적의 단면크기와 배근 결과를 결정하여 업데이트 된다.

따라하기

매트기초를 생성하자.

(3) 매트기초 생성

1. 매트기초 생성시작

- 메뉴 : [모델링] > [부재생성] > [기초] 아이콘 기초 클릭 > [매트기초] 매트기초 클릭

또는 단축명령어 : FM

기초

독립기초

1 클릭

매트기초

줄기초

파일기초

페데스탈

2. 시작점 지정

- 메시지창에 [벽 선택] 'W' 입력 후 Enter

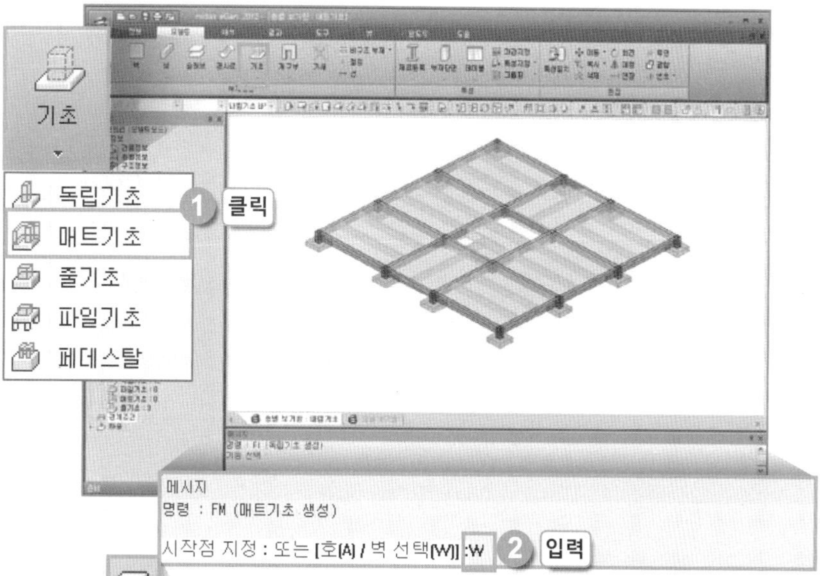

메시지

명령 : FM (매트기초 생성)

시작점 지정 : 또는 [호(A) / 벽 선택(W)] :W 2 입력

3. 내림기초층 벽 선택

- 부재별선택창에서 [벽 선택] 클릭
- 내림기초층 벽 드래그하여 선택 후 Enter

- 벽 이외의 기둥이 선택되어도 벽 하부에만 매트기초가 생성된다.

클릭

3 드래그

4. 연단거리 설정

- 메시지창에 [연단거리] '500' 입력 후 Enter

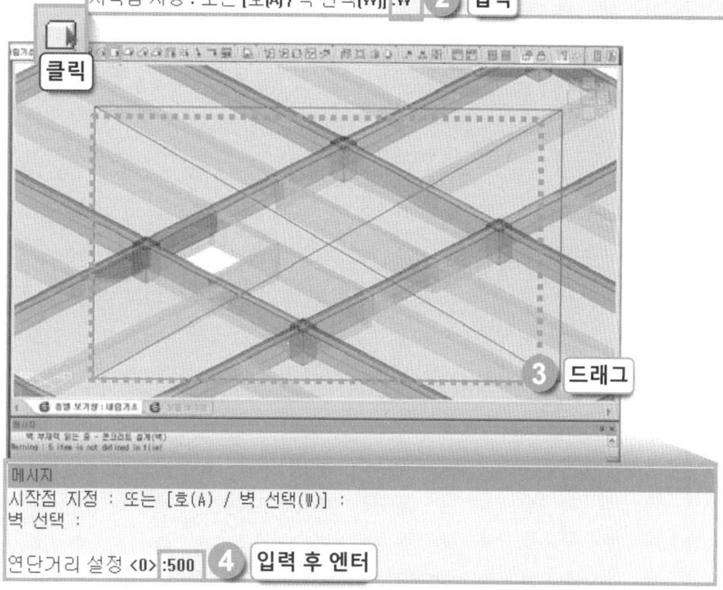

메시지

시작점 지정 : 또는 [호(A) / 벽 선택(W)] :

벽 선택 :

연단거리 설정 <0> :500 4 입력 후 엔터

5. 생성된 매트기초 확인

5 확인

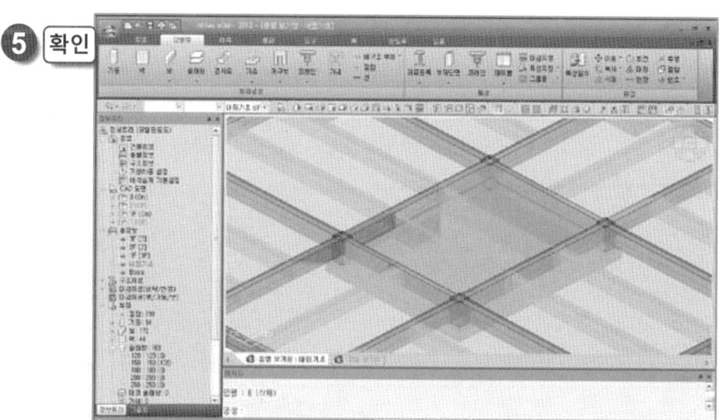

midas eGen 따라하기 Part. 2
"3. 파일매트기초 설계하기" 참조▶ 참조

구조 해석/설계를 위한 모델링이 완료되었다.

- [와이어 프레임] 보기를 통해 모델링을 확인한다.
- [와이어 프레임] 아이콘 클릭 또는 단축키 : Ctrl + H

모델보기창

➢ 와이어프레임 보기를 활용해 절점과 구조선이 정확하게 모델링 되었는지 확인한다.

➢ CAD도면을 [보이기/숨기기] 옵션을 이용해 비활성화 하면 더 쉽고 정확하게 확인할 수 있다.

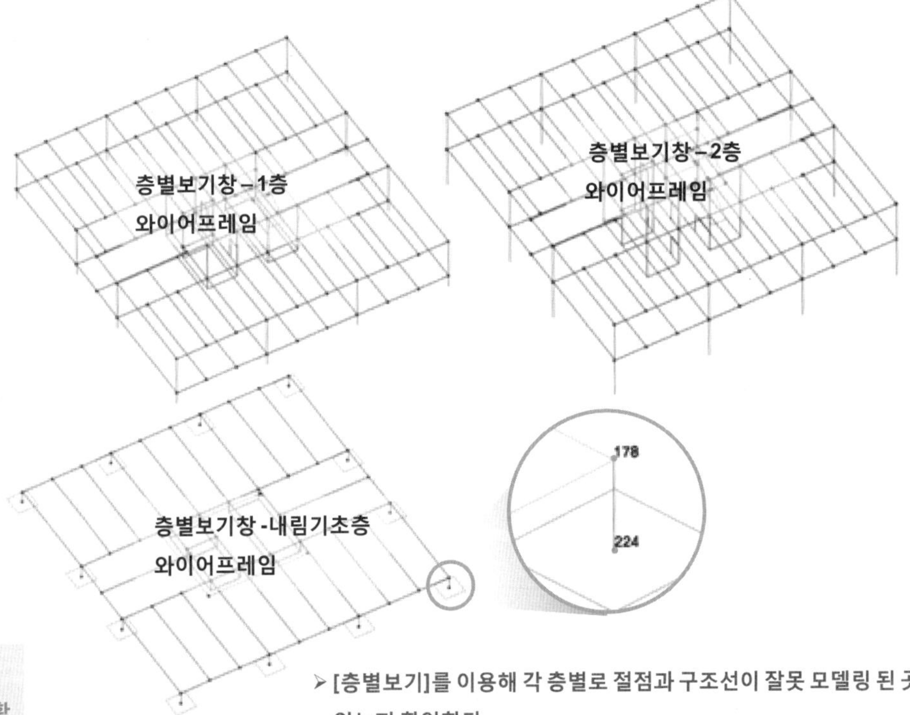

➢ [층별보기]를 이용해 각 층별로 절점과 구조선이 잘못 모델링 된 곳이 있는지 확인한다.

NOTE

- TIP - 절점번호 보기설정 [보기₩감추기] Ctrl +E)를 활용해 절점과 절점번호를 확인 하도록 설정 할 수 있다.

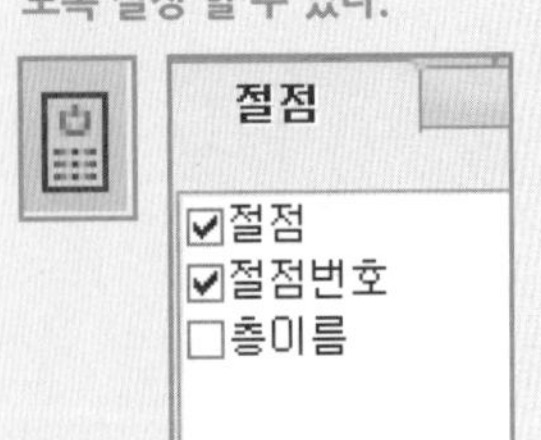

· 절점 모델링 확인

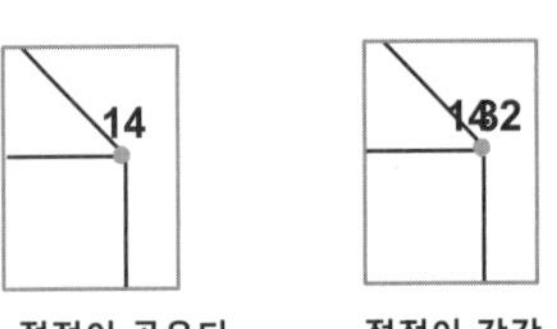

절점이 공유되 부재 연결

절점이 각각 생성되어 부재 연결안됨

❖ 절점과 절점번호( )보기를 통해 구조모델링이 정확하게 되었는지 확인한다.

❖ 옆의 그림처럼 절점번호가 겹쳐 보인다면, 가까운 지점에 미세하게 다른 두 절점이 생성된 경우이다.

❖ 부재생성시 실수가 있었는지 확인하도록 한다.

따라하기

모델링이 완성되었다. 부재의 단면크기를 정확히 확인한다.

3) 모델링 확인

구조부재의 단면 크기에 맞게 정확하게 모델링 되었는지 확인한다. [정보트리]에서 각 부재의 정보를 확인 할 수 있으며, Drag & Drop으로 부재의 단면을 변경할 수 있다.

1. [정보트리]의 부재목록 보기

- [정보트리] > [부재] > 각 부재의 ⊞ 버튼 클릭
  - 부재목록이 열리며 생성된 단면ID를 더블클릭 해 확인할 수 있다.

2. 생성된 부재 단면 확인

- 기둥 / 66 : 600x600 (64)
- 보 / 6081 : 400x750(64)
  6082 : 450x750(80)
  6083 : 300x750(20)
  6084 : 450x700(8)
- 벽 / 200 : 200(44)
- 슬래브 / 150 : 150(107)
- 독립기초 / 자동단면(12)
- 매트기초 / 0 : 자동단면(1)
  (단면 ID : 이름(개수))

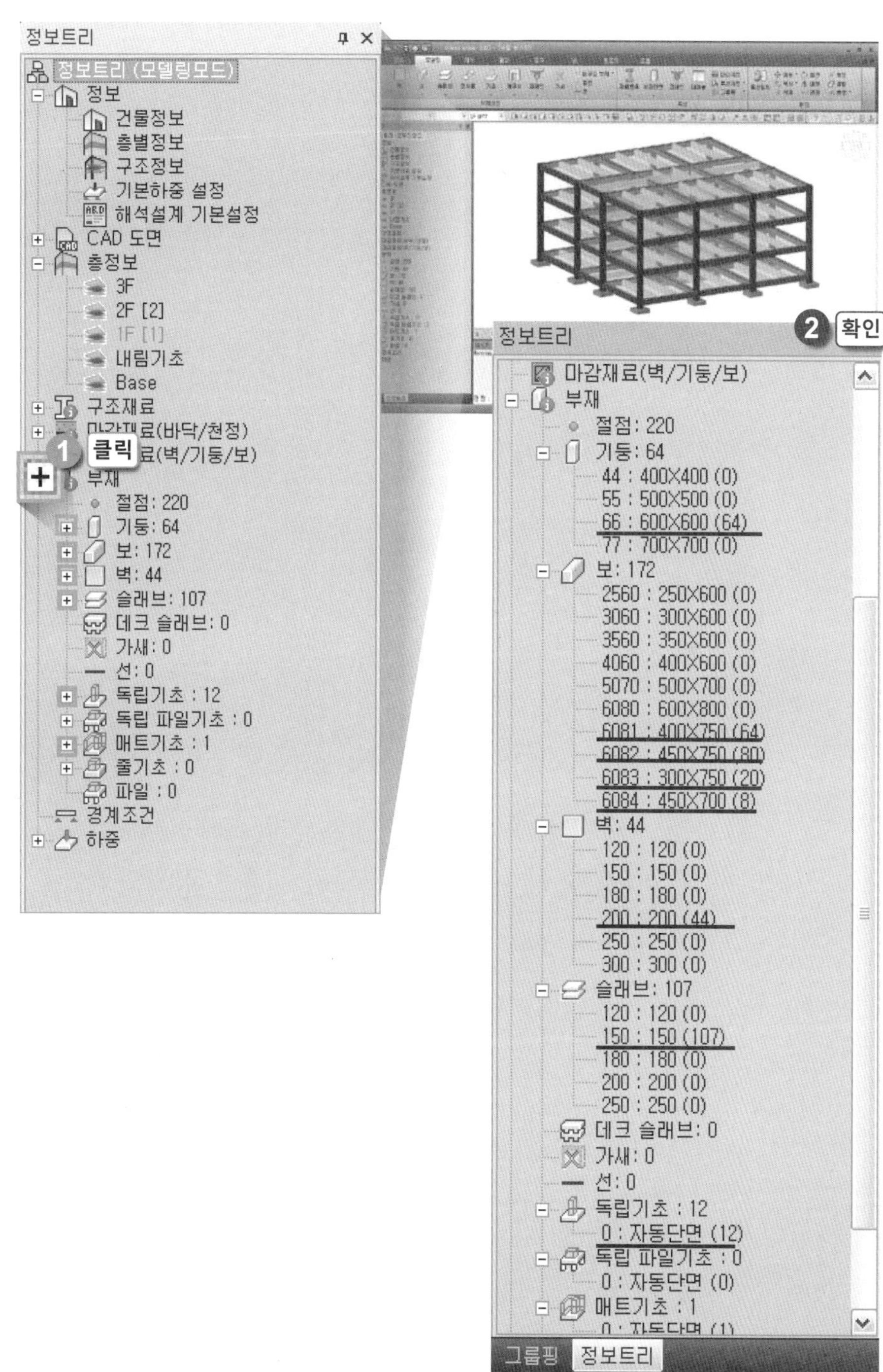

NOTE

- 부재 단면이 잘못 지정되 있는 경우 다음 방법으로 변경한다.
  ① 잘못 지정된 부재 [정보트리] 에서 더블클릭
  ② 지정할 단면 클릭하여 드래그 후 작업창에 드롭
  ③ 단면 변경됨 확인

앞의 부재 목록과 다를 경우, 부재의 단면 수정이 필요하다. 단면 수정은 슬래브를 예로 알아보겠다.

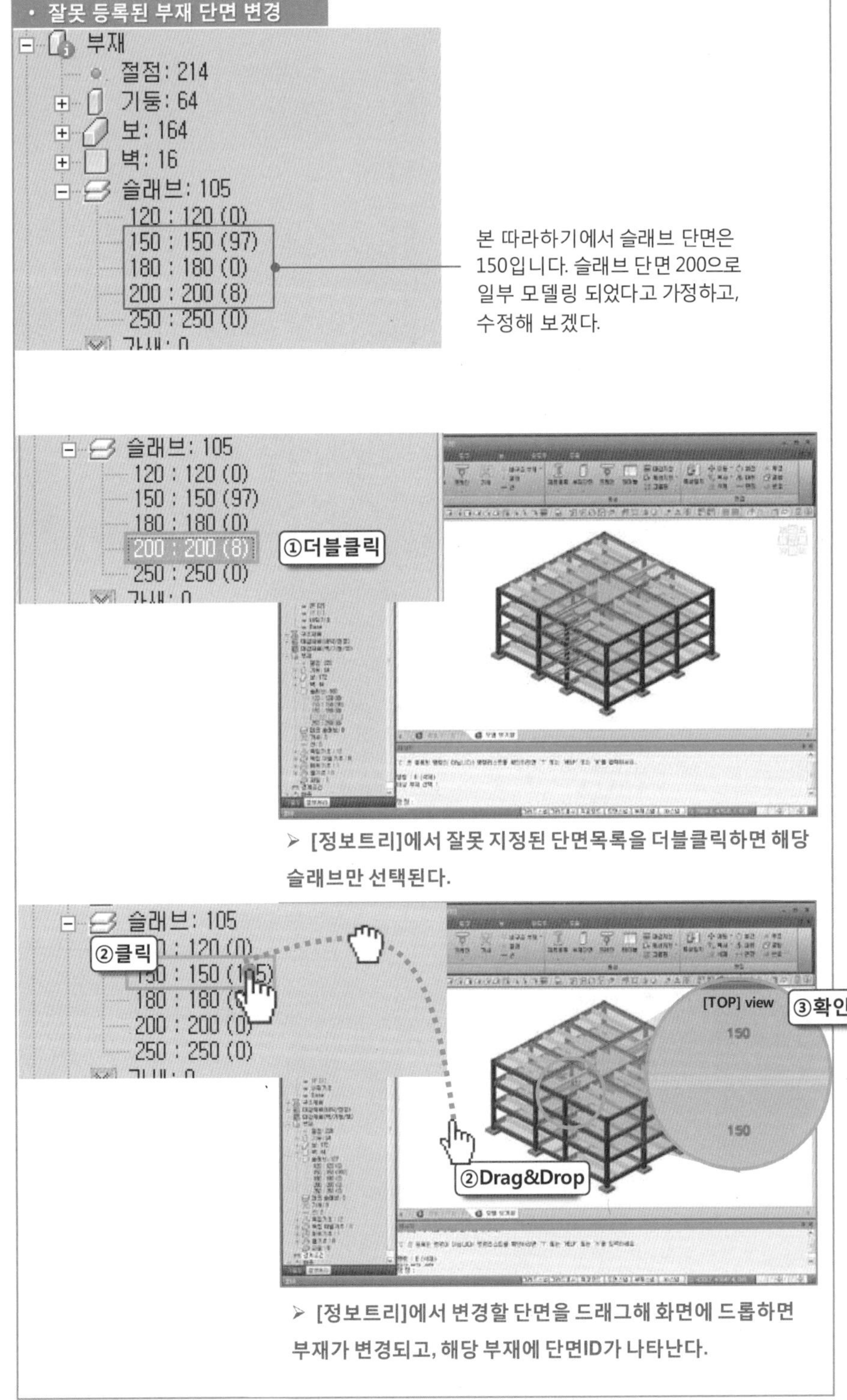

➢ [정보트리]에서 잘못 지정된 단면목록을 더블클릭하면 해당 슬래브만 선택된다.

➢ [정보트리]에서 변경할 단면을 드래그해 화면에 드롭하면 부재가 변경되고, 해당 부재에 단면ID가 나타난다.

4.4 해석/설계 수행

해석/설계 결과에 대한 검토작업 프로세스는 다음과 같이 요약할 수 있다.

모델검토 수행 Ⅰ → 해석/설계 수행 → 모델검토 수행 Ⅱ

본 학습 과정은 모델링 작업을 완료하고 해설설계와 모델검토를 수행한 후 결과를 확인, 검토하는 내용으로 구성되어 있다. 때문에 모델링 작업에 대한 내용을 충분히 숙지하는 것이 좋다.

4.4.1 모델검토 수행 Ⅰ

따라하기

모델검토를 수행하자.

'해석 전 모델검토' 기능은 사용자가 입력한 하중, 재료 등의 입력 정보가 해석/설계 작업을 진행하기에 적합한지를 구조 기준과 다양한 실무검토 사항을 반영하여 검토한다.
해석/설계 수행 이전에 [모델검토]기능을 통해 사용자의 입력 데이터에 대한 오류 또는 적절성에 대한 검토가 선행되면, 보다 원활한 해석/설계 수행 및 신뢰할 수 있는 결과를 얻을 수 있다.

1. 모델검토 수행 시작

- 메뉴 : [도구] > [검토] > [모델검토]아이콘 클릭

2. [모델 검토] 클릭

- 일반 사항의 체크리스트에 하중, 재료, 단면&배치 항목이 체크되어 있는지 확인 후 [모델검토] 버튼 클릭
- 모델 검토가 실행된다.

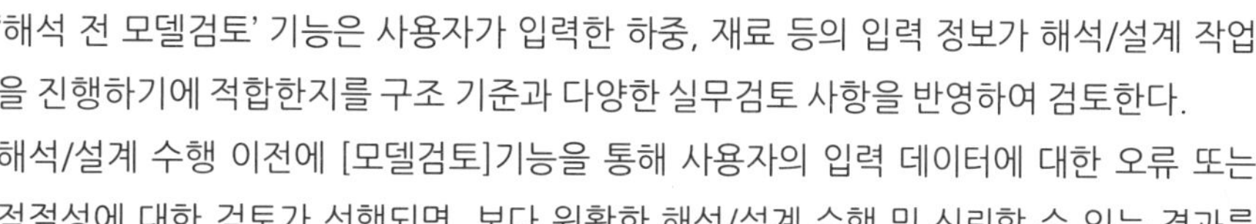

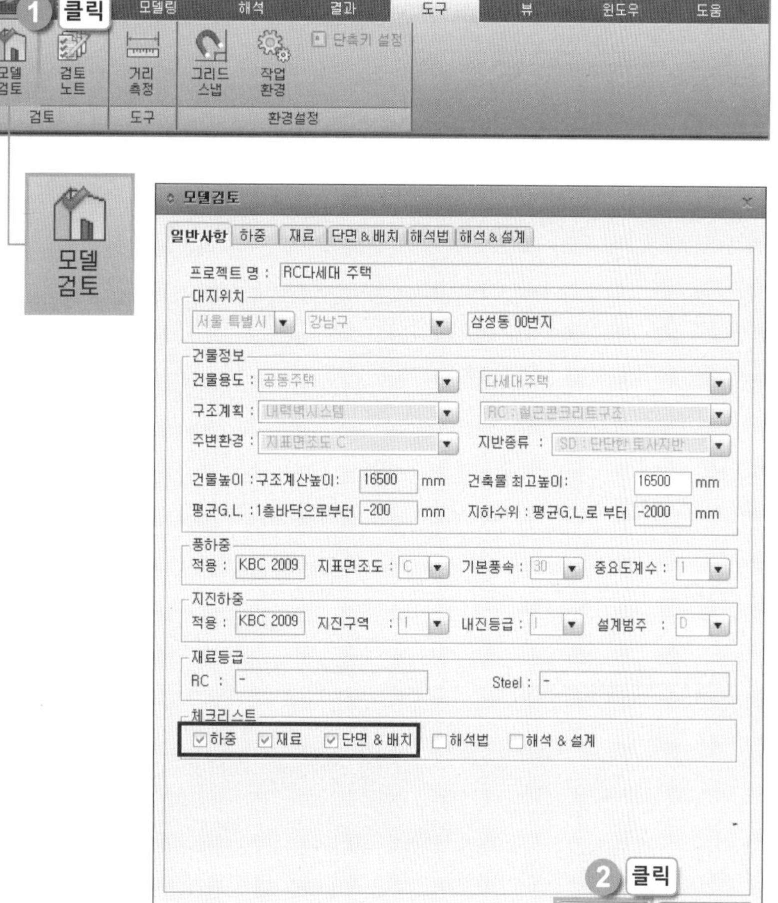

✓ NOTE

- 해석 전에 모델검토를 체크리스트 중 '하중, 재로, 단면&배치' 에 대해서만 수행한다.
  '해석법, 해석&설계' 를 체크 하더라도 모델검토는 수행되지만 결과가 없어 비활성화 상태로 보여진다.

3. 모델검토 결과 확인

- 모델검토를 수행하면 트리메뉴에 [모델검토]탭 이 나타난다.
- [모델검토] 트리메뉴에서 각 항목의 OK/NG를 확인한다.

NOTE

▪ 검토결과 'OK/NG/검토 미수행' 여부에 따라 메뉴 색상이 구분된다.

- 검정색 : OK
- 빨간색 : NG 또는 검토필요
- 회색 : 검토미수행

▪ 모델검토 대화창에서 Check off 되었거나, 해석/설계 후에 모델검토가 가능한 항목은 전처리모드에서 모델검토가 되지 않는다.

- 본 따라하기 모델은 모델검토 I 과정에서 NG가 없다.

홈페이지 > 교육 > 단위기능 따라하기 > 모델검토하기 > *"모델검토 따라하기"* ▶ 참조

[모델검토 완료상태]

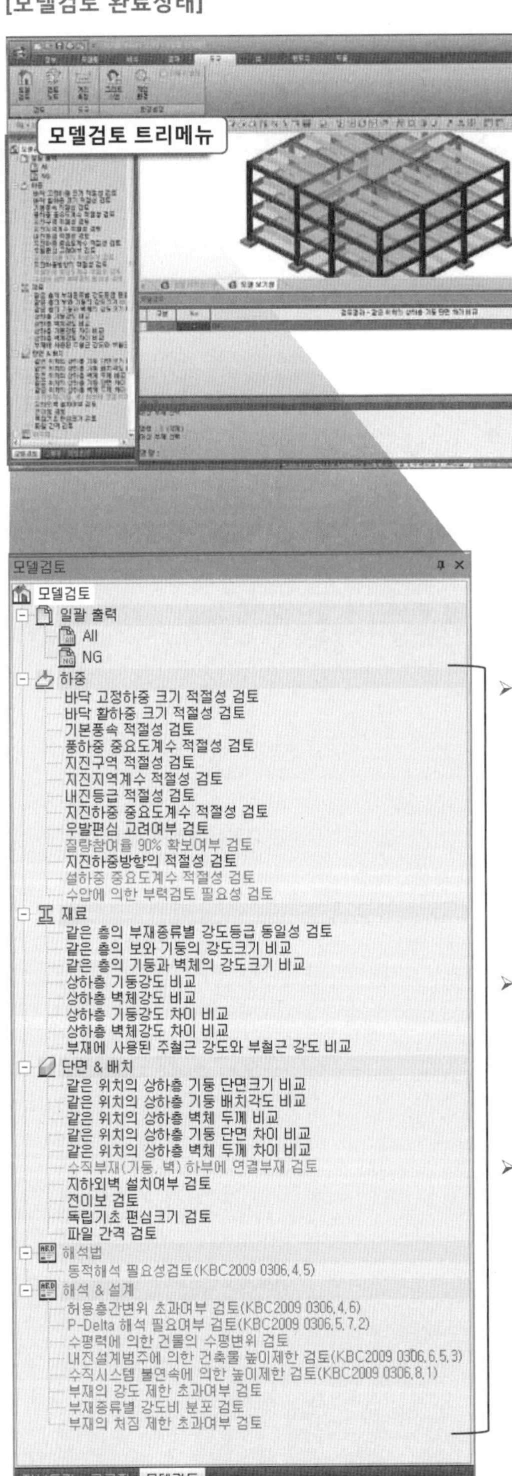

모델검토 테이블

메시지 창

➢ 하중 / 재료 / 단면&배치에 대한 다양한 검토사항에 대하여 모델검토가 완료되어 모델검토 트리메뉴가 나타난다. 전처리 모드에서 본 따라하기 예제의 [모델검토 I]를 수행하면 NG 항목이 없다.

➢ '해석법, 해석&설계' 를 체크 하더라도 모델검토는 수행되지만 결과가 없어 비활성화 상태로 보여진다.

➢ 빨간색 항목은 '잘못됨'을 의미하는 것이 아니라 '검토'가 필요함을 의미한다. 즉, 해당 항목을 검토하여 문제가 없으면 항목이 붉은색이라도 모델링에는 문제가 없는 것이다.

4.4.2 해석/설계 수행

따라하기
해석/설계를 수행하자.

1. 해석/설계 수행 시작
- 메뉴 : [해석] > [해석/설계 수행]
  아이콘 클릭
  또는 단축키 : F5

2. 해석 완료 확인
- 질량참여율 90% 도달 확인
- 메시지창 완료 확인
- 2D기본 작업창 확인
- 결과보기 창으로 전환

홈페이지 > 교육 > 실무예제 따라하기 > *"구조프로그램 입문" > 01. 프로그램 환경 이해 > 2.전처리모드와 후처리모드* ▶ 참조

사용자가 입력한 데이터를 바탕으로 구조해석 및 설계가 진행된다. 구조해석 프로그램에서는 해석/설계 이전 단계를 '전처리모드'라 하며, 해석/설계 이후 단계는 '후처리 모드'라 한다.

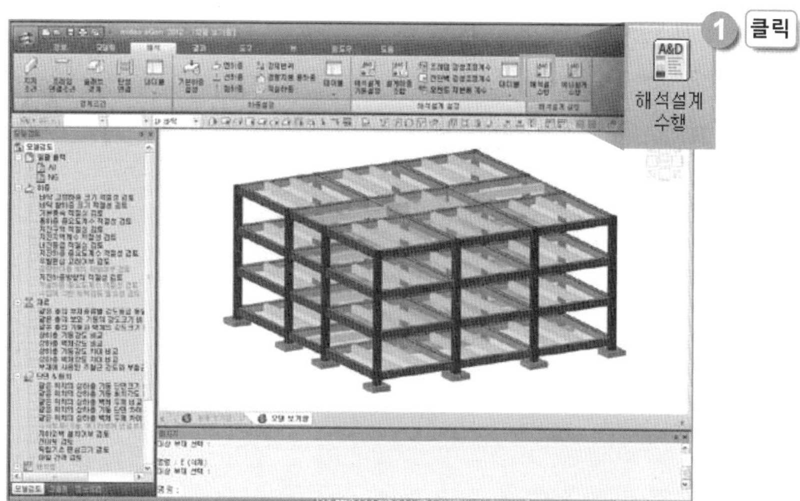

[해석/설계 완료화면]

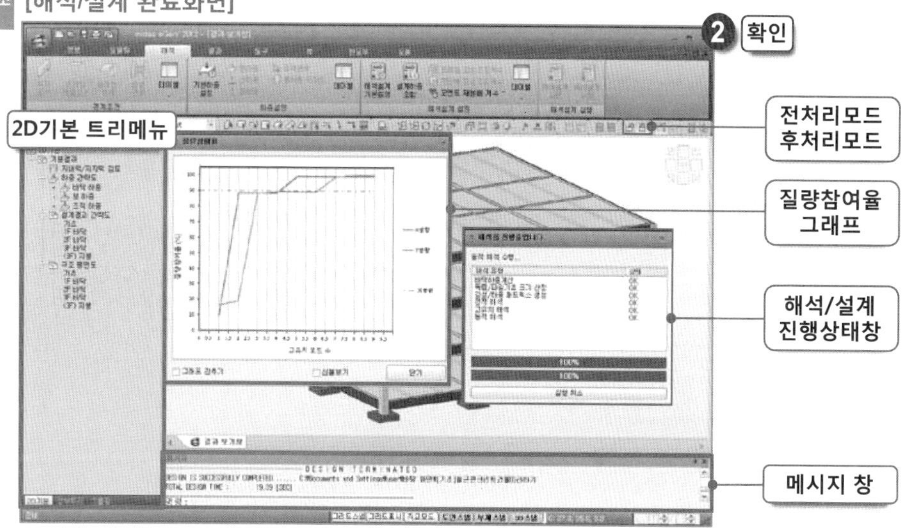

NOTE

- 해석/설계가 수행되는 동안 질량참여율 그래프가 생성되는데, KBC2009에서는 동적해석시 X와Y방향의 질량참여율이 90% 이상 되도록 요구하고 있으며, midas eGen에서는 자동으로 질량참여율이 90%이상 되도록 설정되어 있다.
- 해석/설계 이후의 후처리 모드에서는 정보의 입력 및 수정이 불가하다. 입력 및 수정을 해야 하는 경우에는 전처리 모드로 전환 후 가능하다.

eGen 도우미

✓정형, 중저층 건물일 경우, 고유치모드수가 10차 이전에 질량참여율이 90%이상 확보되는데, 건물의 비정형성에 따라 다소 차이가 있을 수 있다.
하지만, 10차 이상이 되어도 질량참여율의 진행이 아주 미소하게 변화가 없다면 구조모델에서 부재의 연결상태가 부적절한 경우이므로 해석을 중단하고 구조모델을 검토해 보기 바란다.

4.4.3 모델검토 수행 II

따라하기

해석 후 모델검토를 수행하자.

해석/설계 수행 이후 도출된 결과 데이터들의 오류 또는 적절성에 대해 검토한다.

1. 모델검토 수행 시작

- 메뉴 : [도구] > [검토] > [모델검토] 아이콘 클릭

2. [모델 검토] 클릭

- 모델 검토가 실행된다.

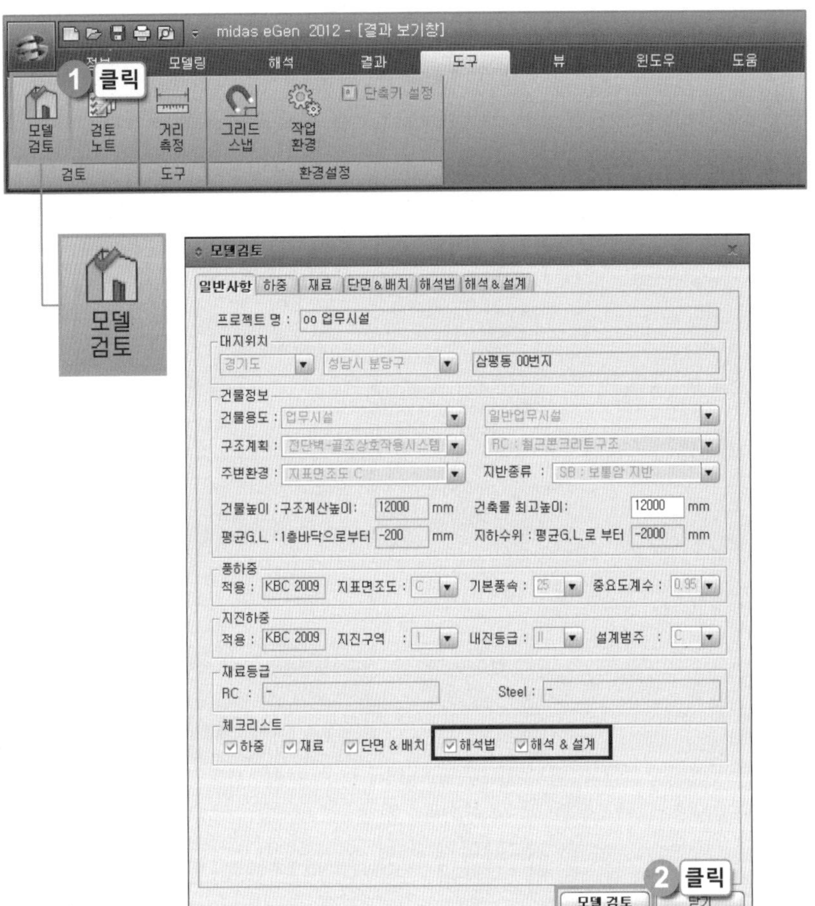

[모델검토 완료상태]

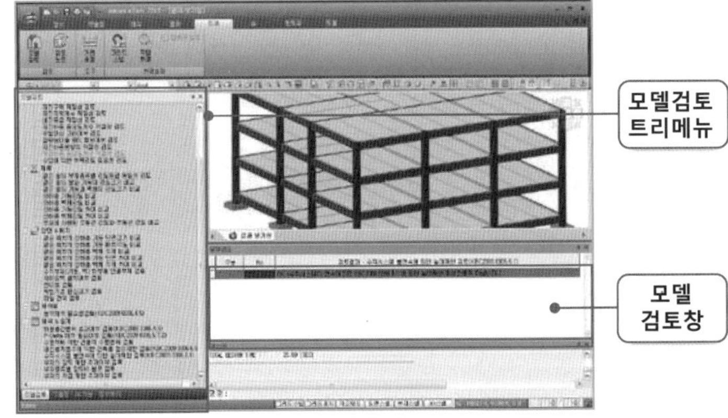

3. 모델검토 결과 확인

- 모델검토를 수행하면 트리메뉴에 [모델검토]이 나타난다.
- [모델검토] 트리메뉴에서 각 항목의 OK/NG를 확인한다.
- 본 따라하기 모델은 모델검토Ⅱ 과정에서 NG가 없다.

검토가 완료되면 좌측의 모델검토 메뉴를 통해 사용자의 확인이 필요한 검토항목에 대해 빨간색으로 표기 된다.

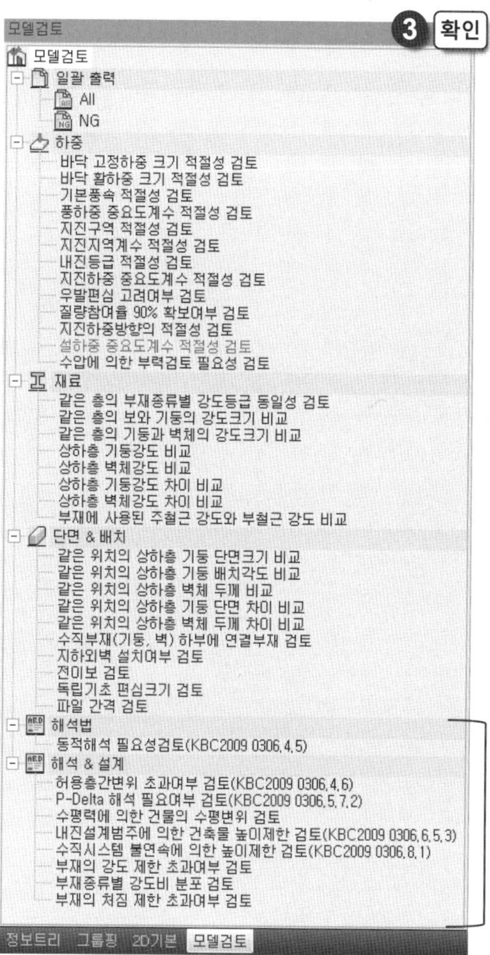

➢ 해석법 / 해석&설계에 대한 다양한 검토사항에 대하여 모델검토가 완료되어 모델검토 트리메뉴가 나타난다.
후처리 모드에서 본 따라하기 예제의 [모델검토Ⅱ]를 수행하면 NG 항목이 없다.

➢ [모델검토Ⅰ] 과정에서는 해석/설계에 관련된 검토항목이 비활성화 되어 있으나, 해석/설계수행 이후 모델검토를 수행하면 해석과 설계결과에 관련된 항목까지 확인할 수 있다.

홈페이지 > 교육 > 단위기능 따라하기 > 모델검토하기 > *"모델검토 따라하기"* ▶ 참조

4.5 결과 검토

따라하기

2D 기본결과에 대해 알아봅자.

4.5.1 2D 기본 결과검토

해석/설계 수행 후, 반드시 확인해야 하는 필수항목을 도면형태로 제공하는 2D 기본결과를 확인한다.

강도검토 및 설계결과를 확인하고, 필요 시 단면 또는 배근을 편집함으로써 고품질의 결과물을 출력할 수 있다.

1. 2D기본 트리메뉴 확인

- [2D기본] 클릭

2. 결과 확인

- 각 메뉴를 더블클릭하여 작업창에서 강도검토 및 설계 결과를 확인한다.

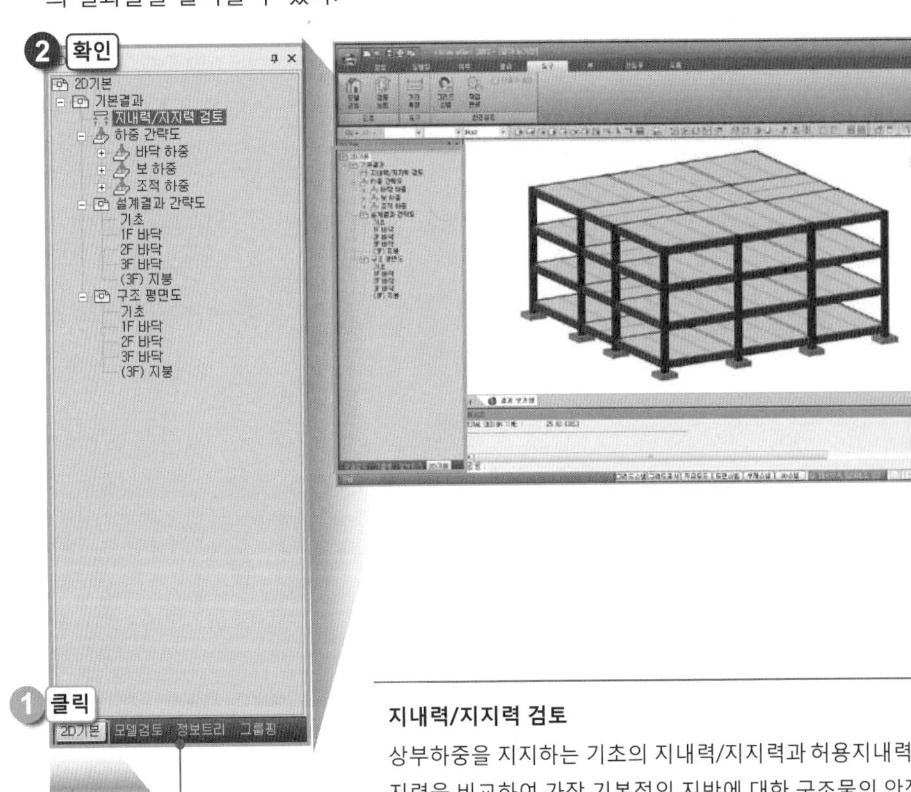

지내력/지지력 검토

상부하중을 지지하는 기초의 지내력/지지력과 허용지내력/지지력을 비교하여 가장 기본적인 지반에 대한 구조물의 안정성 여부를 확인한다.

하중 간략도

각 층별로 입력된 하중을 확인한다

설계결과 간략도

건축구조기준에 의거하여 각 부재별 강도검토 및 설계결과를 확인하고 편집할 수 있다.

구조 평면도

구조평면도는 구조설계의 가장 핵심이라고 할 수 있다.

트리메뉴 하단의 [뷰]탭을 활용하여 각 부재별로 배치, 연결관계 및 부재이름과 배근결과를 확인할 수 있다.

NOTE

- [설계결과 간략도]와 [구조평면도]확인 시, 화면에서 부재를 더블클릭하면 부재설계결과에 대한 상세정보 확인이 가능하다.

따라하기

2D 기본 결과의 [지내력/ 지지력 검토]를 확인하자.

1. 2D기본 트리메뉴의 [지내력/ 지지력 검토] 항목 더블 클릭

2.각 기초별 지내력 결과 확인

- 본 따라하기의 모든 기초 지내력 검토결과는 OK다.

필요지내력 ≤ 허용지내력 : OK
필요지내력 > 허용지내력 : NG

3. 디스플레이 옵션 클릭

- 화면에 출력된 도면 결과물을 사용자의 기호에 맞게 조절하는 옵션이다.

4. 결과글자크기 확인

- 필요에 따라 결과물에 표기된 글자의 크기 및 배치 위치를 조절한다.
- 수정된 글자크기 및 배치위치는 구조계산서의 구조평면도에 반영된다.

5. [DWG로 보내기] 클릭

- 지내력/지지력 검토도면을 DWG 파일형태로 저장한다.

NOTE

- 지내력/지지력 검토의 결과에서는 해당 지반 또는 파일이 상부 구조물에 대해 안전한지를 판단하는 곳이므로 사용자가 구조물과 관련된 정보를 편집할 수 없다.

(1) 지지력/지내력 검토

지내력/지지력 검토는 결과 확인 과정 중에서도 반드시 선행되어야 하는 작업이며, 부재별 설계결과 간략도에서 모든 층의 부재가 OK 결과를 나타내더라도 지내력/지지력에서 NG 결과가 확인된다면 상부 구조물의 설계결과는 무의미 하다. 때문에 NG 결과를 반드시 수정하여 상부구조의 안정성을 확보 후에 다음단계를 진행해야 한다.

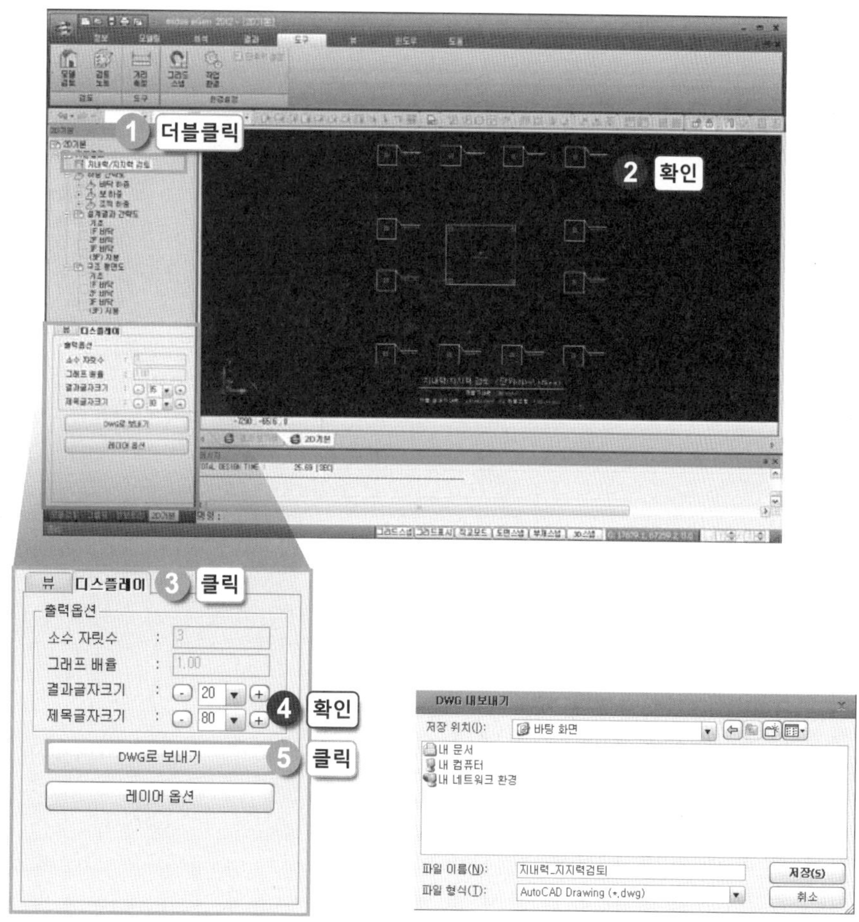

eGen 도우미

✓독립기초 생성시 크기를 사용자입력으로 한 경우에는 후처리에서도 그 크기로 강도검토 및 설계가 진행되며, 독립기초 자동단면 (ID:0) 으로 생성된 경우에는 해석결과에 따라서 후처리에서 적절한 기초크기로 자동 변경될 수 있다.

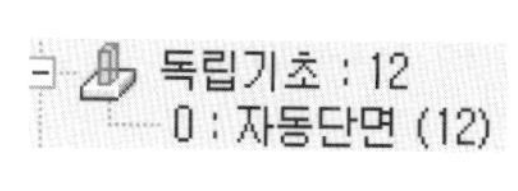

[정보트리]의 부재정보

따라하기

2D 기본결과의 [하중 간략도]를 확인하자.

1. 하중 간략도 확인

- 2D기본 > [하중 간략도] > [바닥하중] 클릭 > [1F 바닥] 더블클릭
  - 각 층별로 바닥하중, 보하중, 조적하중의 하중값을 확인할 수 있다.

2. 옵션체크 확인

- [뷰]옵션 클릭
- 고정, 활, 자중 체크 확인

3. 2D기본창의 결과 확인

(2) 하중간략도

하중 간략도는 해석/설계에 적용된 구조물의 하중을 확인하는 항목이며, 본 항목에서 하중을 수정할 수 없다. 하중의 수정이 필요한 경우에는 전처리 모드에서 수정한 후 재해석을 수행해야 한다. 본 따라하기에서는 하중간략도의 바닥하중 > 1F 바닥만 검토하겠다.

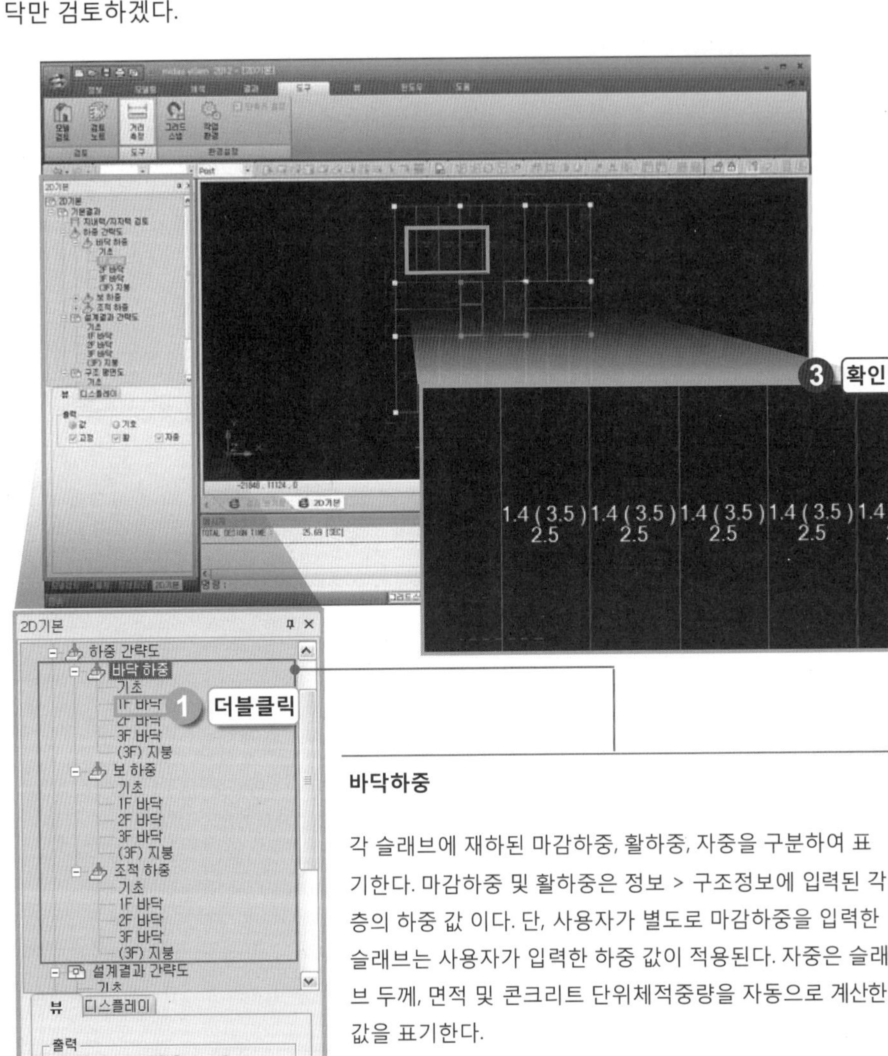

바닥하중

각 슬래브에 재하된 마감하중, 활하중, 자중을 구분하여 표기한다. 마감하중 및 활하중은 정보 > 구조정보에 입력된 각 층의 하중 값 이다. 단, 사용자가 별도로 마감하중을 입력한 슬래브는 사용자가 입력한 하중 값이 적용된다. 자중은 슬래브 두께, 면적 및 콘크리트 단위체적중량을 자동으로 계산한 값을 표기한다.

보하중

보의 길이, 단면적 및 콘크리트 단위체적중량을 계산하여 보의 자중을 표기한다.

조적하중

모델링 > 부재생성 > 비구조 부재 > 조적벽으로 모델링 된 경우 조적벽을 하중으로 치환하여 표기한다.

따라하기

2D 기본 결과의 [설계 결과 간략도]를 확인하자.

(3) 설계 결과 간략도

부재별 설계 결과인 NG, OK, CK가 출력되며, 부재의 단면크기와 강도비(설계강도/부재강도)를 확인할 수 있다. 그 외 부재 재질과 부재번호를 확인 할 수 있다.

1. 설계결과 간략도 확인

- 2D기본 > [설계결과 간략도] > 1F바닥 더블클릭
- 본 따라하기에서는 모든 층에 NG결과가 없다.

2. 부재 더블클릭

- 2D기본 창에서 보 부재 레이어 더블클릭

3. 강도검토 및 설계가이드 확인

- 각 부재에 대한 설계가이드창을 확인한다.

√ 1F 바닥 검토

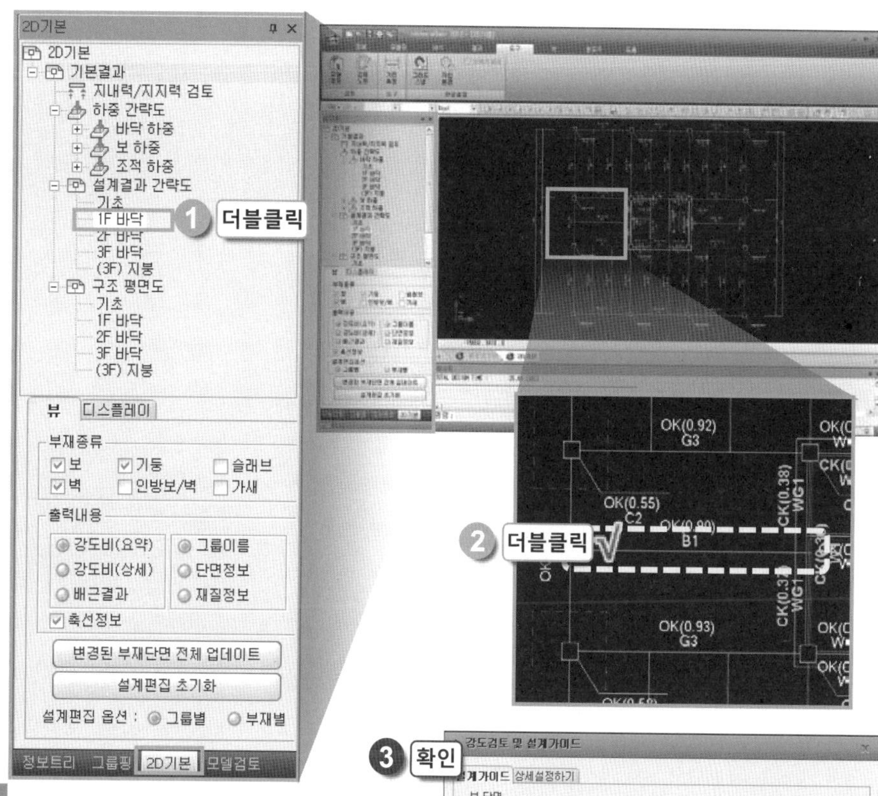

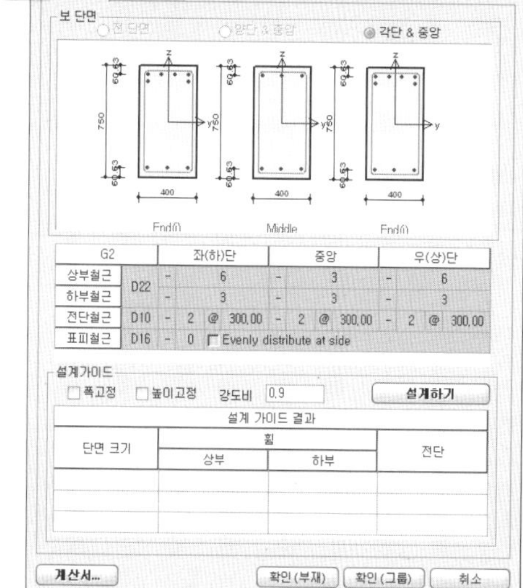

홈페이지 > 교육 > 단위기능 따라하기 > 설계 결과 검토하기 > *"2D기본 및 설계편집 활용가이드"* ▶ 참조

NOTE

- [설계결과 간략도]는 건축구조기준에 의해 각 부재별 강도검토결과가 NG, OK 인지 확인할 수 있고, 구조 평면도에는 부재별 결과 및 각 부재별 그룹이름을 확인할 수 있다.

(4) 구조 평면도

따라하기

2D 기본결과의 구조평면도를 확인하자.

✓ OK, NG,CK만 빠르게 확인

✓ 최종 출력 형태 확인

✓ 시공성을 고려한 배근의 연속성 편집

1. 구조평면도 확인

- **2D기본 > [구조평면도] > [1F바닥] 더블클릭**

2. 그룹이름과 배근결과 확인

- 그룹이름과 배근결과를 동시에 확인할 수 있다.

3. 출력내용의 배근결과 체크

- [2D 기본] 결과의 [뷰]에서 원하는 부재결과, 출력내용을 선택하여 확인할 수 있다.

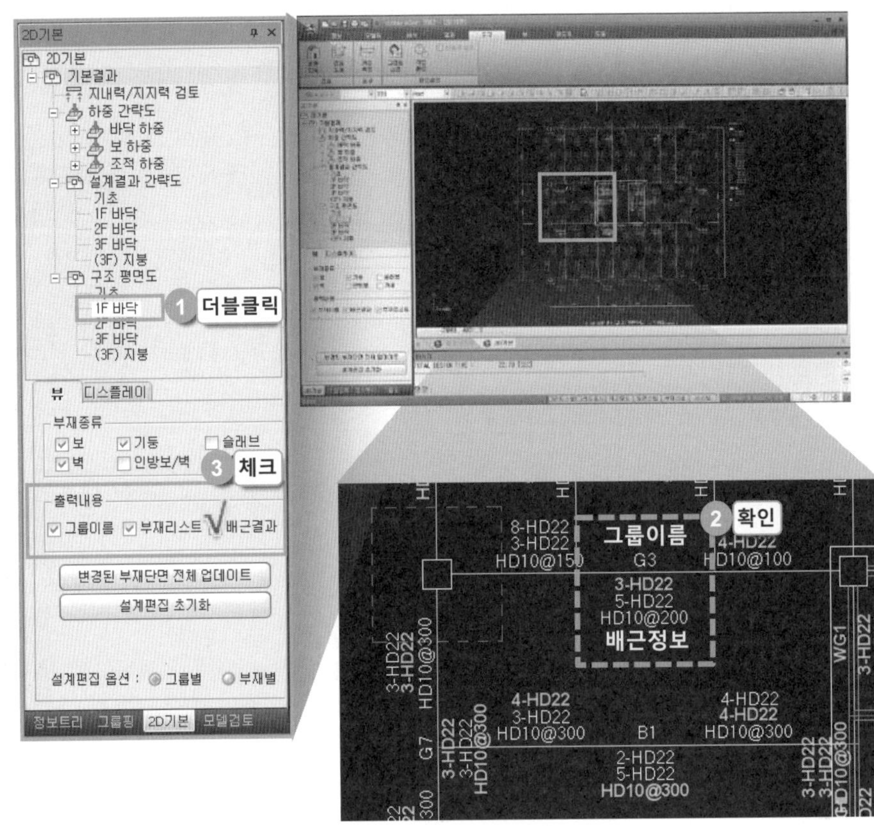

NOTE

- 구조 평면도 결과에서도 부재별 설계 결과 간략도와 동일한 방법으로 배근결과를 수정할 수 있다.

✓ 층별 배근결과를 확인하는 방법은 기초부터 확인하여 지붕층을 마지막으로 확인하는 방식을 권장한다.

4.5.2 NG 부재 설계 편집

본 따라하기 모델은 모든 부재에서 OK의 결과를 가진다.
따라서 3층의 일부 보의 위치를 변경하여 NG부재를 OK로 만드는 설계편집 과정을 학습하자.

학습과정 미리보기

완성모델 > **부재 변경하기** > **해석/설계 수행**

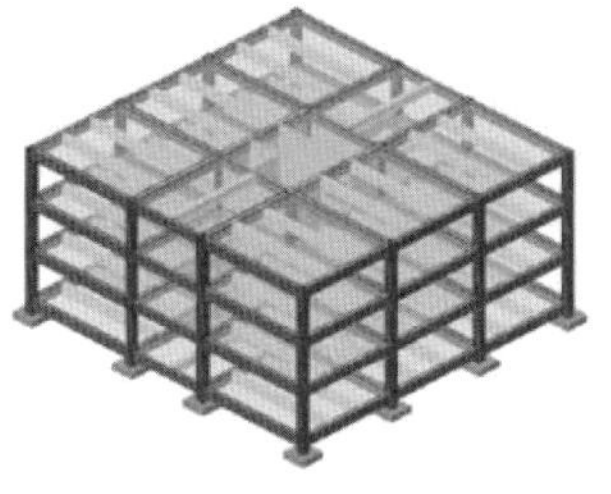

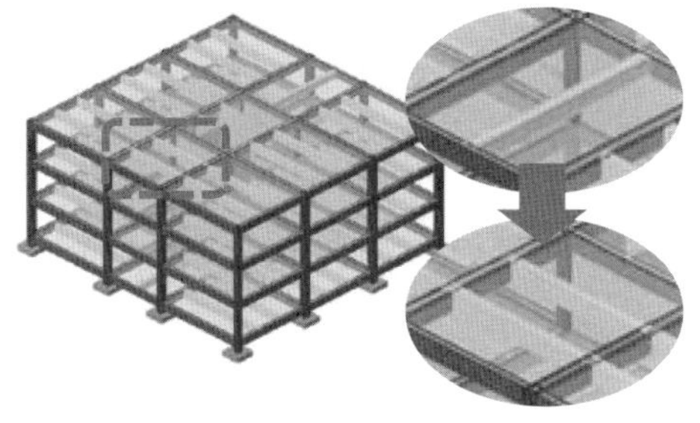

- 본 따라하기 모델에는 모든 층에서 NG부재가 없다.
- 전처리모드로 돌아가서 3F 보 부재의 배치를 변경한다.
- 결과를 확인하기 위해 해석/설계를 수행한다.

2D기본 확인 > **NG부재 설계편집** > **해석/설계 수행** > **결과확인**

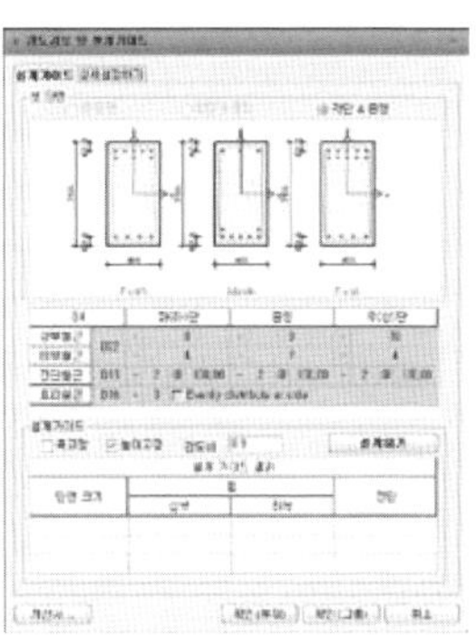

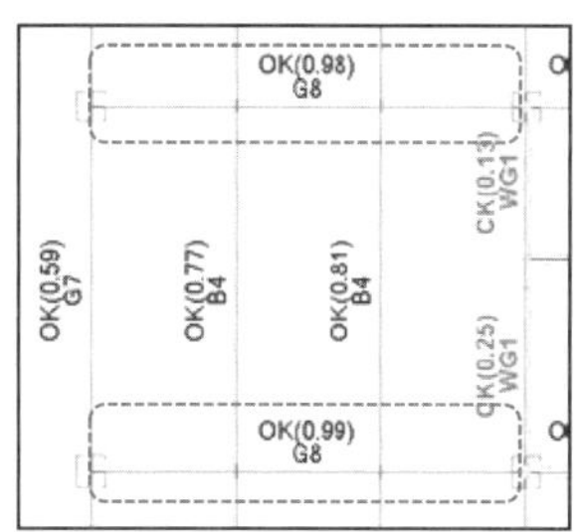

- [2D기본] > [설계결과 간략도] > 3F(지붕)에서 변경된 설계결과를 확인한다.
- 두개의 보에서 NG가 발생한 것을 확인할 수 있다.
- 설계편집대화상자를 호출하여 설계가이드를 따라 OK가 되도록 편집한다.
- 부재별로 편집한 결과와 전체 구조물에 또 다른 영향을 미치지 않았는지를 최종적으로 검토하기 위해 다시 한번 해석/설계를 수행한다.
- 수정사항이 잘 반영되었는지와 최종 결과물에 이상이 없는지 확인한다.

따라하기

부재 하나를 변경하여 NG 수정방법을 학습하자.

1. 전처리모드로 변경

- 부재를 변경하기 위해 전처리 모드로 전환한다.

• 전처리모드 아이콘 클릭

2. 작업화면 설정

- 3층의 보를 변경하기 쉽도록 작업창을 변경한다.

• [층별 보기창] 클릭

• 작업층을 [3F 바닥] 으로 설정

• [상부층 보기] 클릭

• 뷰 네비게이션 [TOP] 클릭
또는 단축키 : Ctrl + Shift + H

홈페이지 > 교육 > 실무예제 따라하기 > *"구조프로그램 입문" > 01. 프로그램 환경 이해 > 2.전처리모드와 후처리모드 ▶*
참조

(1) 부재 변경하기

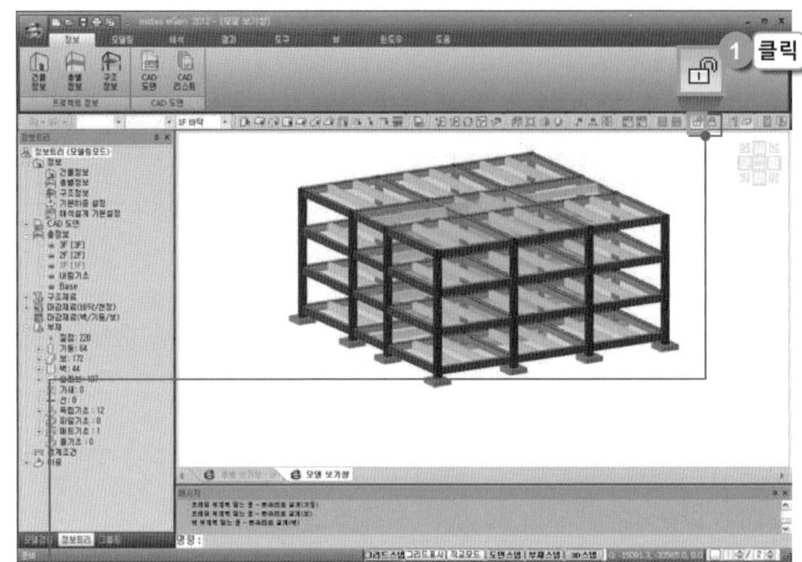

전처리

부재 생성을 비롯하여 구조해석 및 설계를 위한 각종 정보를 입력하는 단계이다.

후처리

구조 해석 및 설계가 완료된 상태로 각종 해석결과 설계결과를 확인할 수 있다.

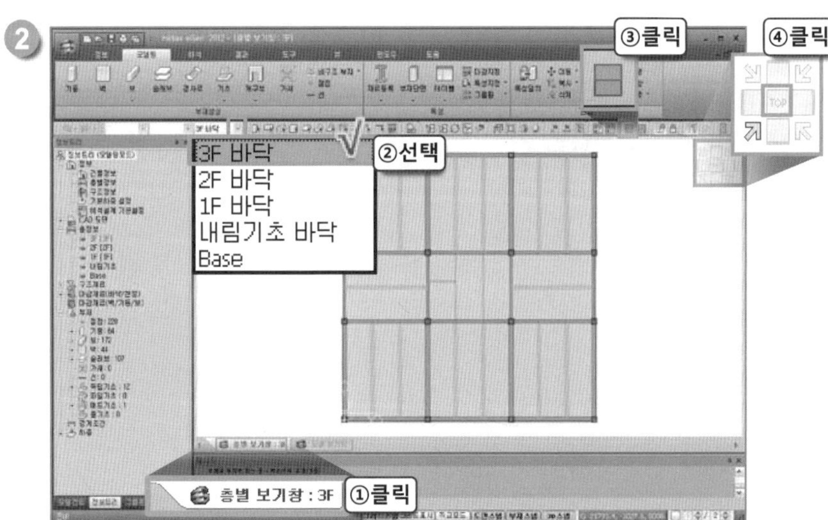

3. 수정할 보와 슬래브 삭제

① 슬래브 선택
→ 부재별선택창에서 [슬래브 선택] 클릭
→ 3F 슬래브 2개 드래그 하여 선택

② 작은 보 선택
→ 부재별선택창에서 [작은 보 선택] 클릭
→ 수정할 작은 보 선택

③ 메시지창 'E' 입력하거나 Del 키를 눌러 삭제

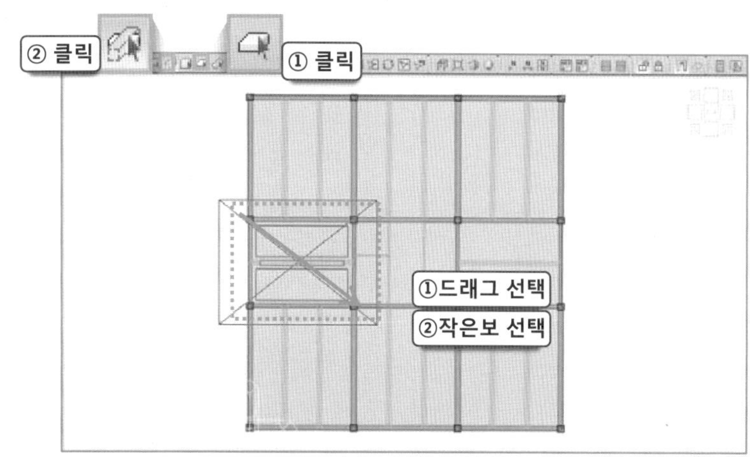

4. eGen 대화상자 확인

• [예(Y)]버튼 클릭

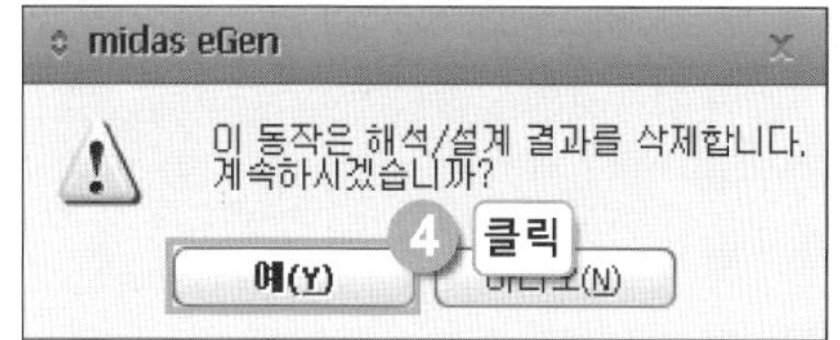

이미 해석/설계를 수행한 후 전처리로 전환하여 부재를 수정하는 등 결과에 영향을 미치는 작업 시 해석/설계 결과는 삭제한다는 메시지가 나타난다.

5. 작은 보 연장

- 연장기능을 이용하여 작은 보를 빠르게 모델링한다.

[부재 연장 순서]

① 메뉴 : [모델링] > [편집] > [연장] 연장 클릭
또는 단축명령어 'EX' 입력

② 경계부재 클릭
→ 연장시킬 경계가 되는 보 클릭

③ 연장부재 클릭
→ 연장할 작은 보 클릭 후 Enter

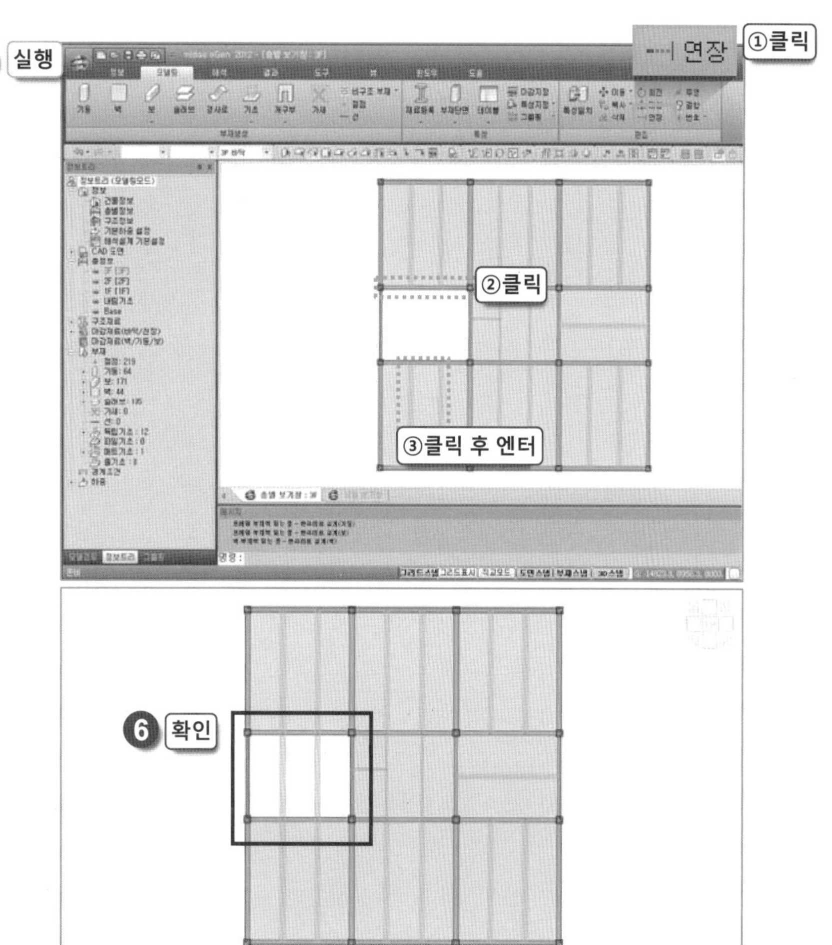

6. 연장 된 작은 보 확인

7.3층 슬래브 부분생성 시작

- 메뉴 : [모델링] > [부재생성] > [슬래브] 아이콘 (슬래브) 클릭 > [슬래브] (슬래브) 클릭 또는 단축명령어 : CS

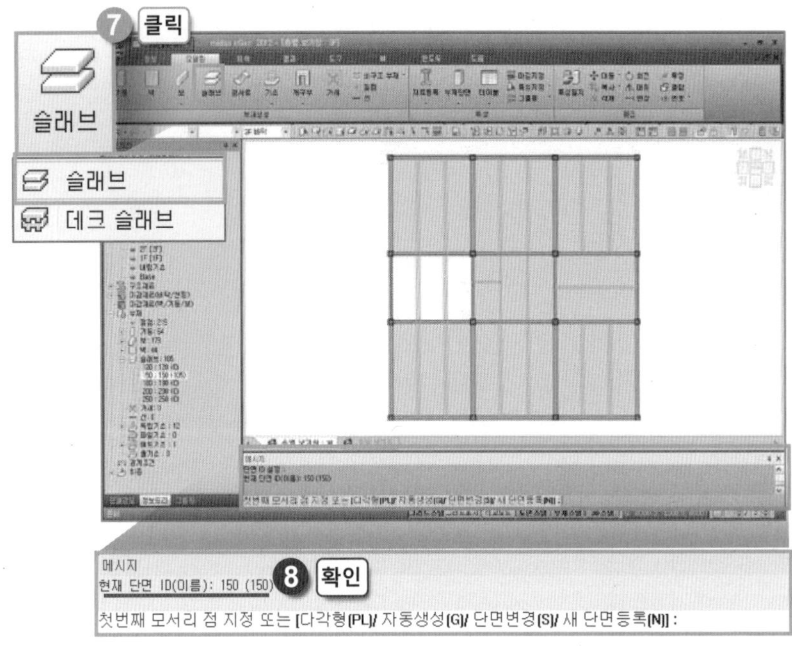

8.슬래브 단면 확인

- ID(이름) : 150(150) 확인

9. 슬래브 부분모델링

- '3D스냅'을 활용하여 보의 절점을 대각선으로 클릭

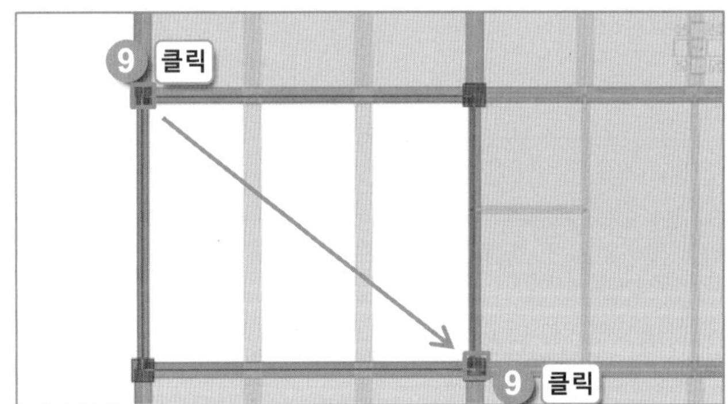

10.전체 모델링 확인

- [모델 보기창] 클릭

(2) 해석/설계 수행하기

1. 해석/설계 수행

- 메뉴 : [해석] > [해석/설계 수행]

아이콘 [해석설계 수행] 클릭

또는 단축키 : F5

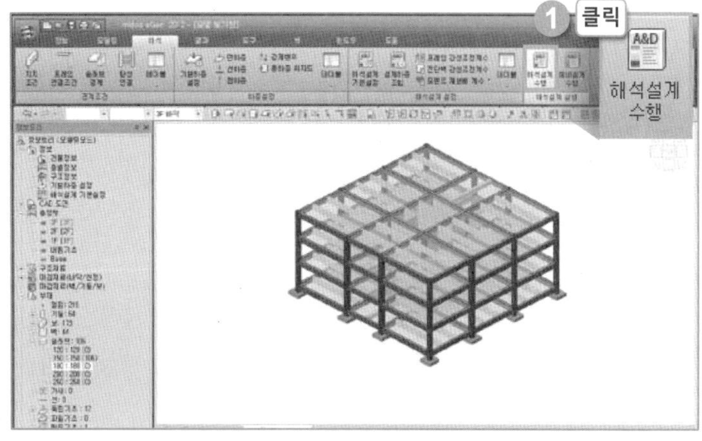

2. NG부재 확인

- [2D 기본] > [설계결과 간략도] > [(3F)지붕] 더블클릭
- NG부재 확인 (빨간색 텍스트)

3. 설계편집(강도검토 및 설계 가이드) 대화상자 호출

- 해당 부재 레이어 더블클릭

실무에서는 해석/설계 수행 후에 반드시 [모델검토]기능을 사용하여 적정성 여부를 판단하시기 하여야 한다.
모델검토에서도 NG부재를 확인하고 바로 편집할 수 있다.

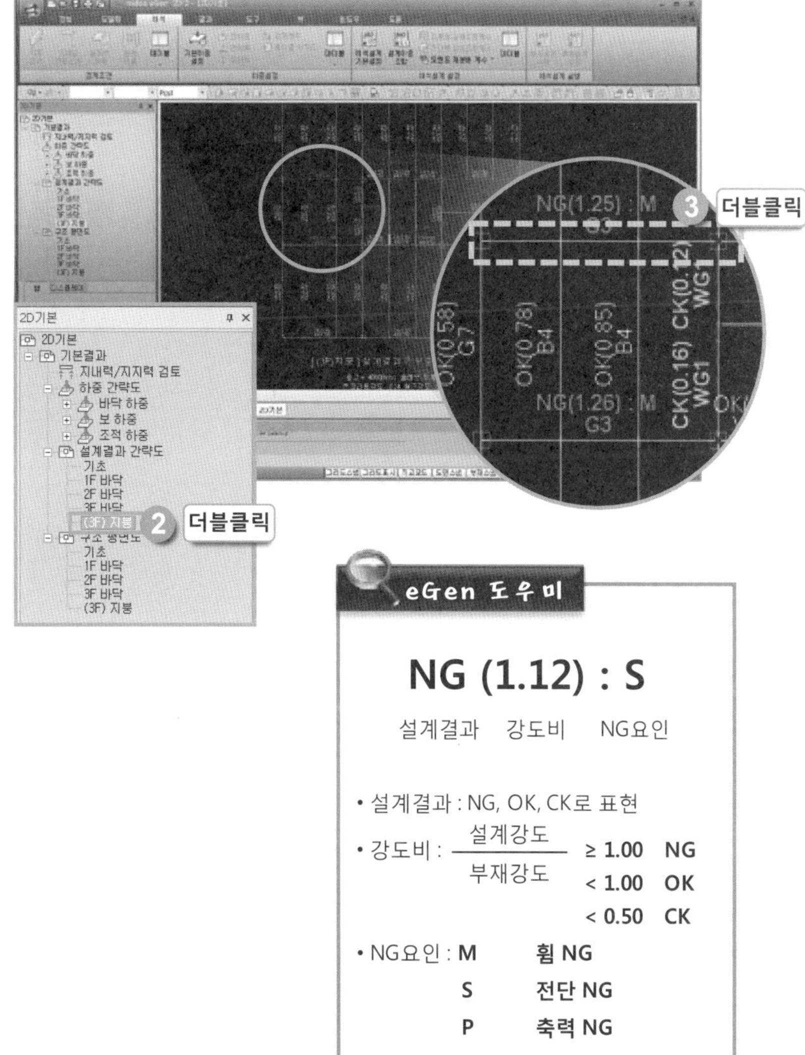

eGen 도우미

NG (1.12) : S

설계결과 강도비 NG요인

- 설계결과 : NG, OK, CK로 표현
- 강도비 : $\frac{\text{설계강도}}{\text{부재강도}}$ ≥ 1.00 NG, < 1.00 OK, < 0.50 CK
- NG요인 : M 휨 NG
  S 전단 NG
  P 축력 NG

NOTE

- 강도검토 및 설계편집 대화상자를 확인하기 위해서는 텍스트가 아닌 부재선을 클릭해야 한다.

(3) NG 부재 설계 편집하기

따라하기

설계편집 대화상자를 호출하여 각 부재의 강도검토 및 설계결과에 대한 상세정보를 확인한다.

1. 설계가이드 탭 확인

2. 높이고정 체크

- 층고의 제한으로 보의 높이에 여유가 없을 경우 보의 높이를 고정한 상태에서 최적단면을 찾을 수 있다.

3. [설계하기] 버튼 클릭

4. 단면 선택

- 추천 중에서 [600x750] 단면 체크

5. [확인] 버튼 클릭

- 선택한 단면 크기로 업데이트 하여 결과를 OK로 만듭니다. 같은 그룹에 포함된 보도 변경된다.

6. OK출력 확인

- NG였던 보의 단면이 변경되며 OK가 출력되는지 확인한다.
- 다른 층에서 발생한 NG가 있는지 확인한다.
- [모델검토]에서는 NG부재 모두를 확인할 수 있다.

7. [변경된 부재단면 전체 업데이트] 클릭

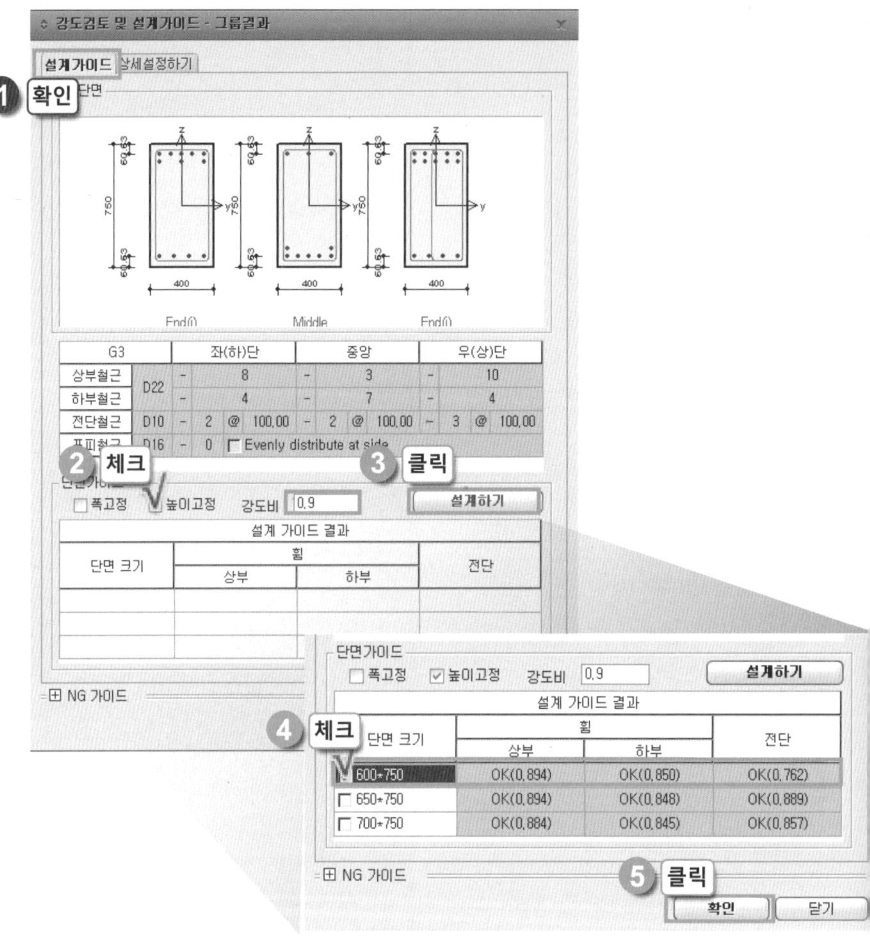

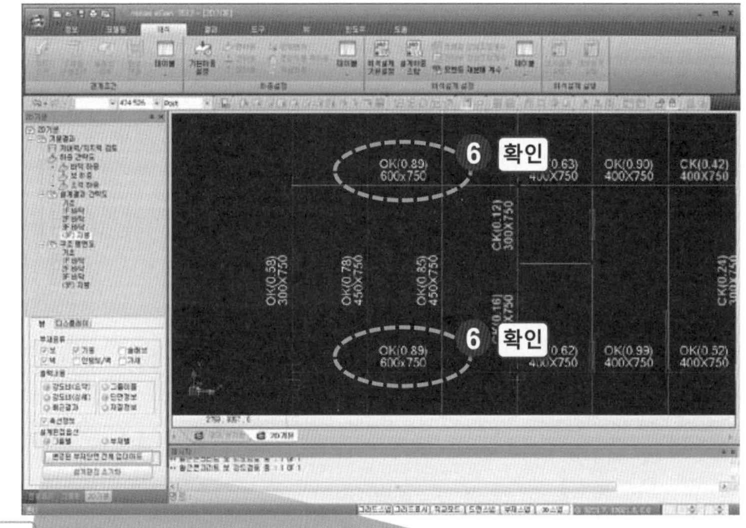

(4) 해석/설계 후 결과 확인하기

8. eGen 대화상자 확인

• [예(Y)] 버튼 클릭 하면 전처리모드로 전환된다.

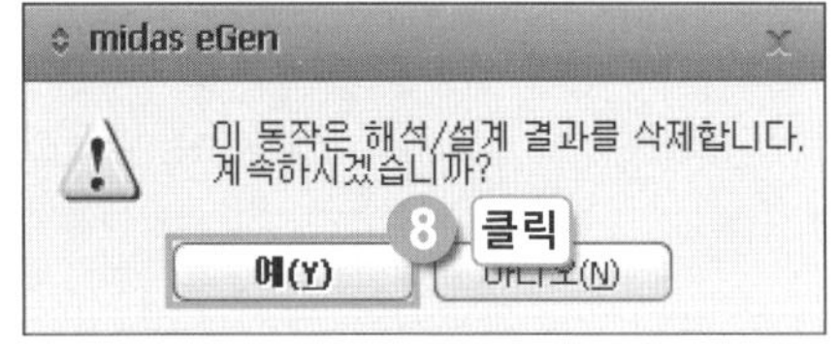

9. 해석/설계 수행

• 메뉴 : [해석] > [해석/설계 수행] 아이콘 클릭 또는 단축키 : F5

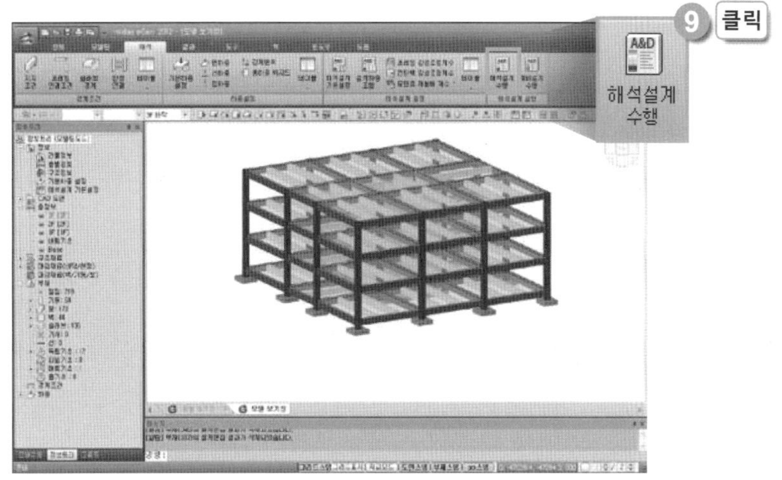

10. 결과검토

• [모델검토]와 [2D기본]의 각 항목들을 순서대로 확인하면서 모든 부재가 OK인지 확인한다

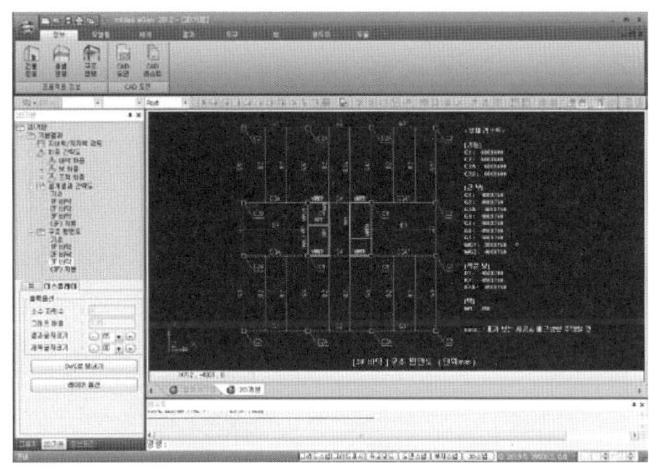

NOTE

▪ midas eGen에서는 구조평면도 작업을 편리하게 할 수 있도록 2D기본의 모든 결과물을 CAD 파일로 변환하여 저장하는 기능을 제공하고 있다.

4.5.3 성과물 생성

(1) 구조계산서 출력

따라하기

구조계산서를 출력하자.

1. 건물개요 설정 실행

- 메뉴 : [결과] > [구조설계 결과] [건물개요 설정] 아이콘 클릭

2. 구조계산서와 안전확인서에 포함될 건물 일반사항 입력

3. [확인] 클릭

NOTE

- [건물개요 설정]에서 입력된 사항은 [정보] > [건물정보]/[층별정보] 사항에 입력된 정보가 자동으로 입력된다.
  [건물개요 설정]에서 수정된 항목은 [건물정보]와 [층별정보]에서는 수정되지 않는다.
- 사용자에 대한 정보는 [도구] > [작업 환경] > [일반] 사항에서 입력한다.

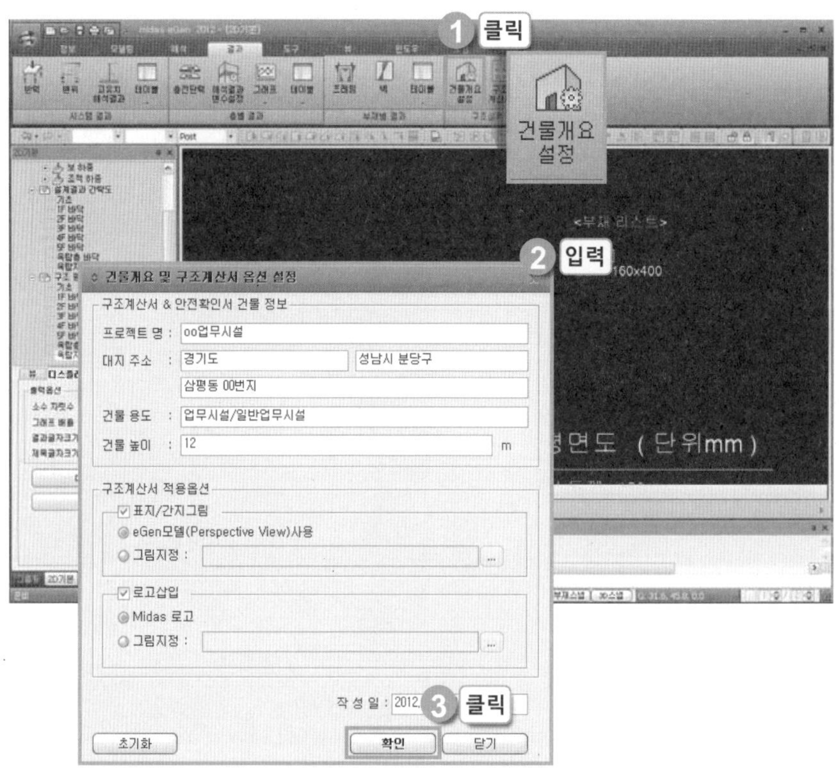

4. 구조계산서 실행

- 메뉴 : [결과] > [구조설계 결과] [구조계산서] 아이콘 클릭

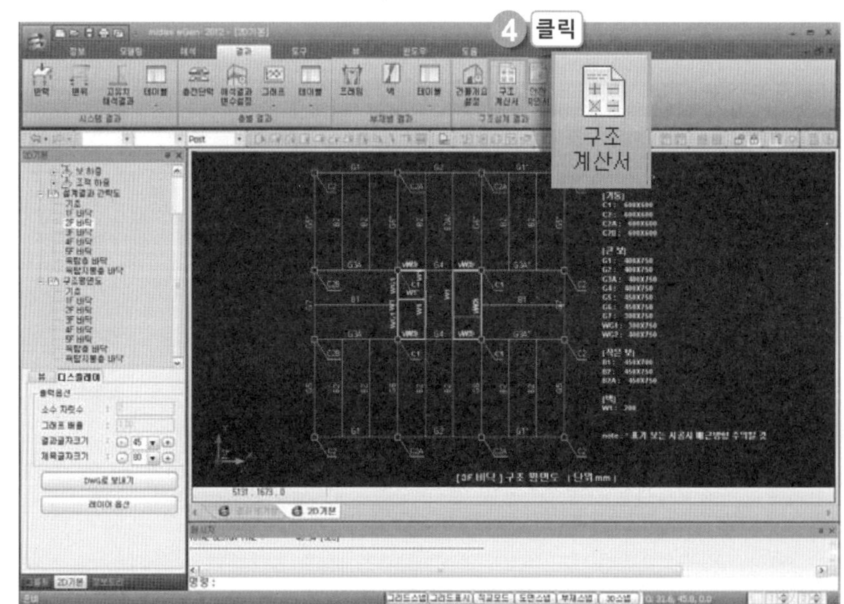

5. 구조계산서 출력물 확인

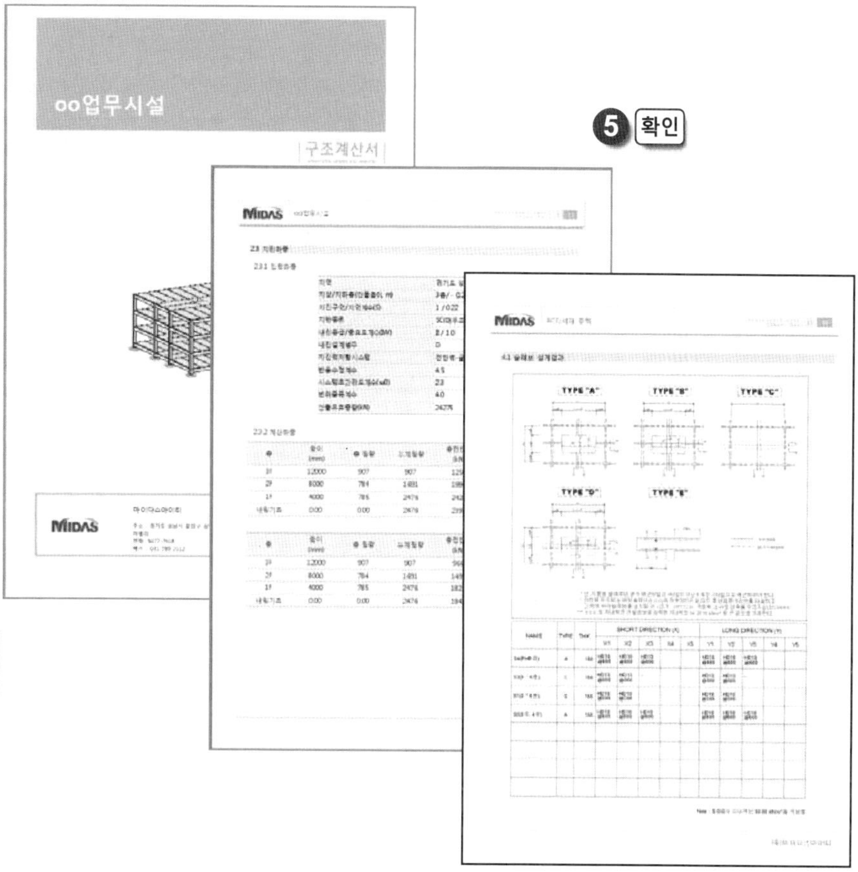

oo업무시설

구조계산서

5 확인

홈페이지 > 지원 > 질문과 답변 >
"34. PDF문서 만드는 방법 [나는 이렇게 해결한다!vol.1] "▶ 참조

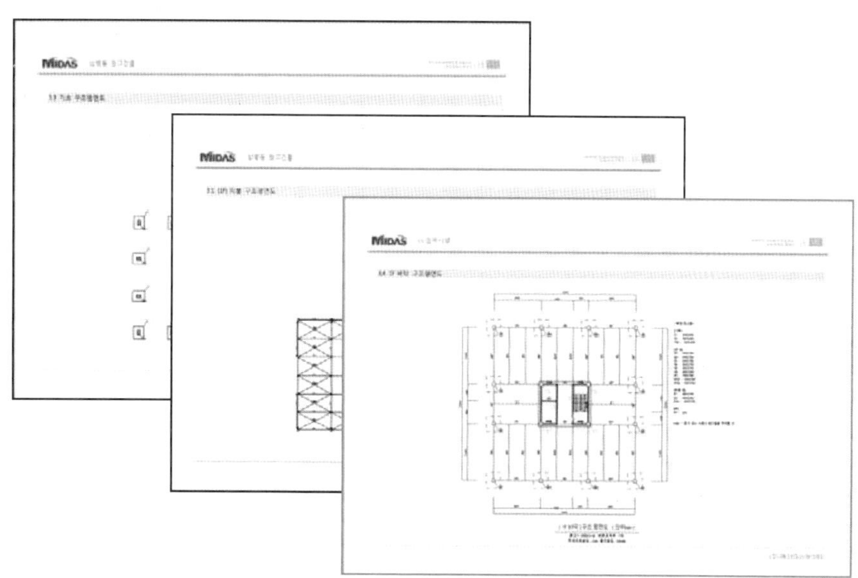

NOTE

- 구조계산서를 PDF 문서로 저장하기 위해서는 PDF 파일 생성 프로그램이 설치되어 있어야 한다.
- 구조계산서 출력 시 프린터 설정옵션에서 PDF를 선택하여 출력하면 된다.

(2) 내진 안전 확인서 출력

따라하기

안전확인서를 출력하자.

1. 결과메뉴의 안전확인서 클릭

- 메뉴 : [결과] > [구조설계 결과] [안전 확인서] 아이콘 [안전 확인서] 클릭

2. 출력 옵션 선택 후 [확인서 출력] 버튼 클릭

- 안전확인서는 워드파일로 생성하거나 바로 프린트 할 수 있는 Print View 2가지 형태로 제공된다.

3. [안전확인서] 출력 확인

- 일부 글꼴파일이 없는 경우 안전확인서에 글씨가 출력되지 않을 수 있다.

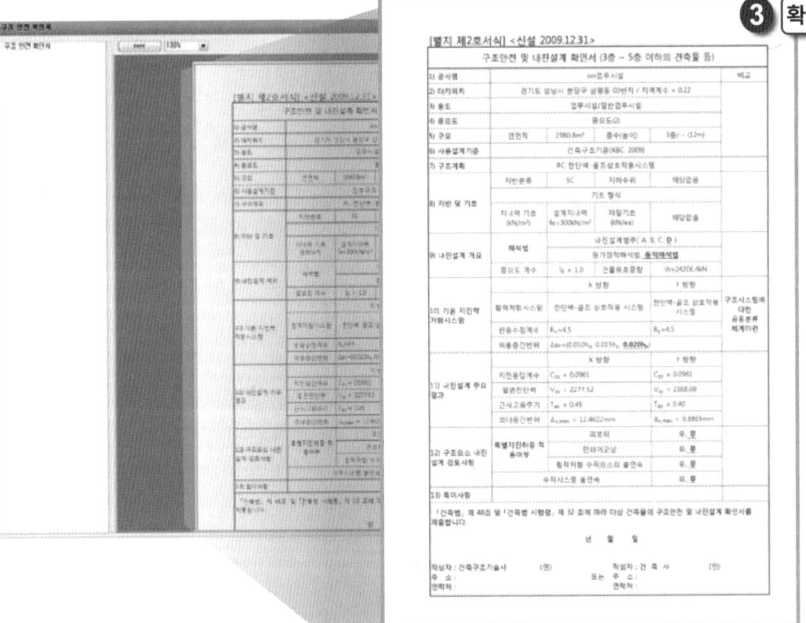

[별지 제2호서식] <신설 2009.12.31>

구조안전 및 내진설계 확인서 (3층 ~ 5층 이하의 건축물 등)

항목					비고
1) 공사명	oo업무시설				
2) 대지위치	경기도 성남시 분당구 삼평동 00번지 / 지역계수 = 0.22				
3) 용도	업무시설/일반업무시설				
4) 중요도	중요도(2)				
5) 규모	연면적	2980.8m²	층수(높이)	3층/ - (12m)	
6) 사용설계기준	건축구조기준(KBC 2009)				
7) 구조계획	RC 전단벽-골조상호작용시스템				
8) 지반 및 기초	지반분류	SC	지하수위	해당없음	
	기초 형식				
	지내력 기초 (kN/m²)	설계지내력 fe=300kN/m²	파일기초 (kN/ea)	해당없음	
9) 내진설계 개요	해석법	내진설계범주(A B C D)			
		등가정적해석법, 동적해석법			
	중요도 계수	I_E = 1.0	건물유효중량	W=24206.4kN	
10) 기본 지진력 저항시스템		X 방향		Y 방향	구조시스템에 대한 공통분류 체계마련
	횡력저항시스템	전단벽-골조 상호작용 시스템		전단벽-골조 상호작용 시스템	
	반응수정계수	R_x=4.5		R_y=4.5	
	허용층간변위	Δa=(0.010h_s, 0.015h_s, 0.020h_s)			
11) 내진설계 주요 결과		X 방향		Y 방향	
	지진응답계수	C_{sx} = 0.0961		C_{sy} = 0.0961	
	밑면전단력	V_{sx} = 2277.52		V_{sy} = 2368.69	
	근사고유주기	T_{ax} = 0.45		T_{ay} = 0.40	
	최대층간변위	$\Delta_{x,max}$ = 12.4622mm		$\Delta_{y,max}$ = 6.8865mm	
12) 구조요소 내진설계 검토사항	특별지진하중 적용여부	피로티		유, 무	
		면외어긋남		유, 무	
		횡력저항 수직요소의 불연속		유, 무	
	수직시스템 불연속			유, 무	
13) 특이사항					

「건축법」 제 48조 및 「건축법 시행령」 제 32 조에 따라 다상 건축물의 구조안전 및 내진설계 확인서를 제출합니다.

년 월 일

작성자 : 건축구조기술사 (인) 또는 작성자 : 건 축 사 (인)
주 소 : 주 소 :
연락처 : 연락처 :

참조
홈페이지 > 지원 > 질문과 답변 > *"34. PDF문서 만드는 방법 [나는 이렇게 해결한다!vol.1]"* ▶

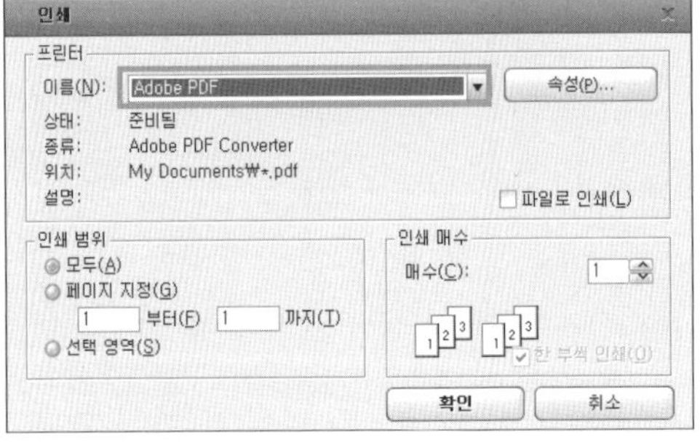

> PDF문서로 출력하려면 프린터이름에 사용자의 컴퓨터에 이미 설치된 PDF 변환기로 PDF문서를 만들 수 있다.

NOTE

- 워드 파일로 저장하기 위해서는 PC에 2007버전 이상의 MS Word가 설치되어 있어야 가능하다.

Section 3. 실습 초급

05
철골 공장 건물 실습

DESIGN CURRICULUM

STRUCTURE DESIGN FOR ARCHITECTURE

05. 철골 공장 건물 실습

TABLE OF CONTENTS

5.1 학습 준비 117

5.1.1 프로그램 실행 117

5.1.2 프로젝트 정보 확인 118

5.2 정보 입력 119

5.2.1 건물정보 입력 119

5.2.2 층별정보 입력 121

5.2.3 구조정보 입력 122

5.2.4 CAD도면 등록 123

5.3 모델링 및 편집 129

5.3.1 구조부재의 생성 129

5.3.2 비구조부의 생성 147

5.3.3 하중 설정 150

5.4 해석/설계 수행 158

5.4.1 모델검토 수행 I 158

5.4.2 해석/설계 수행 16

5.4.3 모델검토 수행 II 16

5.5 결과 검토 164

5.5.1 2D 기본 결과 검토 164

5.5.2 NG부재 설계 편집 16

5.5.3 성과물 생성 17

DESIGN CURRICULUM

STRUCTURE DESIGN FOR ARCHITECTURE

5.1 학습 준비

5.1.1 프로그램 실행

1) midas eGen 실행하기

따라하기

프로그램을 시작하고 새로운 프로젝트 작업준비를 하겠다.

1. midas eGen 프로그램 실행
   • 바탕화면의 midas eGen 아이콘 더블클릭

2. midas eGen의 작업화면 확인

3. 새 파일 열기
   • 메뉴 : [빠른실행] > [새파일] 아이콘 클릭
   또는 단축명령어 : NEW
   또는 단축키 : Ctrl + N

4. 저장하기
   • 메뉴 : [빠른실행] > [저장] 아이콘 클릭
   또는 단축명령어 : SAVE

5. 파일명 입력 후 [저장] 버튼 클릭

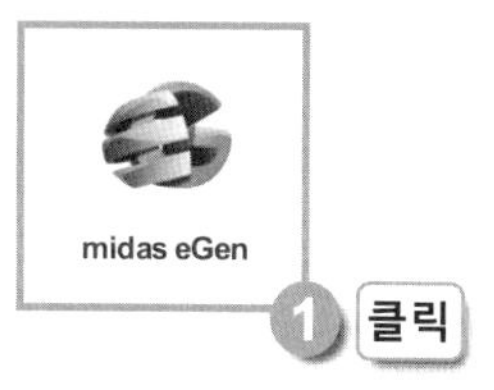

2) 새 파일 열기

3) 저장하기

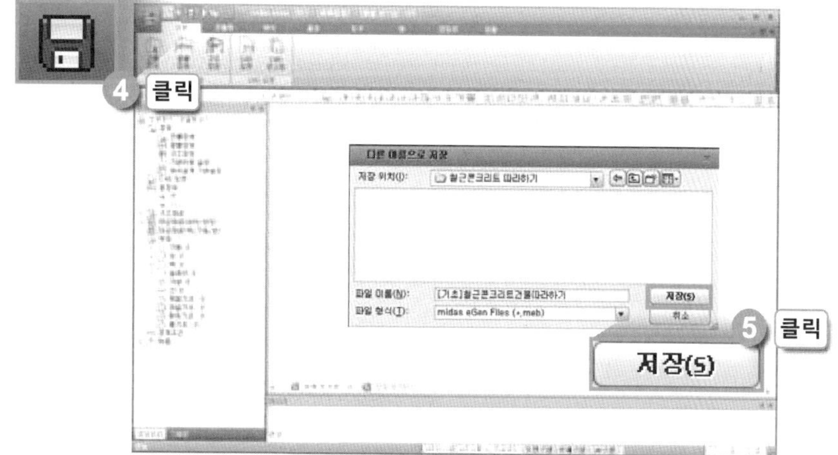

NOTE

• midas eGen의 기본 저장 파일 형식은 "*.meb" 이다.

5.1.2 프로젝트 정보 확인

본 따라하기에서는 1층 규모의 철골 건물을 모델링하고 해석 설계하는 방법을 학습한다. 철골부재는 기본적으로 단면DB를 이용하여 부재를 선정하여 생성할 수 있다. 때문에 기둥의 경우 **배치점**(단면의 중점, 구조선이 생성되는 위치)**을 이용하여 생성한다**.
또한 본 따라하기의 모델과 같이 박공 지붕형 철골 구조물에 비구조부재를 활용하여 **풍하중을 직접 재하하는 과정**을 학습하겠다.

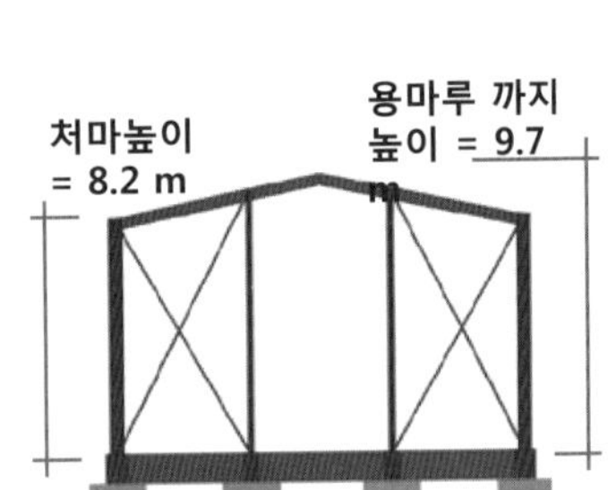

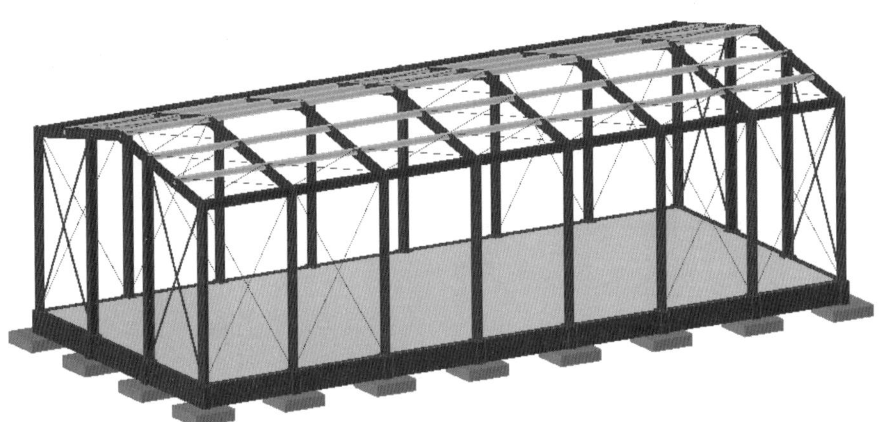

프로젝트 개요

건물용도	창고시설 / 창고	
위 치	경기도 성남시 분당구 삼평동 00번지	
연 면 적	$496.8m^2$	
층별정보	지상 1층 / 내림기초층	
구조정보	특 징	• 모멘트-저항골조 시스템 (건물 전체가 기둥 + 보로 이루어진 구조형식)
	층 고 (mm)	• 용마루까지 높이 : 9700
	부재단면정보 (mm)	• 기둥 : H - 450 x 200 x 9 x 14 • 지붕 단변 방향 큰보 : H – 400 x 200 x 8 x 13 • 장변 방향 외각 큰보 : H – 400 x 200 x 8 x 13 • 작은 보 : H – 250 x 125 x 6 x 9 • 벽 가새 장변방향 : 원형 강봉 SR 22 • 단변방향 : L 형강 L 65 x 6 • 지붕가새 : 원형 강봉 SR 22

NOTE

- 풍하중 선정을 위한 기본 정보
  - 지역 : 경기도 성남시
  - 지표면 조도 : C
  - 기본 풍속 : 25m/sec
  - 중요도 계수 : 0.95
  - 지형 계수 : 1.0

5.2 정보 입력

midas eGen의 메뉴구성은 작업프로세스를 기반으로 배열되어 있다.

이번 장에서는 첫번째 과정으로 프로젝트의 정보를 입력하도록 하겠다.
[정보] 메뉴의 하위메뉴 구성 또한 작업프로세스를 기반으로 배열되어있다.
프로젝트 정보는 [건물정보]-[층별정보]-[구조정보] 순서대로 입력하도록 한다.

따라하기

해석/설계 수행 시 기본 데이터베이스로 활용될 건물 정보를 입력한다.

5.2.1 건물정보 입력

midas eGen에서는 사용자가 입력한 프로젝트 정보를 토대로 구조 해석/설계에 필요한 구조정보를 자동으로 산정하게 된다.

따라서 프로젝트의 정보를 정확하게 입력하는 것은 신뢰할 수 있는 결과물을 얻기 위한 매우 중요한 작업이다.

1. [건물정보] 창 열기

- 메뉴 : [정보] > [건물정보]

  아이콘 [건물정보] 클릭

  또는 단축명령어 : BI

2. 건물정보 입력

- 설계개요 입력
  - 각 세부정보는 구조해석을 위한 데이터를 자동으로 생성하는데 활용된다.

3. [확인] 버튼 클릭

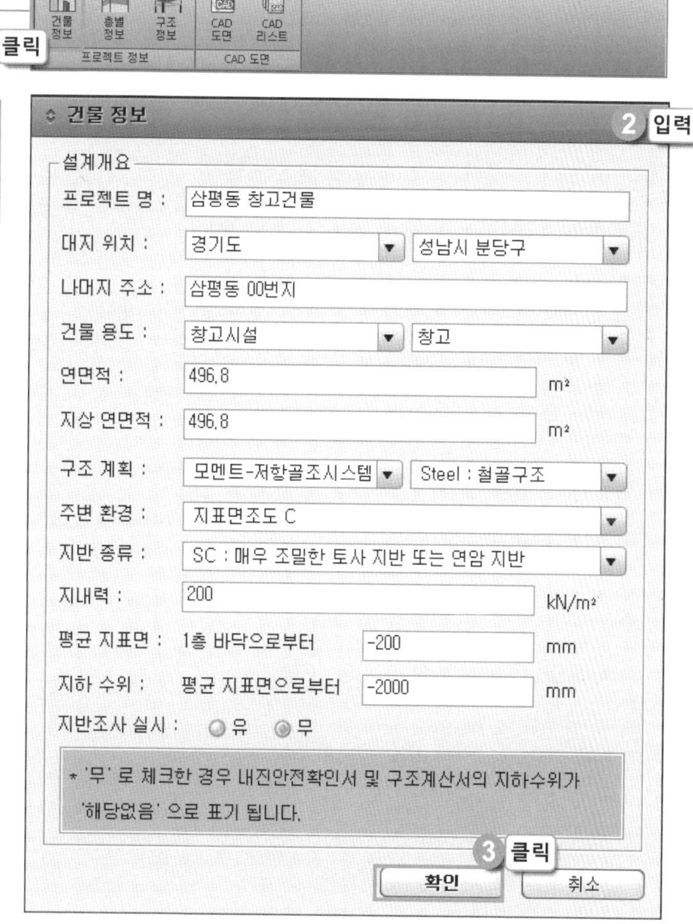

NOTE

- 지내력 입력 시, 단위에 유의하도록 합니다. (SI 단위계로 입력)
  1,000 kg·f = 1 ton·f ≒ 10 KN

건물정보 :

건물개요(프로젝트 명, 대지위치, 용도, 연면적 등)와 구조데이터베이스(주변환경, 지반종류, 지내력, 평균지표면, 지하수위 등)를 입력합니다. 입력한 정보들은 건물의 하중 산정과 결과물 출력 시 사용된다.

건물 정보

설계개요

프로젝트 명 : 삼평

1 대지 위치 : 경기

나머지 주소 : 삼평

2 건물 용도 : 창고

3 연면적 : 496.

지상 연면적 : 496.

4 구조 계획 : 모민

5 주변 환경 : 지크

6 지반 종류 : SC

지내력 : 200

7 평균 지표면 : 1층

8 지하 수위 : 평균

지반조사 실시 :

* '무' 로 체크한 경
'해당없음' 으로 표

1 **대지위치**

내진설계를 위한 지역계수와 풍하중 산정을 위한 기본풍속결정 등

예) 대지위치 정보 입력 시 프로그램에 자동적용되는 데이터

대지위치	지역계수(s)	기본풍속 (V0)(m/s)
서울	0.22	30
제주	0.14	40

(KBC 2009기준)

2 **건물용도**

구조물의 용도별 활하중 입력 및 마감하중의 기본설정값 결정 등

3 **연면적**

건축물의 중요도 결정 등

4 **구조계획**

구조시스템에 따라서 지진하중을 산정하는 계수 결정 등(건물용도 및 층수정보를 동시에 고려하여 결정)

예) midas eGen의 구조계획 분류

1) 모멘트-저항골조 시스템	2) 내력벽시스템	3) 전단벽-골조상호시스템
건물 전체가 기둥+보의 프레임으로 구성된 구조형식	건물 전체가 전단벽으로 구성된 구조형식	기둥+보의 프레임과 전단벽이 포함된 구조형식
공장형 / 오피스형	전단벽 / 필로티형	골조 / 내력벽 코어

5 **주변환경**

지표면조도에 따라 풍하중 산정 기준 결정

6 **지반종류**

지반종류에 따라 지진하중 산정에 영향을 주는 지반증폭계수의 결정

7 **평균지표면**

토압 · 수압부재 지정시 토압의 자동설정 값 결정

8 **지하수위**

토압 · 수압부재 지정시 수압의 자동설정 값 결정

5.2.2 층별정보 입력

따라하기

층별 모델링작업을 위해 건물 층 정보를 입력하자.

[층별정보] 입력은 구조모델링 작업을 하기 앞서 층별 작업환경을 만드는 단계이다. **[층별정보]에서 층을 설정하고 층고를 입력하면, 모델링 단계에서 각 층고에 맞게 구조부재들을 생성**할 수 있다.

1. [층별정보] 창 열기

- 메뉴 : [정보] > [층별정보]

아이콘 [층별정보] 클릭

또는 단축명령어 : SI

2. 생성할 층 정보 입력

- 층고는 용마루까지 높이를 입력한다.

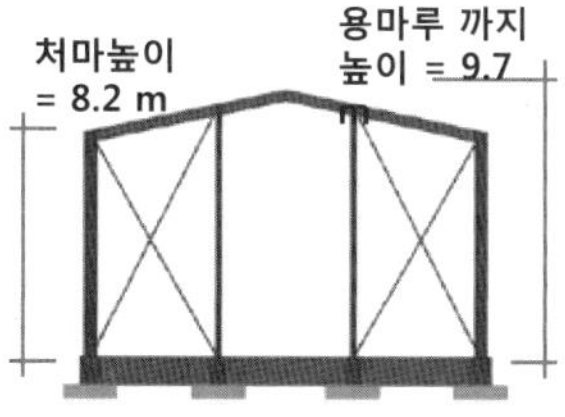

- [층고]에 '9700' 입력

(층고의 기본설정값 : 4000)

3. [내림기초층 사용] 체크

- 내림기초는 지하가 없는 경우 기초를 동결선 아래로 내리기 위해서 필요한 기능이다.

- [내림기초층 사용] 체크

4. [확인] 버튼 클릭

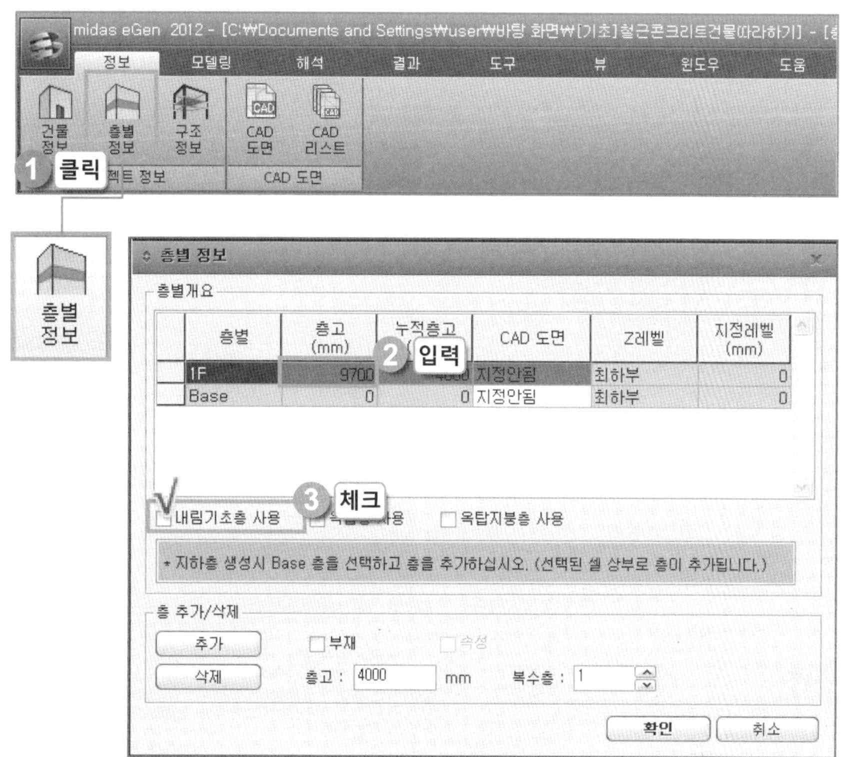

확인

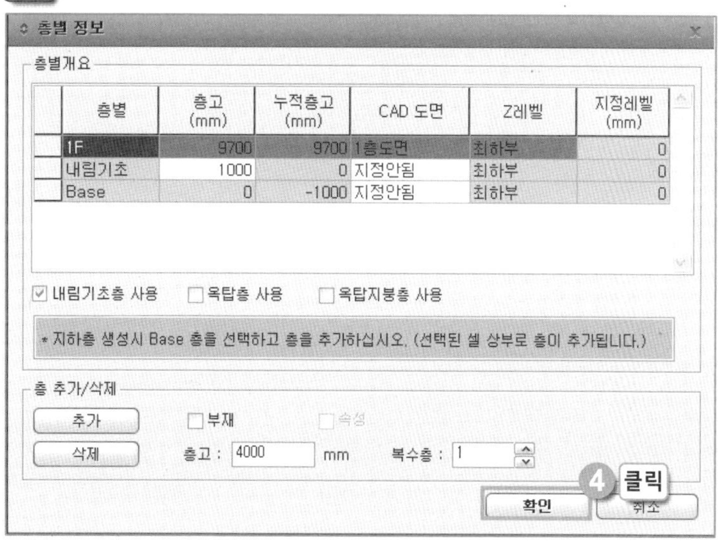

NOTE

- midas eGen에서 지상층을 추가하려면 [1F]를 클릭한 뒤 [추가]버튼을 클릭한다.
- 지하층은 [Base]를 클릭한 뒤 [추가]버튼을 클릭하여 생성한다.
- 층별 정보 입력 시 해당 층의 층고만 입력하면 누적층고는 자동으로 계산된다.

따라하기
구조물의 재질정보와 하중을 설정하자.

5.2.3 구조정보 입력

[구조정보]에서는 [건물정보]에서 선택한 [건물용도]에 보편적으로 사용되는 재료와 하중값이 기본설정 되어 있고, 사용자는 해당 프로젝트에 사용 할 재료의 강도와 마감하중을 설정할 수 있다.

1. [구조정보] 창 열기

• 메뉴 : [정보] > [구조정보]

아이콘 (구조 정보) 클릭

또는 단축명령어 : AI

2. [1F] 의 하중 변경

- midas eGen은 마감하중값과 활하중값을 건물 용도에 따라 기본설정값으로 제공한다.
- 본 따라하기에서는 마감하중을 실무에서 경량지붕층에 일반적으로 쓰이는 퍼린과 실링의 마감하중값인 0.2~0.3kN/m²으로 직접 입력하여 변경한다.

①[마감하중]에 '0.2' 입력

②[활하중]에 '1.0' 입력

- [전이층] 에는 체크하지 않는다.

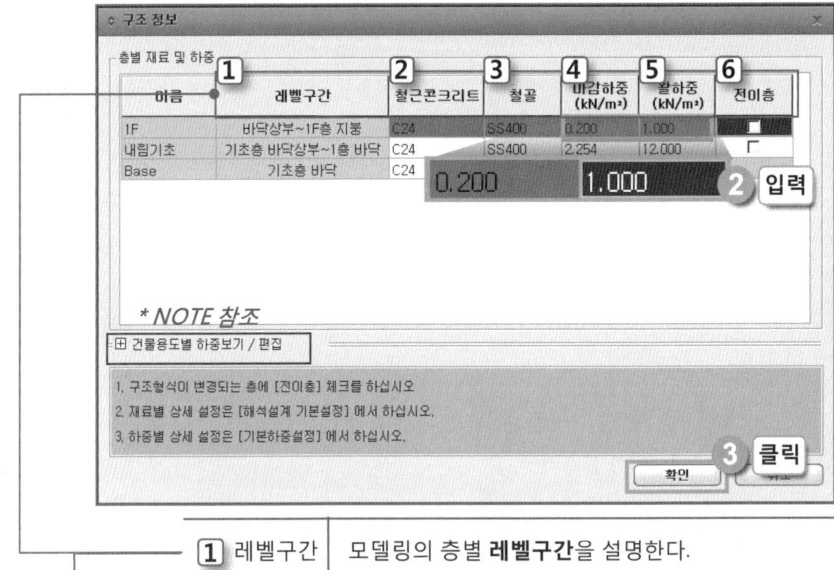

3. [확인] 버튼 클릭

1 레벨구간	모델링의 층별 **레벨구간**을 설명한다.
2 철근콘크리트	프로젝트에 적용할 **콘크리트 강도**를 선택한다. (철근콘크리트로 모델링 된 부재에만 적용된다.)
3 철골	프로젝트에 적용할 **철골강도**를 선택한다. (철골로 모델링 된 부재에만 적용된다.)
4 마감하중	구조물 각 층의 **마감하중**을 설정한다. 건물정보에서 입력한 건물 용도에 따라 일반적인 마감재료를 기본설정값으로 제공한다.
5 활하중	건물 용도별 활하중을 설정한다. 건물정보에서 입력한 건물 용도에 따라 건축구조기준(KBC2009)에서 규정하는 구조물의 **용도별 활하중값**을 기본설정값으로 제공한다.
6 전이층	건물의 구조형식이 바뀌는 층이 있는 경우 해당 층에 전이층 체크 한다.

홈페이지 > 교육 > 실무예제 따라하기 > *"구조프로그램 입문" > 02.구조모델링의 이해 > 2.층개념*▶ 참조

홈페이지 > 지원 > 질문과 답변 > *"24. 기본 활하중 분포표입니다."* ▶ 참조

홈페이지 > 교육 > 실무예제 따라하기 > *"(중급)필로티가 있는 RC다세대주택 따라하기" > 01. 정보입력*▶ 참조

NOTE

- 본 따라하기에서는 내림기초와 Base에는 하중 재하될 부재가 없다. 때문에 하중값을 변경하지 않고 기본설정값으로 두어도 구조계산서 상에서 자동 제외된다.
- midas eGen은 사용자가 마감하중과 활하중 값을 변경 할 수 있도록 지원하고 있다.

5.2.4 CAD도면 등록

midas eGen은 3차원 구조모델링을 편리하게 하기 위해 **2D평면도를 밑그림으로 활용한다**. 메뉴의 [정보] > [CAD도면]에는 (CAD 도면) 과 (CAD 리스트) 가 있다.

[CAD도면]은 CAD도면 편집창을 이용하여 건축도면을 불러와 밑그림으로 전환하는 기능입니다. 또한 기본적인 도면편집 기능을 제공하여 도면수정이 가능하다.

[CAD리스트]는 등록된 CAD도면의 리스트를 관리하는 기능입니다. 작업창에 등록된 층별 도면을 활성화/비활성화 하고, 선택하여 편집창에서 수정할 수 있다.

1) CAD도면 불러오기

따라하기

[CAD도면 편집창]을 실행하고 도면을 불러온다.

1. [CAD도면 편집창] 열기

- 메뉴 : [정보] > [CAD도면] 아이콘 (CAD 도면) 클릭

2. CAD파일 불러오기

- 메뉴 : [CAD도면 편집창] > [실행메뉴] > [열기] 아이콘 클릭

3. 해당 CAD파일 열기

- '[기초]철골건물 따라하기.dwg' 파일 선택 후 [열기] 버튼 클릭

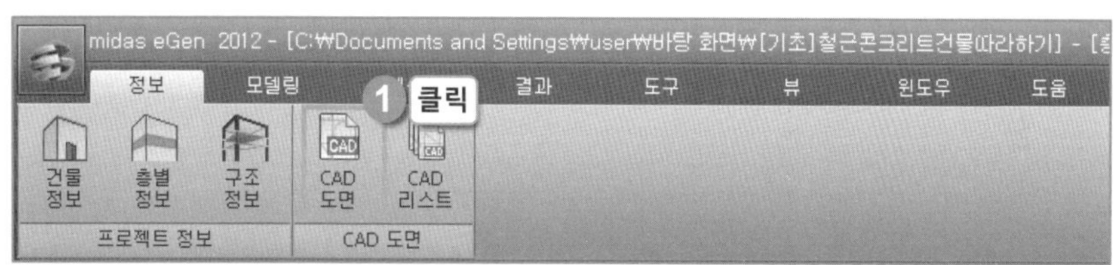

[CAD도면 편집창]

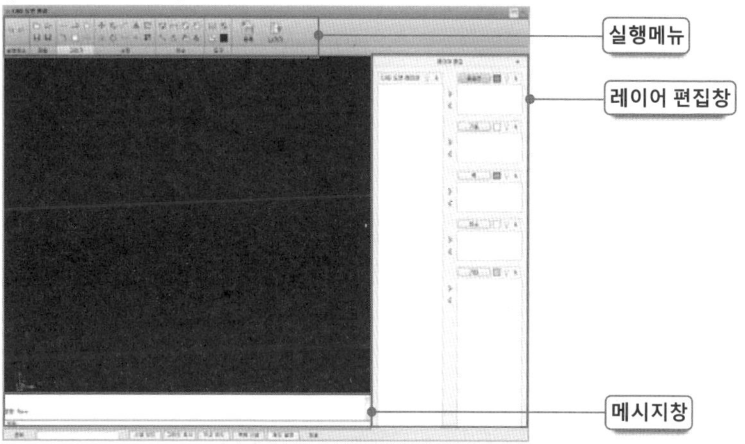

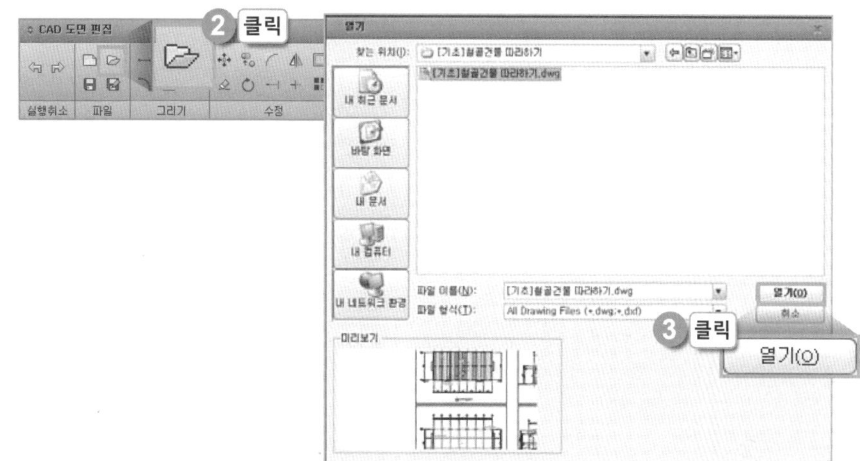

NOTE

- midas eGen 2012에서는 CAD파일이 Auto CAD 2009 상위 버전과 호환되지 않으므로 Auto CAD 최신버전 사용자께서는 파일 저장할 때 파일 형식을 2008년 이하 버전으로 저장하여야 한다.

4. 열린 캐드 도면 확인

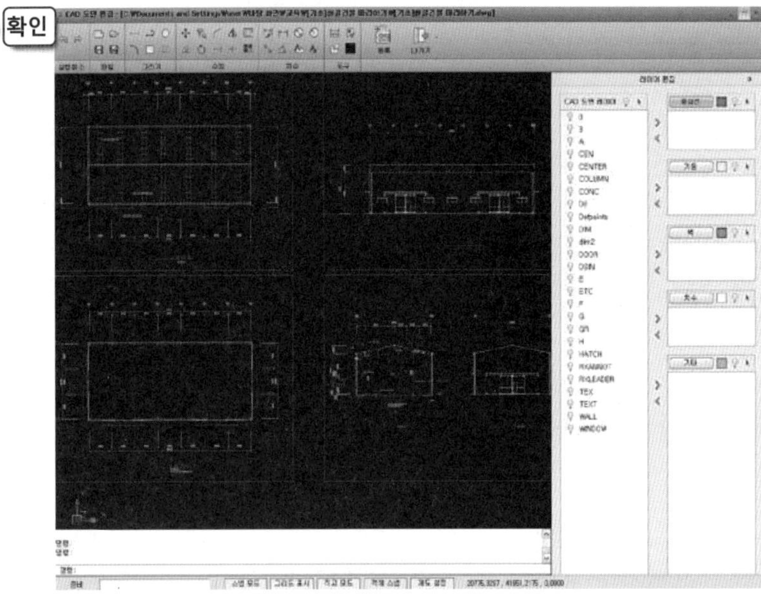

2) CAD도면 수정하기

기존의 중심선을 복사하는 방법으로 기둥의 중심선을 추가한다.

<수정사항>

1. 철골기둥을 생성하기 위해 도면의 철골 기둥의 중심에 가이드 선 추가하기

- 철골기둥은 기둥의 중심을 **'배치점'**으로 이용하여 생성하므로 기둥의 중심에 부재 생성을 위한 위치가 필요하다.

2. 박공지붕을 생성할 때 지붕 최상부의 위치를 잡을 수 있도록 가이드 선 추가하기

- 박공지붕의 보를 생성하기 위해서는 보가 생성되는 양단위치 정보가 필요합니다. 때문에 지붕 최상부 위치에 가이드 선을 추가한다.

1. 1층 평면도 확인

- 마우스 스크롤 움직여 [1층 평면도] 확인

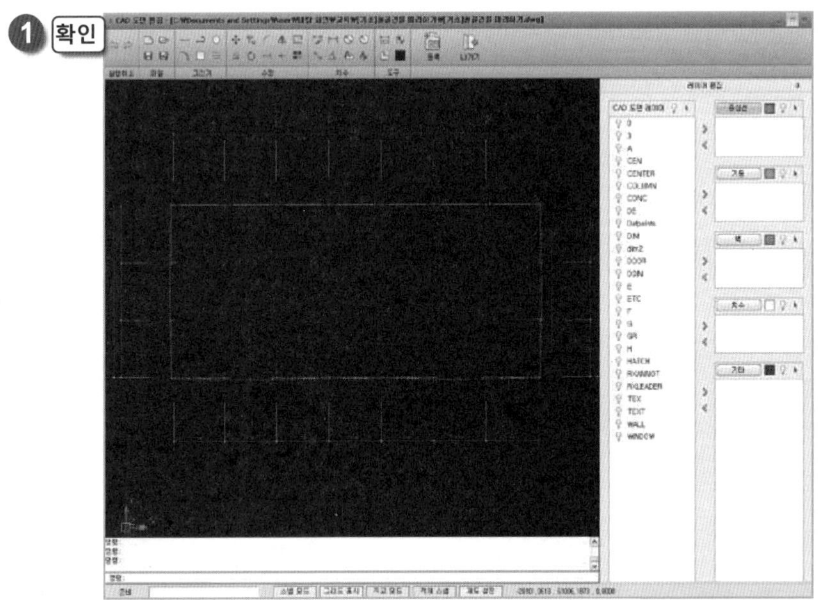

2. [직교모드] 확인

- 비활성화 되어있는 경우 클릭 하여 활성화 한다.

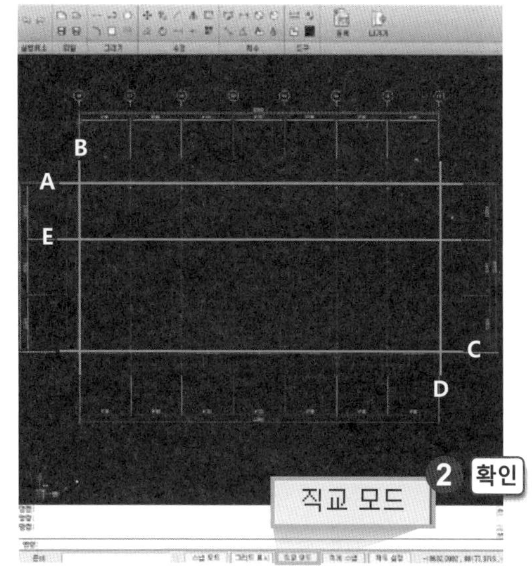

3. 기둥 중심 가이드선 추가

- CAD의 복사 기능(단축명령어 'CO')을 이용해 기둥 중심선을 복사한다.

① [중심선 A] 선택한 후 –Y방(아랫쪽)으로 '218mm'거리만큼 복사

② [중심선 B] 선택한 후 X방향(오른쪽)으로 '100mm'거리만큼 복사

③ [중심선 C] 선택한 후 Y방향(위쪽)으로 '218mm'거리만큼 복사

④ [중심선 D] 선택한 후 –X방향(왼쪽)으로 '100mm'거리만큼 복사

4. 지붕 최상부 가이드선 추가

- 위와 같은 방법으로 가이드 선을 추가한다.

• [중심선 E] 선택한 후 –Y방향(아랫쪽)으로 '2500' 거리만큼 복사

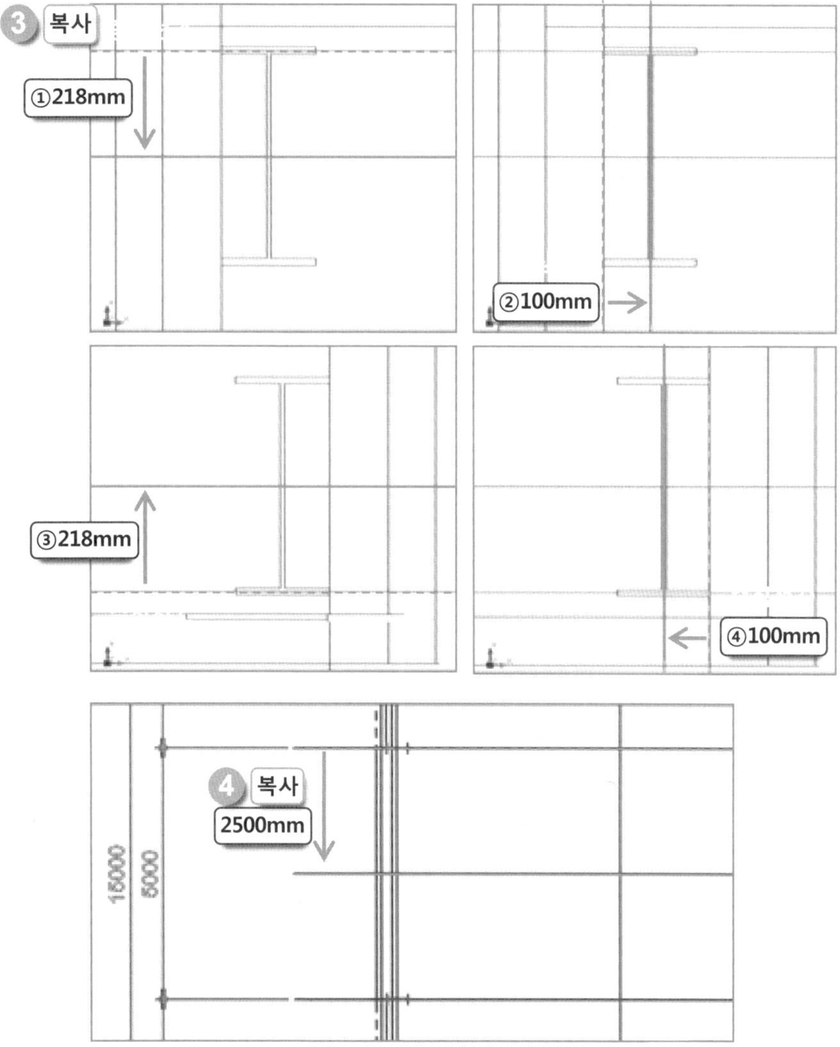

3) CAD도면 레이어 할당하기

CAD도면을 밑그림 레이어로 할당하자.

구조 모델링에 필요한 레이어를 밑그림으로 활용하기 위해 CAD에서 작성된 도면 레이어를 각각 밑그림 레이어로 할당하는 과정입니다.

1. CAD도면 레이어를 밑그림 레이어로 이동

- 방법1 : 선택 → 이동 방식
- 방법2 : Drag and Drop 방식

2. 다른 레이어도 같은 방법으로 이동

- CEN ▶ 중심선
- COLUMN ▶ 기둥
- DIM, dim2▶ 치수

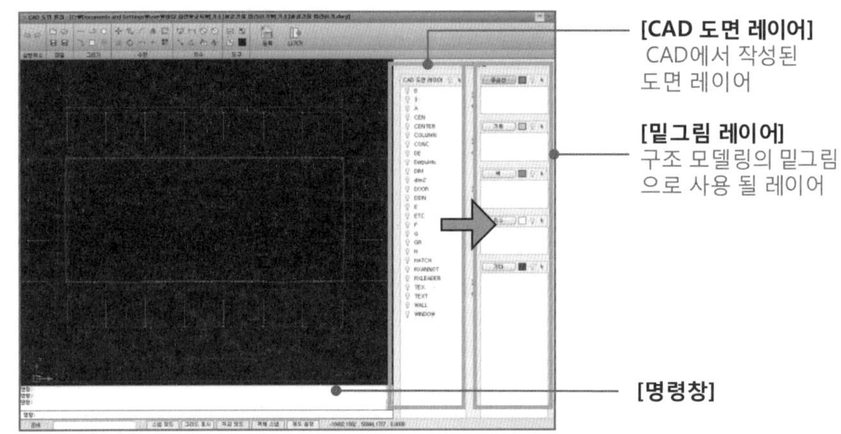

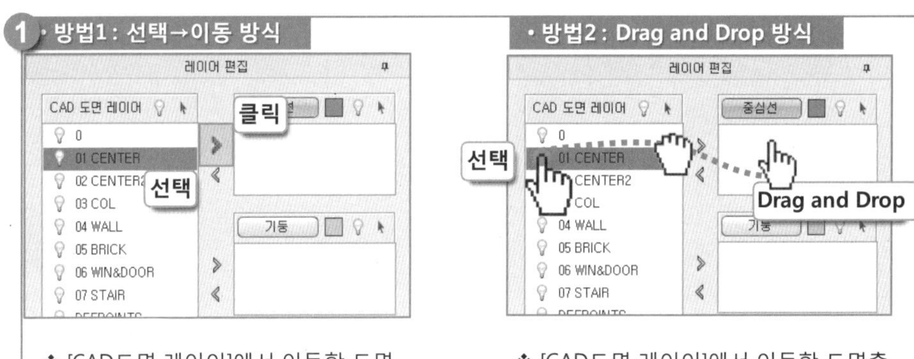

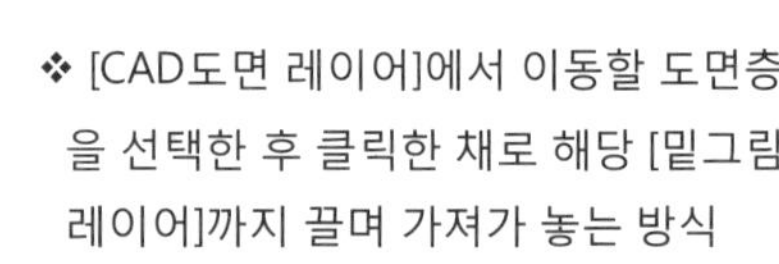

❖ [CAD도면 레이어]에서 이동할 도면층을 선택한 후 [이동] 버튼 ▷ 클릭하여 이동하는 방식

❖ [CAD도면 레이어]에서 이동할 도면층을 선택한 후 클릭한 채로 해당 [밑그림 레이어]까지 끌며 가져가 놓는 방식

NOTE

- CAD도면의 중심선과 주요 구조 레이어들을 미리 정리해 두면 밑그림 레이어의 할당이 용이하다.
- 간단한 캐드작업을 통해 불러온 도면은 수정할 수 있다. 방법은 캐드와 동일하게 메뉴의 아이콘을 클릭하거나 명령창에 명령어를 입력한다.
  예) L : Line 생성
  CO : Copy
  MI : Mirror 등
- CAD도면 레이어에서 할당된 레이어는 활성화 되어 선명하게 표시 된다.

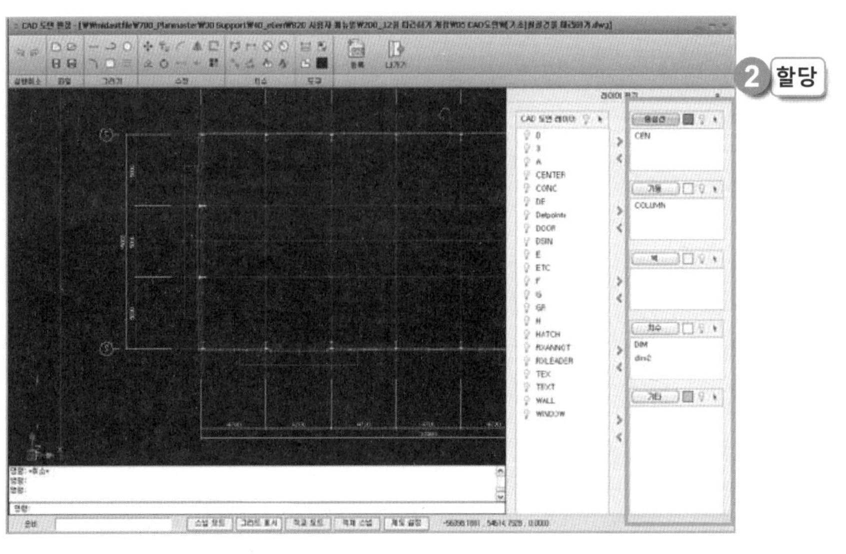

따라하기

CAD도면을 구조모델링의 밑그림으로 등록하자.

4) CAD도면 등록하기

[CAD] 아이콘을 클릭하여 밑그림을 각 층별로 등록한다.
도면을 등록하는 과정은 CAD프로그램에서 Block을 지정하는 방법과 유사하다.

1. CAD도면 등록창 열기

• 메뉴 : [실행메뉴] > [등록] 아이콘 클릭

[CAD도면 등록창]

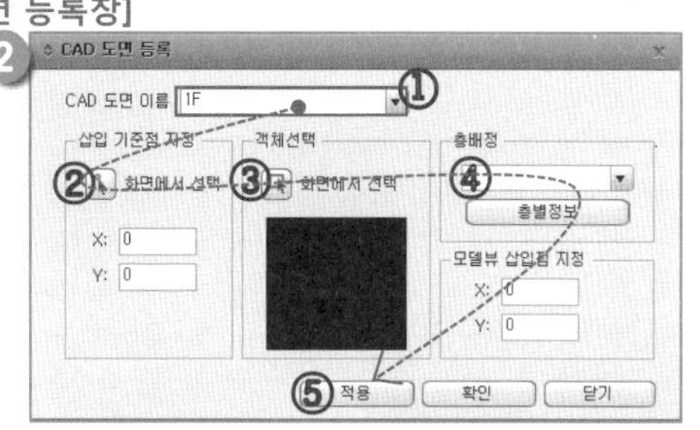

2. CAD도면을 해당층에 배정

[1층 도면 등록 순서]

① CAD도면 이름 : '1F' 입력
→ CAD 도면 이름은 사용자가 임의로 정할 수 있습니다.

② 삽입 기준점 지정
[화면에서선택] 아이콘 클릭
→ 기준이 되는 도면의 한 점 클릭

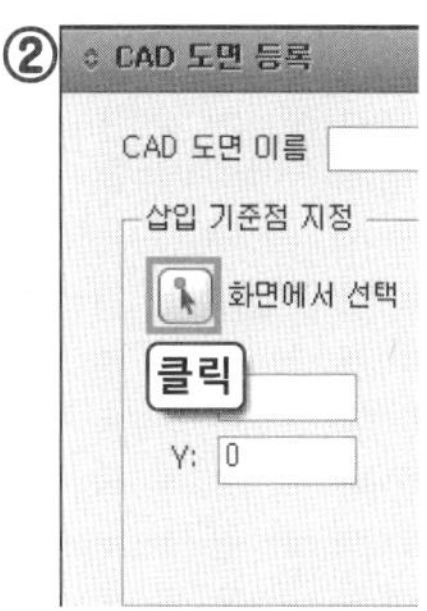

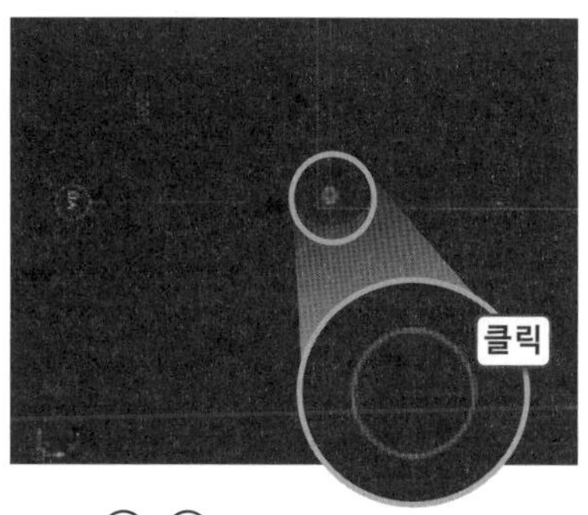

※ 본 따라하기에서는 기준점을 X1 / Y1 교차점으로 설정했다.

➢ 기준점을 클릭하면 녹색 원형마크가 표시된다.

NOTE

▪ 객체 선택 시, 도면 전체를 드래그 하더라도 밑그림 레이어에 할당된 레이어만 각 층별 밑그림으로 등록된다.

▪ 기준점은 수직적으로 연속되는 부재(코어 벽 또는 기둥)의 한 점이나, 층별 공통 중심선의 교차점 등을 선택하는 것이 좋다.

eGen 도우미

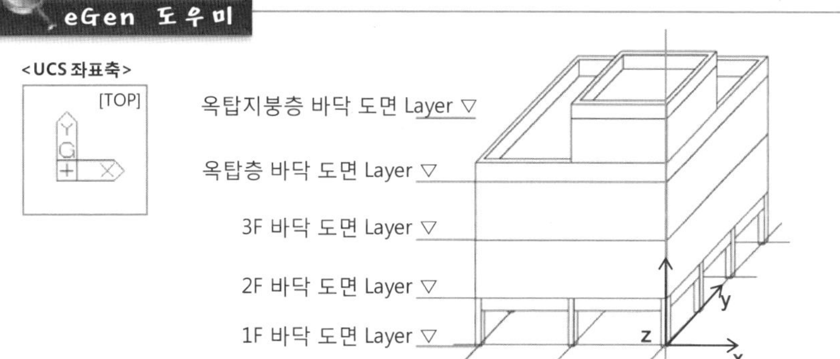

❖ 기준점은 각층 도면 레이어를 겹쳐놓았을 때 z축으로 일직선상에 동일한 위치에 선택하도록 한다.

❖ 기준점을 설정한 위치에 UCS좌표축의 원점이 생성되고, eGen작업창에서 확인할 수 있다. 또한 UCS 좌표축을 기준으로 층별 구조모델링을 완성할 수 있다.

③ 객체 선택
[화면에서 선택] ▼ 아이콘 클릭
→ 1F에 등록할 도면이 포함되도록 두점 클릭 후
④ 층배정 드롭다운 버튼 클릭
→ 선택한 개체를 배정할 층선택
⑤ [확인] 버튼 클릭

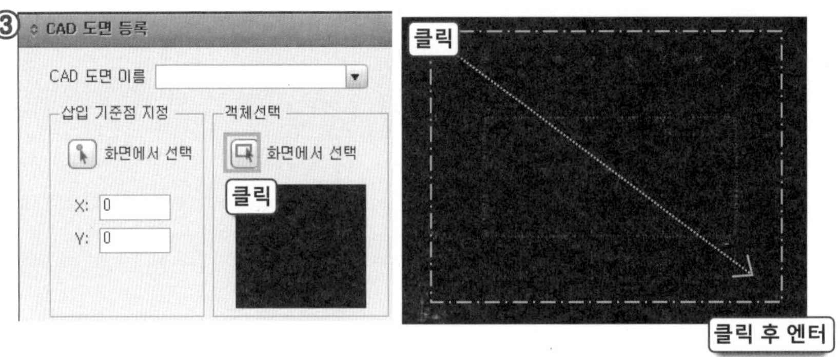

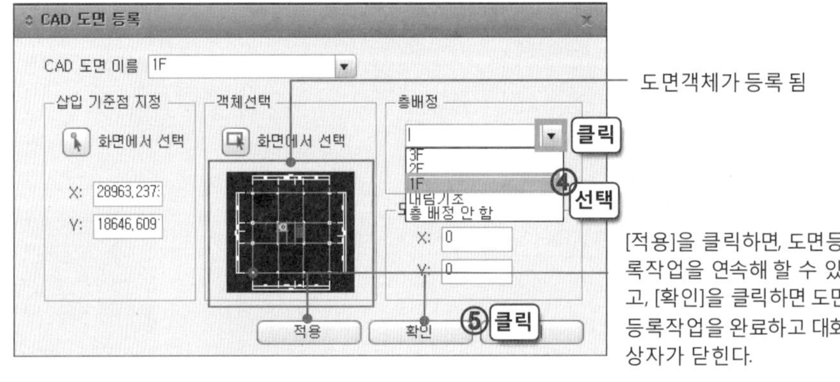

[적용]을 클릭하면, 도면등록작업을 연속해 할 수 있고, [확인]을 클릭하면 도면등록작업을 완료하고 대화상자가 닫힌다.

3. CAD도면 등록 완료

- "1F 도면이 1F 바닥에 등록 되었습니다." [확인] 버튼 클릭

4. [CAD도면 편집창] 나가기

- 메뉴 : [실행메뉴] > [나가기] 아이콘 (나가기) 클릭

5. eGen 작업창 확인

- 정보트리에서 CAD 밑그림이 등록되었는지 확인

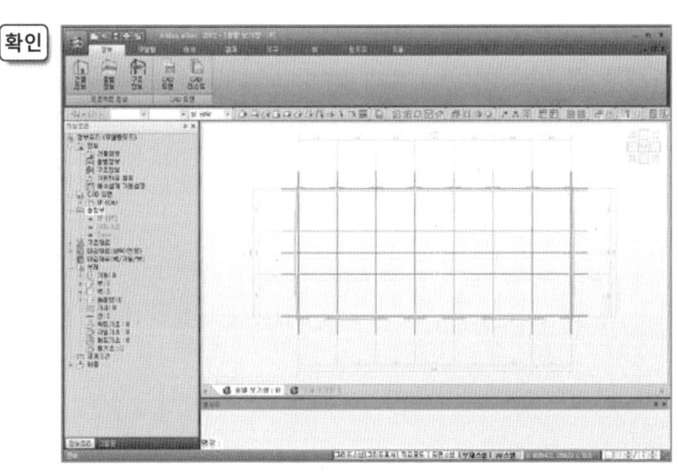

NOTE

- 등록한 도면이 보이지 않는 경우 정보트리에서 각층 도면을 우클릭하여 [보이기/숨기기]를 클릭하면 도면의 활성과 비활성을 설정할 수 있다.

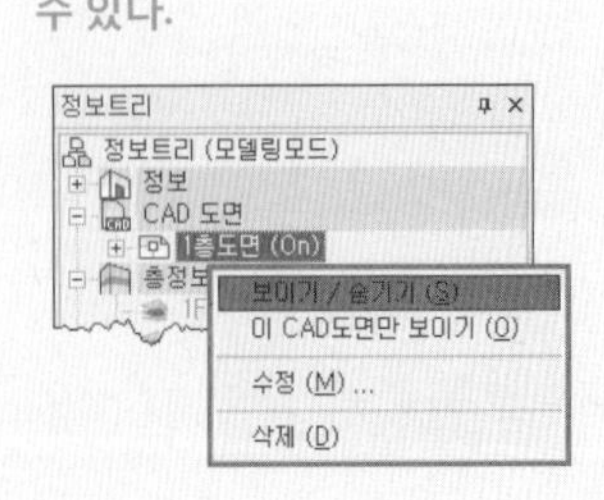

5.3 모델링 및 편집

따라하기

기둥을 생성하자.

1. 기둥 생성

- 메뉴 : [모델링] > [부재생성] > [기둥] 아이콘 클릭

또는 단축명령어 : CC

2. 스냅 활성화 확인

- 화면아래 도면스냅 부재스냅 3D스냅 활성화 확인

- 비활성화 되어있는 경우 클릭해 활성화한다.

3. 새 단면 등록하기

- 기둥이 될 H형강의 단면을 등록한다.

① 메시지창 [새 단면 등록] 'N' 입력 후 Enter

② [철골] 클릭

③ [단면 이름] 드롭다운 버튼 클릭→ [H 450x200x9/14] 선택

④ [단면 ID]에 '450200'입력

⑤ [확인] 버튼 클릭

NOTE

- 오른쪽 상단의 뷰네비게이션 또는 단축키 Ctrl + Shift + I 를 사용하여 부재를 확인할 수 있다.

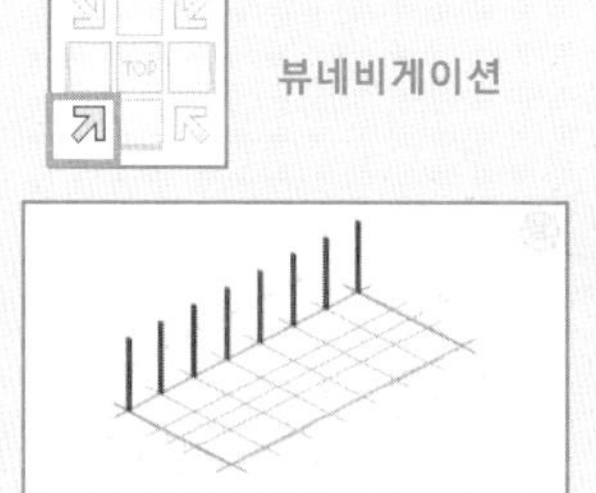

5.3.1 구조부재의 생성

1) 기둥 생성

철골 기둥의 모델링은 기둥 생성기능에서 배치점(P)를 이용하거나 선(L)으로 생성해야 한다. 이는 철골 기둥을 철근콘크리트 사각형 기둥처럼 두 점을 선택하여 모델링하기 어렵기 때문이다.

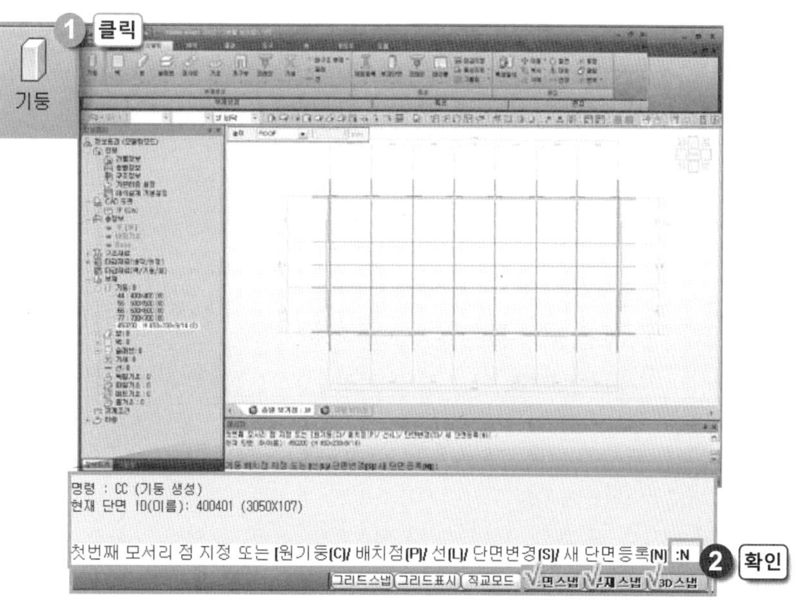

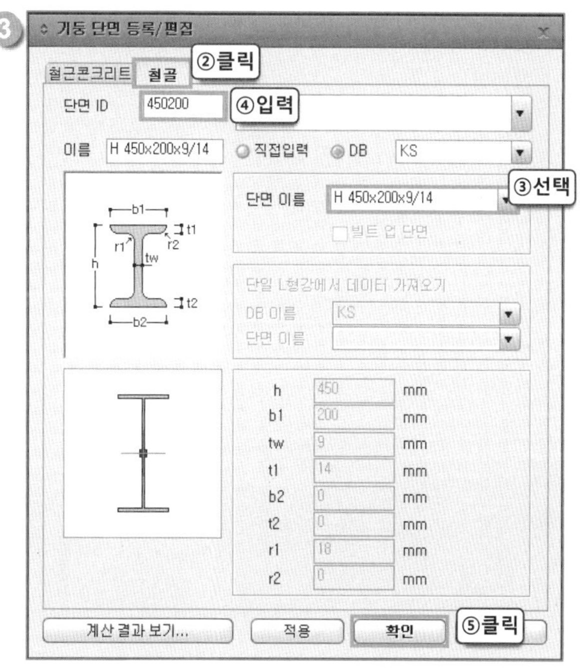

4. 메시지창 확인

- 현재 단면이 등록한 단면으로 변경되며 현재 단면의 성격에 의해 자동적으로 기둥 배치점 지정으로 입력 방식 변경되었다.

5. 기둥 높이 변경

- 건물의 북측과 남측의 짧은 기둥높이를 지정하기 위해

① [높이]를 [레벨 지정]으로 변경

② '8200' 입력

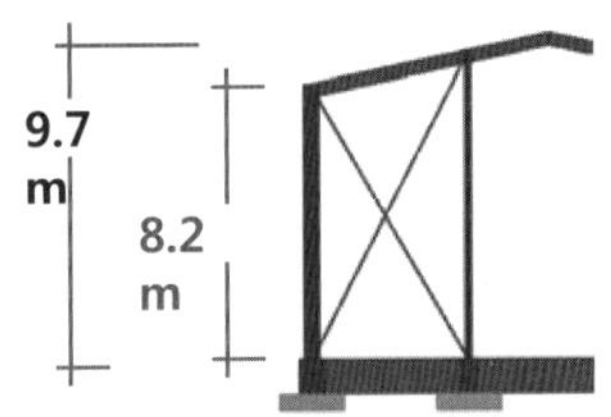

6. 기둥 생성할 배치점 클릭

• 철골 기둥의 중심점을 클릭하여 기둥을 배치

7. 외곽부분 기둥 모델링 완성

• 나머지 기둥 중심선 배치점 클릭 하여 외곽 기둥 모델링 완성

8. 생성된 기둥 확인

• [뷰네비게이션]의 [남서방향] 클릭

midas eGen 따라하기 Part. 2
"5. 크레인거더 설계하기" 참조▶ 참조

NOTE

▪ 기둥 단면과 단면상의 절점위치가 동일할 때 기둥을 복사하여 빠르게 모델링 할 수도 있다. 복사 기능은 cad의 복사 기능과 동일하게 사용한다.

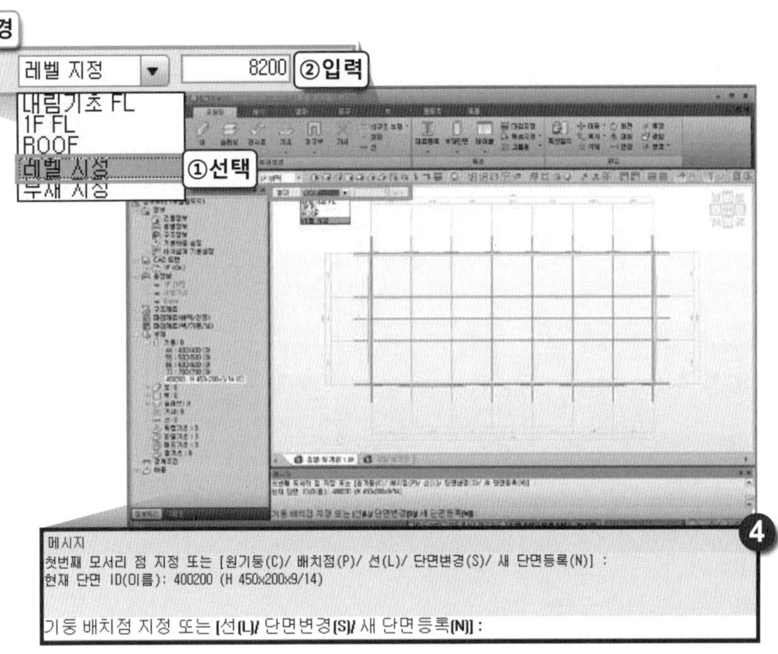

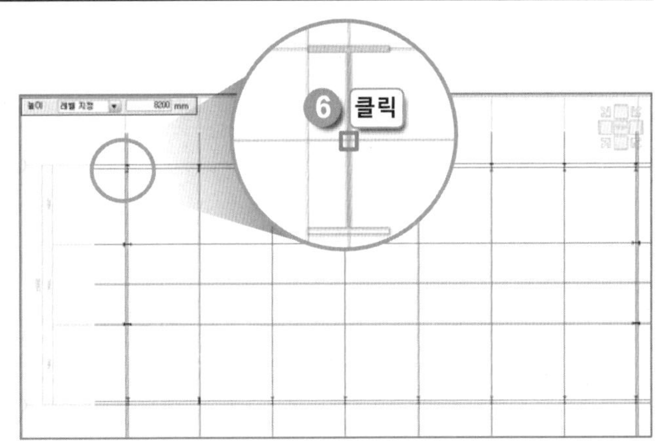

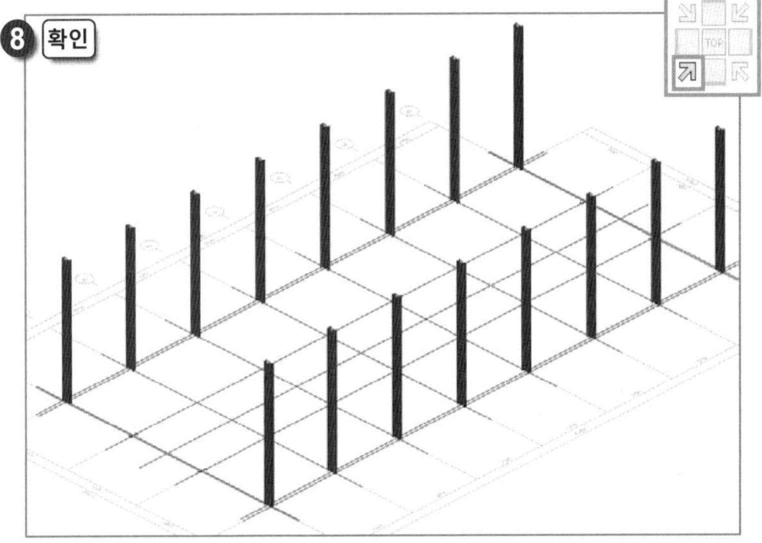

2) 큰 보 생성

따라하기

큰 보를 생성하자.

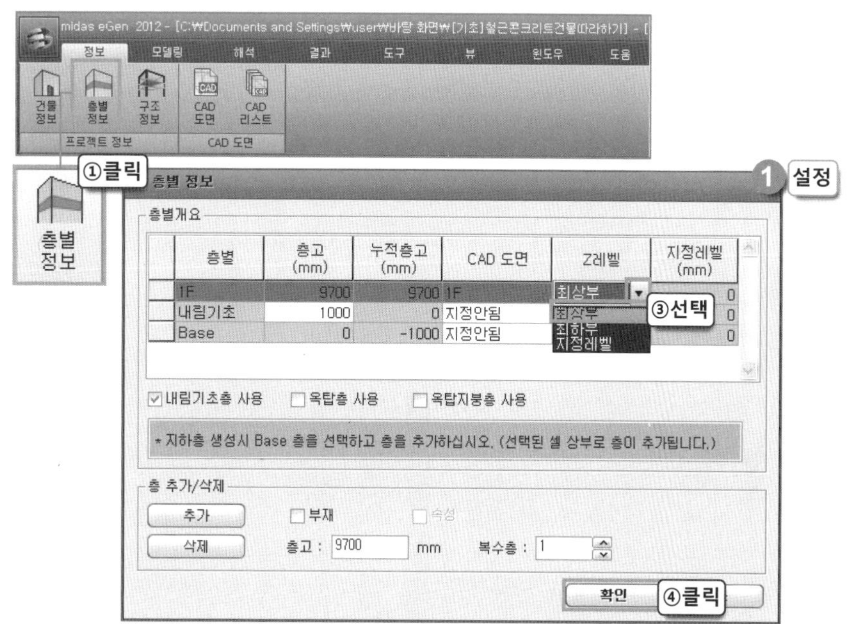

1. CAD도면 레벨조정

- 지붕 보를 [도면스냅]하여 생성하기 위해 CAD도면의 Z레벨을 변경한다.

① 메뉴 : [정보] > [층별정보] 아이콘 (층별 정보) 클릭

또는 단축명령어 : SI

② [1F]의 [Z레벨] 드롭다운 버튼 클릭

③ [최상부] 선택

④ [확인] 버튼 클릭하여 창닫기

2. CAD도면 위치 확인

- 도면이 1층 최상부 레벨에 위치한다.

3. 큰 보 생성

- 메뉴 : [모델링] > [부재생성] > [보] 아이콘 (보) 클릭 > [큰보]

(큰보) 클릭

또는 단축명령어 : CB

4. 큰 보 단면병경

- 정보트리에 H 400X200X8/13 단면 DB가 있으므로
- 메시지창에 [단면변경] 'S' 입력 후 Enter
- 단면 ID 설정 : '400200' 입력 후 Enter

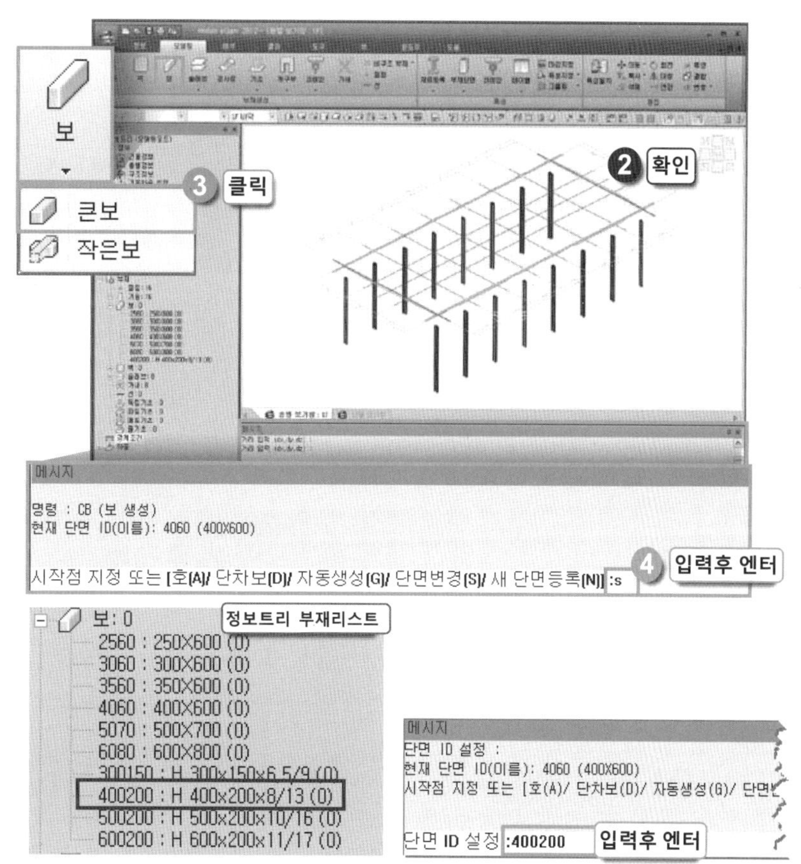

NOTE

- CAD 도면의 Z레벨은 사용자가 임의로 설정할 수 있으며, 모델링의 편의에 따라 적절하게 변경할 수 있다.

5. 현재 단면 설정 확인

-현재단면이
400200 (H 400X200X8/13)으로
설정되었는지 확인

메시지
시작점 지정 또는 [호(A)/ 단차보(D)/ 자동생성(G)/ 단면변경(S)/ 새 단면등록(N)] :
단면 ID 설정 :
현재 단면 ID(이름): 400200 (H 400x200x8/13) **5 확인**
시작점 지정 또는 [호(A)/ 단차보(D)/ 자동생성(G)/ 단면변경(S)/ 새 단면등록(N)] :

6. 큰 보 모델링

- 기둥 상부의 절점과 CAD도면의 가이드 중심선을 차례로 클릭해 모델링
  - 반드시 기둥의 절점과 보의 절점이 공유되도록 모델링 한다.

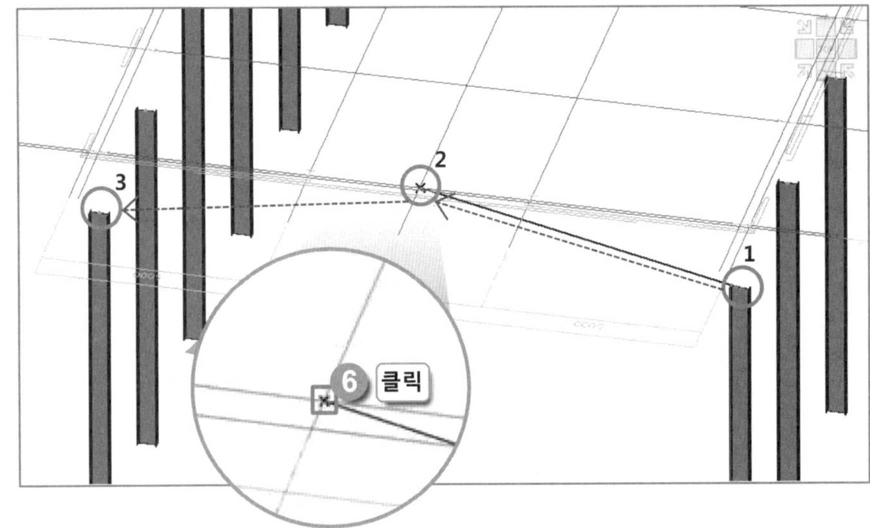

홈페이지 > 교육 > 실무예제 따라하기 > *"구조프로그램 입문" > 02.구조모델링의 이해* ▶ 참조

NOTE

- [와이어 프레임] 보기를 통해 보다 정확하게 모델링 할 수 있다. [와이어 프레임] 아이콘 클릭 또는 단축키 : Ctrl + H

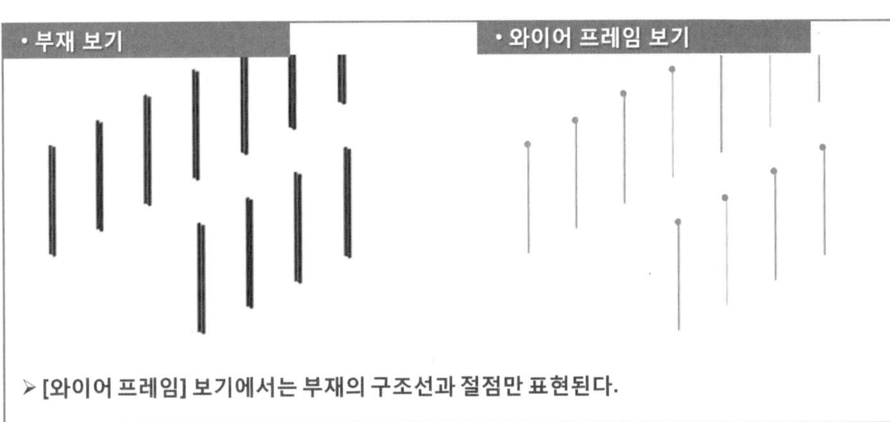

➤ [와이어 프레임] 보기에서는 부재의 구조선과 절점만 표현된다.

7. 생성된 큰 보 확인

8. 큰 보 복사

- 보 복사는 보단면 크기와 단면상 절점 위치가 모두 동일한 경우에만 가능하다.
- 본 따라하기에서는 복사기능을 활용하여 큰 보를 빠르게 모델링 한다.

[부재 복사 순서]

① 메시지창에 'CO' 입력 후 Enter or Space

② 복사할 큰 보 선택

③ 기준점 지정
→ [뷰네비게이션]의 [TOP] 클릭
→ 기준이 되는 도면의 한 점 클릭

④ 복사할 점 지정
→ 삽입할 도면의 한 점 클릭

⑤ 나머지 복사 지점 연속 클릭
→ 삽입할 나머지 점을 클릭해 모델링 완료

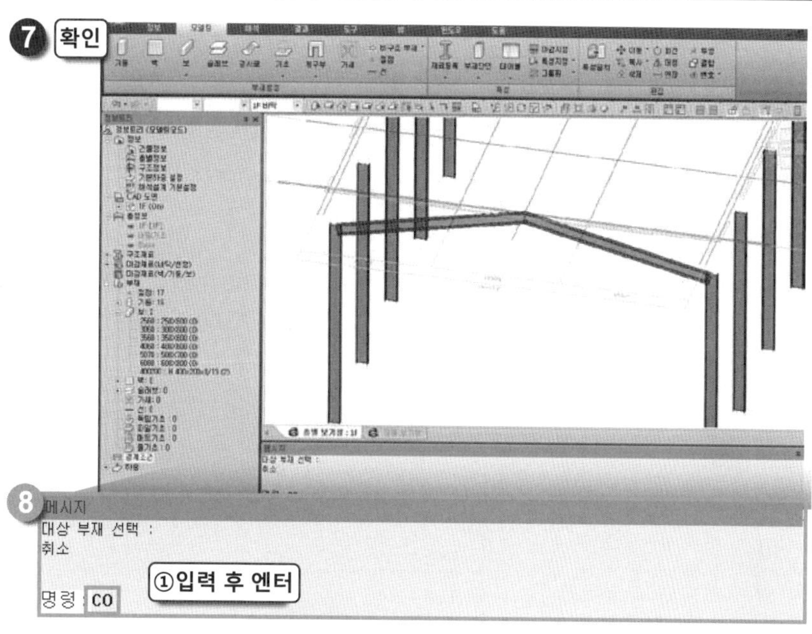

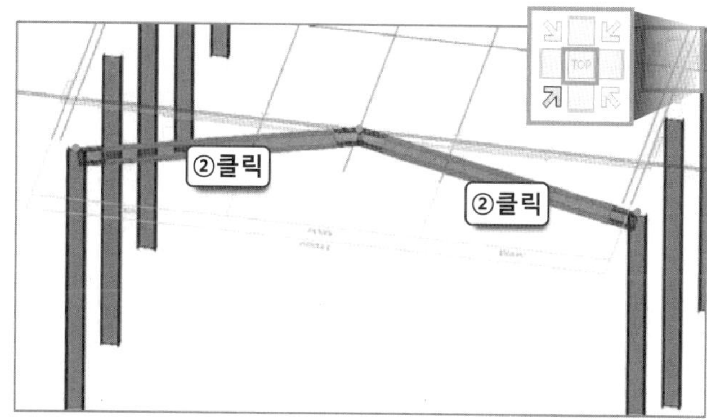

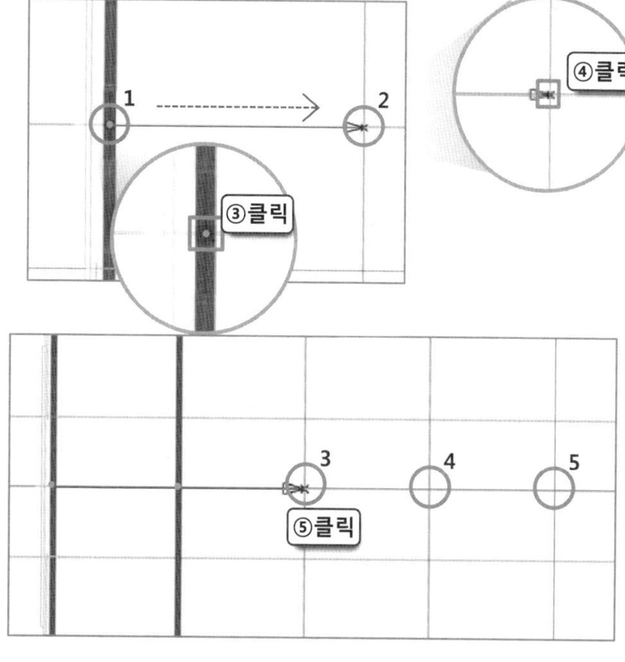

9. 복사한 큰 보 확인

- [뷰네비게이션]의 [남서방향] 클릭

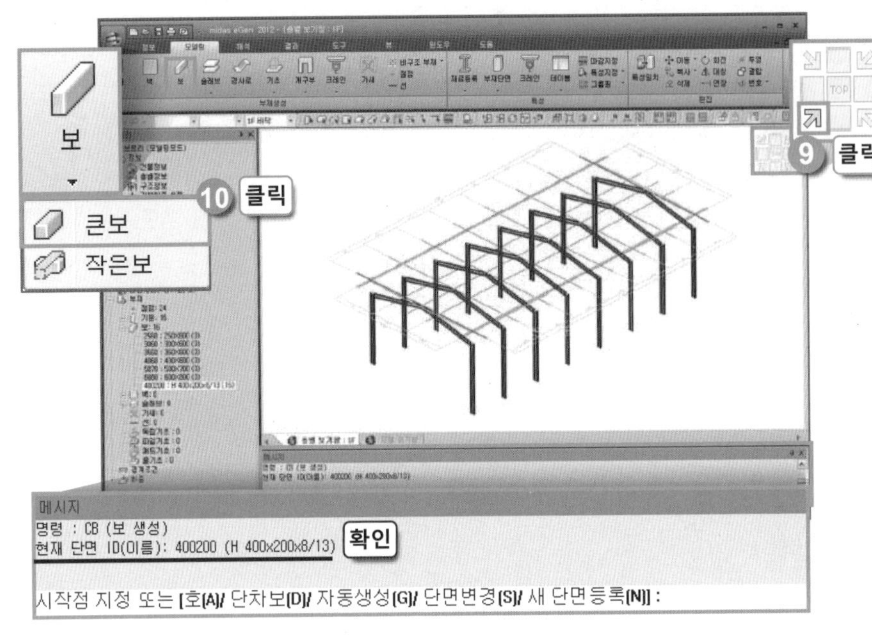

10. 장변방향 큰 보 생성

- 메뉴 : [모델링] > [부재생성] > [보] 아이콘 클릭 > [큰 보] 클릭
  또는 단축명령어 : CB
  - 앞서 등록한 단면 ID 400200 (H 400x200x8/13) 단면이 자동설정 된다.

11. 장변방향 큰 보 모델링

- 기둥 절점에 [3D스냅] 하여 장변방향의 시작점과 끝 절점을 클릭
  - 기둥절점에 의해 큰 보가 자동 분할 된다.
  - 북측 큰 보도 모델링 한다.

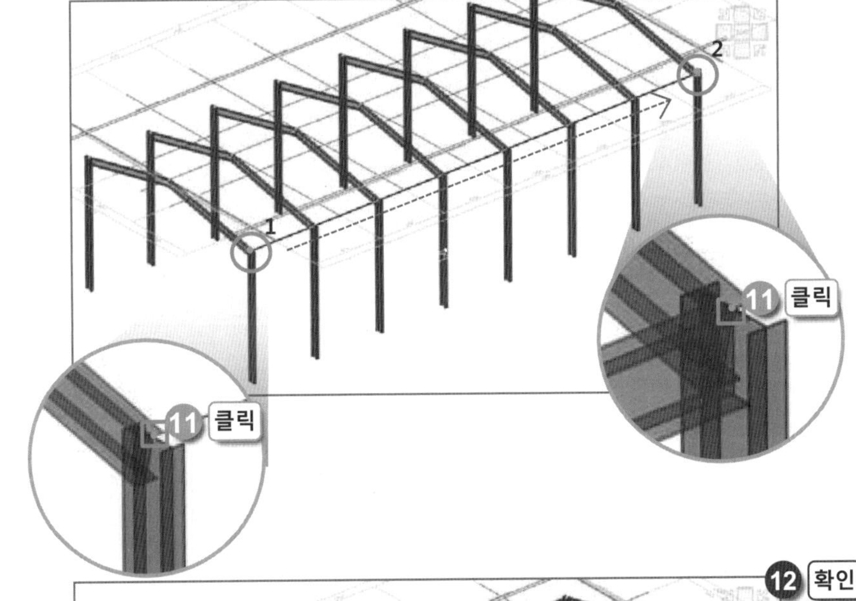

12. 완성된 큰 보 확인

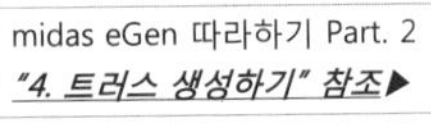

midas eGen 따라하기 Part. 2
"4. 트러스 생성하기" 참조▶
참조

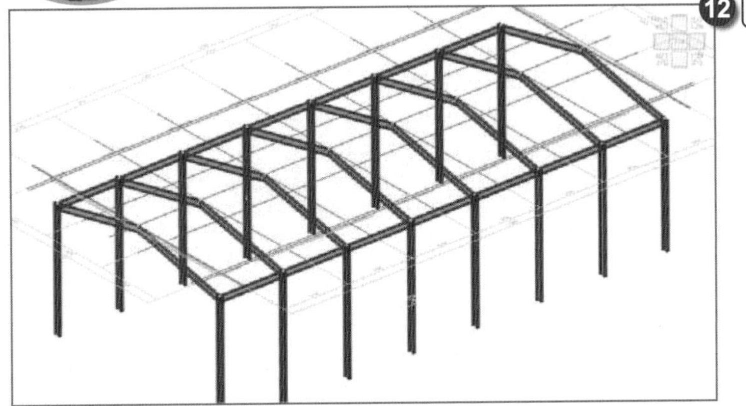

NOTE

- 연속된 부재는 한번에 생성하면 자동으로 분리된다.
- 철골 모델링의 정확도를 높이기 위하여, 와이어프레임 보기에서 작업하면 실수를 줄일 수 있다.

따라하기

샛기둥을 생성하자.

1. CAD도면 레벨조정

- 샛기둥을 [도면스냅]하여 생성하기 위하여 CAD도면의 Z레벨을 변경한다.

① 메뉴 : [정보] > [층별정보] 아이콘 클릭

또는 단축명령어 : SI

② [1F]의 [Z레벨] 드롭다운 버튼 클릭

③ [최하부] 선택

④ [확인]버튼 클릭하여 창닫기

2. 기둥 생성

• 메뉴 : [모델링] > [부재생성] > [기둥] 아이콘 클릭

또는 단축명령어 : CC

3. 단면 확인

• 메시지창에 [단면 ID] 450200 확인

TIP – 기둥 단면 변경 방법

① [단면변경] 'S' 입력 후 Enter

② '450200' 입력 후 Enter

4. 기둥 높이 변경

• [높이]를 [부재 지정]으로 변경

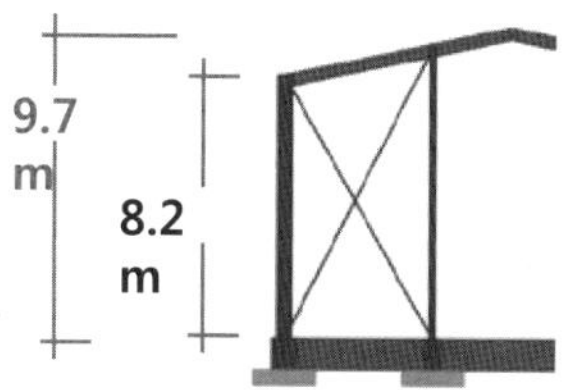

3) 샛 기둥 생성

건물 단변의 기둥과 기둥 간격이 길기 때문에 패널에 걸리는 힘을 주구조에 효율적으로 전달할 수 있도록 샛기둥을 생성한다.

본 모델링의 샛기둥 높이를 입면도를 통해 측정하면 9185.03mm입니다. 본 따라하기에서는 작업의 편의를 위해 **부재 높이의 부재 지정 기능**을 사용하여 샛기둥을 모델링 한다.

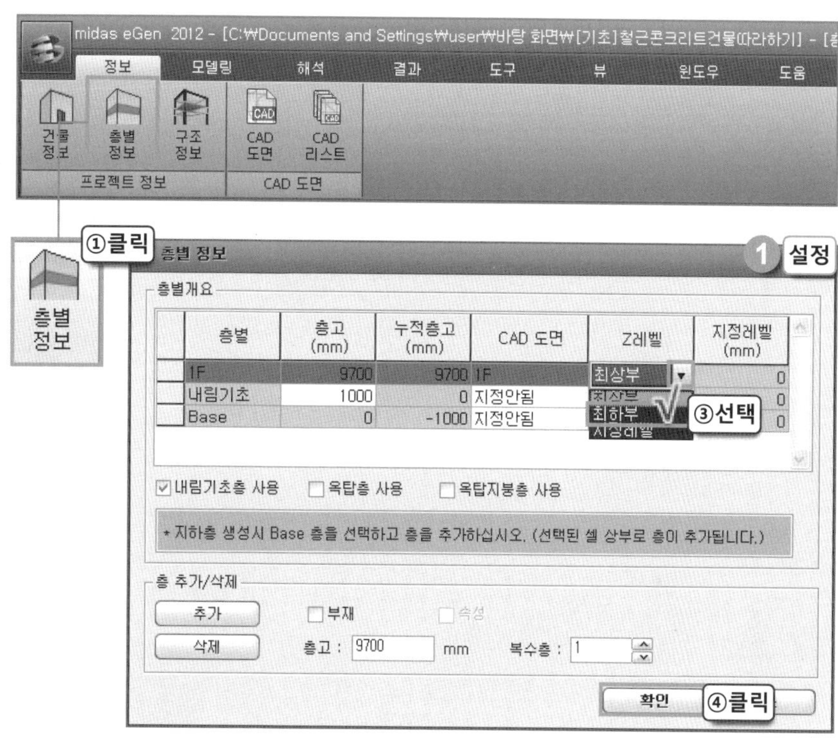

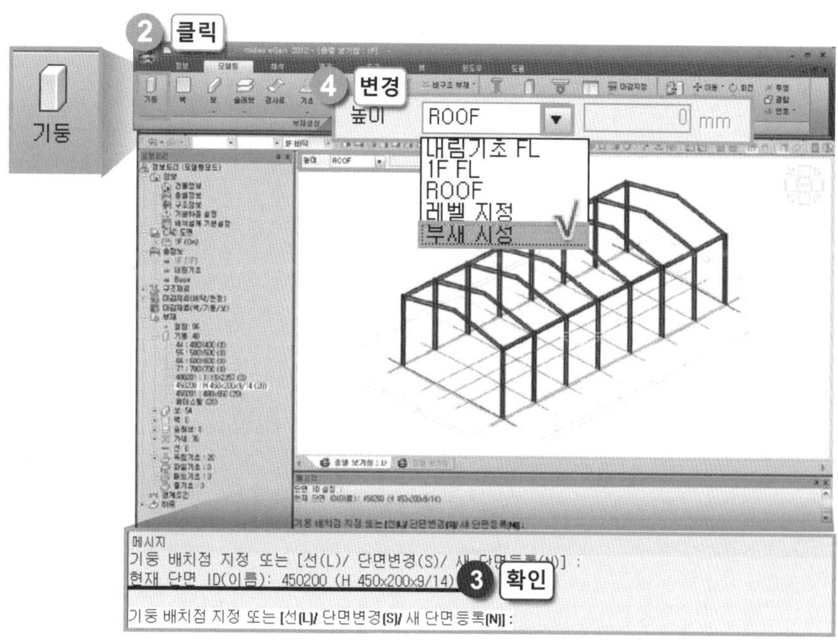

5. 샛기둥 생성 배치점 클릭

- 철골 기둥의 중심점을 클릭 하여 기둥을 배치

6. 생성된 샛기둥 확인

- CAD도면의 기둥 배치에 수직 하게 기둥이 배치된다.

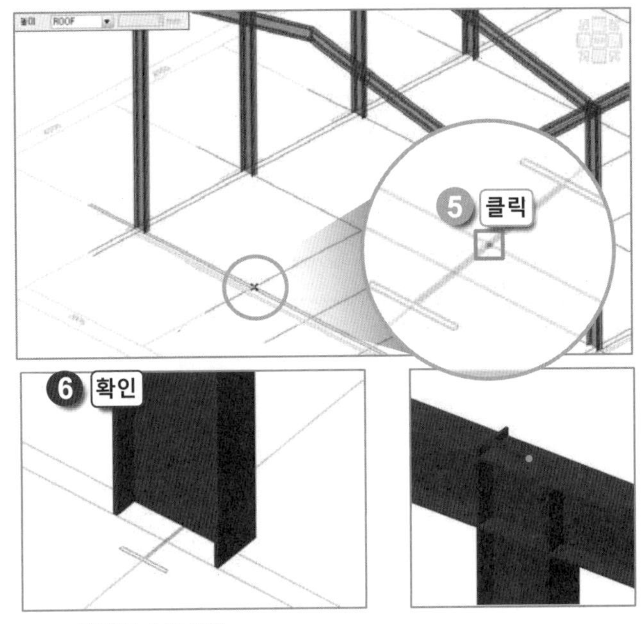

<샛기둥 수정사항>

1. 샛기둥의 베타앵글 수정

- 현재 샛기둥의 베타앵글이 90도로 설정되어 도면과 일치하지 않은 상태이다.
- 배타앵글을 수정하여 샛기둥의 배치방향을 수정한다.

2. 프레임 연결조건 수정

- 샛기둥의 상부에 모멘트 전달을 하지 않기 위해 연결조건을 핀으로 수정한다.

7. 샛기둥 베타앵글 / 프레임 연결조건 수정

① 샛기둥 더블클릭

② [트리메뉴] > [속성]창 확인

③ [형상특성] > [베타 앵글] 에 '0'입력 후 Enter

(베타 앵글 기본설정값 : 90)

④ [경계조건] > [프레임 연결조건]에 '고정-핀' 클릭

⑤ 수정된 샛기둥 확인

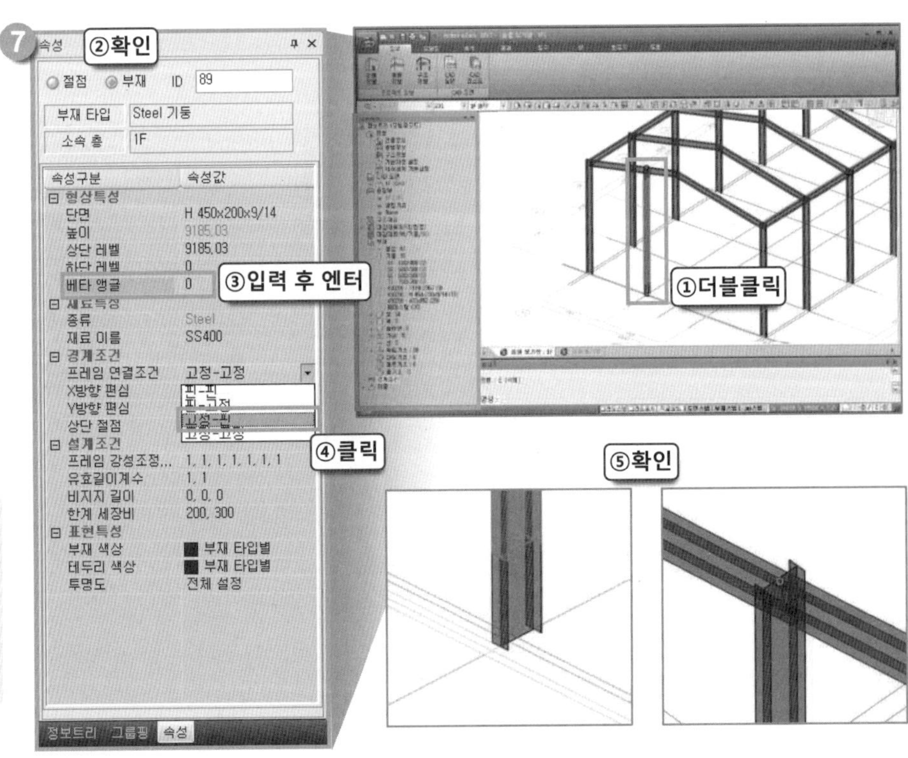

NOTE

- 베타앵글은 부재의 강축과 약축을 구분하는 속성이다. 건물의 형상에 따라 베타앵글을 조정하기 위해서, 부재를 더블클릭하여 속성창에서 수정할 수 있다.

8. 나머지 샛기둥 복사

- 수정한 샛기둥을 복사기능을 통해 빠르게 모델링

9. 생성된 샛기둥 확인

10. 큰보 결합

- 샛기둥 생성으로 인해 분리된 큰보를 결합한다.

① [분리보기] 아이콘 클릭
② 메뉴 : [모델링] > [편집] > [결합] 결합 클릭
또는 단축 명령어 : MG
③ 결합할 부재 선택
④ 메시지 창의 프레임(F) 입력 후 Enter
⑤ 부재 결합 확인

- 나머지 큰 보도 결합한다.

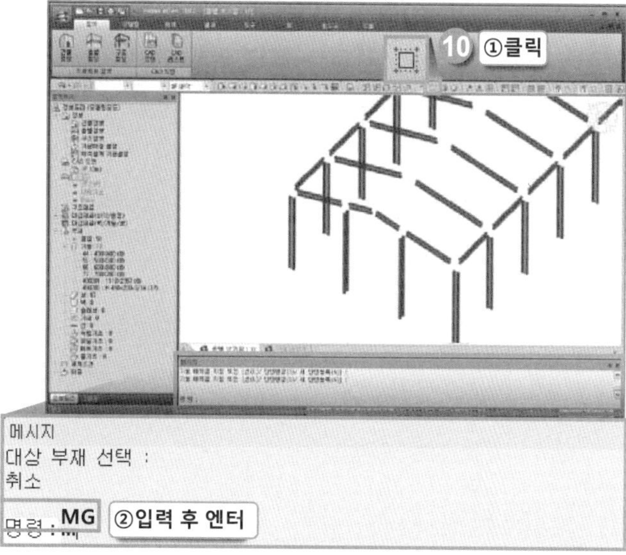

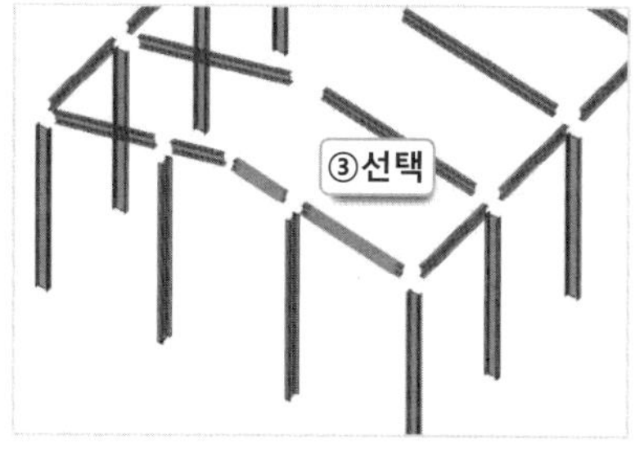

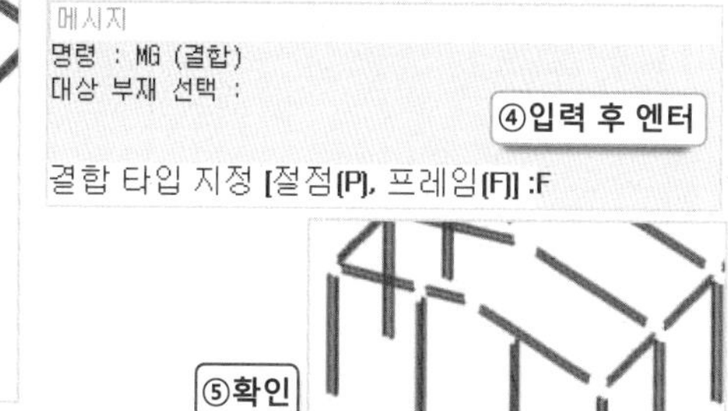

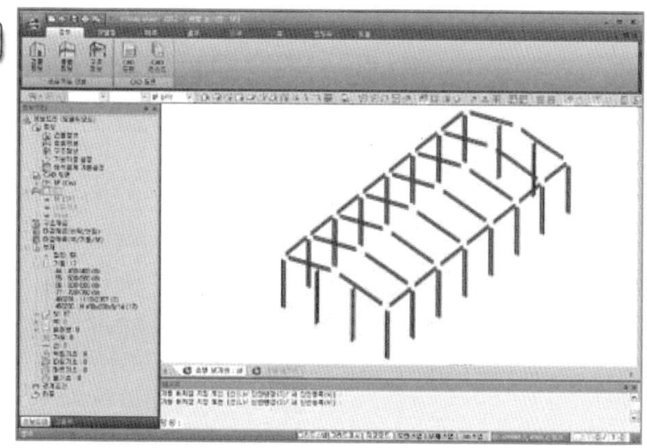

11. 결합된 큰 보 확인

따라하기

작은 보를 생성하자.

1. 작은 보 생성

- 메뉴 : [모델링] > [부재생성] > [보] 아이콘 (보) 클릭 > [작은 보] (작은보) 클릭

 또는 단축명령어 : CSB

2. 작은 보 단면 등록 창 열기

- 메시지창에 [새 단면 등록] 'N' 입력 후 Enter
 - [보 단면 등록/편집] 창이 열린다.

3. 작은 보 단면 등록

- 작은 보가 될 H형강의 단면을 등록한다.

① [보 단면 등록/편집]창 > [철골] 탭 클릭
② [단면 이름] 드롭다운 버튼 클릭
③ [H 250x125x6/9] 선택
④ [단면 ID]에 '250125' 입력
⑤ [확인] 버튼 클릭

4. 부재 분할기능 사용

- 화면 아래 상태표시중의 [부재 분할기능]을 사용하면 부재의 등분점에 △ 표시되고, 스냅할 수 있다.
- [부재 분할 기능]에 '3' 확인

NOTE

- 부재 분할 기능을 사용하면 부재 분할 지점마다 스냅이 잡혀 손쉽게 작은 보 등을 모델링 할 수 있다.

4) 작은 보 생성

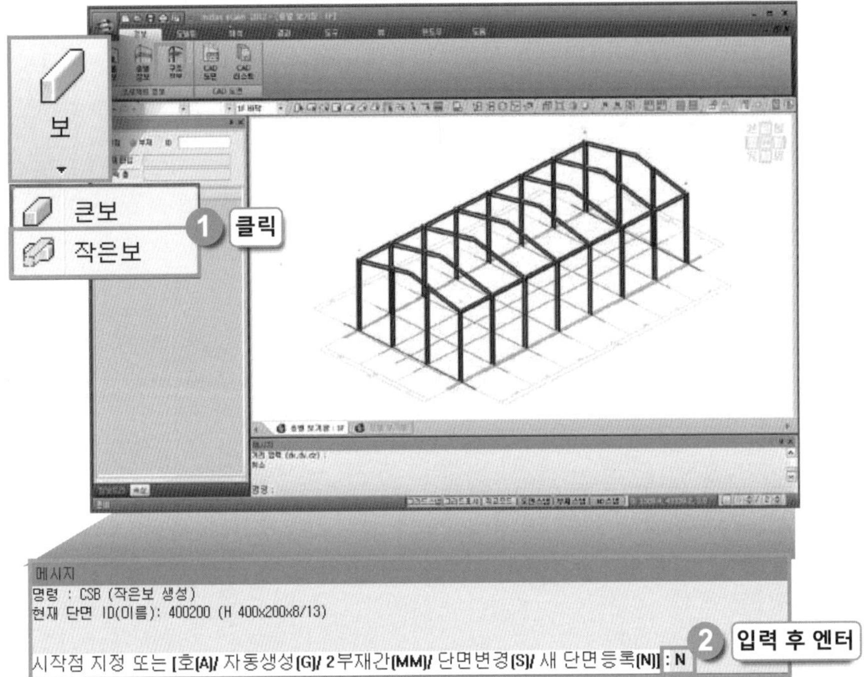

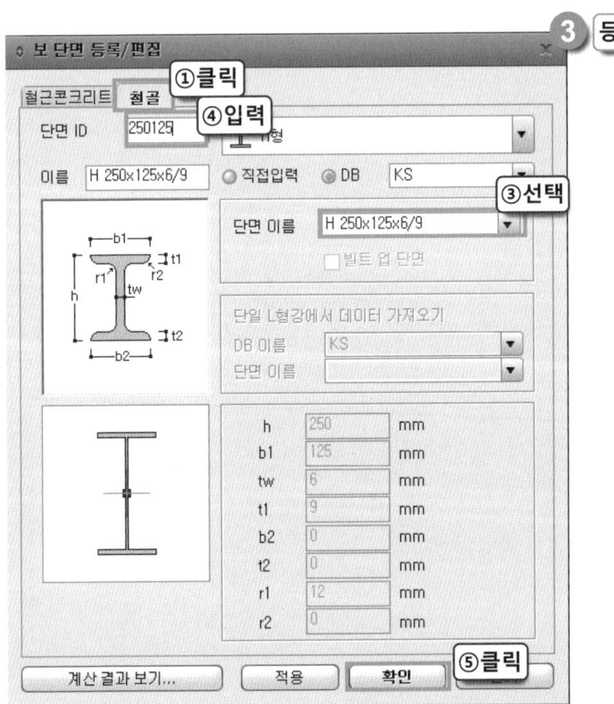

5. 작은 보 모델링

① 샛기둥에 의해 생성된 상부의 절점에 스냅하여 장변방향으로 절점 클릭 후 Enter

② [부재 분할기능]을 이용하여 큰 보의 3등분 점 △표시에 스냅하여 장변방향으로 한번에 절점 클릭 후 Enter

- 용마루 상부의 작은 보와 북측 작은 보도 모델링 한다.

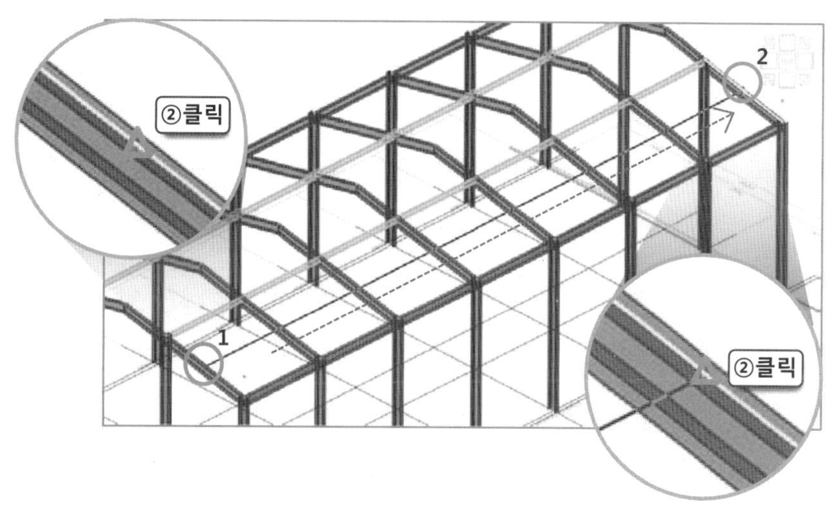

6. 작은 보 모델링 완성

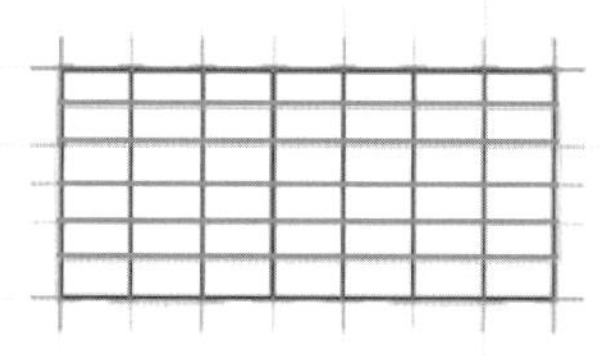

midas eGen 따라하기 Part. 2
"7. 횡지지보 지정하기" 참조▶ 참조

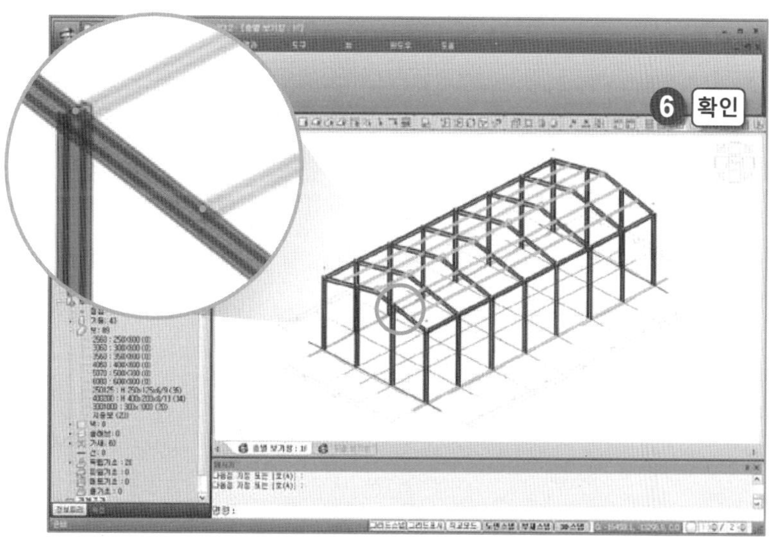

NOTE

- 샛기둥의 위치가 큰 보의 3등분 점과 다르므로 스냅위치를 정확하게 확인하여 샛기둥 위에서 작은보를 모델링 하여야 한다.

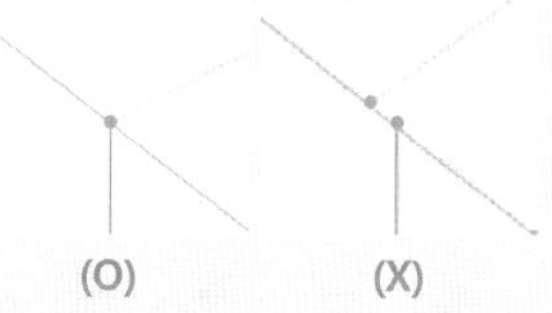

NOTE

- 기둥 – 기둥 : 큰 보로 모델링
- 보 – 보 : 작은 보로 모델링
- 기둥 – 캔틸레버 : 큰 보로 모델링
- 보의 종류에 따라 경계조건이 자동 설정되므로 보를 구분하여 모델링 한다.

5) 가새 생성

가새를 생성하자.

1. 가새 생성

- 메뉴 : [모델링] > [부재생성] > [가새] 아이콘 (가새) 클릭 또는 단축명령어 : CBR

2. [와이어 프레임]보기 설정

[와이어 프레임] 아이콘 클릭
또는 단축키 : Ctrl + H

3. 가새 단면 설정

- 가새는 원형으로 SR 22 단면으로 사용한다.

① 메시지창에 [단면변경] 'S' 입력 후 Enter

② 단면 ID 설정 : '22' 입력 후 Enter

③ 현재 단면 설정 22 (SR 22) 확인

4. 지붕층 가새 생성

- 지붕층의 가새 모델링
- 이미지와 같이 지붕에 가새를 모델링 한다.

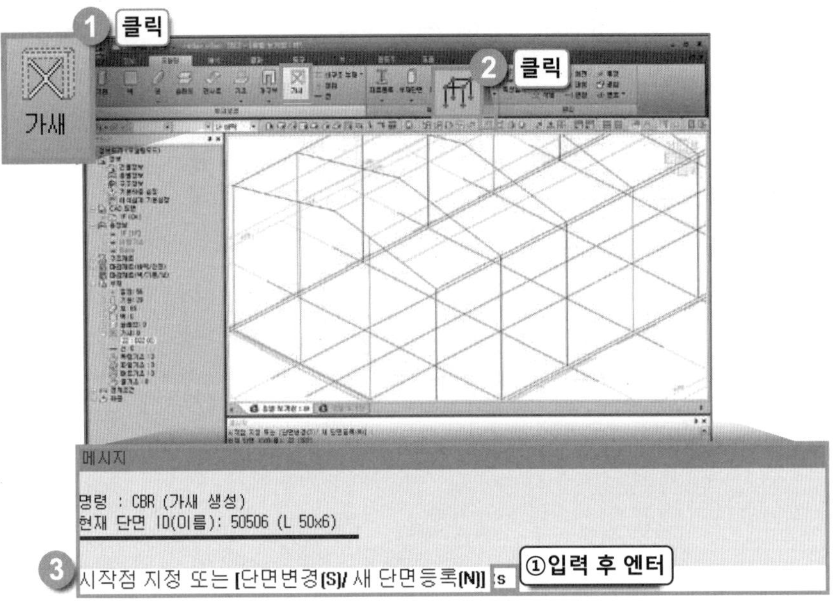

정보트리 부재리스트

가새 : 0
16 : SR 16 (0)
65656 : L 65x6 (0)
75756 : L 75x6 (0)

따라하기

가새를 생성하자.

메시지
명령 : CBR (가새 생성)
단면 ID(이름): 50506 (L 50x6)
지정 또는 [단면변경(S)/ 새 단면등록(N)]
②입력 후 엔터
단면 ID 설정 :22

메시지
시작점 지정 또는 [단면변경(S)/ 새 단면등록(N)] :
단면 ID 설정 :
현재 단면 ID(이름): 22 (SR 22)
③ 확인
시작점 지정 또는 [단면변경(S)/ 새 단면등록(N)] :

NOTE

- 가새를 모델링 할 때 복사기능 등을 사용하면 큰보와의 연결 조건에 문제가 발생할 수 있으므로 각각의 가새를 직접 모델링하여야 한다.

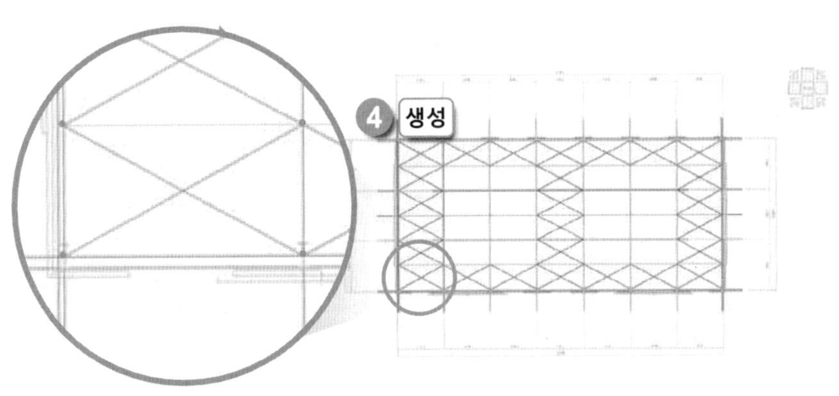

5. 장변 벽체 가새 생성

- Space 눌러 연속 가새생성 시작
  - 지붕층과 단면크기가 같은 단면의 가새를 이미지와 같이 남북측에 모델링한다.

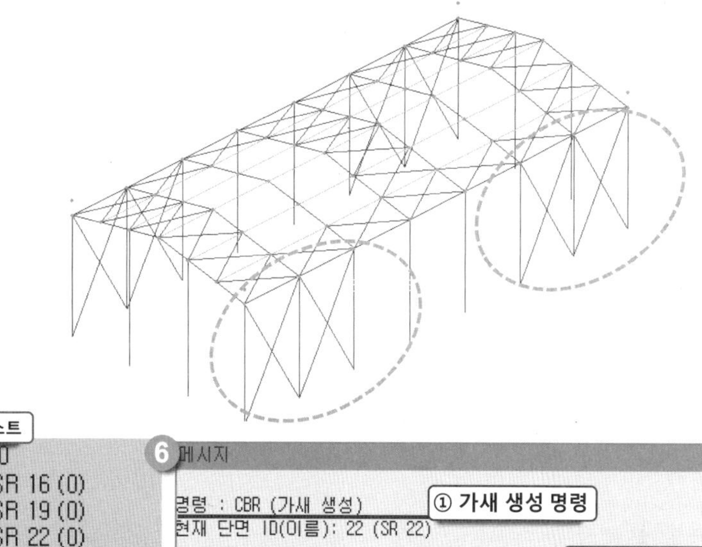

6. 단변 벽체 가새 단면 등록

- 단변 벽체의 가새는 단면 L형강(L 65x6)을 사용한다.

① Space 눌러 가새 생성 명령

② 메시지창에 [단면변경] 'S' 입력 후 Enter

③ 단면 ID 설정 : '65656' 입력 후 Enter

④ 현재 단면 설정 65656 (L65X6) 확인

정보트리 부재리스트

- 가새 : 0
  - 16 : SR 16 (0)
  - 19 : SR 19 (0)
  - 22 : SR 22 (0)
  - 50506 : L 50x6 (0)
  - 65656 : L 65x6 (0)
  - 75756 : L 75x6 (0)

6 메시지

명령 : CBR (가새 생성) ① 가새 생성 명령
현재 단면 ID(이름): 22 (SR 22)
② 입력 후 엔터
시작점 지정 또는 [단면변경(S)/ 새 단면등록(N)] s

명령 : CBR (가새 생성)
현재 단면 ID(이름): 22 (SR 22)
시작점 지정 또는 [단면변경(S)/ 새 단면등록(N)] :
단면 ID 설정 :65656 ③ 입력 후 엔터

시작점 지정 또는 [단면변경(S)/ 새 단면등록(N)] :
단면 ID 설정 :
현재 단면 ID(이름): 65656 (L 65x6) ④ 확인

7. 단변 벽체 가새 생성

- 단변방향의 벽체 가새 모델링

8. 생성된 가새 확인

- [와이어 프레임] 아이콘 클릭 또는 단축키 : Ctrl + H
- [뷰네비게이션]의 [남서방향] 클릭

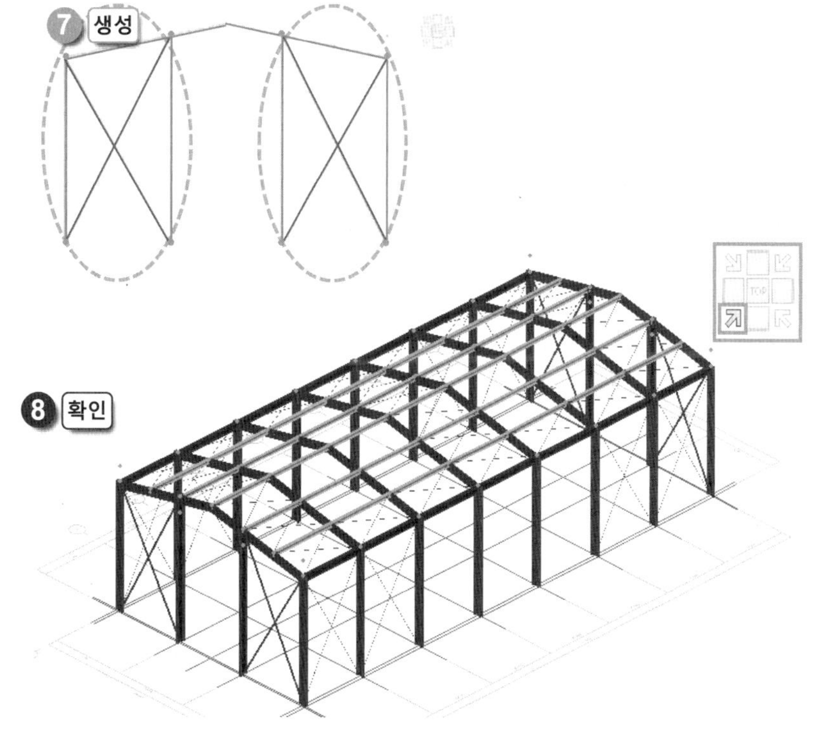

6) 기초 생성

기초를 생성하자.

midas eGen 따라하기 Part. 2
"3. 파일매트기초 설계하기" 참조▶ 참조

<기초 생성 요약>

철골기둥 ▶ 페데스탈 생성 ▶ 독립기초 생성 ▶ 지중보 생성

지중보 지중보 지중보

1. 페데스탈 생성

- 메뉴 : [모델링] > [부재생성] >> [기초] 기초 클릭 > [페데스탈] 페데스탈 클릭

또는 단축명령어 : PD

2. 작업화면 설정

- [뷰네비게이션]의 [정면] 클릭

또는 단축키 : Ctrl + Shift + F

3.페데스탈 모델링

① 부재별선택창에서 [기둥 선택] 클릭

② 작업창 드래그하여 기둥 선택

③ Enter 입력하여 페데스탈 모델링 확인

- 이때 페데스탈의 크기는 철골 기둥 하부의 접합조건을 고려하여 자동으로 산정된다.

(1) 페데스탈 생성

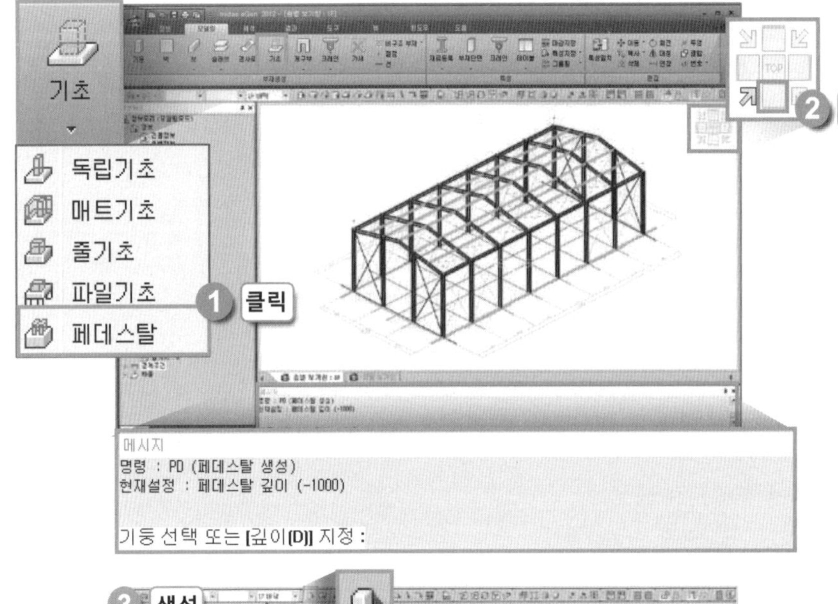

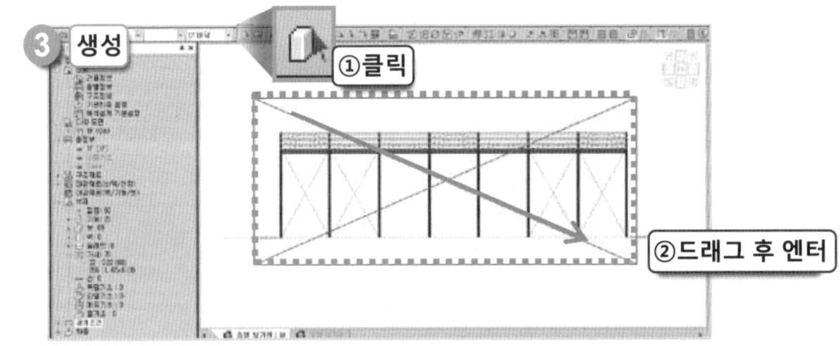

③확인

✍ NOTE

- 부재 선택 필터를 사용하면 복잡한 3차원 모델에서 부재를 선택하기 용이하다.
- 층별보기와 모델보기는 사용자의 필요에 따라 자유롭게 변경하여 사용한다.

따라하기

독립기초를 생성하자.

1. 작업화면 설정

- 기초생성의 결과는 모델보기 창에서 확인할 수 있다
- 화면 하단의 [모델 보기창]
- 클릭
- [뷰네비게이션]의 [정면] 클릭 또는 단축키 : Ctrl + Shift + F

2. 독립기초 생성

- 메뉴 : [모델링] > [부재생성] > [기초] 기초 클릭 > [독립기초]

독립기초 클릭

또는 단축명령어 : FI

3. 독립기초 모델링

① 부재별선택창에서 [기둥 선택] 클릭

② 작업창 하부 드래그하여 페데스탈 선택

- 이때 페데스탈만 선택해야 한다. 상부 철골 기둥도 같이 선택하는 경우 독립기초 생성이 되지 않는다.

③ Enter 입력하여 독립기초 모델링 확인

NOTE

- 독립기초는 기본설정인 '단면ID:0 (200X200X500)' 으로 모델링 하면 일정한 임의의 크기로 제공되며, 해석/설계 과정에서 최적의 단면크기와 배근 결과를 결정하여 업데이트 된다.

(2) 독립기초 생성

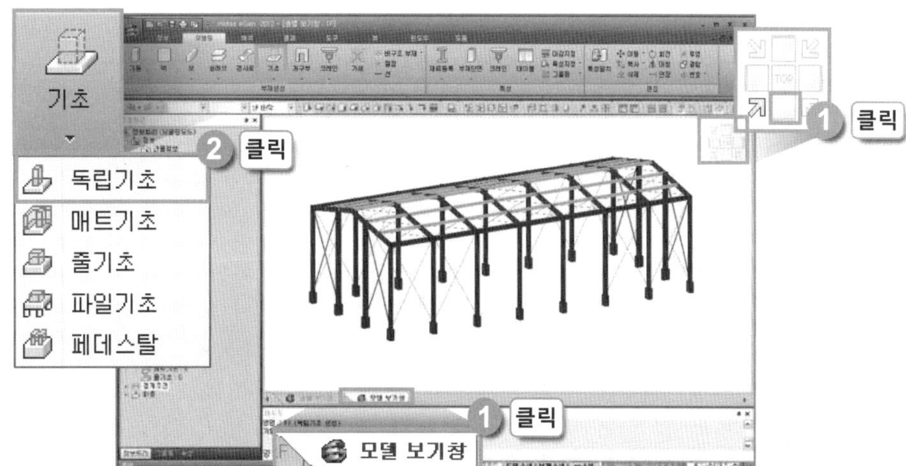

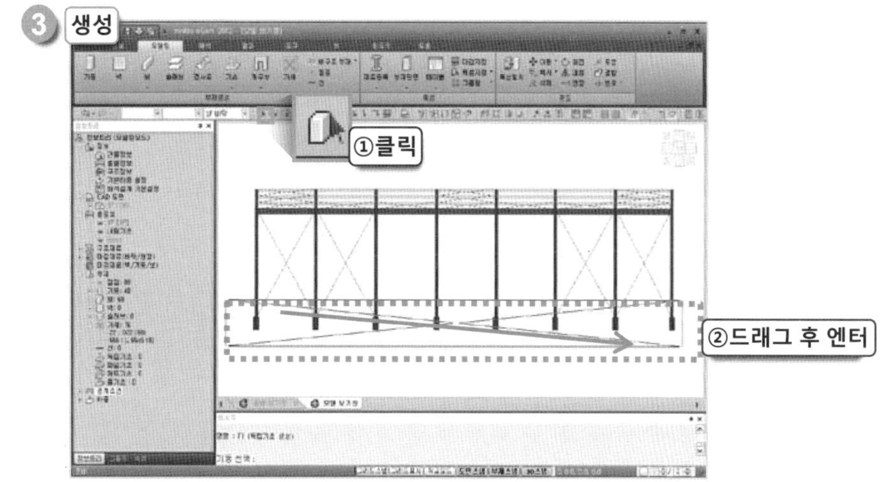

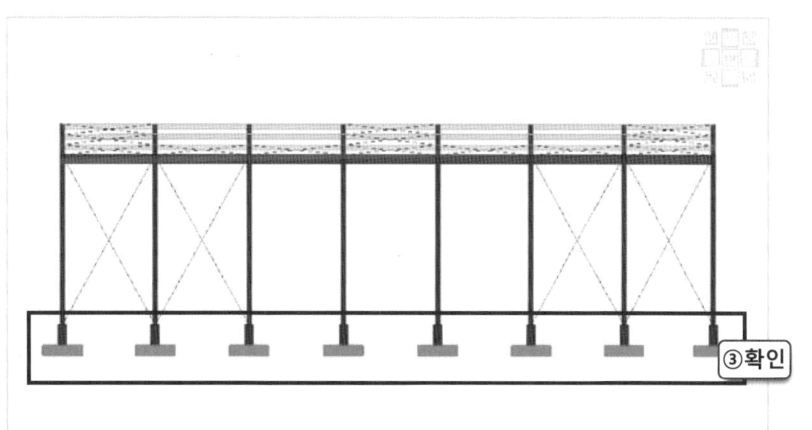

(3) 지중보 생성

지중보를 생성하자.

1. 큰 보 생성하기

- 메뉴 : [모델링] > [부재생성] > [보] 아이콘 보 클릭 > [큰 보] 큰보 클릭

또는 단축명령어 : CB

2. 큰 보 [새 단면 등록]

- 지중보가 될 철근콘크리트 보의 단면을 등록한다.

① 메시지창에 [새 단면 등록] 'N' 입력 후 Enter

② [보 단면 등록/편집]창 > [철근콘크리트] 확인

③ [b] 에 '300' 입력

④ [h] 에 '1000' 입력

⑤ [단면 ID]에 '3001000' 입력

⑥ [확인] 버튼 클릭

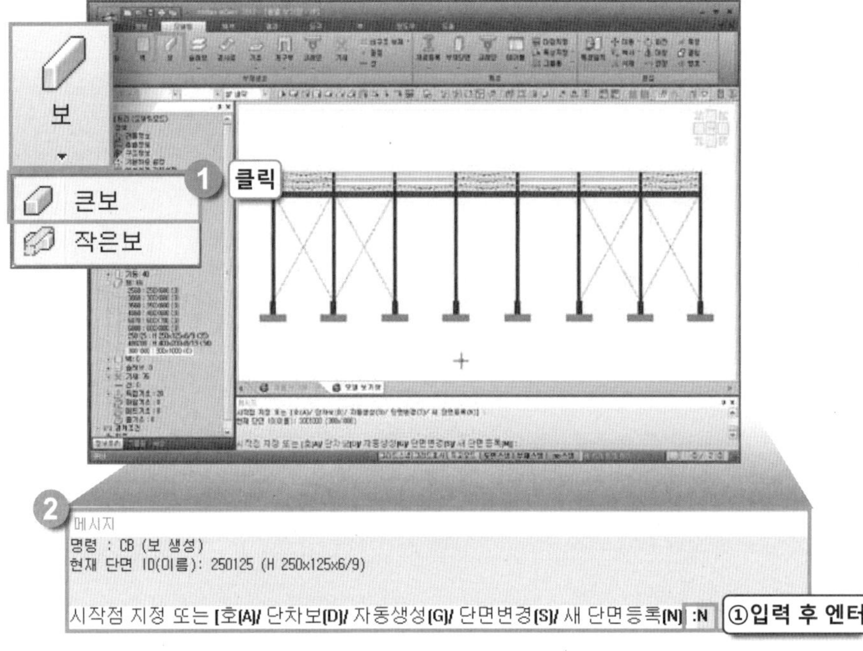

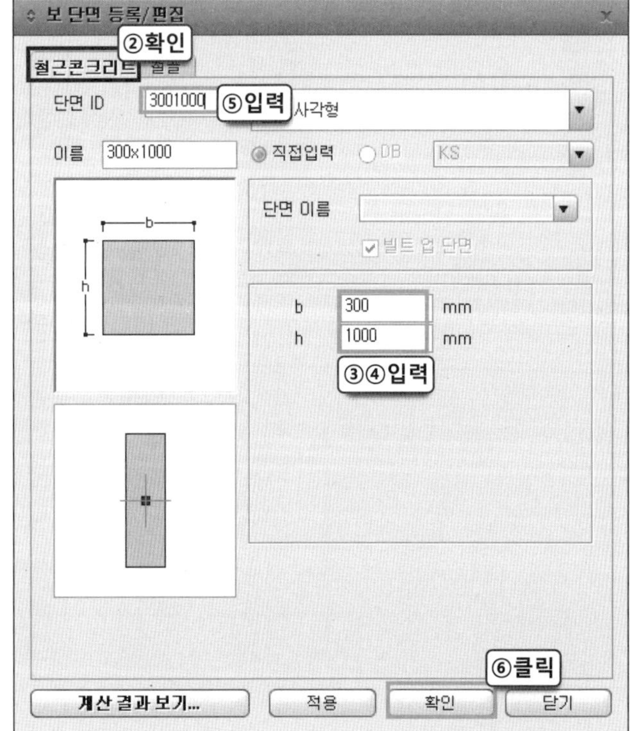

NOTE

- 하부의 테두리보는 동결수위를 고려하여 깊이를 1000mm으로 모델링한다.

3. 작업화면 설정

[와이어 프레임] 아이콘 클릭
또는 단축키 : Ctrl + H

4. 큰 보 모델링

• 기둥 하부의 절점을 클릭하여 테두리에 큰 보를 생성

5. 지중보 지정

① [뷰네비게이션]의 [정면] 클릭
또는 단축키 : Ctrl + Shift + F

② 부재별선택창에서 [큰 보 선택] 클릭

③ 작업창 하부 드래그하여 큰 보 선택

④ [모델링] > [특성지정] 특성지정 드롭다운 아이콘 클릭 > [토압/수압부재 지정] 토압/수압부재 지정 클릭

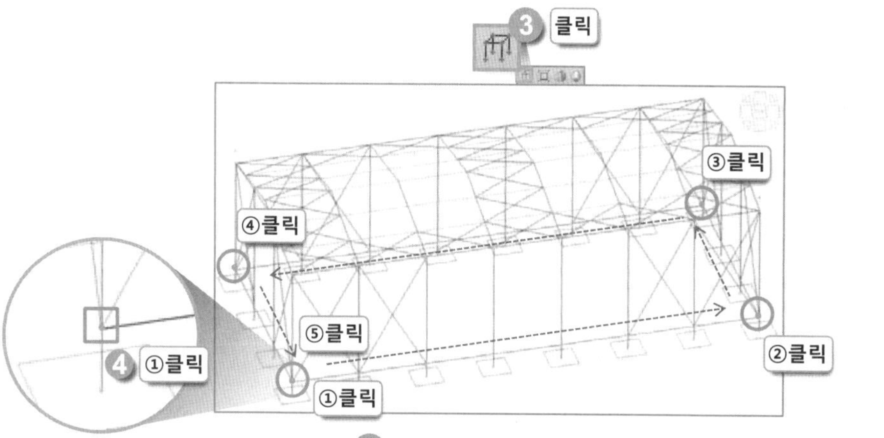

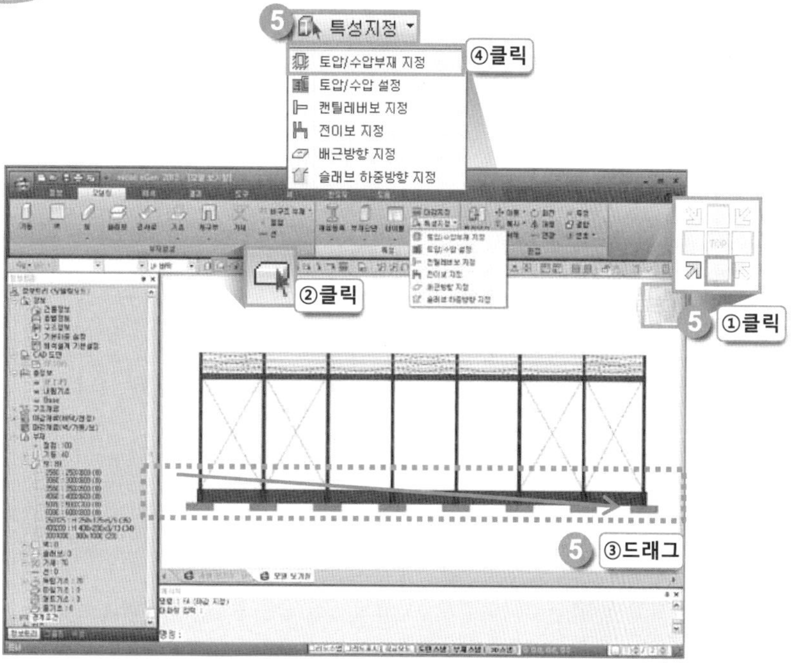

6. 지정된 지중보 확인

- 지중보가 지정되면 부재 중심부에 '지중보' 글씨가 나타난다.
- 글씨가 나타나지 않는 경우 지중보 지정이 안 되어 있는 상태이다.

NOTE

▪ [뷰]>[디스플레이]>[보기/감추기]>[부재]>[보]>[지중보]에 체크한 뒤 확인 누르면 지중보의 지정 상태를 확인 할 수 있다.

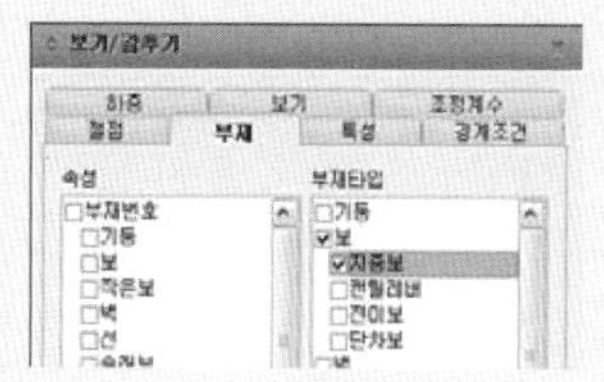

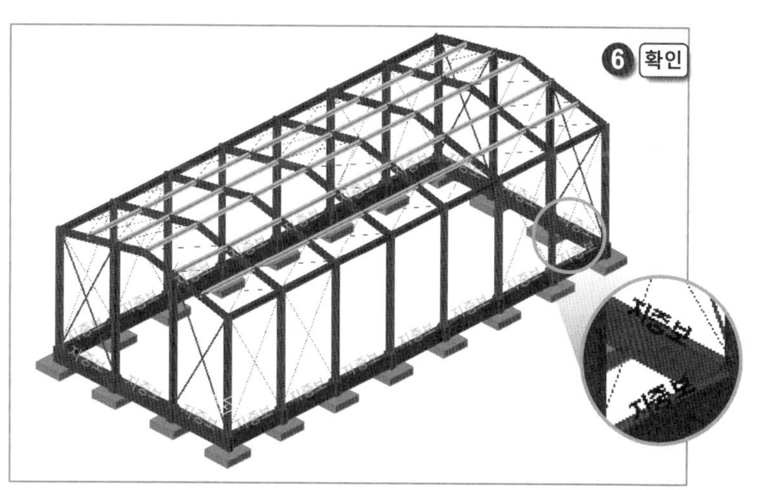

7) S.O.G 생성

1. 작업화면 설정

- 화면 하단의 [층별 보기창] 클릭
- 층활성 아이콘 [하부층] 클릭
  - 모델링을 보다 편하게 하기 위해 하부층만 활성화 한다.

2. 슬래브 생성하기

- 메뉴 : [모델링] > [부재생성] > [슬래브] 아이콘 클릭 > [슬래브] 슬래브 클릭

  또는 단축명령어 : CS

3. 슬래브 새 단면 등록

- 지중보가 될 철근콘크리트 보의 단면을 등록한다.
- 메시지창에 [새 단면 등록] 'N' 입력 후 Enter

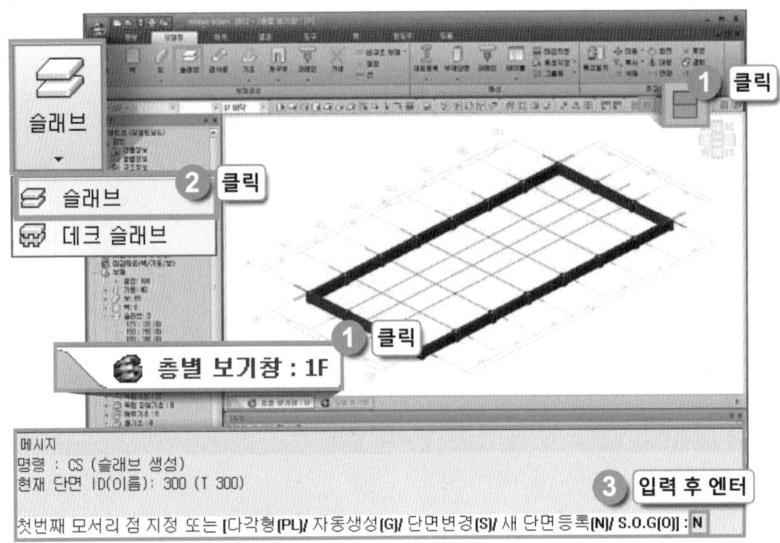

4. 슬래브 단면 등록/편집

① [ID]에 '300' 입력

② [두께]에 '300'입력

③ [확인] 버튼 클릭

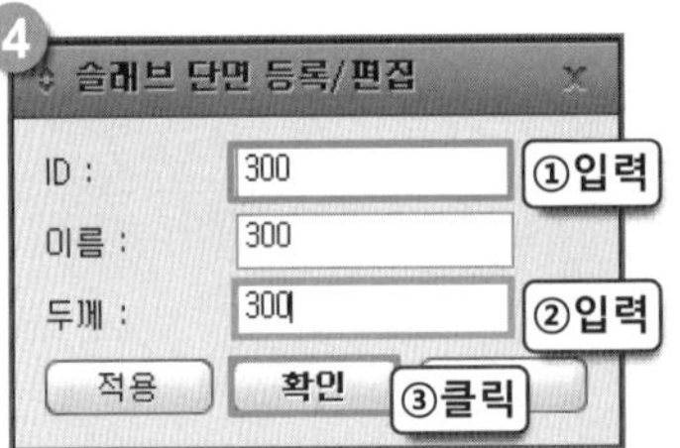

메시지
첫번째 모서리 점 지정 또는 [다각형(PL)/ 자동생성(G)/ 단면변경(S)/ 새 단면등록(N)/ S.O.G(O)] :
현재 단면 ID(이름): 300 (300)
첫번째 모서리 점 지정 또는 [다각형(PL)/ 자동생성(G)/ 단면변경(S)/ 새 단면등록(N)/ S.O.G(O)] :O
5 입력 후 엔터

5. S.O.G 옵션 적용

- 메시지창에 [S.O.G] 'O' 입력 후 Enter
  - 메시지창에서 S.O.G 옵션이 적용된 것을 확인한다.

6. 슬래브 생성

- 생성할 부위 대각선으로 절점 클릭
  - [도면스냅]을 비활성화 하면 더 정확하게 모델링 할 수 있다.

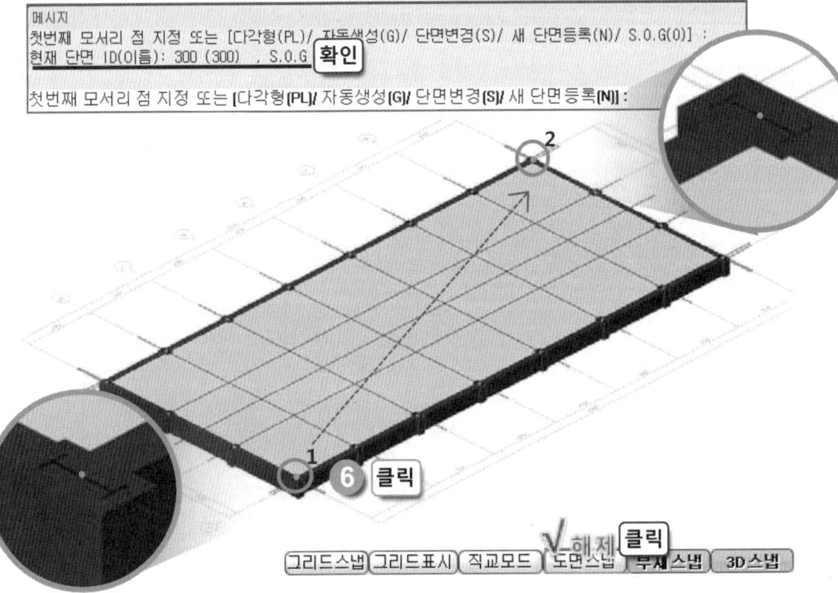

5.3.2 비구조부재의 생성

따라하기
사용자슬래브로 지붕패널을 모델링 하자.

풍하중을 건물에 입력하기 위해 건물의 패널을 모델링 한다. 기본적은 방법은 기존 벽/슬래브 모델링의 방법과 동일하다. 다만 부재 생성시 기존의 벽/슬래브 생성 명령을 사용하지 않고 **[비구조부재]의 [사용자 슬래브] [사용자 벽]를 사용하여 모델링한다.**

1) 사용자 슬래브 생성

1. 지붕층 활성화
- 작업의 편의를 위해 지붕층 만 활성화 하여 작업한다.

① [뷰네비게이션]의 [정면] 클릭 또는 단축키 : Ctrl + Shift + F
② 화면 상부만 드래그하여 선택
③ F2 누르거나 [선택활성] 클릭
④ [뷰네비게이션]의 [남서방향] 클릭

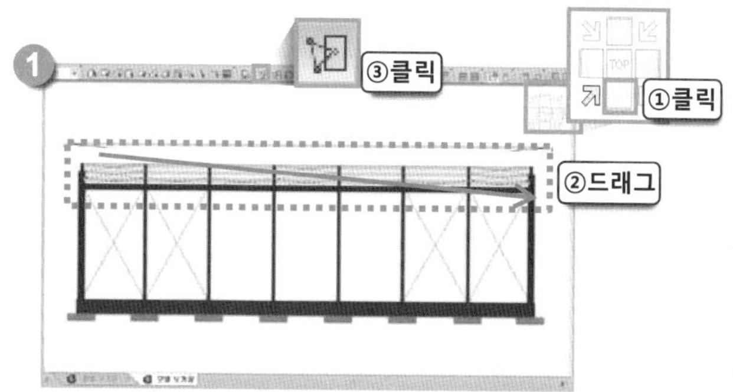

2. 사용자슬래브 생성
- 메뉴 : [모델링] > [부재생성] > [비구조 부재] 비구조 부재 드롭다운 버튼 클릭 > [사용자 슬래브] 사용자슬래브 클릭 또는 단축명령어 : US

3. 사용자슬래브 설정값 확인
- 메시지창에 슬래브 [두께] 100, [단위중량] 300 확인 (사용자 슬래브 기본설정값 : 두께 100, 단위중량 300)

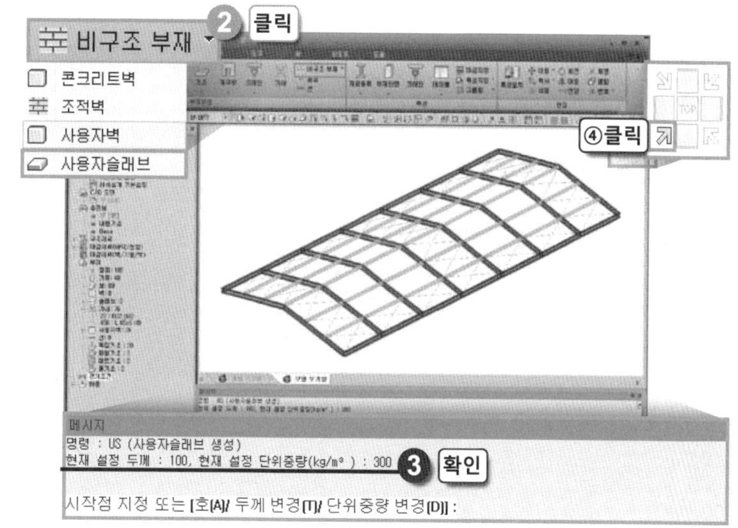

4. 지붕[사용자슬래브] 모델링
① 지붕 사용자슬래브를 생성할 네 모서리 절점을 차례로 클릭
② 4번 절점 클릭 후 다시 1번 절점을 클릭하거나, 메시지창에 'C' 입력 후 Enter 눌러 모델링을 완성

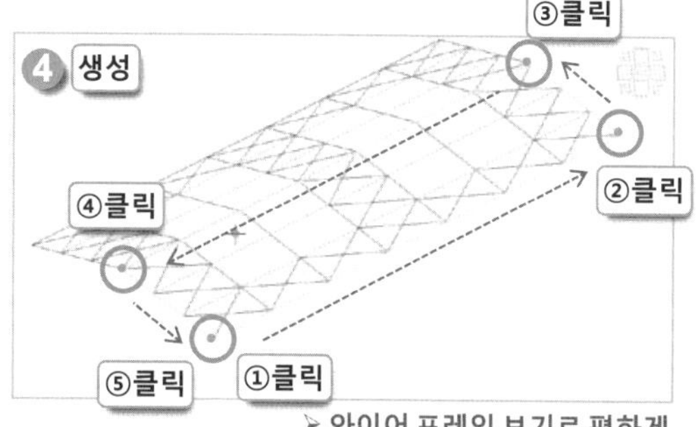

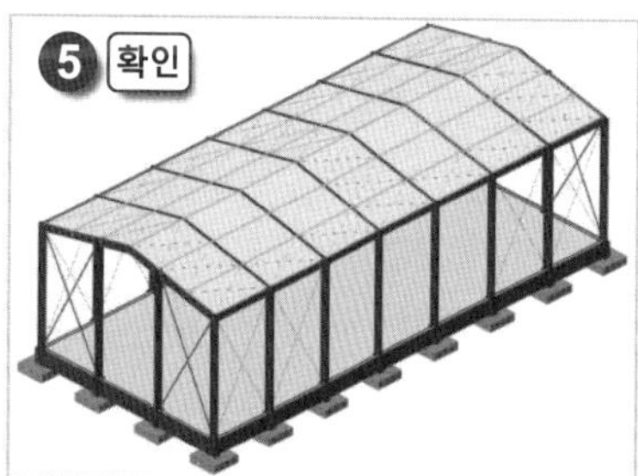

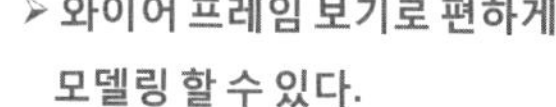
➢ 와이어 프레임 보기로 편하게 모델링 할 수 있다.

5. 지붕 슬래브 모델링 완성
- 나머지 북측 사용자 슬래브도 같은 방법으로 모델링

2) 사용자 벽 생성

따라하기

[사용자벽]으로 수직패널을 모델링 하자.

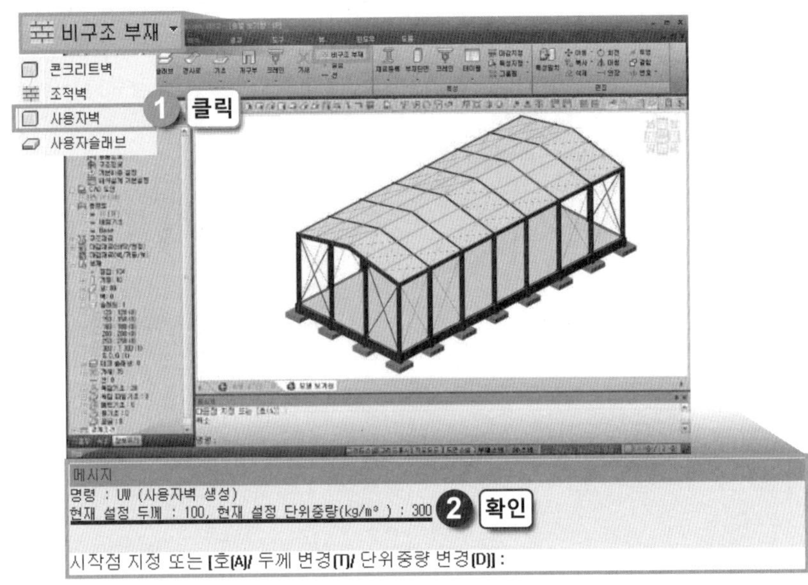

1. 사용자벽 생성

- 메뉴 : [모델링] > [부재생성] > [비구조 부재] 비구조 부재 클릭 > [사용자벽] 사용자벽 클릭

  또는 단축명령어 : UW

2. 사용자벽 설정값 확인

- 메시지창에 [벽체 두께] 100, [단위중량] 300 확인

  (사용자 벽 기본설정값 : 두께 100, 단위중량 300)

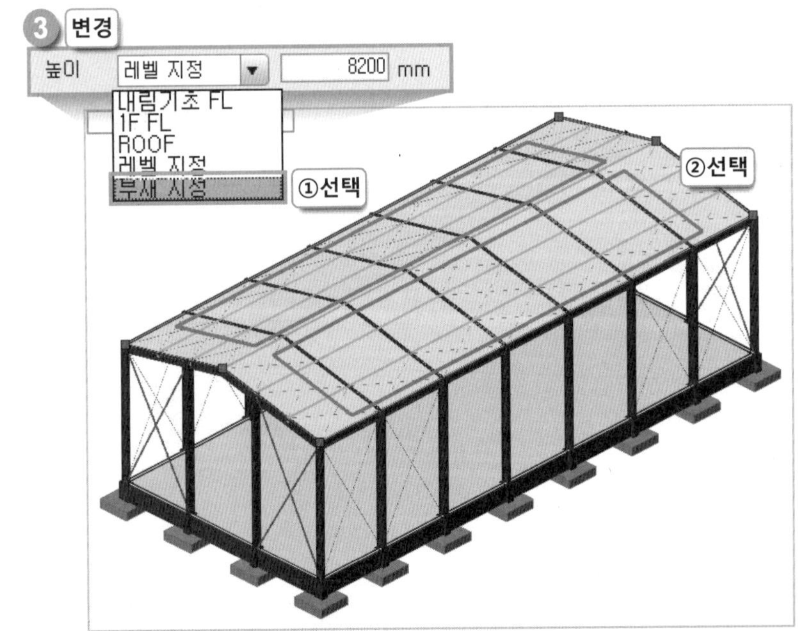

3. 벽체높이 경계부재 지정

- 건물의 벽체 높이의 경계부재를 지정하여 모델링한다.

① [높이]를 [부재 지정]으로 변경

② 지붕 슬래브 선택

NOTE

- 절점 선택 시 보다 편리한 작업을 위해 모델 보기창에서 절점을 보이게 할 수 있다.

- 뷰>디스플레이>보기/감추기>절점 탭에서 절점을 체크하시면 절점 보기가 가능하다.

4. 사용자벽 생성

- 건물의 네개의 모서리를 차례도 클릭하여 사용자벽을 모델링 한다.

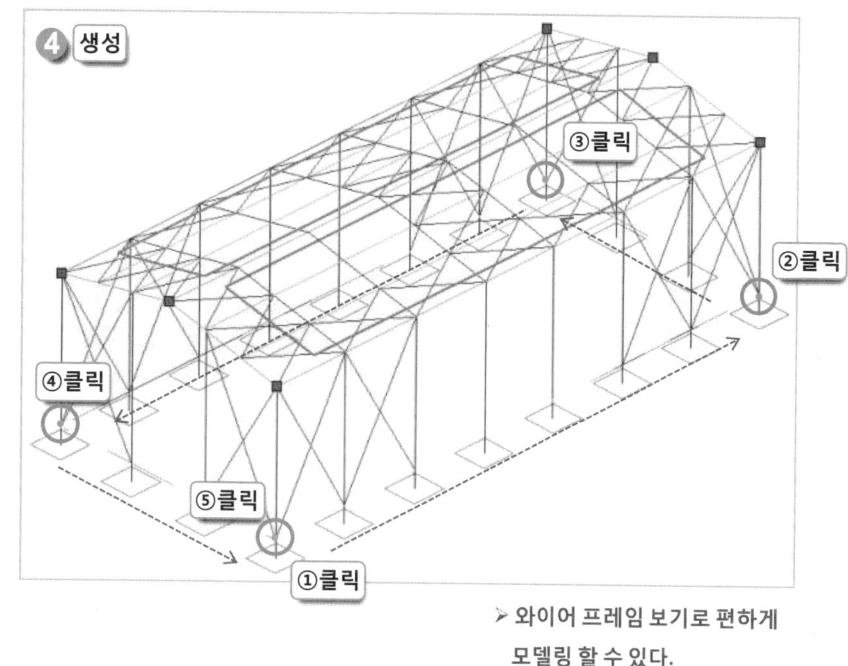

➢ 와이어 프레임 보기로 편하게 모델링 할 수 있다.

5. 생성된 사용자벽 확인

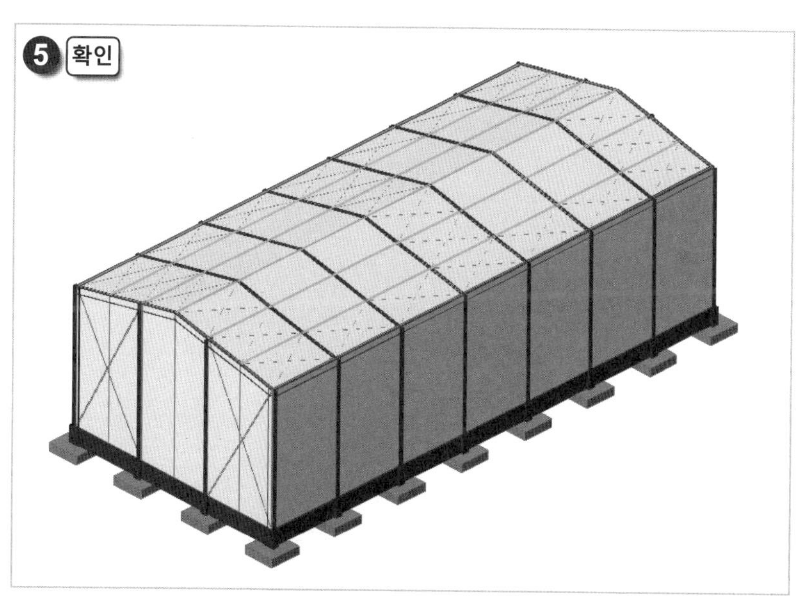

midas eGen 따라하기 Part. 2
"6. 중도리와 띠장 생성하기" 참조▶ 참조

5.3.3 하중 설정

따라하기

풍하중과 지진하중의 설정 방식을 변경하자.

1) 풍하중, 지진하중 설정

기본하중설정 창에서는 하중에 대한 설정과 적용여부를 결정할 수 있다. 하중과 관련된 일반사항, 풍하중, 지진하중, 활하중 조정계수, 지하하중에 대한 설정을 통해 진행하는 프로젝트에 적절한 모델 정보와 하중을 입력할 수 있다.

1.기본하중 설정 실행

- 메뉴 : [해석] > [하중설정] > [기본하중 설정] 아이콘 클릭

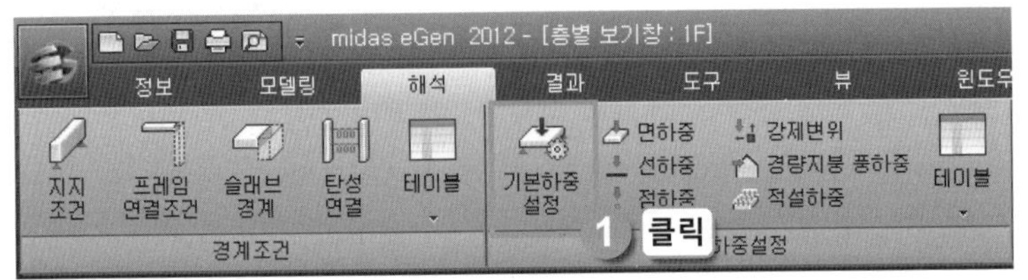

2. 풍하중 설정

- 풍하중 탭에서는 입력방법을 직접입력으로 하여 사용자가 직접 풍하중을 입력할 수 있도록 조정한다.
- [입력방법] > [직접입력] 체크

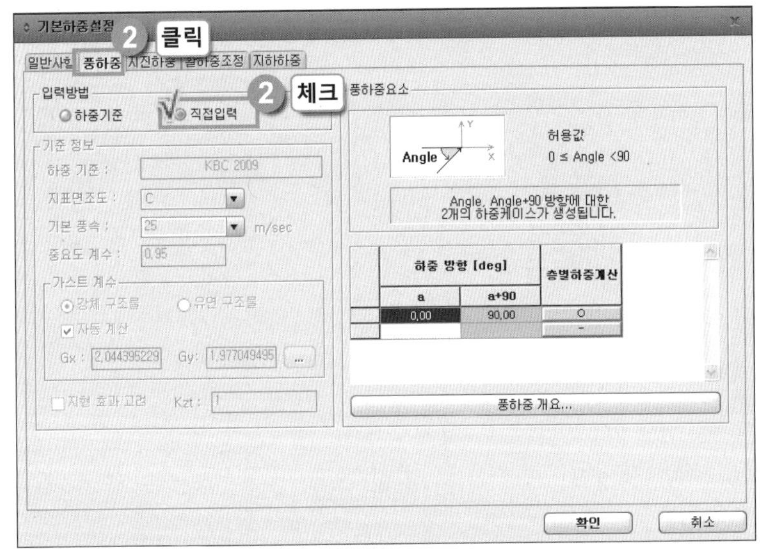

3. 지진하중 설정

- 지진하중 탭에서 해석방법을 등가정적해석법으로 변경하여 등가정적해석법을 모델에 적용한다.
- [해석방법] > [등가정적해석법] 체크

4. 설정 완료

- [확인]버튼 클릭

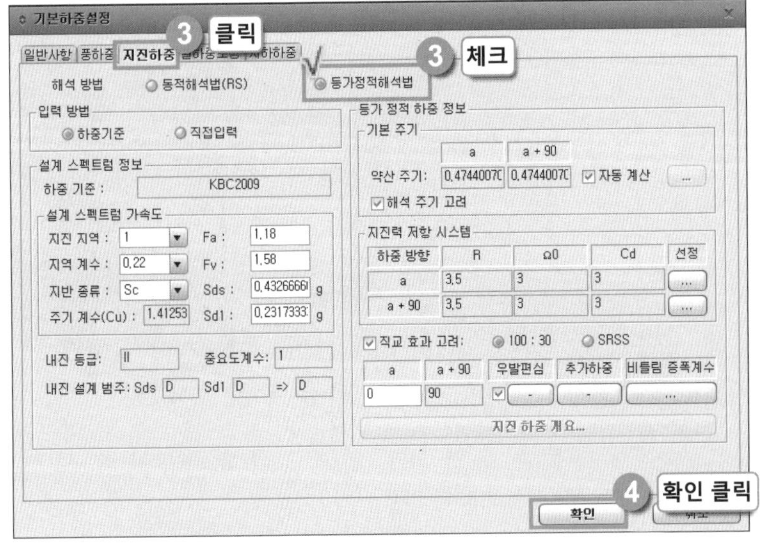

✓ NOTE

- 지진해석은 정적해석과 동적해석으로 구분되는데, 본 예제의 경우 정적해석이 적용되었다. 정적해석을 수행하여도 되는 경우에 대해서는 참조를 통해 확인하실 수 있다.

홈페이지 > 지원 > 질문과 답변 > *'25. 등가적 해석법을 사용할 수 있는 건물 및 판별법'*▶ 참조

따라하기

경량지붕 풍하중을 이용하여 건물에 풍하중을 입력하자.

2) 풍하중 설정

[경량지붕 풍하중] 기능은 사용자가 모델링한 건물의 지붕유형과 형상치수를 입력한 후 풍하중을 받는 패널 벽체를 선택하면 프로그램이 자동으로 정확한 풍하중 값을 계산하여 건물에 입력해 준다. 이번 Chapter에서는 1장에서 모델링한 박공지붕 철골조 건물에 **[경량지붕 풍하중]을 이용하여 풍하중을 입력하겠다.**

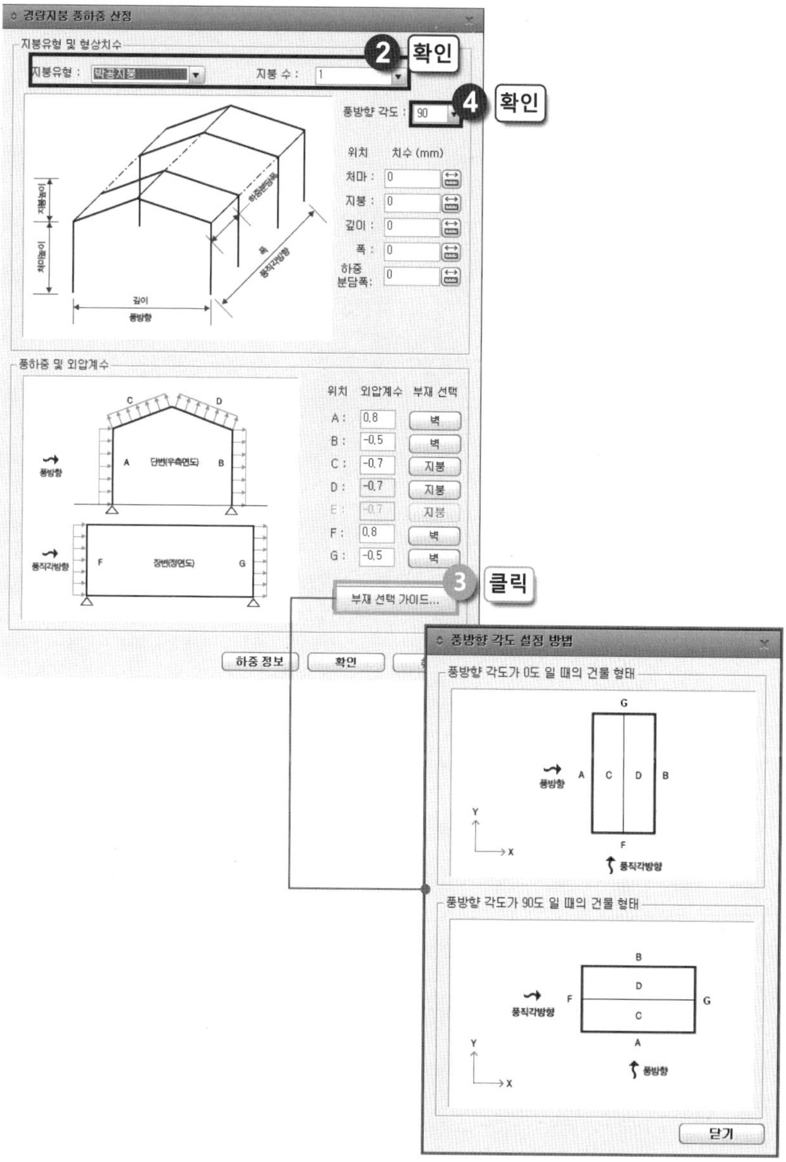

1.경량지붕 풍하중 실행

- 메뉴 : [해석] > [하중설정] > [경량지붕 풍하중] 아이콘 경량지붕 풍하중 클릭

 또는 단축명령어 : WZ

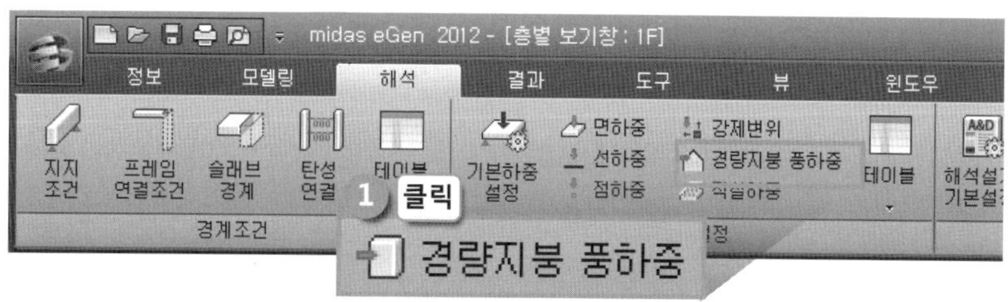

2. 지붕유형선택

- [박공지붕] 선택 확인
- [지붕 수] '1' 확인

3. 풍방향 각도 확인

- 부재 선택 가이드... 아이콘을 클릭해서 건물의 배치형태에 따른 풍방향 각도를 결정한다.
- 건물의 용마루 직각방향이 풍방향 이다.

4. 풍방향 각도 선택

- [90] 확인
- 본 따라하기는 용마루 직각 방향이 x축과 이루는 각이 90도 이므로 90을 선택한다.

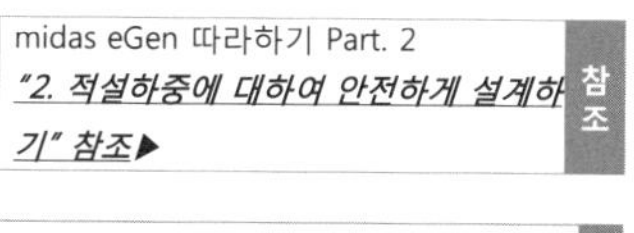

midas eGen 따라하기 Part. 2 *"2. 적설하중에 대하여 안전하게 설계하기" 참조▶* 참조

홈페이지 > 교육 > 상황별 따라하기 > *"철골조 풍하중 입력하기"▶* 참조

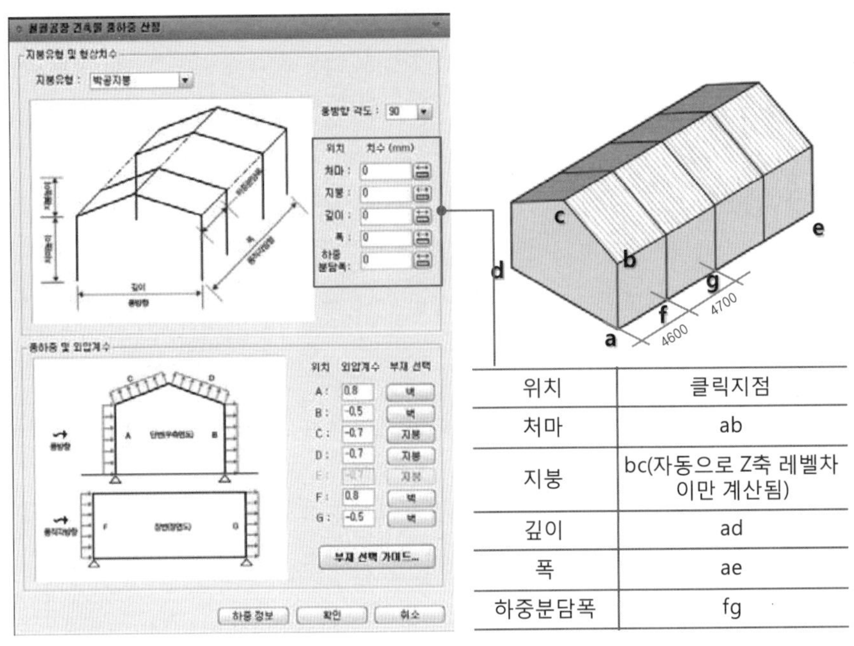

위치	클릭지점
처마	ab
지붕	bc(자동으로 Z축 레벨차이만 계산됨)
깊이	ad
폭	ae
하중분담폭	fg

4. 처마 치수정보 입력

① 측정아이콘 클릭

② 절점 a와 b를 차례로 클릭

③ 입력된 치수 확인

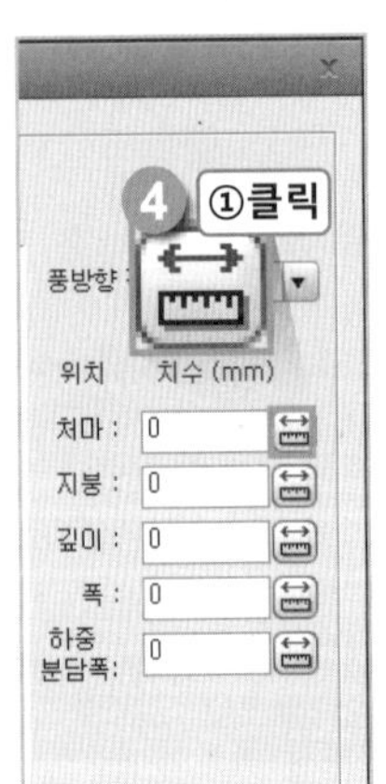

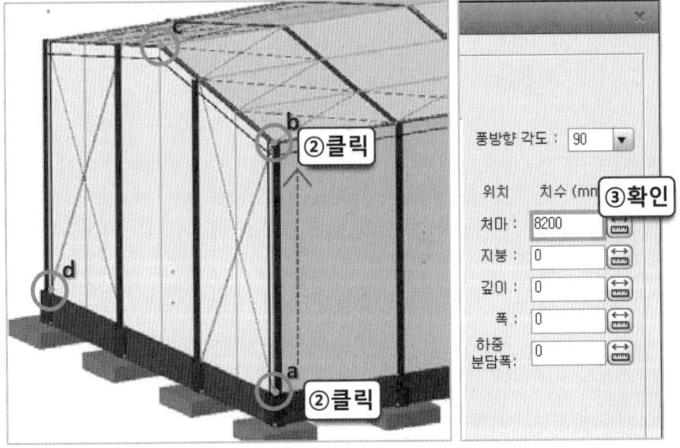

5. 나머지 치수정보 입력

- 위와 동일한 방법으로 지붕, 깊이, 폭, 하중 분담폭의 치수정보 입력
  - 이때, 하중분담폭은 분담면 중 가장 넓은 거리를 채택하는 것이 합리적이다.

6. 치수정보 확인

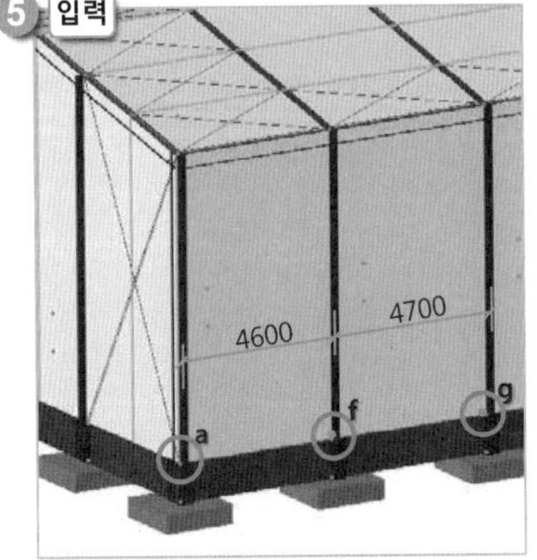

➤ 하중분담폭으로는 af보다 fg가 합리적이다.

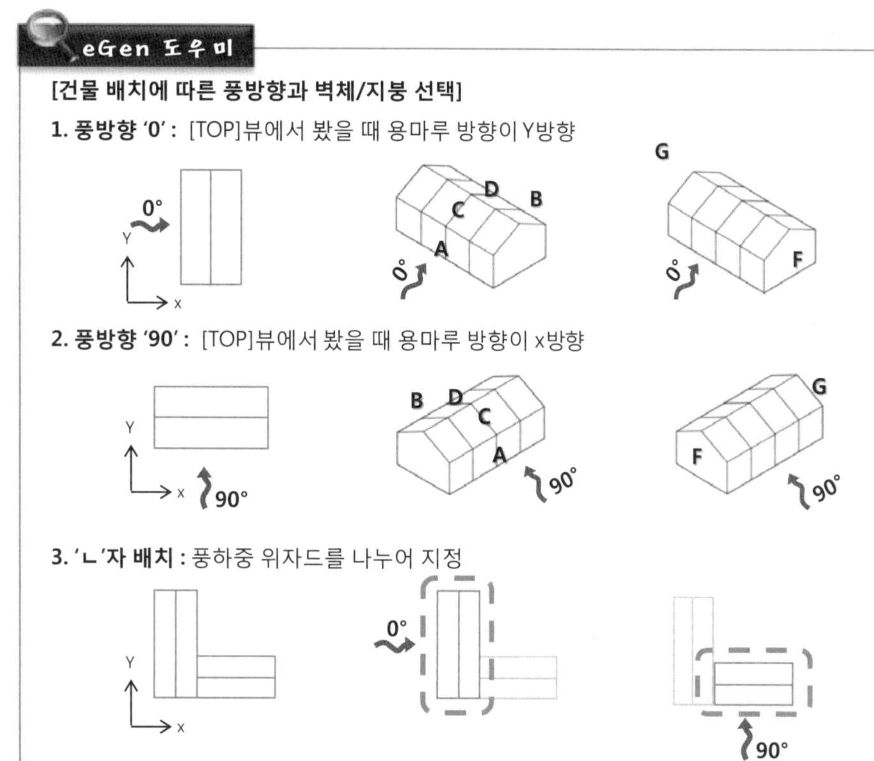

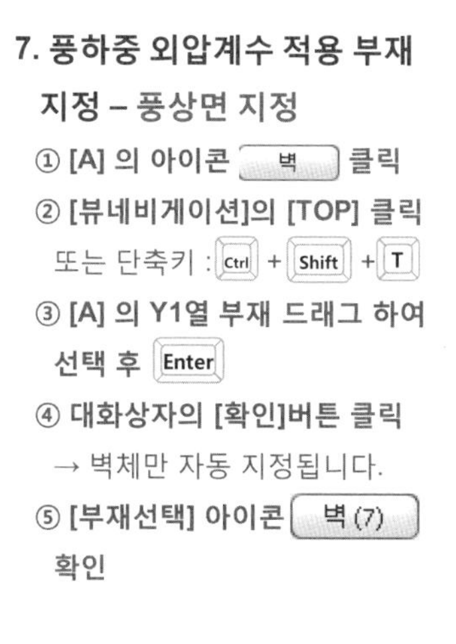

7. 풍하중 외압계수 적용 부재 지정 – 풍상면 지정

① [A] 의 아이콘 [벽] 클릭

② [뷰네비게이션]의 [TOP] 클릭

또는 단축키 : Ctrl + Shift + T

③ [A] 의 Y1열 부재 드래그 하여 선택 후 Enter

④ 대화상자의 [확인]버튼 클릭

→ 벽체만 자동 지정됩니다.

⑤ [부재선택] 아이콘 [벽 (7)] 확인

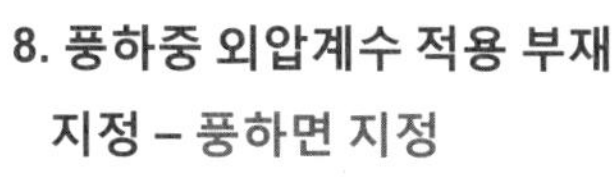

8. 풍하중 외압계수 적용 부재 지정 – 풍하면 지정

① [B] 의 아이콘 [벽] 클릭

② [뷰네비게이션]의 [TOP] 클릭

또는 단축키 : Ctrl + Shift + T

③ [B] 의 Y2열 부재 드래그 하여 선택 후 Enter

④ 대화상자의 [확인]버튼 클릭

→ 벽체만 자동 지정됩니다.

⑤ [부재선택] 아이콘 [벽 (7)] 확인

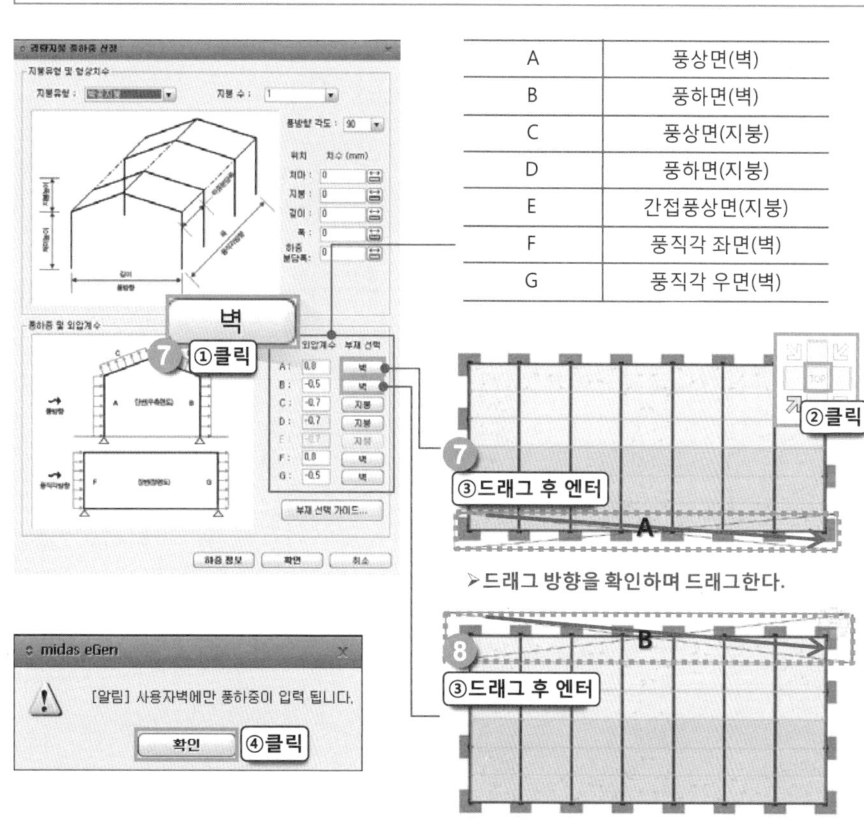

A	풍상면(벽)
B	풍하면(벽)
C	풍상면(지붕)
D	풍하면(지붕)
E	간접풍상면(지붕)
F	풍직각 좌면(벽)
G	풍직각 우면(벽)

NOTE

▪ 풍방향에 대한 풍하중을 받는 벽체를 선택할때 그림을 참고하여 입력한다.

9. 풍하중 외압계수 적용 부재 지정 – 풍상면 지붕 [C] 지정

- 앞의 방법과 동일하게 풍상면 지붕 [C]를 지정한다.

10. 풍하중 외압계수 적용 부재 지정 – 풍하면 지붕[D] 지정

- 앞의 방법과 동일하게 풍상면 지붕 [D]를 지정한다.

11. 풍하중 외압계수 적용 부재 지정 – 풍직각 좌면 [F] 지정

- 앞의 방법과 동일하게 풍상면 지붕 [F]를 지정한다.

12. 풍하중 외압계수 적용 부재 지정 – 풍직각 우면 [G] 지정

- 앞의 방법과 동일하게 풍상면 지붕 [G]를 지정한다.

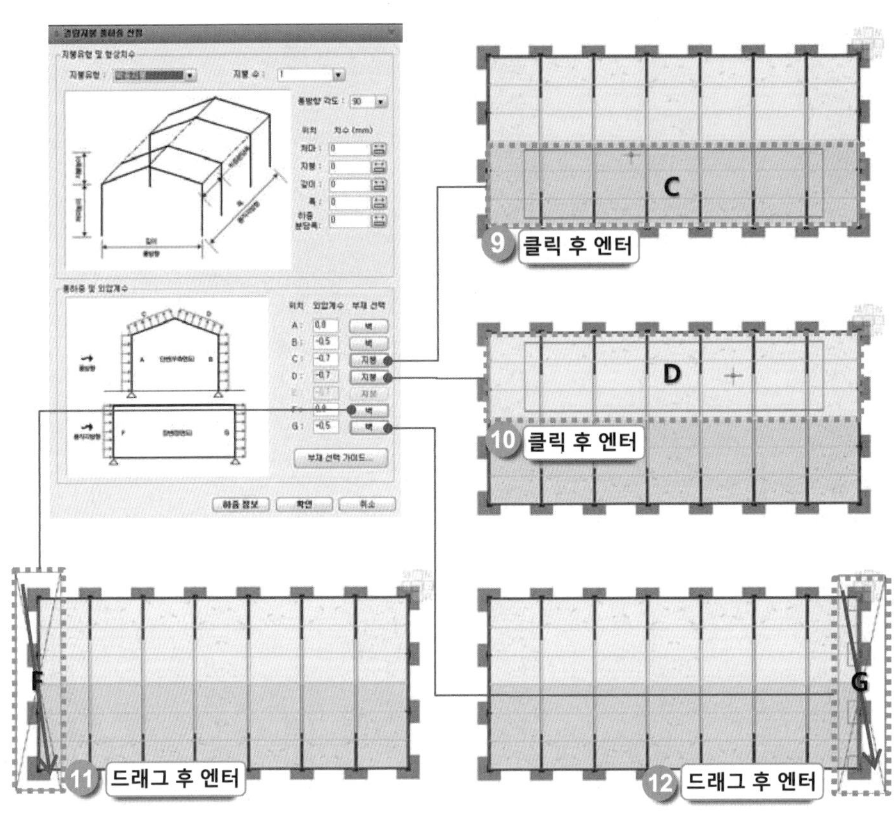

13. 풍하중 외압계수 확인

14. 풍하중 위자드 입력 완료

- [확인]버튼 클릭

15. 풍하중 위자드 형상 확인

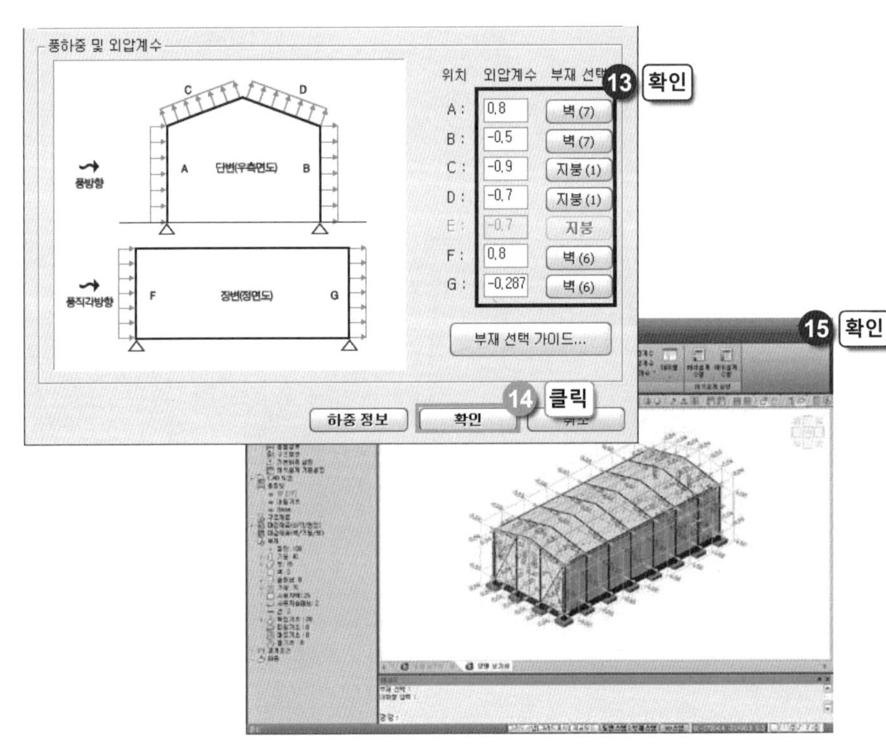

NOTE

▪ 풍하중 위자드가 잘못 입력된 경우 [정보트리] > [하중] > [풍하중] 관련 항목을 우측클릭 해 [삭제]한 뒤 다시 설정하여 수정할 수 있다.

모델링이 완료되었다.

- [와이어 프레임] 보기를 통해 모델링을 확인한다.

• [와이어 프레임] 아이콘 클릭 또는 단축키 : Ctrl + H

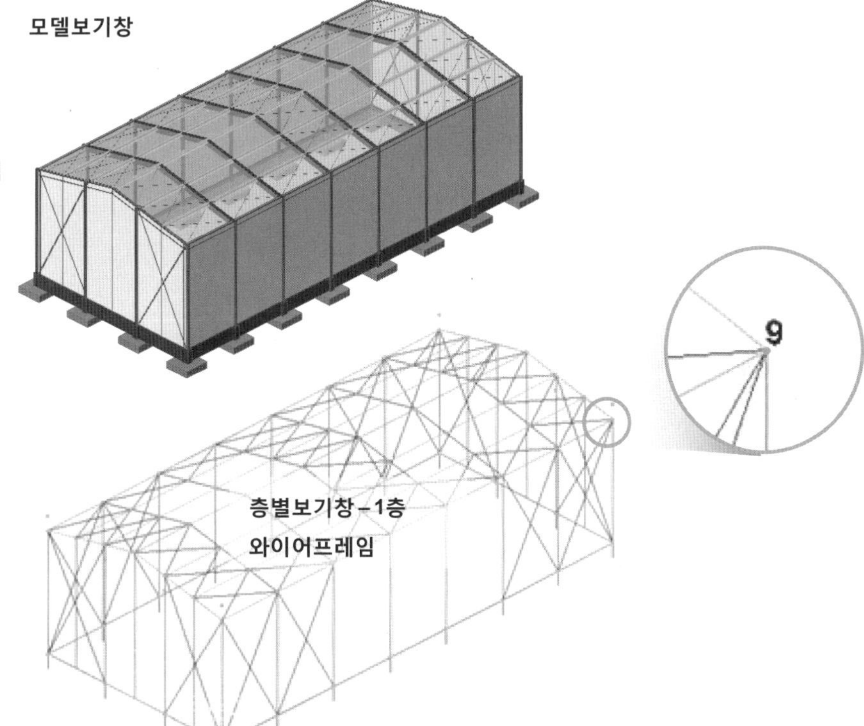

➢ 와이어프레임 보기를 활용해 절점과 구조선이 정확하게 모델링 되었는지 확인한다.

➢ CAD도면을 [보이기/숨기기] 옵션을 이용해 비활성화 하면 더 쉽고 정확하게 확인할 수 있다.

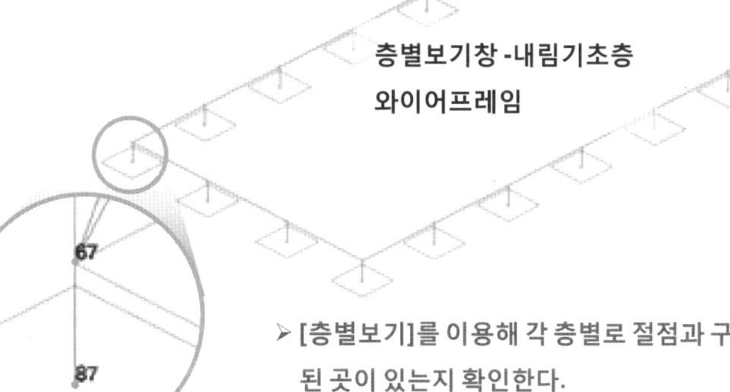

➢ [층별보기]를 이용해 각 층별로 절점과 구조선이 잘못 모델링 된 곳이 있는지 확인한다.

NOTE

▪ TIP – 절점번호 보기설정
[보기\감추기] (Ctrl+E)를 활용해 절점과 절점번호를 확인 하도록 설정 할 수 있다.

절점

☑절점
☑절점번호
☐층이름

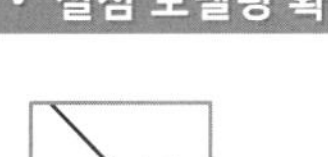

• 절점 모델링 확인

절점이 공유되 부재 연결

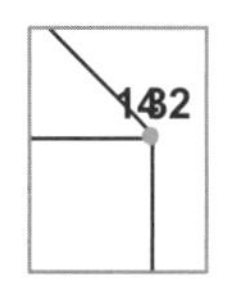

절점이 각각 생성되어 부재 연결안됨

❖ 절점과 절점번호( )보기를 통해 구조모델링이 정확하게 되었는지 확인한다.
❖옆의 그림처럼 절점번호가 겹쳐 보인다면, 가까운 지점에 미세하게 다른 두 절점이 생성된 경우이다.
❖부재생성시 실수가 있었는지 확인하도록 한다.

3) 모델링 확인

따라하기

모델링이 완성되었다. 부재의 단면크기를 정확히 확인하자.

구조부재의 단면 크기에 맞게 정확하게 모델링 되었는지 확인한다. [정보트리]에서 각 부재의 정보를 확인 할 수 있으며, Drag & Drop으로 부재의 단면을 변경할 수 있다.

1. [정보트리]의 부재목록 보기

- [정보트리] > [부재] > 부재의 ⊞ 버튼 클릭
  - 부재목록이 열리며 생성된 단면 ID를 더블클릭 해 확인할 수 있다.

2. 생성된 부재 단면 확인

- 기둥/
  450200 : H 450x200x9/14(20)
  450201 : 400x650(20)
  페데스탈 (20)
- 보 /
  250125 : H 250x125x6/9(35)
  400200 : H 400x200x9/14(34)
  3001000 : 300x1000(20)
  지중보 (20)
- 슬래브 / 300 : T 300(1)
  S.O.G(1)
- 가새 / 22 : SR 22(68)
  65656 : L 65x6(8)
- 사용자 벽 / 100:100(26)
- 사용자슬래브 / 100:100(2)
- 독립기초 / 0:자동단면 (20)
  (단면 ID : 이름(개수))

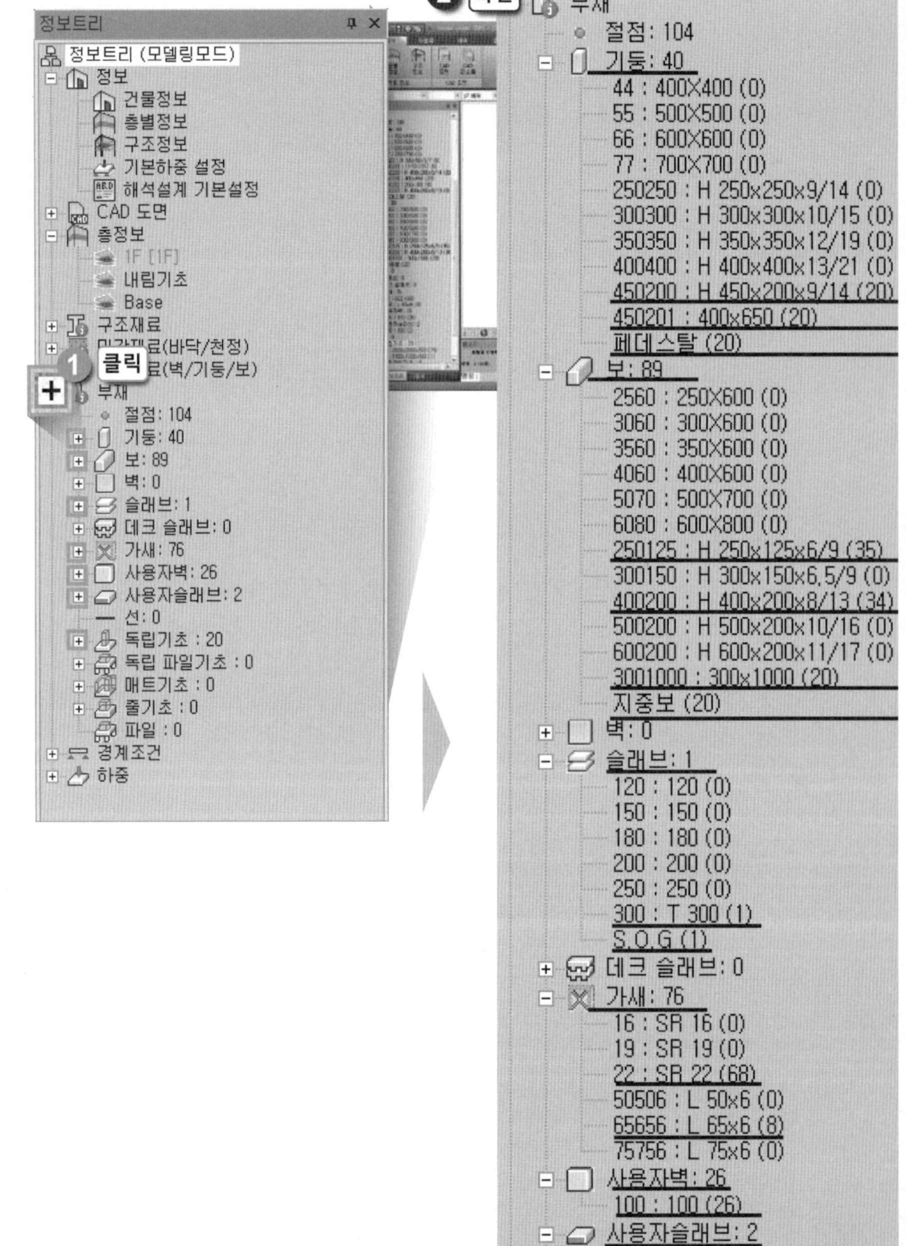

앞의 부재 목록과 다를경우, 부재의 단면 수정이 필요하다. 단면 수정은 슬래브를 예로 알아보자.

NOTE

- 부재 단면이 잘못 지정되 있는 경우 다음 방법으로 변경한다.
  ① 잘못 지정된 부재 [정보트리]에서 더블클릭
  ② 지정할 단면 클릭하여 드래그 후 작업창에 드롭
  ③ 단면 변경됨 확인
  ④ [정보트리] 확인

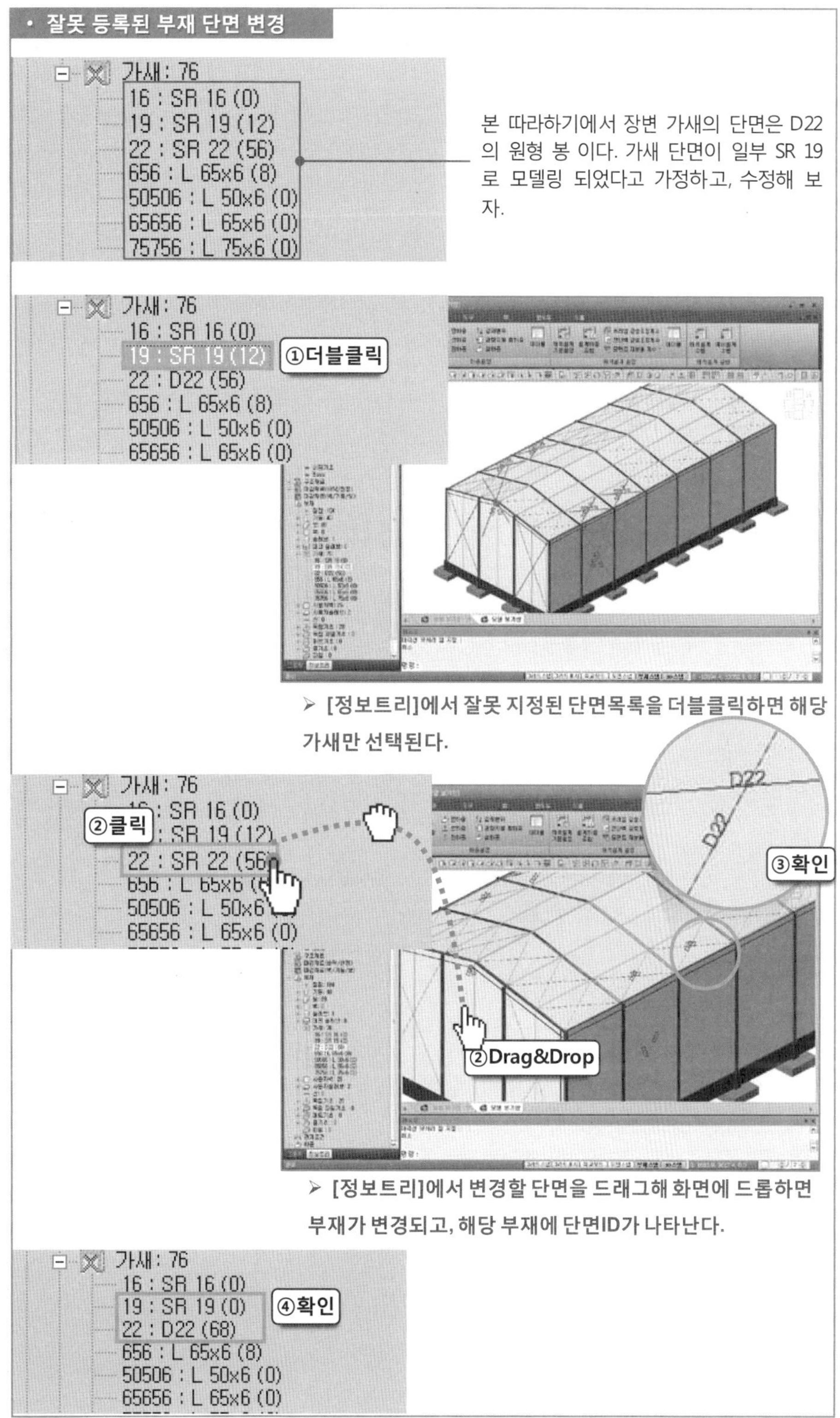

➢ [정보트리]에서 잘못 지정된 단면목록을 더블클릭하면 해당 가새만 선택된다.

➢ [정보트리]에서 변경할 단면을 드래그해 화면에 드롭하면 부재가 변경되고, 해당 부재에 단면ID가 나타난다.

5.4 해석/설계 수행

모델검토를 수행하자.

해석/설계 결과에 대한 검토작업 프로세스는 다음과 같이 요약할 수 있다.

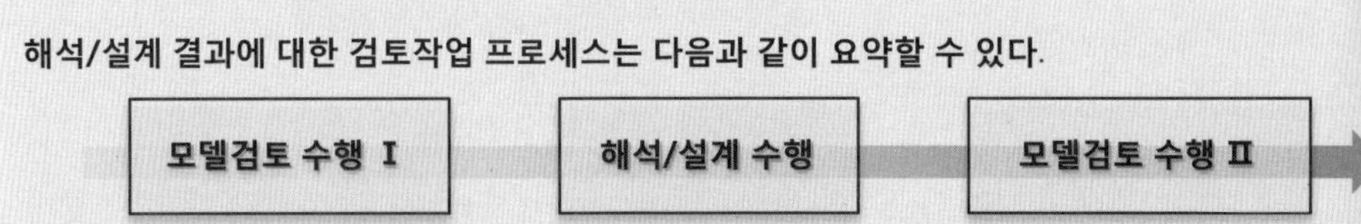

본 학습 과정은 모델링 작업을 완료하고 해설설계와 모델검토를 수행한 후 결과를 확인, 검토하는 내용으로 구성되어 있다. 때문에 모델링 작업에 대한 내용을 충분히 숙지하는 것이 좋다.

5.4.1 모델검토 수행 Ⅰ

1. 모델검토 수행 시작

- **메뉴 : [도구] > [검토] > [모델검토] 아이콘  클릭**

2. [모델 검토] 버튼 클릭

- **일반 사항의 체크리스트에 하중, 재료, 단면&배치 항목이 체크되어 있는지 확인 후 [모델검토] 버튼 클릭**
- 모델 검토가 실행된다.

해석 전 모델검토 기능은 사용자가 입력한 하중, 재료 등의 입력 정보가 해석/설계 작업을 진행하기에 적합한지를 구조 기준과 다양한 실무검토 사항을 반영하여 검토한다. 해석/설계 수행 이전에 [모델검토]기능을 통해 사용자의 입력 데이터에 대한 오류 또는 적절성에 대한 검토가 선행되면, 보다 원활한 해석/설계 수행 및 신뢰할 수 있는 결과를 얻을 수 있다.

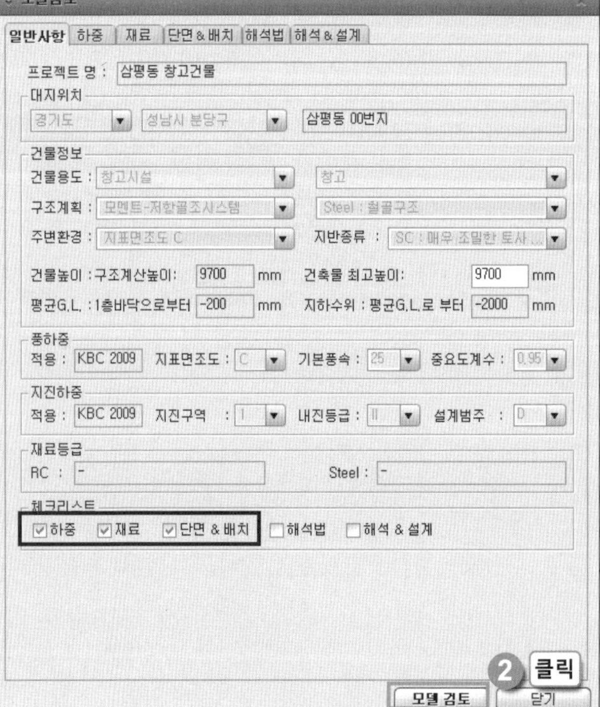

홈페이지 > 교육 > 단위기능 따라하기 > *"모델검토 따라하기"* ▶ 참조

NOTE

- 해석 전에 모델검토를 체크리스트 중 '하중, 재로, 단면&배치' 에 대해서만 수행한다.
  ' 해석법, 해석&설계' 를 체크하더라도 모델검토는 수행되지만 결과가 없어 비활성화 상태로 보여진다.

3. 모델검토 결과 확인

- 모델검토를 수행하면 트리메뉴에 [모델검토]탭이 나타난다.
- [모델검토] 트리메뉴에서 각 항목의 OK/NG를 확인한다.

NOTE

- 검토결과 'OK/NG/검토 미수행' 여부에 따라 메뉴 색상이 구분된다.

  - 검정색 : OK
  - 빨간색 : 검토필요
  - 회색 : 검토미수행

- 모델검토 대화창에서 Check off 되었거나, 해석/설계 후에 모델검토가 가능한 항목은 전처리모드에서 모델검토가 되지 않는다.

4. 빨간색으로 표시된 모델검토 항목 더블클릭

- 모델검토 테이블에 검토결과 내용이 나타난다.

[모델검토 완료화면]

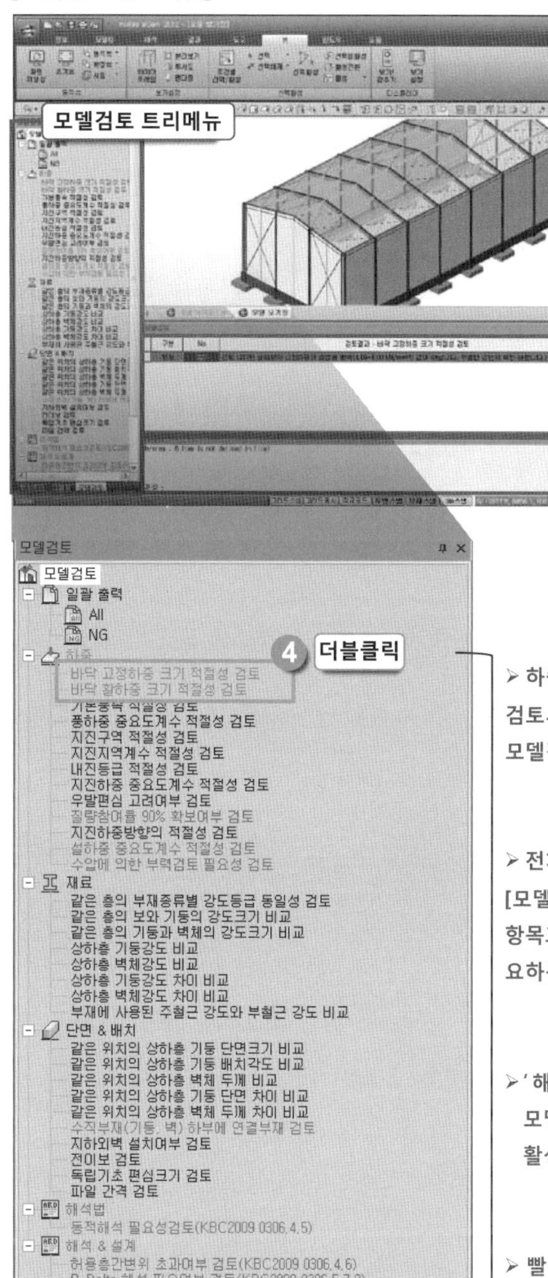

➢ 하중 / 재료 / 단면&배치에 대한 다양한 검토사항에 대하여 모델검토가 완료되어 모델검토 트리메뉴가 나타난다.

➢ 전처리 모드에서 본 따라하기 예제의 [모델검토 I]를 수행하면 '바닥고정하중' 항목과 '바닥활하중'항목에 대해 검토를 요하는 빨간색 텍스트가 표시된다.

➢ '해석법, 해석&설계' 를 체크 하더라도 모델검토는 수행되지만 결과가 없어 비활성화 상태로 보여진다.

➢ 빨간색 항목은 '잘못됨'을 의미하는 것이 아니라 '검토'가 필요함을 의미한다. 즉, 해당 항목을 검토하여 문제가 없으면 항목이 붉은색이라도 모델링에는 문제가 없는 것이다.

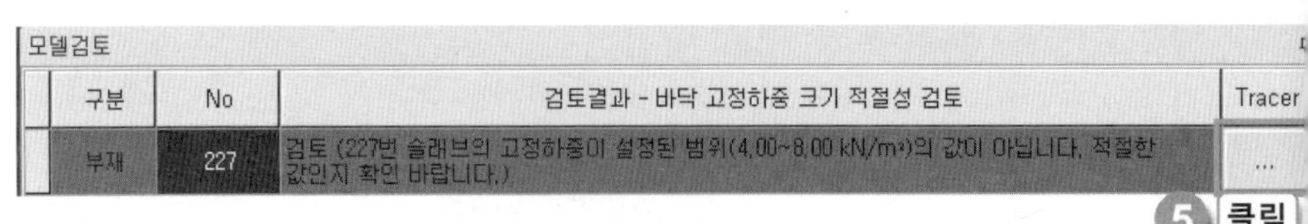

5. 검토부재 확인

- 모델검토 테이블의 [Tracer] ... 버튼을 클릭
- 모델보기창에서 해당부재가 표시된다.

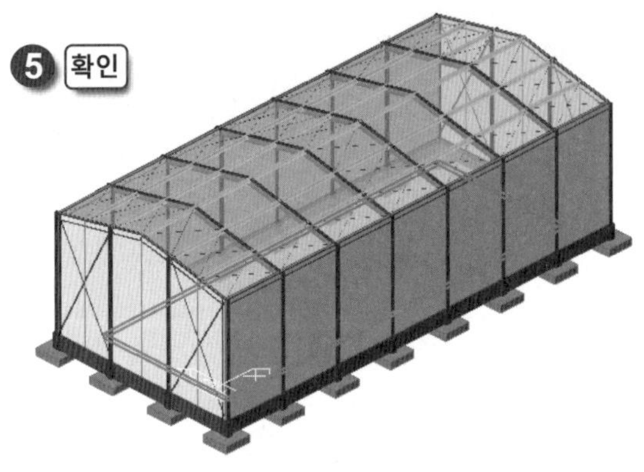

➢ 모델검토에서 설정된 고정하중(마감하중), 활하중의 범위값은 일반적으로 사용되는 하중의 범위이다.
본 따라하기 모델의 용도는 '경량품 저장창고시설'이므로 **KBC2009** 하중기준에 의해 활하중 **6.0 kN/㎡** 으로 고려한다.
[구조정보] 대화상자의 활하중값을 6.0kN/㎡로 설정한다.

6. 활하중 변경

① 메뉴 : [정보] > [구조정보] 아이콘 구조정보 클릭
② [내림기초]층의 [활하중] 값에 '6.00' 입력
③ [확인]버튼 클릭

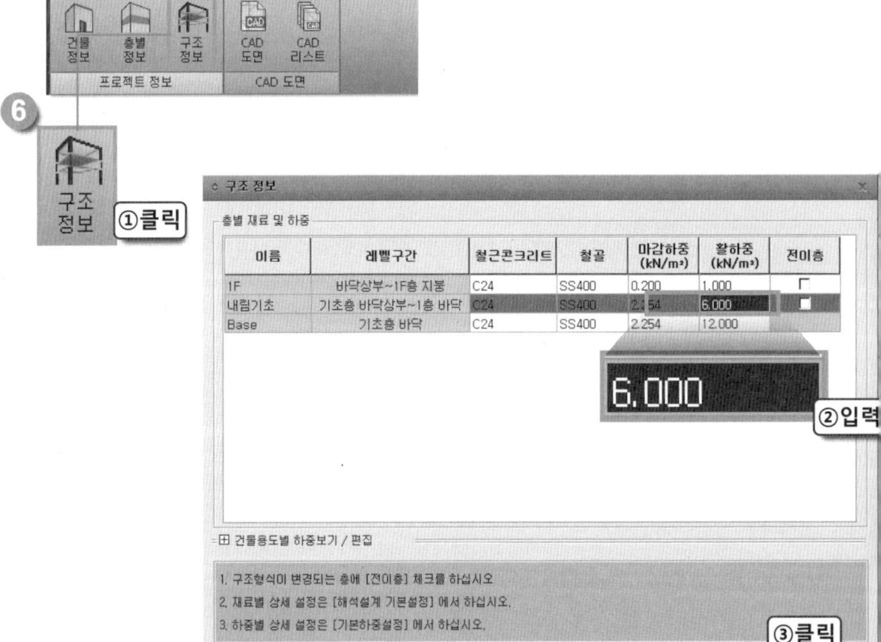

✓ 모델검토 기능은 반드시 수정해야 하는 정보를 보여주는 것이 아닌, 사용자가 모델을 한번 더 검토해 볼 수 있도록 항목별로 체크해주는 기능이다.
✓ 모델검토 테이블의 내용과 부재를 확인 한 후, 사용자의 의도된 설정이라면 그대로 진행할 수 있다.

5.4.2 해석/설계 수행

해석/설계를 수행하자.

사용자가 입력한 데이터를 바탕으로 구조해석 및 설계가 진행된다. 구조해석 프로그램에서는 해석/설계 이전 단계를 '전처리모드'라 하며, 해석/설계 이후 단계는 '후처리모드'라 한다.

1. 해석/설계 수행 시작

- 메뉴 : [해석] > [해석/설계 수행]

  아이콘 [해석설계 수행] 클릭

  또는 단축키 : F5

2. 해석 완료 확인

- 질량참여율 90% 도달 확인
- 메시지창 완료 확인
- 2D기본 작업창 확인
- 결과보기 창으로 전환

홈페이지 > 교육 > 실무예제 따라하기 > "구조프로그램 입문" > 01. 프로그램 환경 이해 > 2.전처리모드와 후처리모드 ▶ 참조

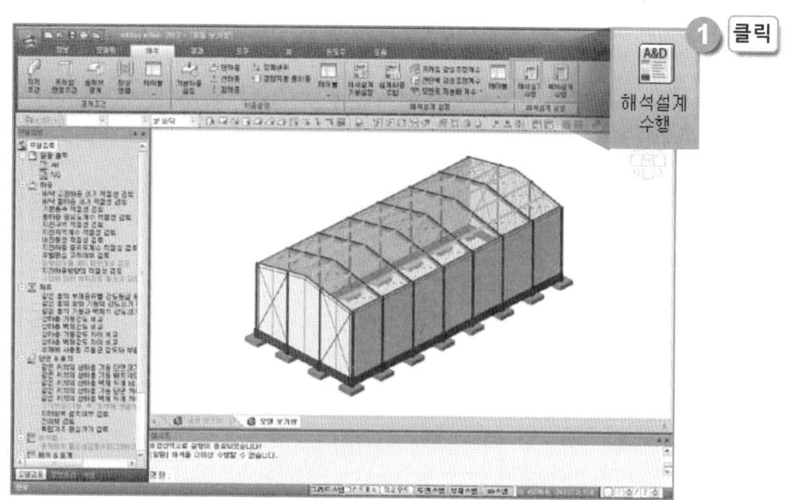

[해석/설계 완료화면]

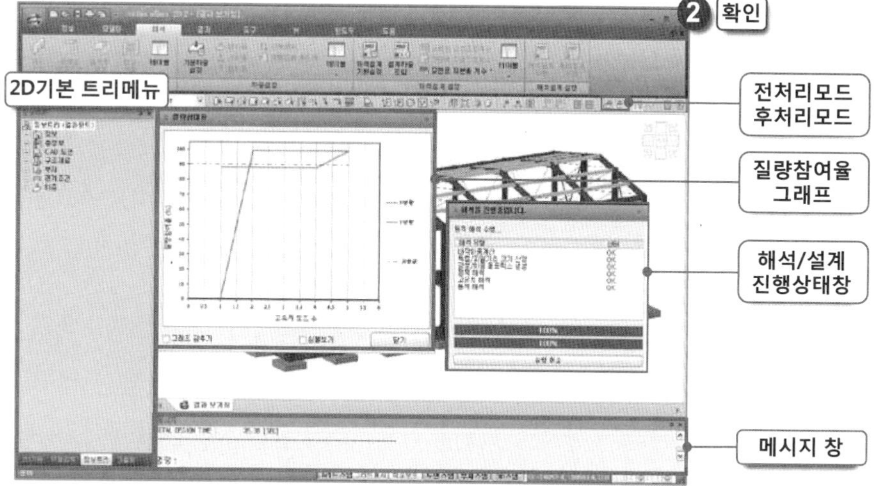

NOTE

- 해석/설계가 수행되는 동안 질량참여율 그래프가 생성되는데, KBC2009에서는 동적해석시 X와Y방향의 질량참여율이 90% 이상 되도록 요구하고 있으며, midas eGen에서는 자동으로 질량참여율이 90%이상 되도록 설정되어 있다.
- 해석/설계 이후의 후처리 모드에서는 정보의 입력 및 수정이 불가하다. 입력 및 수정을 해야 하는 경우에는 전처리 모드로 전환 후 가능하다.

eGen 도우미

✓정형, 중저층 건물일 경우, 고유치모드수가 10차 이전에 질량참여율이 90%이상 확보되는데, 건물의 비정형성에 따라 다소 차이가 있을 수 있다.
하지만, 10차 이상이 되어도 질량참여율의 진행이 아주 미소하게 변화가 없다면 구조모델에서 부재의 연결상태가 부적절한 경우이므로 해석을 중단하고 구조모델을 검토해야 한다.

5.4.3 모델검토 수행 II

따라하기

모델검토를 수행하자.

해석/설계 수행 이후 도출된 결과 데이터들의 오류 또는 적절성에 대해 검토한다.

1. 모델검토 수행 시작

- 메뉴 : [도구] > [검토] > [모델검토]아이콘 클릭

2. 체크리스트 확인

- 해석법, 해석&설계 항목 체크 확인

3. [모델 검토] 버튼 클릭

- 모델 검토가 실행된다.

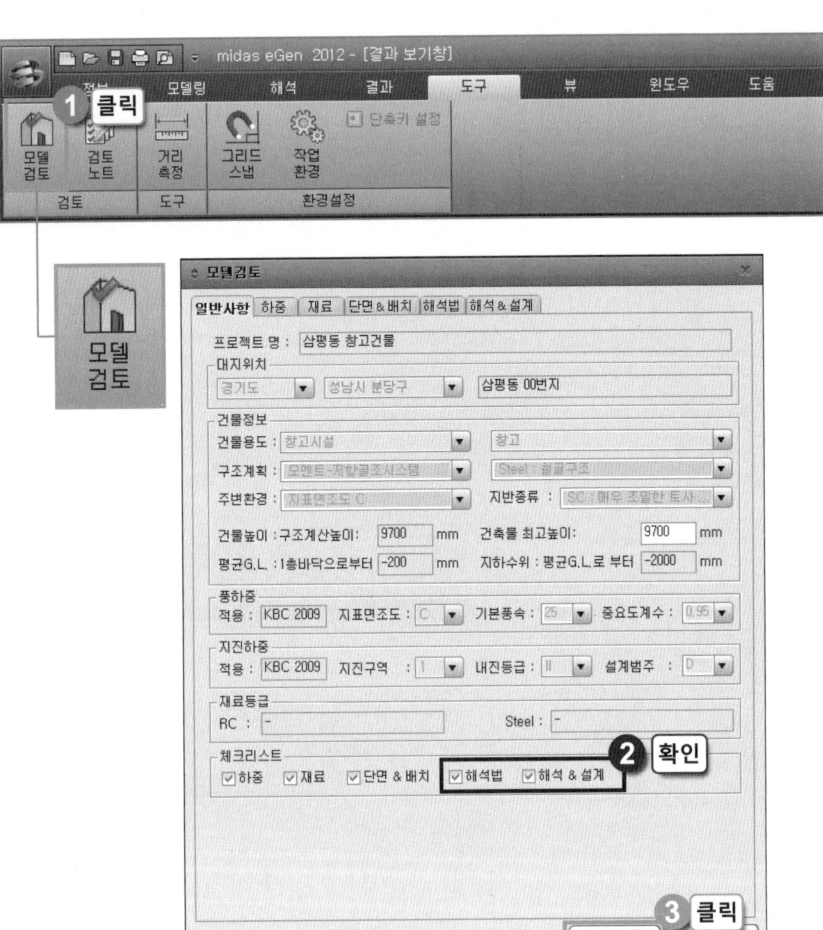

[모델검토 완료상태]

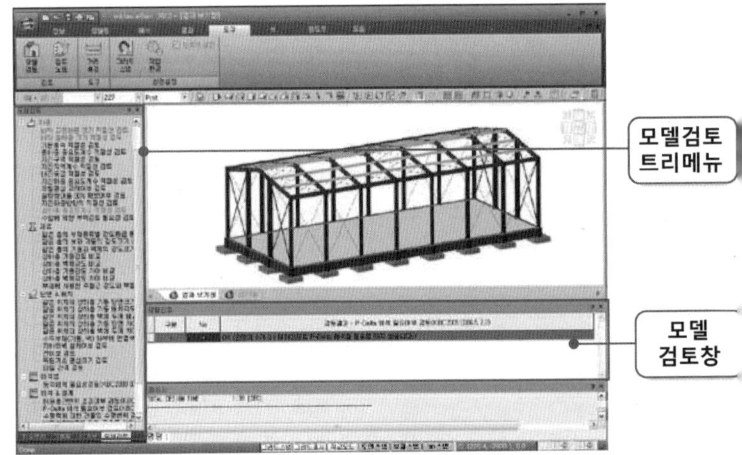

검토가 완료되면 좌측의 모델검토 메뉴를 통해 사용자의 확인이 필요한 검토항목에 대해 빨간색으로 표기 된다.

4. 모델검토 결과 확인

- 모델검토를 수행하면 트리메뉴에 [모델검토]가 나타난다.
- [모델검토]의 각 항목에서 OK/NG를 확인합니다.
- 본 따라하기 모델은 [모델검토Ⅱ] 과정에서 해석법, 해석&설계의 항목에 대해 NG가 없다.

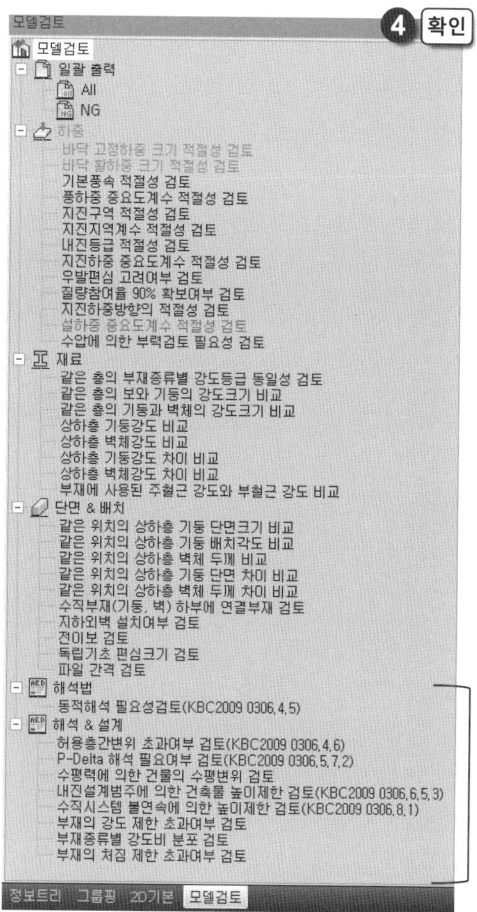

➢ 해석법 / 해석&설계에 대한 다양한 검토 사항에 대하여 모델검토가 완료되어 모델 검토 트리메뉴가 나타난다.
 후처리 모드에서 본 따라하기 예제의 [모델검토Ⅱ]를 수행하면 해석, 해석&설계 항목에 대해 NG가 없다.

➢ [모델검토Ⅰ] 과정에서는 해석/설계에 관련된 검토항목이 비활성화 되어 있으나, 해석/설계수행 이후 모델검토를 수행하면 해석과 설계결과에 관련된 항목까지 확인 할 수 있다.

5.5 결과 검토

5.5.1 2D 기본 결과 검토

따라하기

2D 기본결과에 대해 알아보자.

1. 2D기본 트리메뉴 확인

- [2D기본] 클릭

2. 결과 확인

- 각 메뉴를 더블클릭하여 작업창에서 강도검토 및 설계결과를 확인한다.

해석/설계 수행 후, 반드시 확인해야 하는 필수항목을 도면형태로 제공하는 2D 기본 결과를 확인한다.

강도검토 및 설계결과를 확인하고, 필요 시 단면 또는 배근을 편집함으로써 고품질의 결과물을 출력할 수 있다.

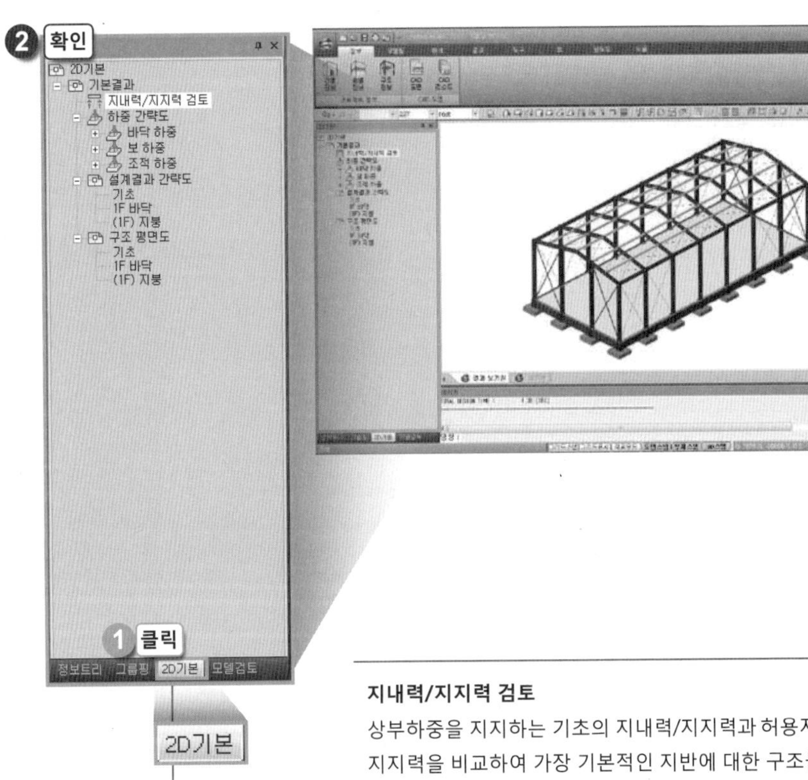

지내력/지지력 검토

상부하중을 지지하는 기초의 지내력/지지력과 허용지내력/지지력을 비교하여 가장 기본적인 지반에 대한 구조물의 안정성 여부를 확인한다.

하중 간략도

각 층별로 입력된 하중을 확인한다

설계결과 간략도

건축구조기준에 의거하여 각 부재별 강도검토 및 설계결과를 확인하고 편집할 수 있다.

구조 평면도

구조평면도는 구조설계의 가장 핵심이라고 할 수 있다.
트리메뉴 하단의 [뷰]탭을 활용하여 각 부재별로 배치, 연결관계 및 부재이름과 배근결과를 확인할 수 있다.

NOTE

- [설계결과 간략도] 와 [구조평면도] 확인 시, 화면에서 부재를 더블클릭하면 부재설계결과에 대한 상세정보 확인이 가능하다.

1) 지지력/지내력 검토

지내력/지지력 검토는 결과 확인 과정 중에서도 반드시 선행되어야 하는 작업이며, 부재별 설계결과 간략도에서 모든 층의 부재가 OK 결과를 나타내더라도 지내력/지지력에서 NG 결과가 확인된다면 상부 구조물의 설계결과는 무의미 하다. 때문에 NG 결과를 반드시 수정하여 상부구조의 안정성을 확보 후에 다음단계를 진행해야 한다.

따라하기

2D 기본 결과의 [지내력/ 지지력 검토]를 확인하자.

1. 2D기본 트리메뉴의 [지내력/지지력 검토] 항목 더블클릭

2.각 기초별 지내력 결과 확인

- 본 따라하기의 모든 기초 지내력 검토결과는 OK이다.

필요지내력 ≤ 허용지내력 : OK
필요지내력 > 허용지내력 : NG

3. 디스플레이 옵션 클릭

- 화면에 출력된 도면 결과물을 사용자의 기호에 맞게 조절하는 옵션이다.

4. 결과글자크기 확인

- 필요에 따라 결과물에 표기된 글자의 크기 및 배치 위치를 조절한다.
- 수정된 글자크기 및 배치위치는 구조계산서의 구조평면도에 반영된다.

5. [DWG로 보내기] 클릭

- 지내력/지지력 검토도면을 DWG 파일형태로 저장한다.

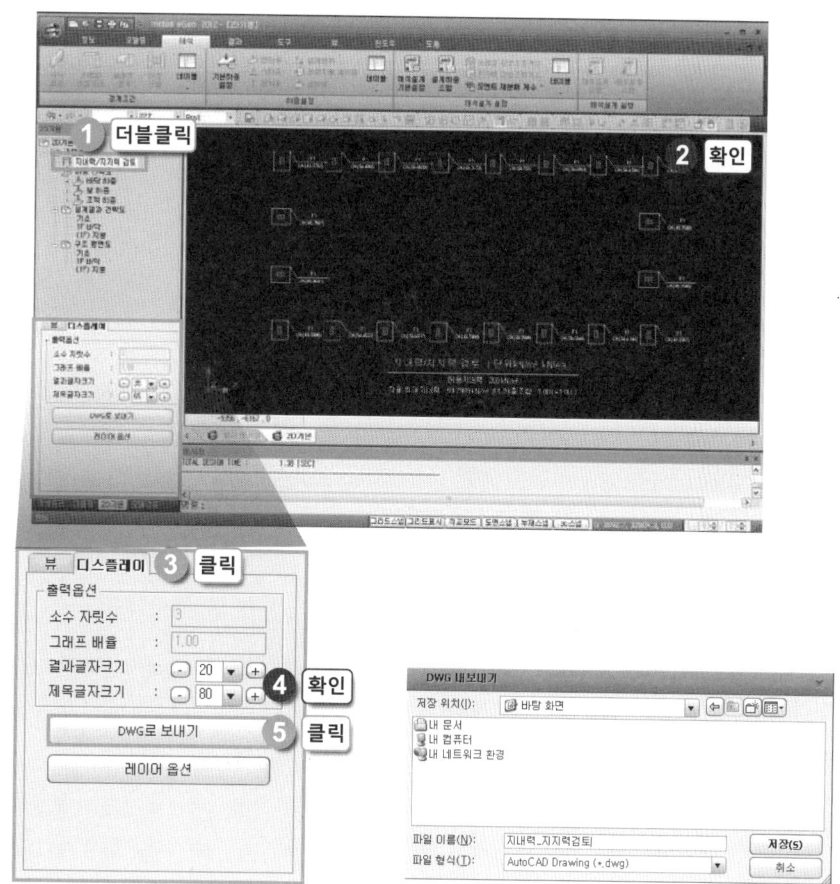

eGen 도우미

✓독립기초 생성시 크기를 사용자입력으로 한 경우에는 후처리에서도 그 크기로 강도검토 및 설계가 진행되며, 독립기초 자동단면 (ID:0) 으로 생성된 경우에는 해석결과에 따라서 후처리에서 적절한 기초크기로 자동 변경될 수 있다.

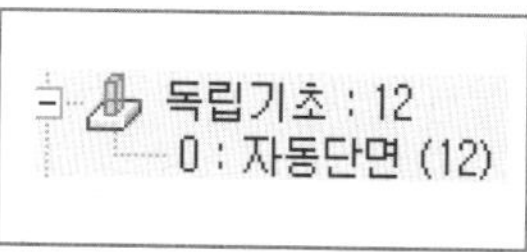

[정보트리]의 부재정보

NOTE

- 지내력/지지력 검토의 결과에서는 해당 지반 또는 파일이 상부 구조물에 대해 안전한지를 판단하는 곳이므로 사용자가 구조물과 관련된 정보를 편집할 수 없다.

2) 하중 간략도

하중 간략도는 해석/설계에 적용된 구조물의 하중을 확인하는 항목이며, 본 항목에서 하중을 수정할 수 없다. 하중의 수정이 필요한 경우에는 전처리 모드에서 수정한 후 재해석을 수행해야 한다. 본 따라하기에서는 하중간략도의 바닥하중 > 1F 바닥만 검토하겠다.

따라하기

2D 기본결과의 [하중 간략도]를 확인하자.

- 2D기본의 하중간략도는 가장 하부층부터 검토한다.
- 본 따라하기에서는 1F바닥의 바닥하중만 검토하도록 한다.

1. 하중 간략도 확인

- 2D기본 > [하중 간략도] > [바닥하중] [+] 클릭 > [1F 바닥] 더블클릭
  - 각 층별로 바닥하중, 보하중, 조적하중의 하중값을 확인할 수 있다.

2. 옵션체크 확인

- 고정, 활, 자중 체크 확인

3. 2D기본창의 결과 확인

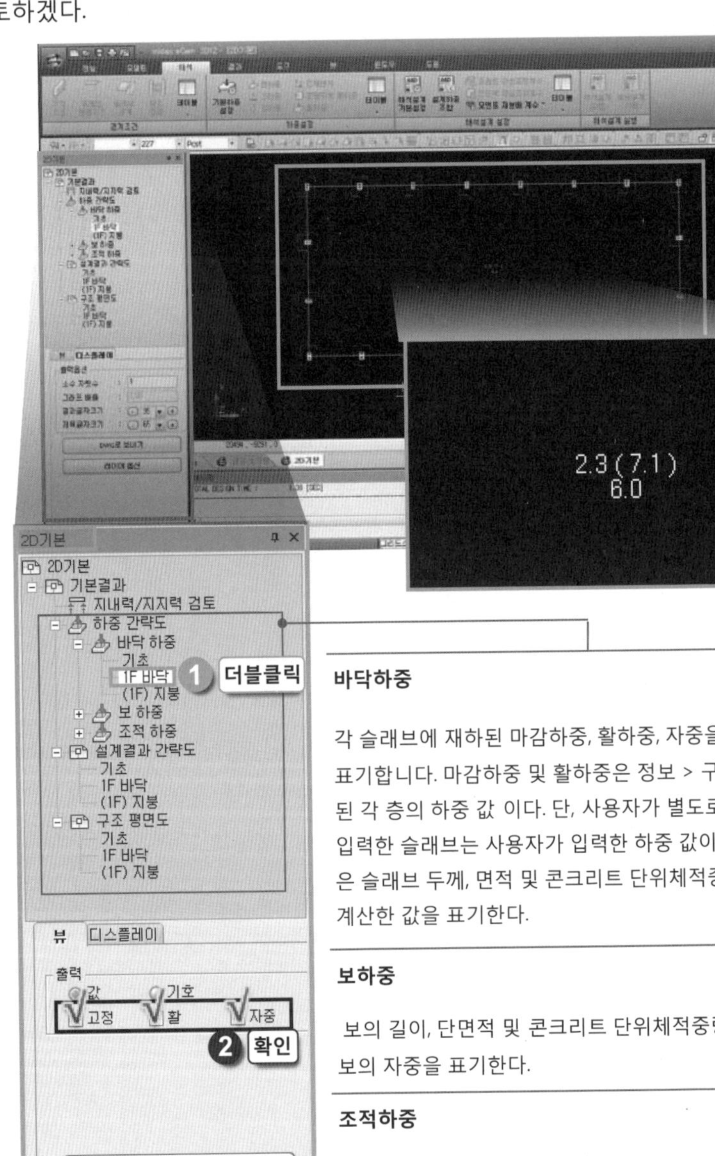

바닥하중

각 슬래브에 재하된 마감하중, 활하중, 자중을 구분하여 표기합니다. 마감하중 및 활하중은 정보 > 구조정보에 입력된 각 층의 하중 값 이다. 단, 사용자가 별도로 마감하중을 입력한 슬래브는 사용자가 입력한 하중 값이 적용된다. 자중은 슬래브 두께, 면적 및 콘크리트 단위체적중량을 자동으로 계산한 값을 표기한다.

보하중

보의 길이, 단면적 및 콘크리트 단위체적중량을 계산하여 보의 자중을 표기한다.

조적하중

모델링 > 부재생성 > 비구조 부재 > 조적벽으로 모델링 된 경우 조적벽을 하중으로 치환하여 표기한다.

NOTE

- 하중 간략도 > 바닥하중 > 2D기본 창에 출력된 세가지 숫자는 다음을 의미한다.

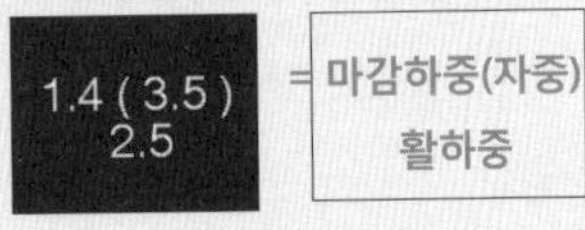

따라하기

2D 기본 결과의 [설계 결과 간략도]를 확인하자.

3) 부재별 설계 결과 간략도

부재별 설계 결과인 NG, OK, CK가 출력되며, 부재의 단면크기와 강도비(설계강도/부재강도)를 확인할 수 있다. 그 외 부재 재질과 부재번호를 확인 할 수 있다.

(1) 1F 바닥 검토

1. 설계결과 간략도 확인

- 2D기본 > [설계결과 간략도] > 1F바닥 더블클릭
- [뷰] 탭의 슬래브에 체크
  - [뷰]의 부재종류 기본설정에는 보, 기둥, 벽 만 체크되어 있다. 슬래브의 결과값도 확인하기 위해 체크한다.
  - 본 따라하기에서는 모든 층에 NG결과가 없다.

2. 부재 더블클릭

- 2D기본 창에서 기둥 부재 레이어 더블클릭

3. 강도검토 및 설계가이드 확인

- 각 부재에 대한 설계가이드창을 확인한다.

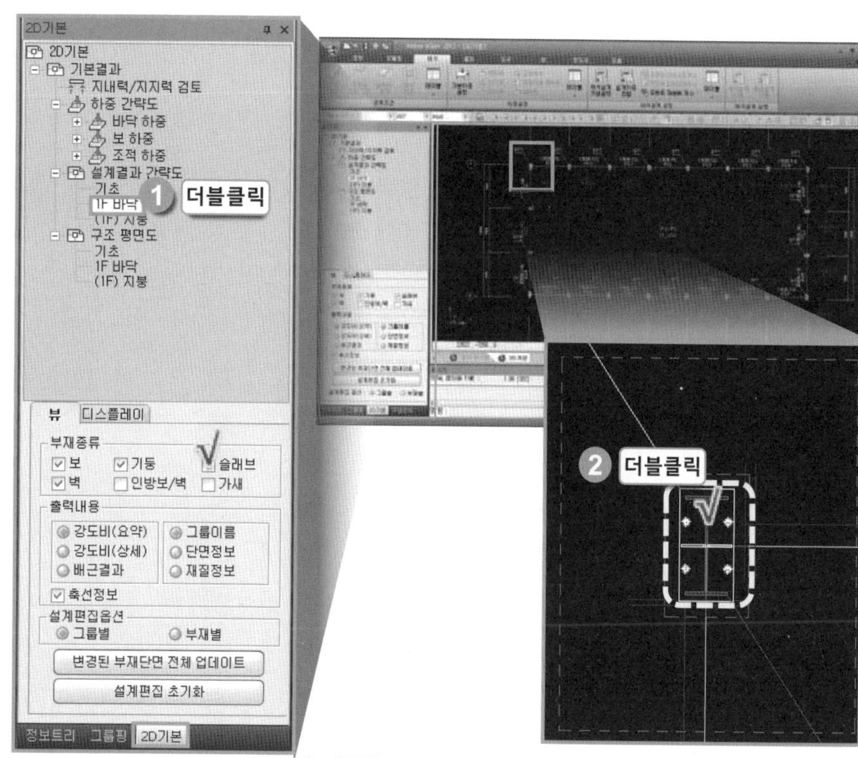

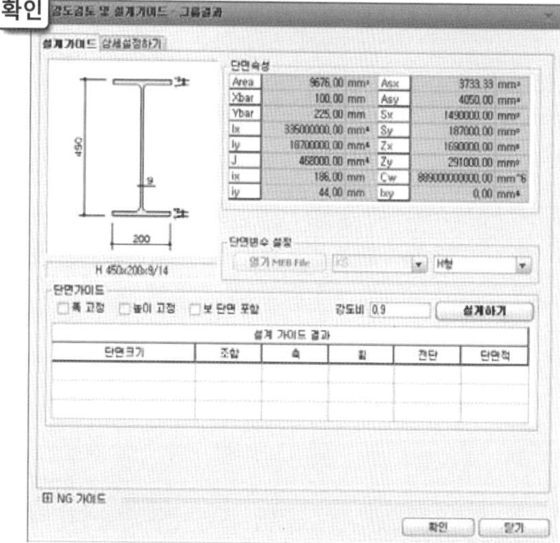

홈페이지 > 교육 > 단위기능 따라하기 > 설계 결과 검토하기 > *"2D기본 및 설계편집 활용가이드"* ▶ 참조

NOTE

- [설계결과 간략도]는 건축구조기준에 의해 각 부재별 강도검토결과가 NG, OK 인지 확인할 수 있고, 구조 평면도에는 부재별 결과 및 각 부재별 그룹이름을 확인할 수 있다.

4) 구조 평면도

따라하기

2D 기본결과의 구조평면도를 확인하자.

✓ OK, NG,CK만 빠르게 확인
✓ 최종 출력 형태 확인
✓ 시공성을 고려한 배근의 연속성 편집

1. 구조평면도 확인

• 2D기본 > [구조평면도] > [1F바닥] 더블클릭

2. 그룹이름과 배근결과 확인

- 그룹이름과 배근결과를 동시에 확인할 수 있다.

3. 출력내용의 배근결과 체크

- [2D 기본] 결과의 [뷰]에서 원하는 부재결과, 출력내용을 선택하여 확인할 수 있다.

- 2D기본의 구조평면도는 가장 하부층부터 검토한다.
- 본 따라하기에서는 1F바닥만 검토하도록 한다.

NOTE

▪ 구조 평면도 결과에서도 부재별 설계 결과 간략도와 동일한 방법으로 배근결과를 수정할 수 있다.

✓ 층별 배근결과를 확인하는 방법은 기초부터 확인하여 지붕층을 마지막으로 확인하는 방식을 권장한다.

5.5.2 NG 부재 설계 편집

본 따라하기 모델은 모든 부재에서 Ok의 결과를 가진다.
따라서 1층의 일부 기둥과 페데스탈의 단면크기를 변경하여 NG부재를 생성하고, OK로 수정하는 설계편집 과정을 학습하자.

학습과정 미리보기

완성모델

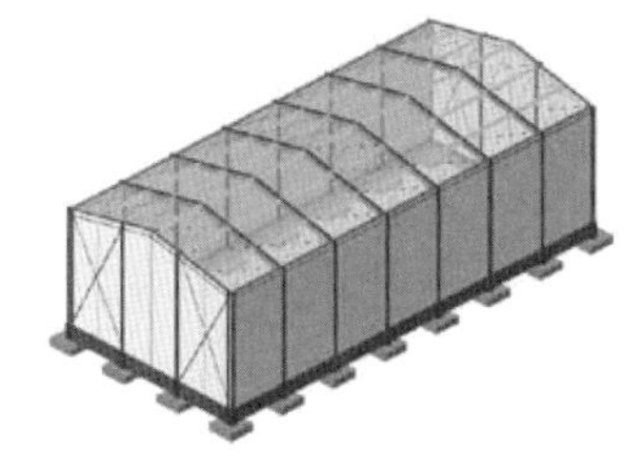

▪ 본 따라하기 모델에는 NG부재가 없다.

부재 변경하기

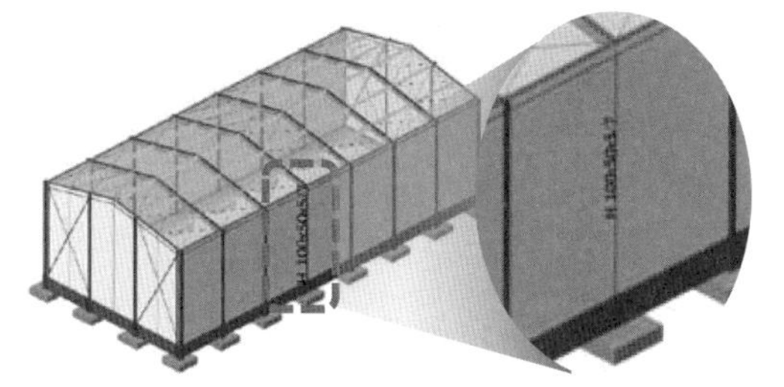

▪ 전처리모드로 돌아가서 1F의 남측네번째 기둥부재의 단면크기를 변경한다.

해석/설계 수행

▪ 결과를 확인하기 위해 해석/설계를 수행한다.

2D기본 확인

▪ [2D기본] > [설계결과 간략도] > 1F 바닥에서 변경된 설계결과를 확인한다.

▪ 변경한 기둥부재에서 NG가 발생한 것을 확인할 수 있다.

NG부재 설계편집

▪ 설계편집대화상자를 호출하여 부재단면 DB에서 적절한 단면으로 부재를 선택하여 OK가 되도록 편집한다.

해석/설계 수행

▪ 부재별로 편집한 결과와 전체 구조물에 또 다른 영향을 미치지 않았는지를 최종적으로 검토하기 위해 다시 한 번 해석/설계를 수행한다.

결과확인

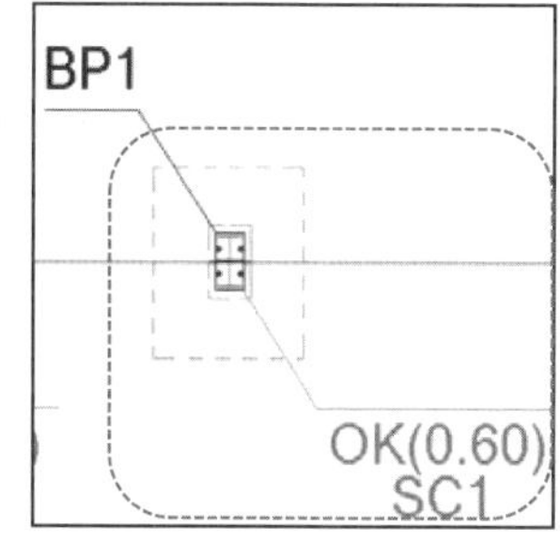

▪ 수정사항이 잘 반영되었는지와 최종 결과물에 이상이 없는지 확인한다.

1) 부재 변경하기

따라하기

기둥부재를 변경하여 NG 해결방법을 학습하자.

1. 전처리모드로 변경

- 부재를 변경하기 위해 전처리 모드로 전환한다.
- 전처리모드 아이콘 [아이콘] 클릭

2. 부재 단면 추가

- 변경할 부재의 단면을 추가한다.

① 메뉴 : [모델링] > [특성] > [부재단면]드롭다운버튼 클릭 > [기둥] 클릭

② [추가]버튼 클릭

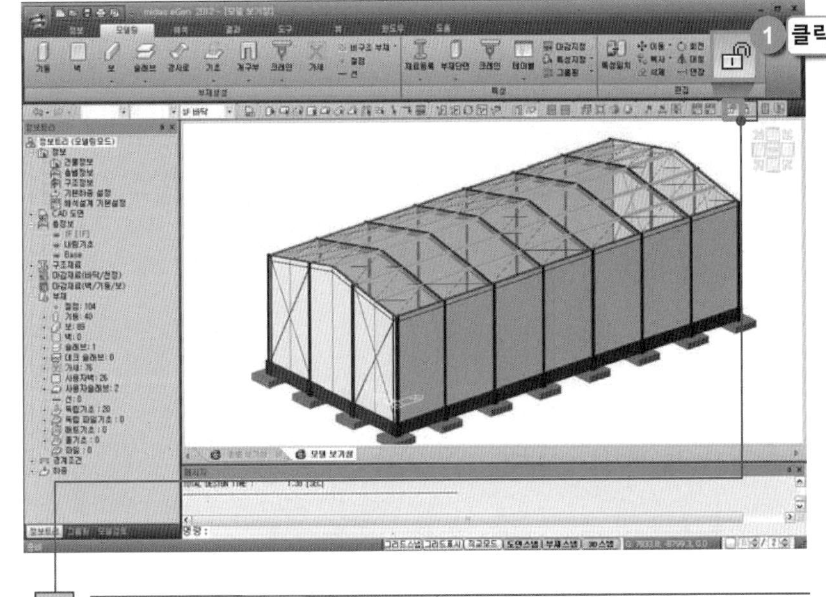

전처리

부재 생성을 비롯하여 구조해석 및 설계를 위한 각종 정보를 입력하는 단계이다.

후처리

구조 해석 및 설계가 완료된 상태로 각종 해석결과 설계결과를 확인할 수 있다.

참조: 홈페이지 > 교육 > 실무예제 따라하기 > *"구조프로그램 입문" > 01. 프로그램 환경 이해 > 2.전처리모드와 후처리모드 ▶*

참조: 홈페이지 > 교육> 단위기능 따라하기 > 부재생성하기 > *"기둥 생성하기" > 02. 기능 활용 및 편집하기 ▶*

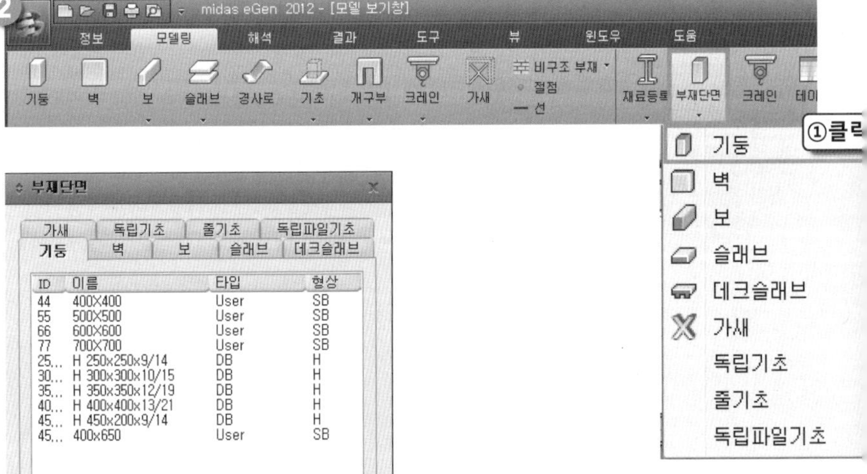

③ [철골]클릭
④ [단면 ID]에 '10050'입력
⑤ [단면 이름]에
[H100x50x5/7] 선택
⑥ [확인]버튼 클릭

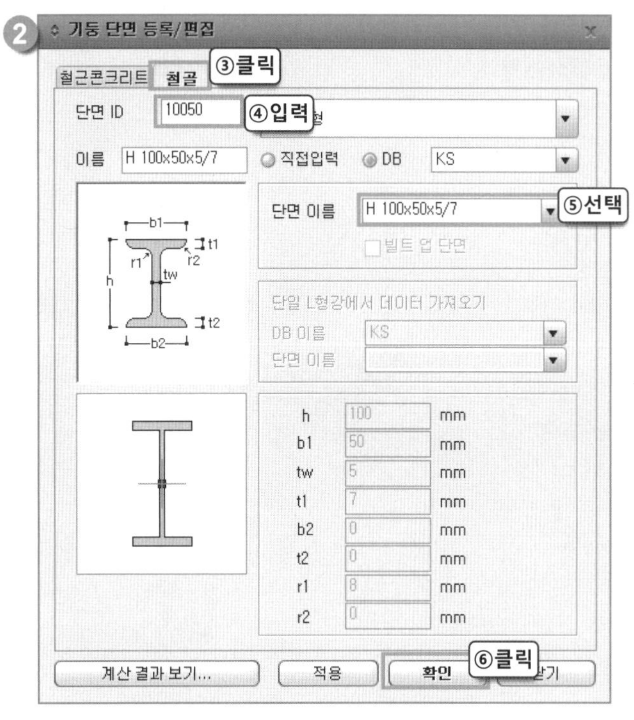

NOTE

- 부재단면 등록 시, 단면 ID번호는 단면크기를 알아 볼 수 있도록 설정해 두면 편리한다.
- 단면이름을 선택하면 부재이름은 자동으로 입력되며, 필요시 수정이 가능하다.

3. eGen 대화상자 확인

- [예(Y)] 버튼 클릭

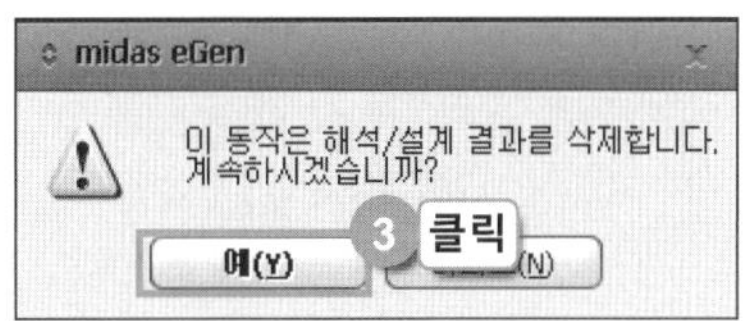

이미 해석/설계를 수행한 후 전처리로 전환하여 부재를 수정하는 등 결과에 영향을 미치는 작업 시 해석/설계 결과는 삭제한다는 메시지가 나타난다.

4. [부재등록]창 닫기

- 부재등록창의 [닫기] 버튼 클릭
- [정보트리]에 추가된 기둥단면 확인
  - (ID:이름) 2020: H100x50x5/7

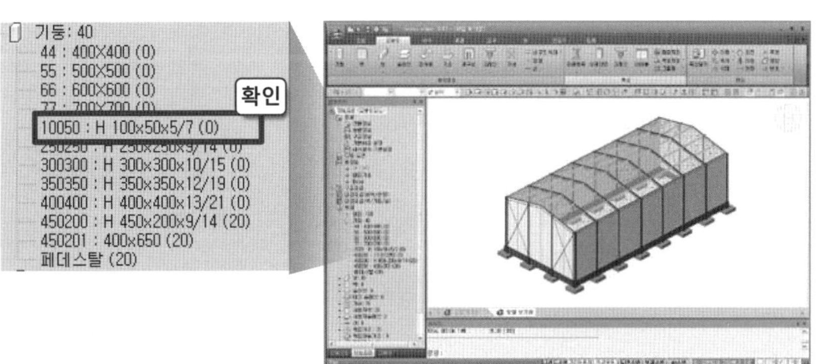

5. 수정할 기둥하부의 페데스탈 삭제

① 페데스탈 선택
→ 부재별선택창에서 [기둥 선택] 클릭
→ 네번째 페데스탈 선택
② 메시지창에 'E' 입력하거나 Del 키 눌러 삭제

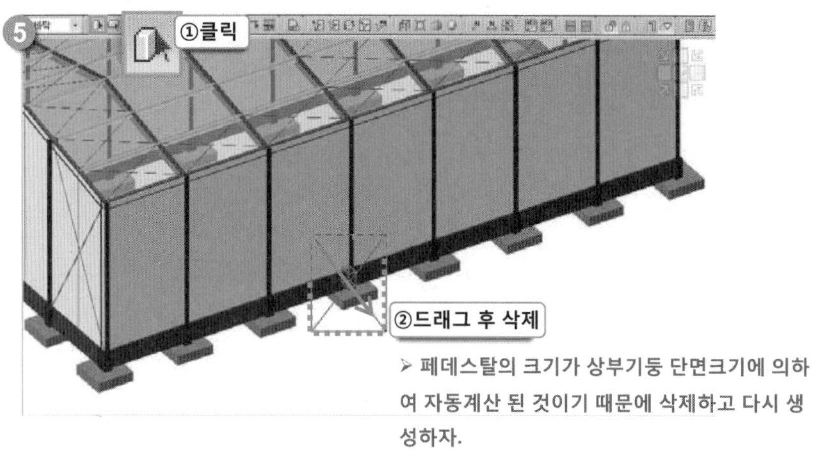

➢ 페데스탈의 크기가 상부기둥 단면크기에 의하여 자동계산 된 것이기 때문에 삭제하고 다시 생성하자.

6. 남측면 네번째 기둥 수정

① 기둥 선택
→ 부재별선택창에서 [기둥 선택] 클릭
→ 네번째 기둥 선택
② [정보트리]에 추가된 단면 (ID:이름)10050:H100x50x5/7 클릭 후 드래그 앤 드롭

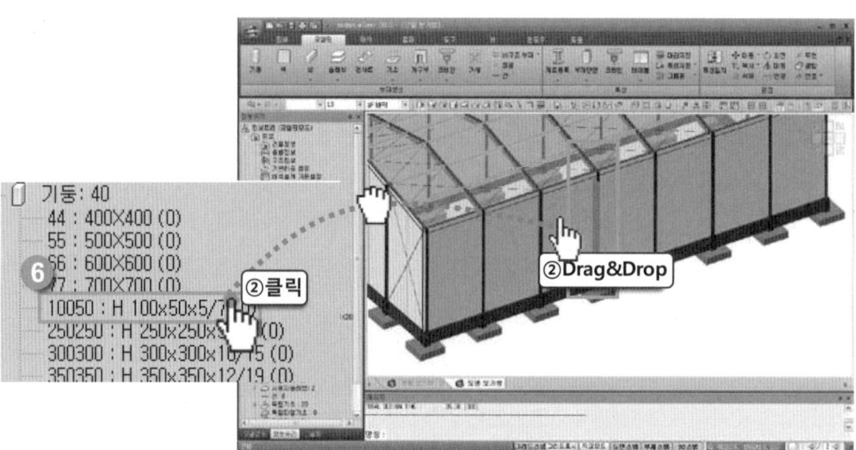

7. 페데스탈 생성

- 메뉴 : [모델링] > [부재생성] > [기초] 아이콘 클릭 > [페데스탈] 클릭

또는 단축명령어 : PD

8. 페데스탈 모델링

- 변경할 기둥 선택 후 Enter

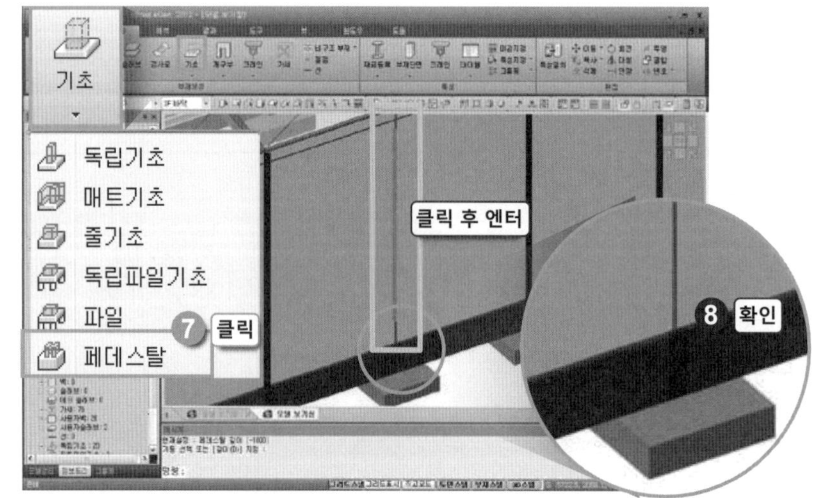

NOTE

- 해석/설계를 수행하면 상부기둥 단면에 의해 페데스탈의 크기가 결정된다.

2) 해석/설계 수행

1. 해석/설계 수행

- 메뉴 : [해석] > [해석/설계 수행]

  아이콘 [해석설계 수행] 클릭

  또는 단축키 : F5

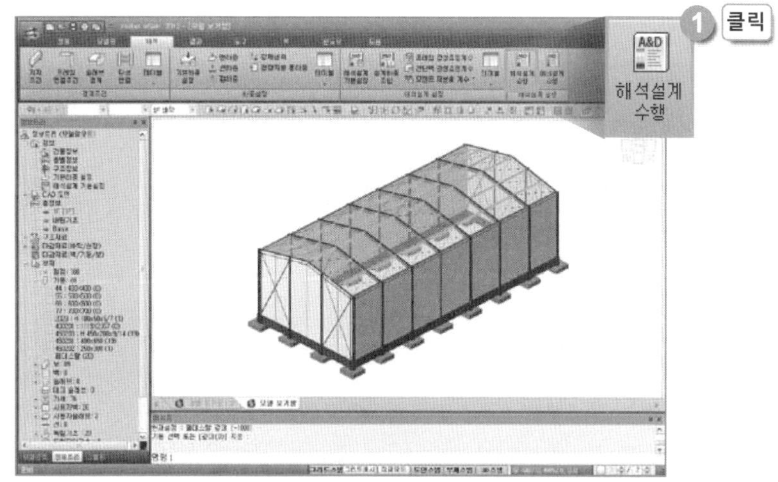

2. NG부재 확인

- [2D 기본] > [설계결과 간략도] > [1F 바닥] 더블클릭
- NG부재 확인 (빨간색 텍스트)

3. 설계편집(강도검토 및 설계가이드) 대화상자 호출

- 해당 부재 레이어 더블클릭

실무에서는 해석/설계 수행 후에 반드시 [모델검토]기능을 사용하여 적정성 여부를 판단해야 한다. 모델검토에서도 NG부재를 확인하고 바로 편집할 수 있다.

NOTE

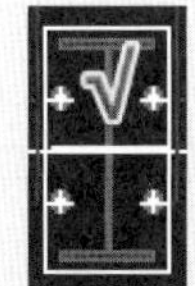

- 강도검토 및 설계편집 대화상자를 확인하기 위해서는 텍스트가 아닌 부재선을 클릭해야 한다.

eGen 도우미

NG (1.12) : S

설계결과 강도비 NG요인

- 설계결과 : NG, OK, CK로 표현
- 강도비 : $\dfrac{\text{설계강도}}{\text{부재강도}}$ ≥ 1.00 NG, < 1.00 OK, < 0.50 CK
- NG요인 : M 휨 NG; S 전단 NG; P 축력 NG

3) NG부재 설계 편집하기

따라하기

설계편집 대화상자를 호출하여 각 부재의 강도검토 및 설계결과에 대한 상세정보를 확인하자.

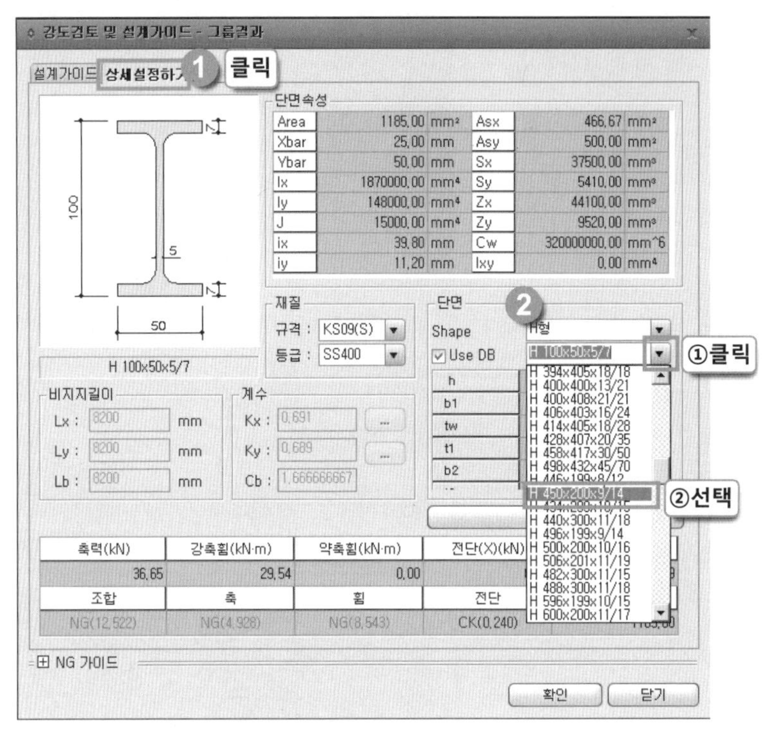

1. [상세설계하기] 클릭

2. [Use DB]의 기둥단면 선택
   ① Use DB의 드롭다운 버튼 ▼ 클릭
   ② 단면 H 450x200x9/14 선택

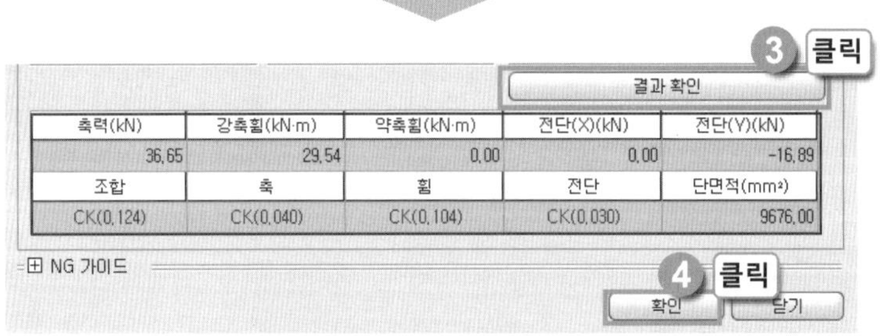

3. [결과 확인] 버튼 클릭
   - 모든 부재력에서 OK(또는 CK)인지 확인한다.

4. [확인] 클릭
   - 선택한 단면크기로 업데이트 하여 결과를 OK로 만든다. 같은 그룹에 속한 부재는 모두 변경된다.

5. OK(또는 CK)출력 확인
   - NG였던 기둥의 단면이 변경되며 OK가 출력되는지 확인한다. 각 층별로 다른 부재에 NG가 있는지 확인한다.
   - [모델검토]에서는 NG부재 모두를 확인할 수 있다.

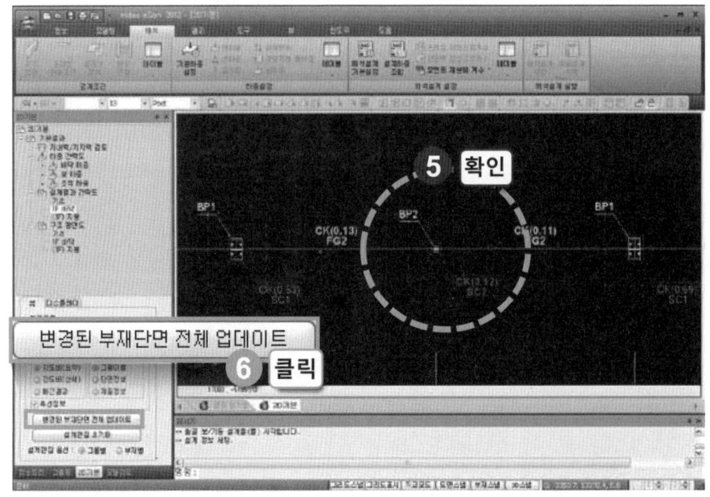

6. [변경된 부재단면 전체 업데이트] 클릭

NOTE

- 괄호 안의 숫자는 강도비(설계강도/부재강도)를 나타내며, M은 휨, S는 전단, P는 축력에 의한 NG를 의미한다.

4) 해석/설계 후 결과 확인하기

8. eGen 대화상자 확인

• [예(Y)] 버튼 클릭

- 전처리모드로 전환된다.

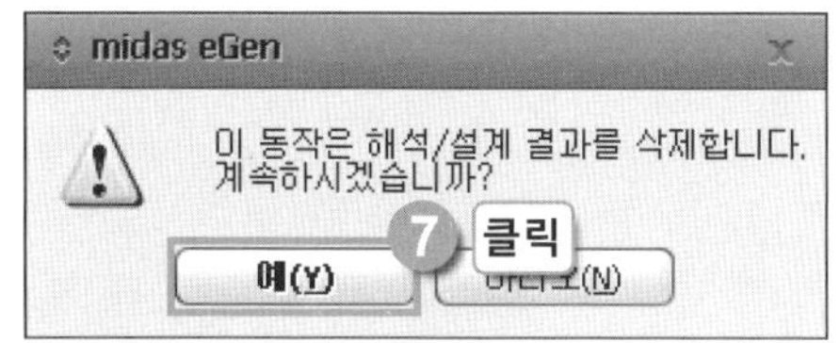

8. 해석/설계 수행

• 메뉴 : [해석] > [해석/설계 수행]

아이콘  클릭

또는 단축키 : F5

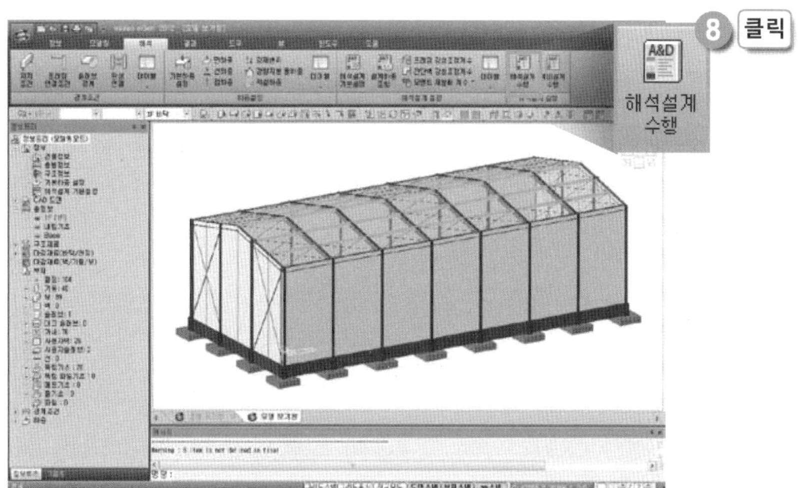

9. 결과검토

• [모델검토]와 [2D기본]의 각 항목들을 순서대로 확인

- 모든 부재가 OK인지 확인한다.

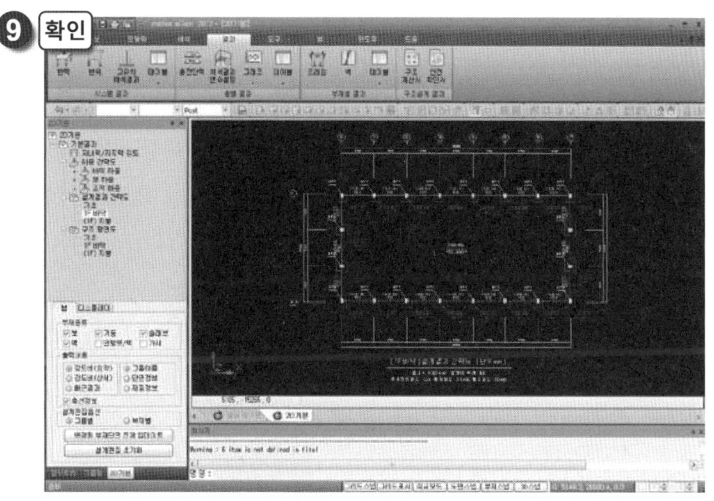

▪ midas eGen에서는 구조평면도 작업을 편리하게 할 수 있도록 2D기본의 모든 결과물을 CAD 파일로 변환하여 저장하는 기능을 제공하고 있다.

5.5.3 성과물 생성

1) 구조계산서 출력

구조계산서를 출력하자.

1. 건물개요 설정 실행

- 메뉴 : [결과] > [구조설계 결과] [건물개요 설정] 아이콘  클릭

2. 구조계산서와 안전확인서에 포함될 건물 일반사항 입력

3. [확인] 클릭

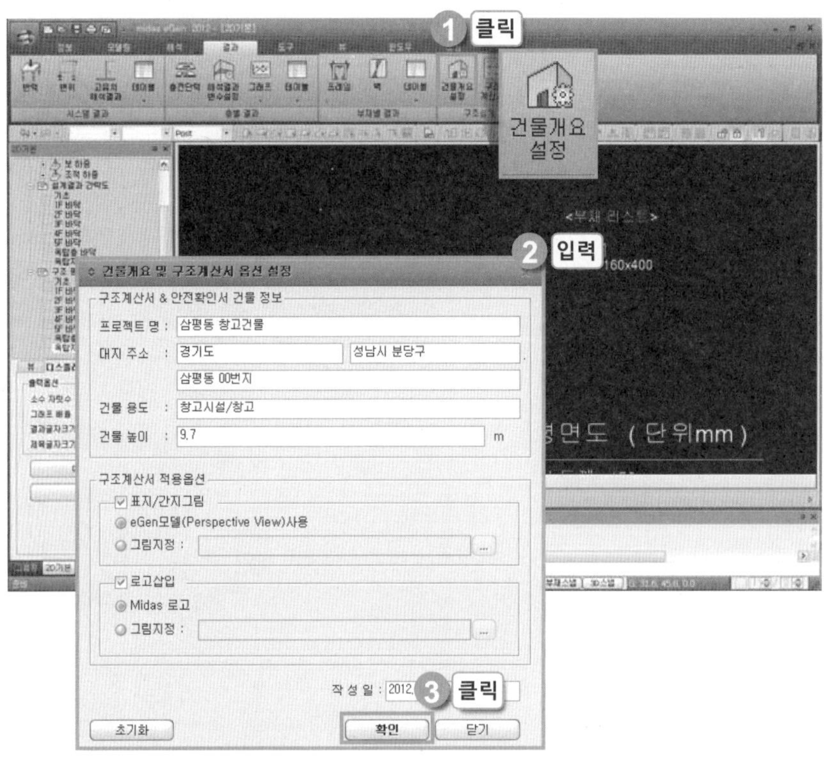

NOTE

- [건물개요 설정]에서 입력된 사항은 [정보] > [건물정보]/[층별정보] 사항에 입력된 정보가 자동으로 입력된다.
  [건물개요 설정]에서 수정된 항목은 [건물정보]와 [층별정보]에서는 수정되지 않는다.
- 사용자에 대한 정보는 [도구] > [작업 환경] > [일반] 사항에서 입력한다.

4. 구조계산서 실행

- 메뉴 : [결과] > [구조설계 결과] [구조계산서] 아이콘 클릭

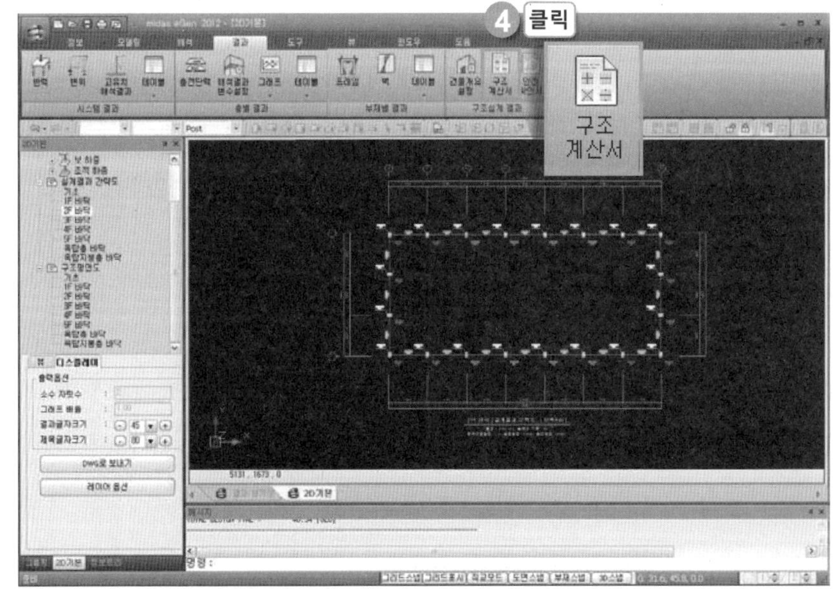

5. 구조계산서 출력물 확인

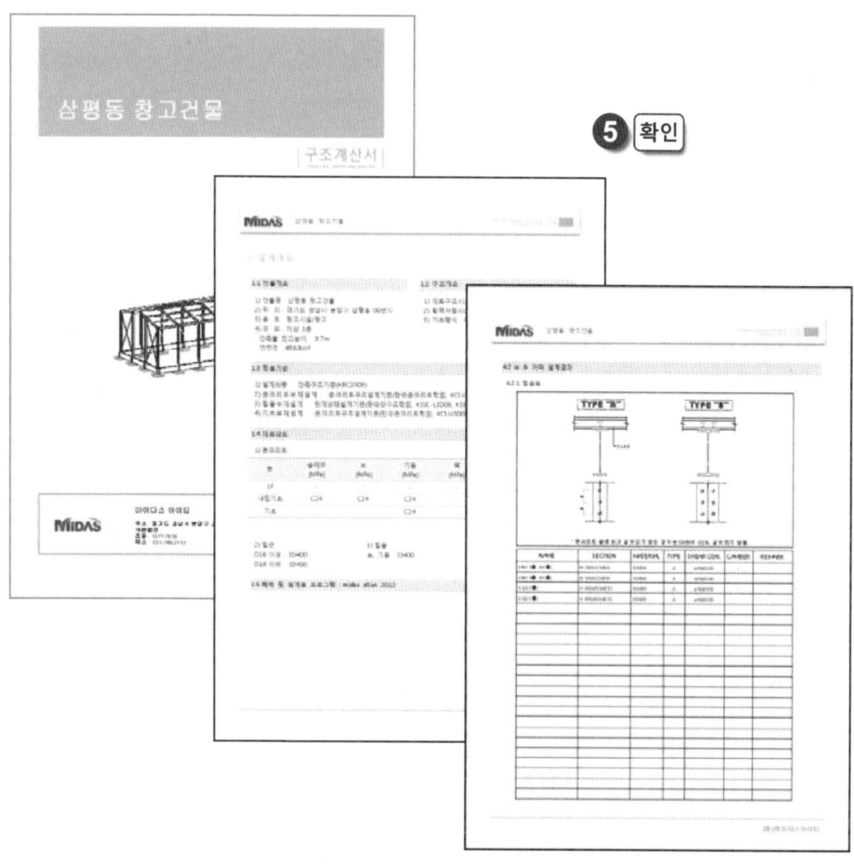

홈페이지 > 지원 > 질문과 답변 >
"34. PDF문서 만드는 방법 [나는 이렇게 해결한다!vol.1] "▶
참조

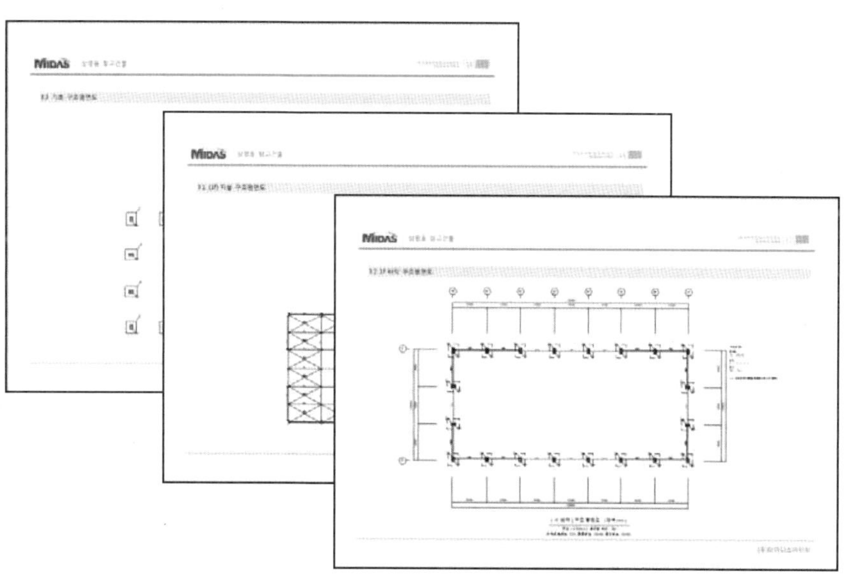

NOTE

- 구조계산서를 PDF 문서로 저장하기 위해서는 PDF 파일 생성 프로그램이 설치되어 있어야 한다.
- 구조계산서 출력 시 프린터 설정 옵션에서 PDF를 선택하여 출력하면 된다.

2) 내진 안전확인서 출력

따라하기

안전확인서를 출력하자.

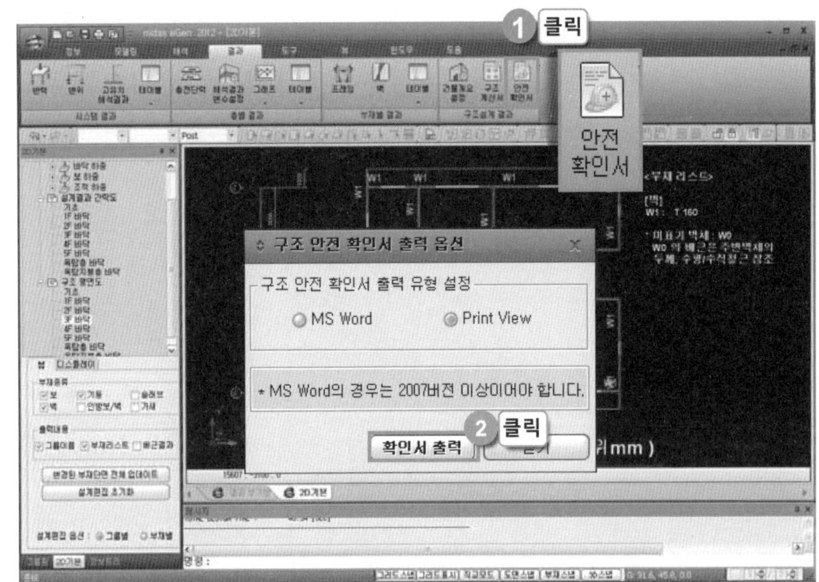

1. 결과메뉴의 안전확인서 클릭

- 메뉴 : [결과] > [구조설계 결과] [안전 확인서] 아이콘 클릭

2. 출력 옵션 선택 후 [확인서 출력] 버튼 클릭

- 안전확인서는 워드파일로 생성하거나 바로 프린트 할 수 있는 Print View 2가지 형태로 제공된다.

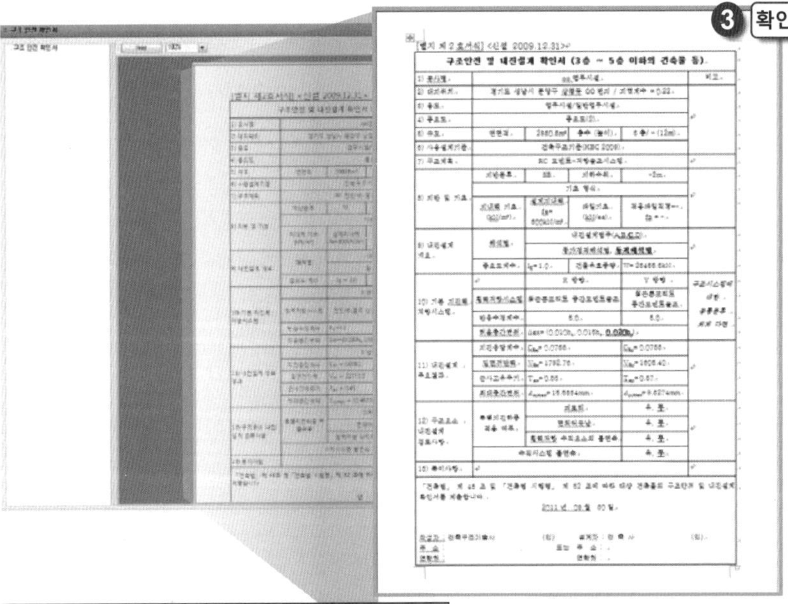

3. [안전확인서] 출력 확인

- 일부 글꼴파일이 없는 경우 안전확인서에 글씨가 출력되지 않을 수 있다.

홈페이지 > 지원 > 질문과 답변 > *"34. PDF문서 만드는 방법 [나는 이렇게 해결한다!vol.1]"*▶ 참조

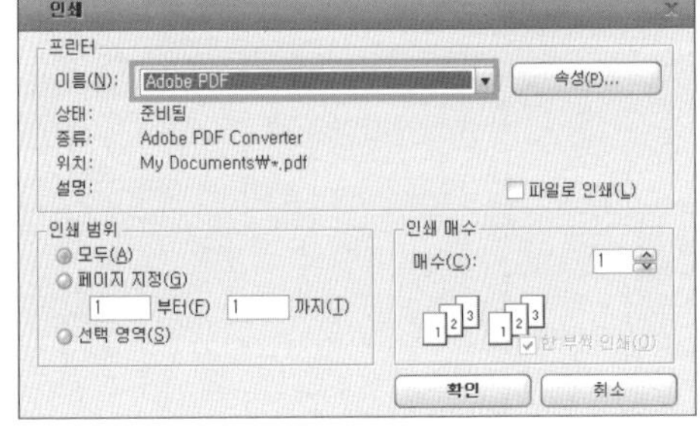

➢ PDF문서로 출력하려면 프린터이름에 사용자의 컴퓨터에 이미 설치된 PDF 변환기로 PDF문서를 만들 수 있다.

- 워드 파일로 저장하기 위해서는 PC에 2007버전 이상의 MS Word가 설치되어 있어야 가능하다.

Section 4. 실습 중급

06
필로티가 있는 RC 구조물 실습

DESIGN CURRICULUM

STRUCTURE DESIGN FOR ARCHITECTURE

06. 필로티가 있는 RC 다세대 주택 실습

TABLE OF CONTENTS

6.1 학습 준비 181

6.1.1 프로그램 실행 181
6.1.2 프로젝트 정보 확인 182

6.2 정보 입력 183

6.2.1 건물정보 입력 183
6.2.2 층별정보 입력 184
6.2.3 구조정보 입력 185
6.2.4 CAD도면 등록 186

6.3 모델링 및 편집 189

6.3.1 1층 부재 생성 189
6.3.2 2층 부재 생성 204
6.3.3 3층, 4층 부재 생성 209
6.3.4 5층, 옥탑층 부재 생성 210
6.3.5 매트 기초 생성 217
6.3.6 마감지정 219

6.4 해석/설계 수행 226

6.4.1 모델검토 수행 I 226
6.4.2 해석/설계 수행 227
6.4.3 모델검토 수행 II 228

6.5 결과 검토 229

6.5.1 2D 기본 결과 검토 229
6.5.2 NG부재 설계 편집 233
6.5.3 성과물 생성 245

DESIGN CURRICULUM

STRUCTURE DESIGN FOR ARCHITECTURE

6.1 학습 준비

6.1.1 프로그램 실행

따라하기

프로그램을 시작하고 새로운 프로젝트 작업준비를 하겠다.

1. midas eGen 프로그램 실행
   - 바탕화면의 midas eGen 아이콘 더블클릭

2. midas eGen의 작업화면 확인

3. 새 파일 열기
   - 메뉴 : [빠른실행] > [새파일] 아이콘 클릭 또는 단축명령어 : NEW 또는 단축키 : Ctrl + N

4. 저장하기
   - 메뉴 : [빠른실행] > [저장] 아이콘 클릭 또는 단축명령어 : SAVE

5. 파일명 입력 후 [저장] 버튼 클릭

1) midas eGen 실행하기

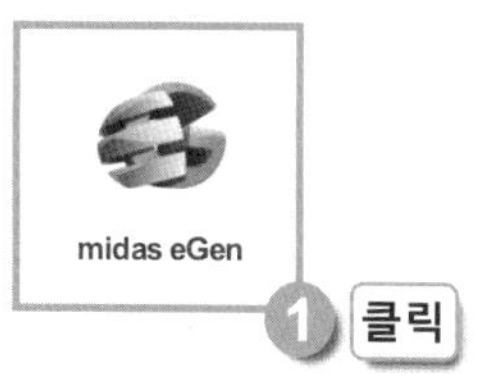

2) 새 파일 열기

3) 저장하기

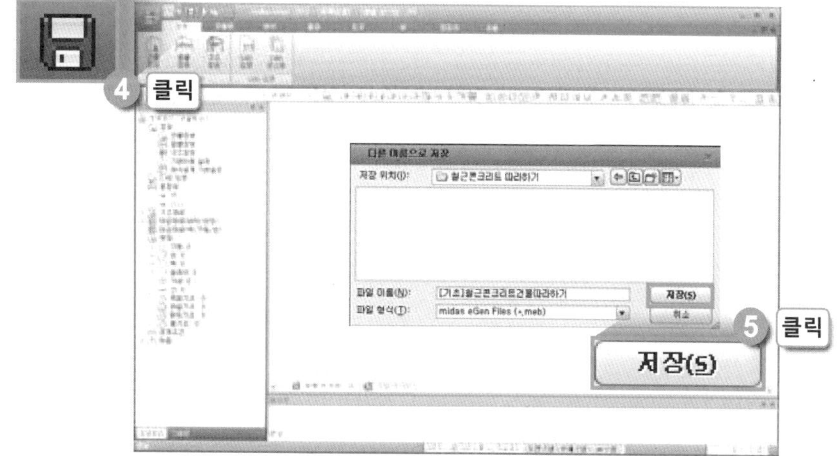

NOTE

- midas eGen의 기본 저장 파일 형식은 "*.meb" 이다.

6.1.2 프로젝트 정보 확인

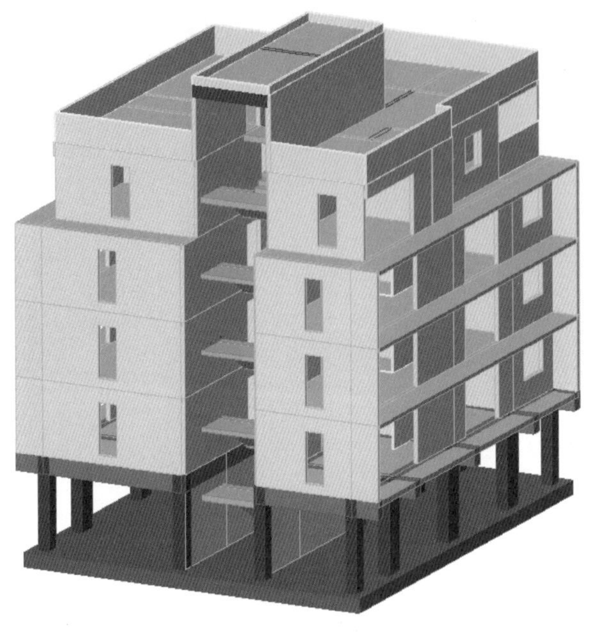

<table>
<tr><th colspan="3">프로젝트 개요</th></tr>
<tr><td>건물용도</td><td colspan="2">공동주택 / 다세대주택</td></tr>
<tr><td>위 치</td><td colspan="2">서울특별시 강남구 삼성동</td></tr>
<tr><td>연 면 적</td><td colspan="2">771 m²</td></tr>
<tr><td>층별정보</td><td colspan="2">지상 5개 층 / 옥탑 층</td></tr>
<tr><td rowspan="3">구조정보</td><td>특 징</td><td>• 필로티 구조(전이층 구조)
• 1층 : 기둥-보 형식
• 2~5층 : 내력벽식 구조</td></tr>
<tr><td>층 고
(mm)</td><td>• 1층 : 3,200
• 2~5층, 옥탑층 : 2,600</td></tr>
<tr><td>부재단면정보
(mm)</td><td>• 1층 보 : 400x700
• 5층, 옥탑층 보 : 200x400
• 1층 기둥 : 600x400 / 800x400
• 슬래브 : 1층, 5층 200 / 1~4층 150
• 경사로 : 200
• 내력벽 단면 : 160
• 비내력벽 : 조적벽 200 / 콘크리트벽 100</td></tr>
</table>

NOTE

- 풍하중 선정을 위한 기본 정보
  - 지역 : 서울특별시 강남구
  - 지표면 조도 : C
  - 기본 풍속 : 30m/sec
  - 중요도 계수 : 0.95

6.2 정보 입력

midas eGen의 메뉴구성은 작업프로세스를 기반으로 배열되어 있다.

정보 → 모델링 → 해석 → 결과

이번 장에서는 첫번째 과정으로 프로젝트의 정보를 입력하도록 하자.
[정보] 메뉴의 하위메뉴 구성 또한 작업프로세스를 기반으로 배열되어있다.
프로젝트 정보는 [건물정보]-[층별정보]-[구조정보] 순서대로 입력하도록 한다.

6.2.1 건물정보 입력

따라하기

해석/설계 수행 시 기본 데이터베이스로 활용될 건물 정보를 입력한다.

midas eGen에서는 사용자가 입력한 프로젝트 정보를 토대로 해석/설계에 필요한 구조정보를 자동으로 산정하게 된다.

따라서 프로젝트의 정보를 정확하게 입력하는 것은 신뢰할 수 있는 결과물을 얻기 위한 매우 중요한 작업이다.

1. 건물정보 창 열기

- 메뉴 : [정보] > [건물정보]

아이콘 (건물정보) 클릭

또는 단축명령어 : BI

2. 건물정보 입력

- 설계개요 입력

- 각 세부정보는 구조해석을 위한 데이터를 자동으로 생성하는데 활용된다.

3. [확인] 버튼 클릭

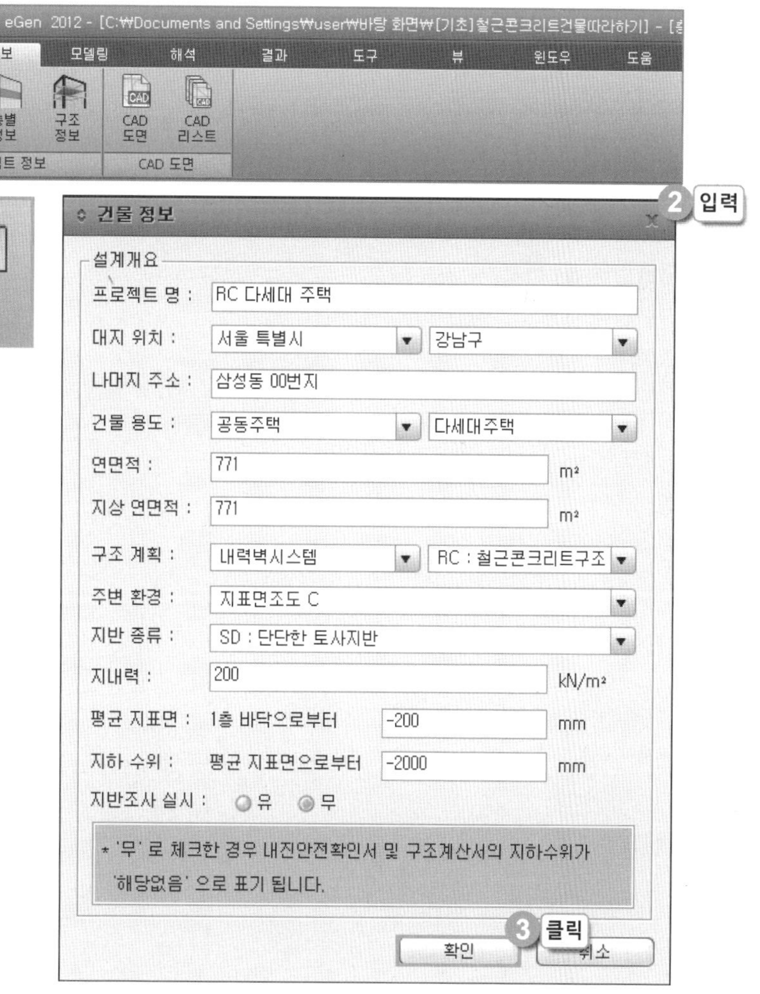

참조
홈페이지 > 교육 > 실무예제 따라하기 > 초급과정 > "[기초] 철근콘크리트 건물 따라하기" > *6 page "eGen 도우미"* ▶

NOTE

- 지내력 입력 시, 단위에 유의하도록 합니다. (SI 단위계로 입력)
  1,000 kgf = 1 tonf ≒ 10 KN

6.2.2 층별정보 입력

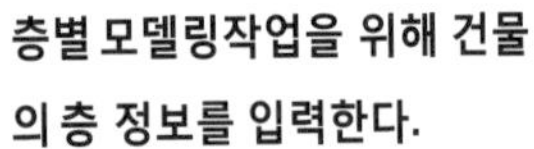

층별 모델링작업을 위해 건물의 층 정보를 입력한다.

[층별정보] 입력은 구조모델링 작업을 하기에 앞서 층별 작업환경을 만드는 단계이다. **[층별정보]에서 층을 설정하고 층고를 입력하면, 모델링 단계에서 각 층고에 맞게 구조부재들을 생성할 수 있다.**

1. [층별정보] 창 열기

- 메뉴 : [정보] > [층별정보]

  아이콘 클릭

  또는 단축명령어 : SI

2. 1층 층고 변경

- 1층의 층고를 변경하기 위해

  ① [1F] [층고] 에 '3200' 입력

  (층고 기본설정값 : 4000)

3. 생성할 층 정보 입력

- 5층까지 네 개의 층을 한번에 생성하기 위해

  ① [복수층]에 '4' 입력

  ② [층고] 에 '2600' 입력

4. 층 추가

- [추가] 버튼 클릭

5. [옥탑층 사용] 설정

- [옥탑층 사용] 체크 후 해당 [층고] 에 '2600' 입력

  (옥탑층 기본설정값 : 4000)

6. [옥탑지붕층 사용] 설정

- [옥탑지붕층 사용] 체크 후 해당 [층고] 에 '300' 입력

  (옥탑지붕층 기본설정값 : 3000)

7. [확인] 버튼 클릭

midas eGen 따라하기 Part. 2
"9. PIT층 사용 가이드" 참조▶ 참조

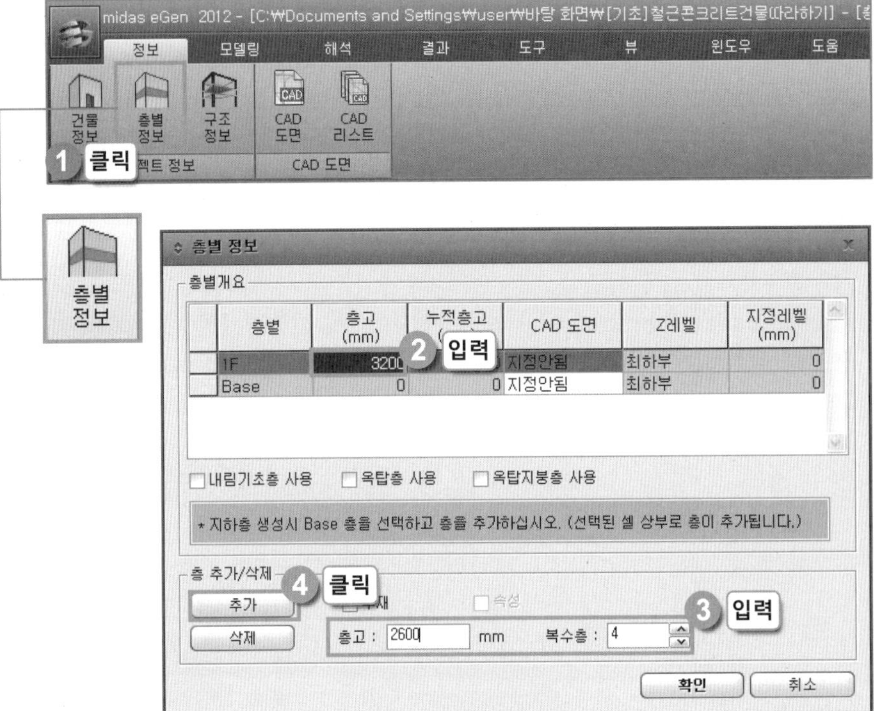

확인

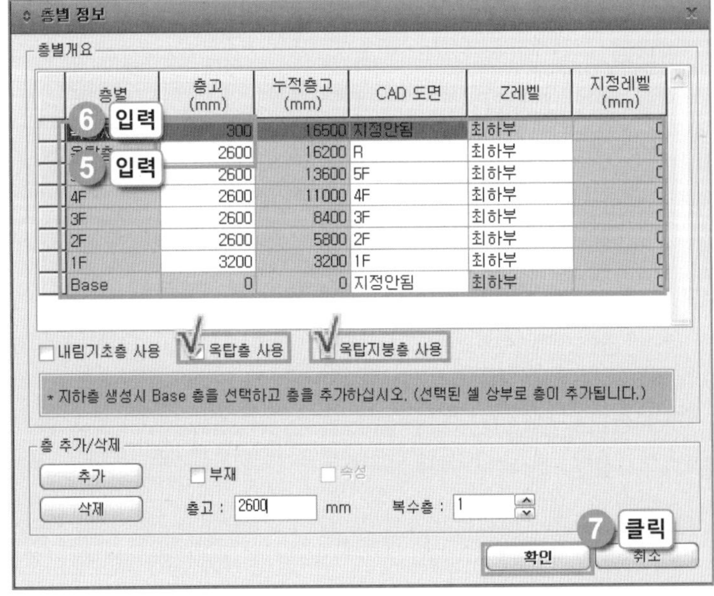

NOTE

- 층별 정보 입력 시 해당 층의 층고를 입력하면 누적층고는 자동으로 계산된다.

6.2.3 구조정보 입력

따라하기

구조물의 재질정보와 하중을 설정한다.

[구조정보]에서는 [건물정보]에서 선택한 [건물용도]에 보편적으로 사용되는 재료와 하중값이 기본설정 되어 있고, 사용자는 해당 프로젝트에 사용 할 재료의 강도와 마감하중을 설정할 수 있다.

1. 구조정보 창 열기

- 메뉴 : [정보] > [구조정보]

  아이콘 [구조정보] 클릭

  또는 단축명령어 : AI

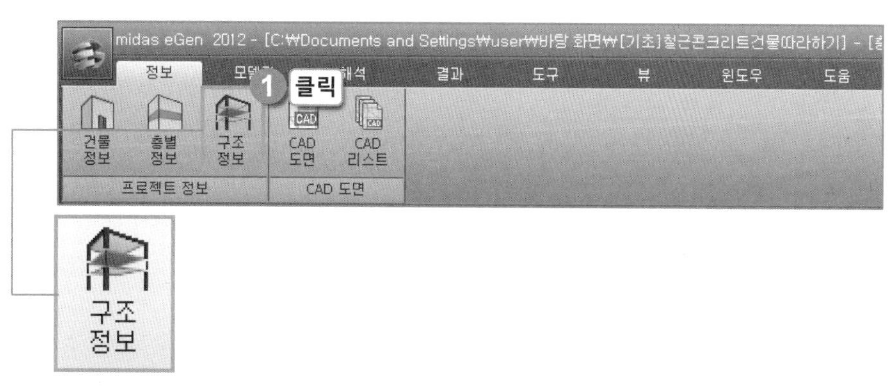

2. [활하중] 변경

- [Base]의 [활하중]에 '3.00' 입력
  (KBC2009 '기본등분포활하중' 기준 '승용차전용 옥내 주차구역' 활하중 : 3.0)

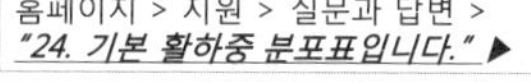
홈페이지 > 지원 > 질문과 답변 > *"24. 기본 활하중 분포표입니다."* ▶ 참조

3. 1층에 [전이층] 체크

- midas eGen에서는 구조형식이 바뀌는 전이층에 체크하면 해석/설계 수행 시 자동으로 특별지진하중을 적용한다.
- [1F]의 [전이층] 체크

4. [확인] 버튼 클릭

홈페이지 > 교육 > 실무예제 따라하기 > *"구조프로그램 입문" > 02.구조모델링의 이해 > 2.층개념* ▶ 참조

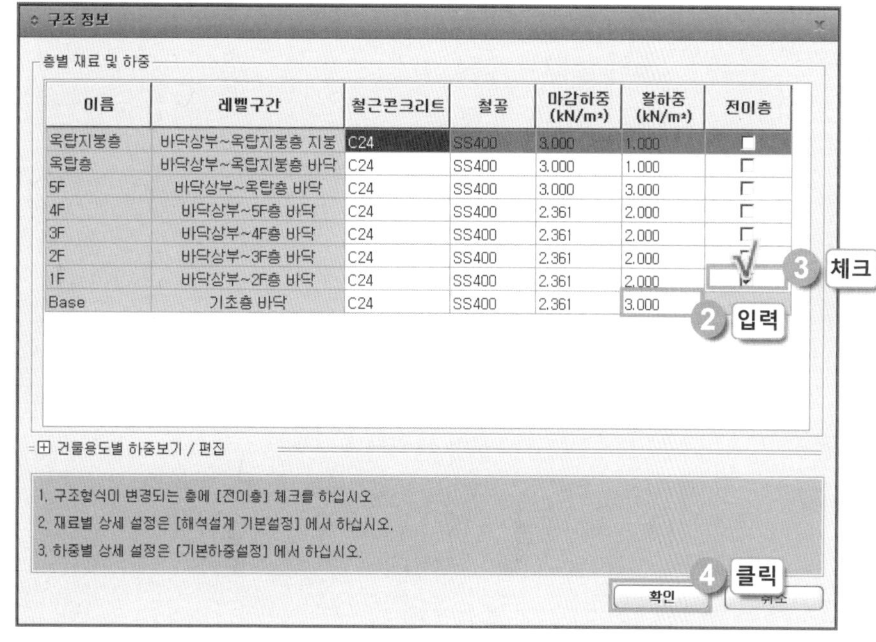

이름	레벨구간	철근콘크리트	철골	마감하중 (kN/m²)	활하중 (kN/m²)	전이층
옥탑지붕층	바닥상부~옥탑지붕층 지붕	C24	SS400	3.000	1.000	☐
옥탑층	바닥상부~옥탑지붕층 바닥	C24	SS400	3.000	1.000	☐
5F	바닥상부~옥탑층 바닥	C24	SS400	3.000	3.000	☐
4F	바닥상부~5F층 바닥	C24	SS400	2.361	2.000	☐
3F	바닥상부~4F층 바닥	C24	SS400	2.361	2.000	☐
2F	바닥상부~3F층 바닥	C24	SS400	2.361	2.000	☐
1F	바닥상부~2F층 바닥	C24	SS400	2.361	2.000	√
Base	기초층 바닥	C24	SS400	2.361	3.000	

✓ 마감하중:

마감하중은 각 층별로 가장 많은 면적을 차지하는 실의 마감하중 값을 설정하도록 한다.
본 따라하기에서는 다세대 주택의 거실, 실, 복도에 해당하는 면적의 마감하중을 기본으로 설정하고, 발코니의 경우 마감재료의 종류와 두께를 직접 지정한 뒤 해당영역에 마감하중을 재하하는 과정을 학습하겠다.
별도의 마감지정에 대한 사항은 본 따라하기 *"02. 모델링 및 편집 > 6. 마감지정"*에서 확인할 수 있다.

따라하기

[CAD도면 편집창]을 실행하고 도면을 불러온다.

6.2.4 CAD 도면 등록

1) CAD도면 불러오기

1. [CAD도면 편집창] 열기

• 메뉴 : [정보] > [CAD도면] 아이콘 클릭

2. CAD파일 불러오기

• 메뉴 : [CAD도면 편집창] > [실행메뉴] > [열기] 아이콘 클릭

3. 해당 CAD파일 열기

• '필로티가 있는 RC다세대 주택 따라하기.dwg' 파일 선택 후 [열기] 버튼 클릭

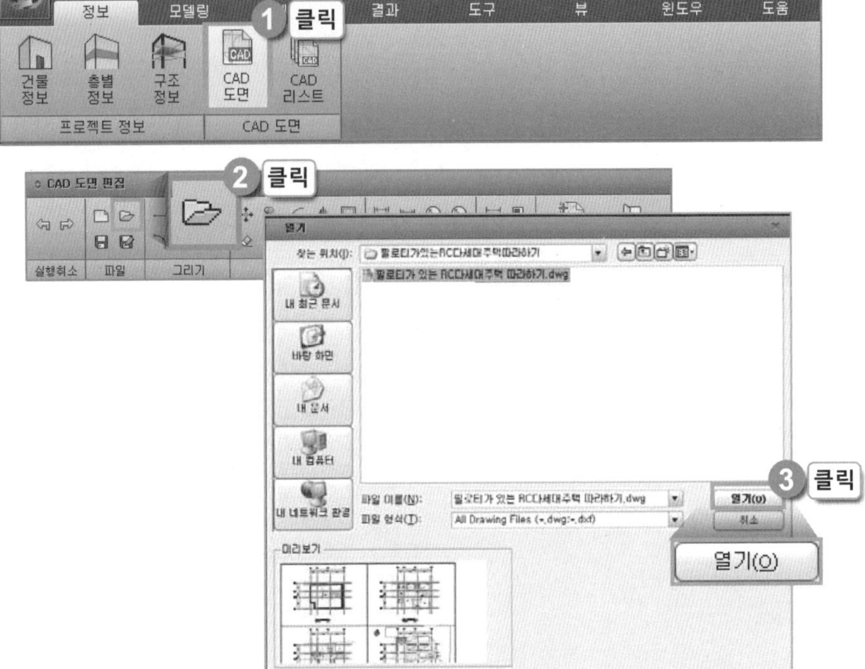

NOTE

- midas eGen 2012 에서는 CAD 파일이 Auto CAD 2009 상위 버전과 호환되지 않으므로 AutoCAD 최신버전 사용자께서는 파일 저장할 때 파일 형식을 2008년 이하 버전으로 저장해야 한다.

2) CAD도면 할당하기

구조 모델링에 필요한 레이어를 밑그림으로 활용하기 위해 CAD에서 작성된 도면 레이어를 각각 편집창으로 할당하는 과정이다.

따라하기

CAD도면을 밑그림 레이어로 할당한다.

1. 레이어 할당

• 중심선 : 01 CENTER
 02 CENTER 2
• 기둥 : 03 COL
• 벽 : 04 WALL
• 치수 : DIM
• 기타 : 05 BRICK
 06 WIN&DOOR
 07 STAIR
 08 Conc

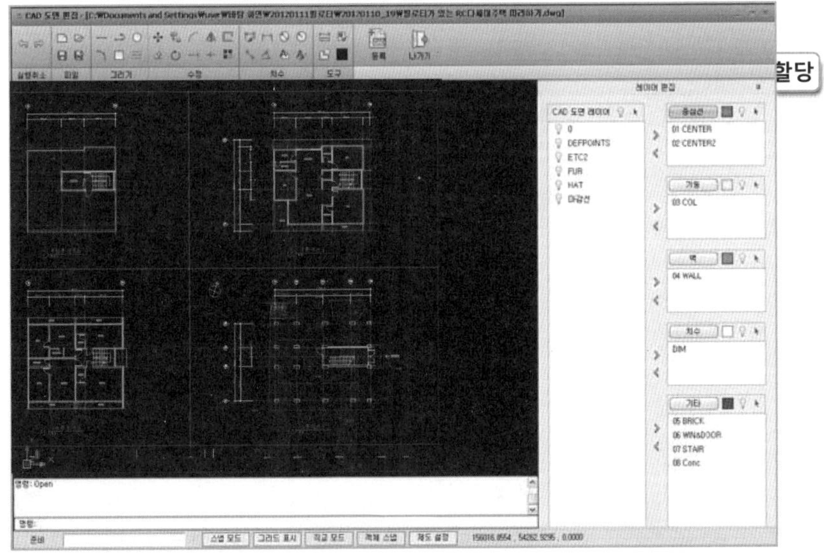

따라하기

CAD도면을 구조모델링의 밑그림으로 등록한다.

1. CAD도면 등록창 열기

• 메뉴 : [실행메뉴] > [등록]
아이콘 [등록] 클릭

2. CAD도면을 해당층에 배정

[1층 도면 등록 순서]

① CAD도면 이름 : '1F' 입력
→ CAD 도면 이름은 사용자가 임의로 정할 수 있습니다.

② 삽입 기준점 지정
[화면에서 선택] 아이콘 클릭
→ 기준이 되는 도면의 한 점 클릭

③ 객체 선택
[화면에서 선택] 아이콘 클릭
→1F에 등록할 도면이 포함되도록 두점 클릭 하여 선택 후 Enter

④ 층배정
드롭다운 버튼 ▼ 클릭
→ [1F] 선택

⑤ [적용] 버튼 클릭

3. CAD도면 등록 완료

• "1F 도면이 1F 바닥에 등록 되었습니다." 대화상자 [확인] 버튼 클릭
• 같은 방법으로 2F~옥탑층 도면 등록

NOTE

▪ 객체 선택 시, 도면 전체를 드래그 하더라도 밑그림 레이어에 할당된 레이어만 각 층별 밑그림으로 등록한다.

3) CAD도면 등록하기

[CAD등록] 아이콘을 클릭하여 밑그림을 각 층별로 등록한다.
도면을 등록하는 과정은 CAD프로그램에서 Block을 지정하는 방법과 유사하다.

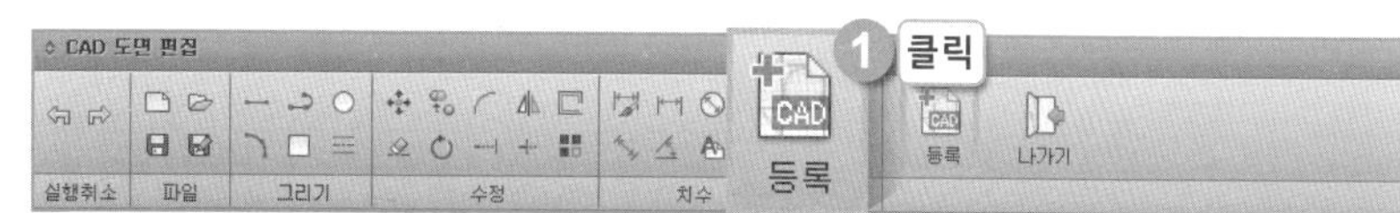

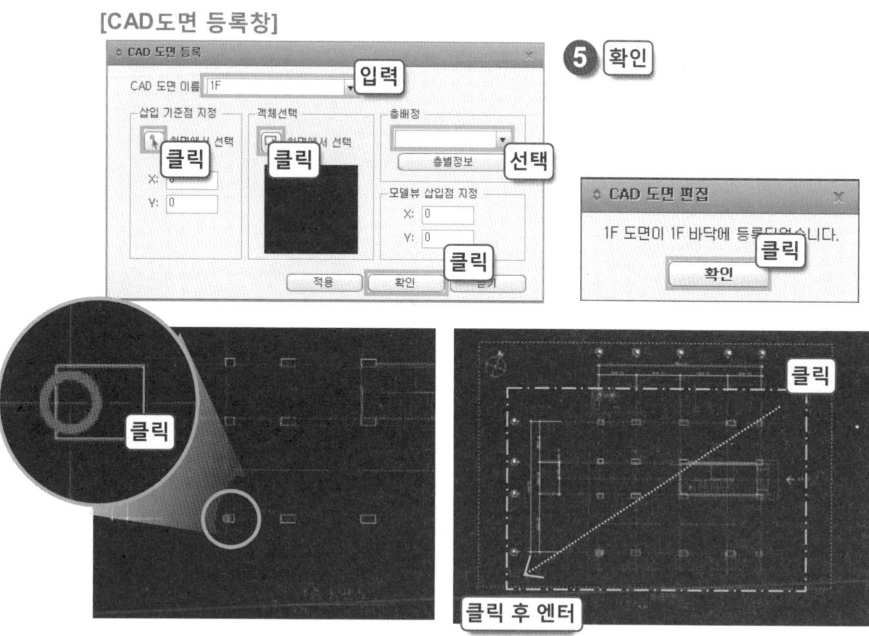

※ 본 따라하기에서는 기준점을 Ⓧ1 / Ⓨ1 교차점으로 설정했다.

eGen 도우미

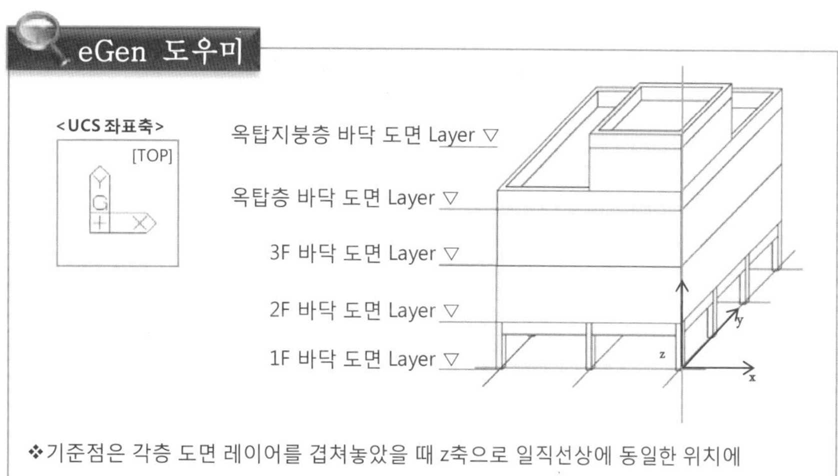

❖기준점은 각층 도면 레이어를 겹쳐놓았을 때 z축으로 일직선상에 동일한 위치에 선택하도록 한다.
❖기준점을 설정한 위치에 UCS좌표축이 생성되고, eGen 작업창에서 확인할 수 있다. 또한 UCS 좌표축을 기준으로 층별 구조모델링을 완성할 수 있다.

4. [CAD도면 편집창] 나가기

• 메뉴 : [실행메뉴] > [나가기] 아이콘 나가기 클릭

5. eGen 작업창 확인

• 정보트리에서 층별로 CAD 밑그림이 등록되었는지 확인

• [모델보기창]에서 등록한 도면들의 중심선이 잘 맞는지 확인

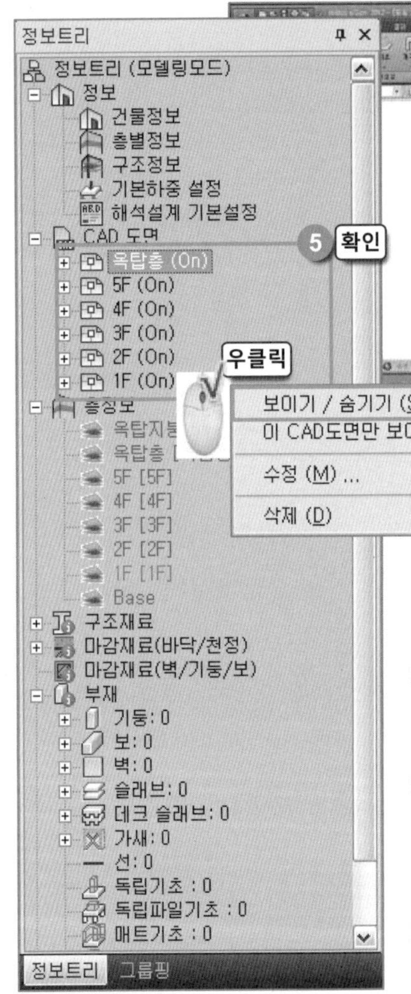

TIP-모델보기창에서 도면 보기

① 화면하단의 [모델보기창] 클릭

② [트리메뉴] > [정보트리] > [CAD 도면] 의 + 버튼 클릭

③ 각층 도면 우클릭 후 [보이기/숨기기] 클릭 해 활성

④ [뷰네비게이션]의 [TOP] 클릭

⑤ 도면확인

→ 모든 도면의 Z 좌표축이 일치하게 등록되어 중심선 위치가 동일한지 확인

➢ 1F에서 옥탑층까지 CAD도면 등록이 완료되었다. [정보트리]에서 각 항목을 확인할 수 있다.

➢ 만약 [정보트리]의 [CAD도면] 리스트에서 누락된 층이 있다면, 해당 층이 등록되지 않은 상태이다. 앞의 '도면등록' 과정으로 누락된 층을 등록해야 한다.

➢ [정보트리]에서 각 층을 마우스 우클릭하면 해당 층에 대한 [보이기/숨기기]옵션 및 [수정]이 가능하다.

6.3 모델링 및 편집

6.3.1 1층 부재 생성

1층의 부재들(기둥, 벽체, 보, 슬래브, 계단)을 모델링 하고, 편심이동과 전이보 지정에 대하여 학습하자.

따라하기

1층 기둥을 생성하자.

1) 기둥 생성

1. 작업환경 설정

- 화면하단의 [층별 보기창] 클릭
- 작업층 [1F 바닥] 확인
- [뷰네비게이션]의 [TOP] 클릭 또는 단축키 : Ctrl + Shift + T

2.스냅 활성화 확인

- 화면아래 도면스냅 부재스냅 3D스냅 활성화 확인
  - 비활성화 되어있는 경우 클릭하여 활성화 한다.

3. 기둥 생성

- 메뉴 : [모델링] > [부재생성] > [기둥] 아이콘 기둥 클릭 또는 단축명령어 : CC

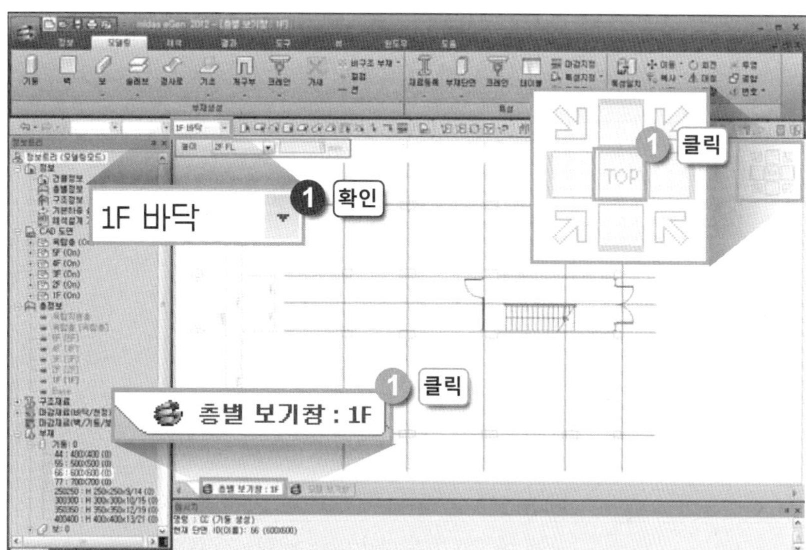

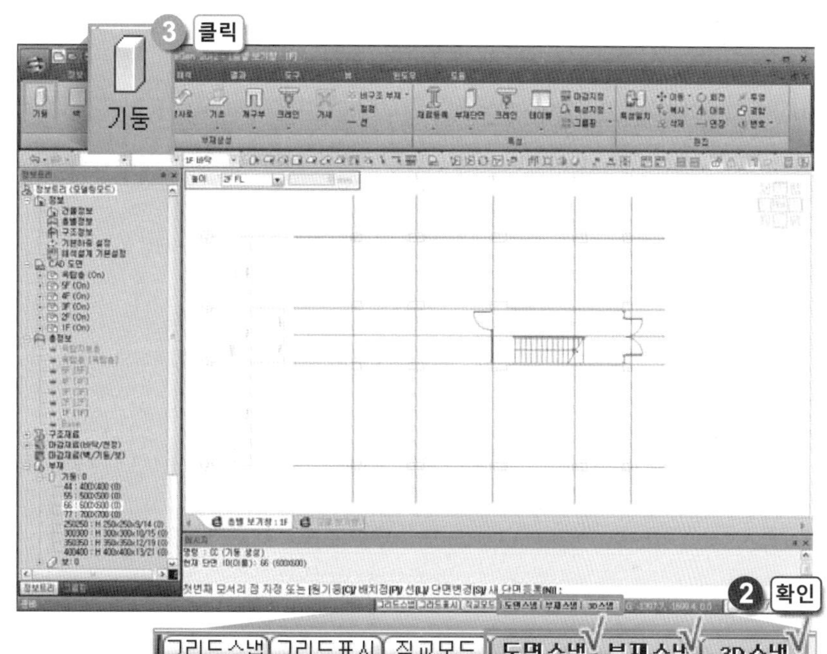

NOTE

- 오른쪽 상단의 뷰네비게이션 또는 단축키 Ctrl + Shift + I 를 사용하여 부재를 확인할 수 있다.

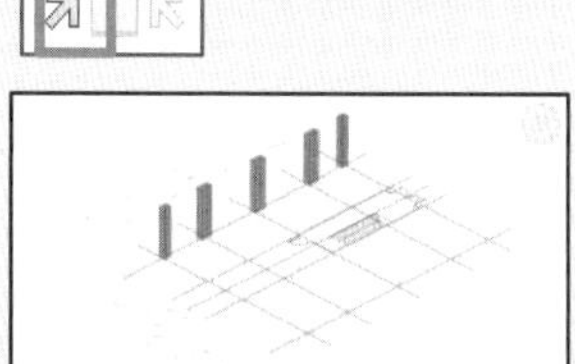

- 생성한 철근콘크리트 기둥은 그 단면정보가 자동 등록되며, 정보트리에서 확인할 수 있다.

4. 기둥 모델링

- CAD도면에 스냅하여 기둥의 대각선 끝 두점을 클릭
  - 부재 단면의 크기가 동일 하더라도 중심선 교차점이 다른 경우, 절점과 구조선의 위치는 다르다.
  따라서 본 따라하기에서는 모든 기둥을 직접 생성해야 한다.

5. 1층의 나머지 기둥 생성

- 각 기둥의 대각선 모서리를 클릭하여 생성

6. 생성된 기둥 확인

- [뷰네비게이션]의 [남서방향] 클릭

- 기둥 단면의 중심과 도면 중심선의 교차점이 다른 경우 기둥을 직접생성하면 자동으로 편심이동이 고려되어 편심이동 표시(—▷)가 나타난다.

---

7. 와이어프레임 확인

- [와이어 프레임] 보기를 통해 구조선이 생성된 형상을 확인한다.
- [와이어 프레임]아이콘 클릭 또는 단축키 : Ctrl + H

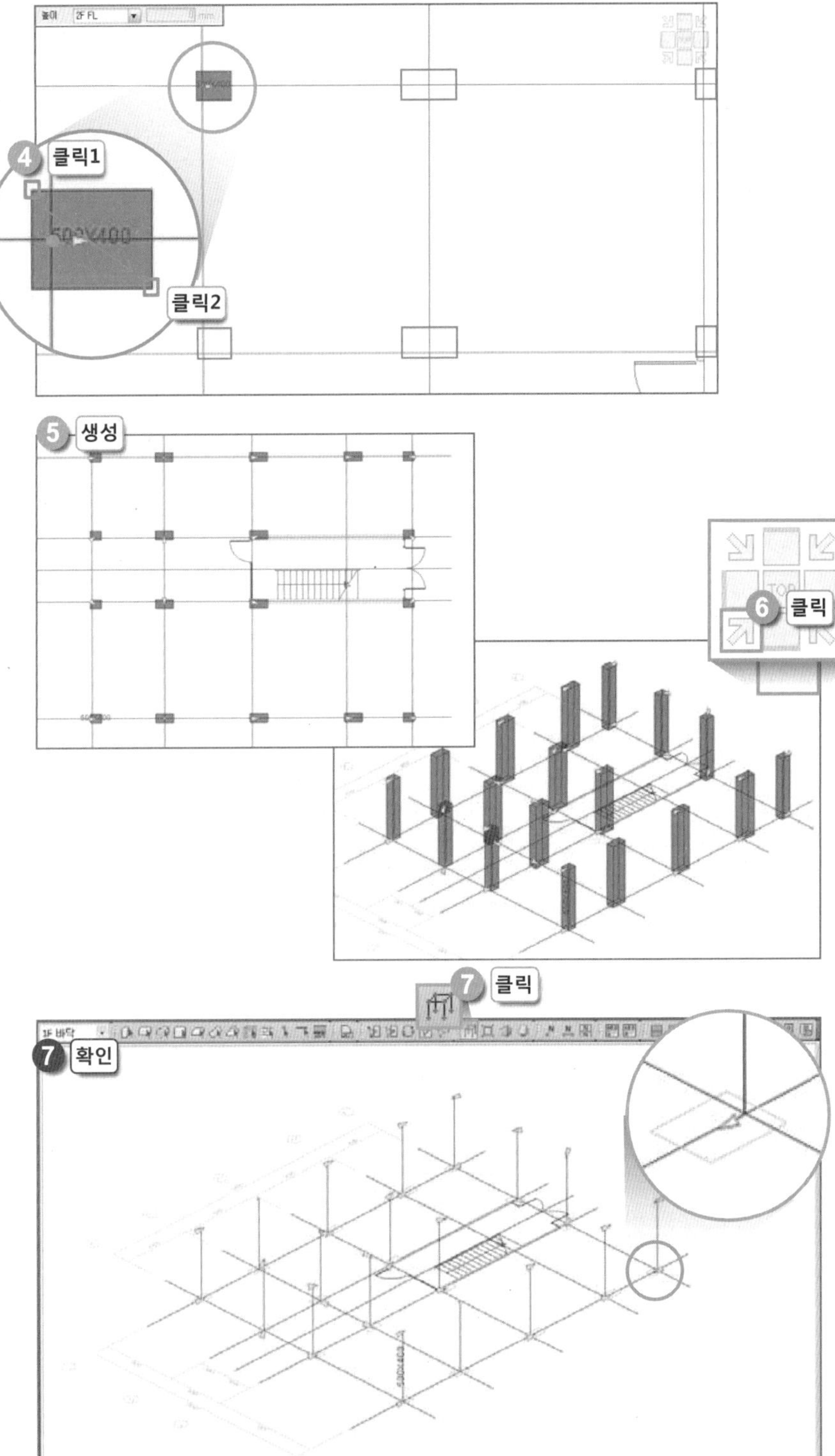

eGen 도우미

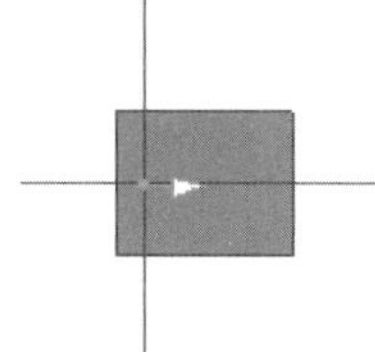

편심 :

midas eGen에서는 중심선의 교차점이 부재의 중심을 지나지 않고, 부재 내에 존재하나 중심을 벗어나있는 경우 자동으로 편심을 고려하고 있다.

[편심]이란 한쪽으로 중심이 치우쳐 있어, 힘의 작용이 재축에서 벗어나 작용하는 상황을 말한다.

1) 구조 모델링의 편심이동

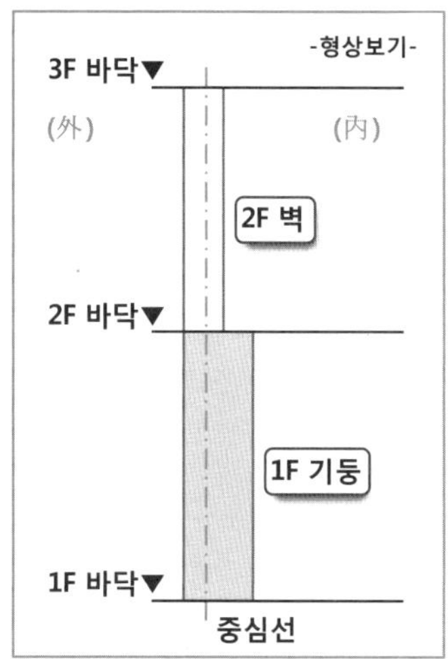

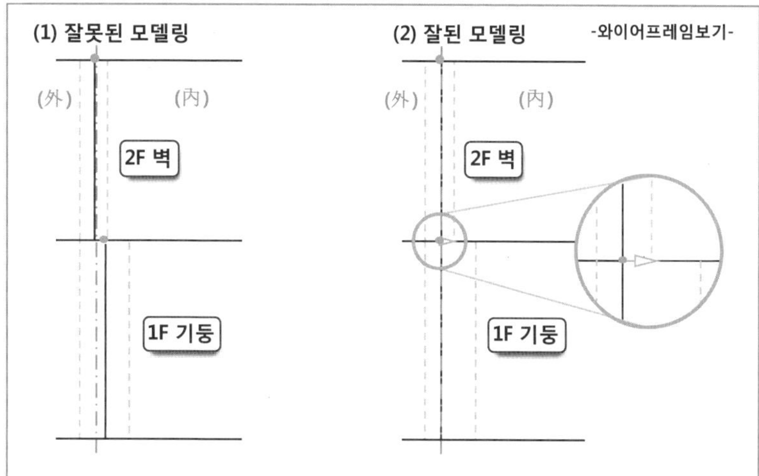

❖ 단면중심에 구조 절점이 생성된 경우 (상하층의 수직부재의 X,Y 좌표 불일치)

❖ 중심선 교차점에 구조 절점이 생성 된 경우 (상하층 수직부재 X,Y좌표 일치)

➢ **편심이 적용된 부재에는 편심 크기와 방향이 화살표 —▷로 표현된다. 하중을 전달하는 구조선과 절점은 '중심선의 교차지점'에 생성된다.**

2) 편심의 생성

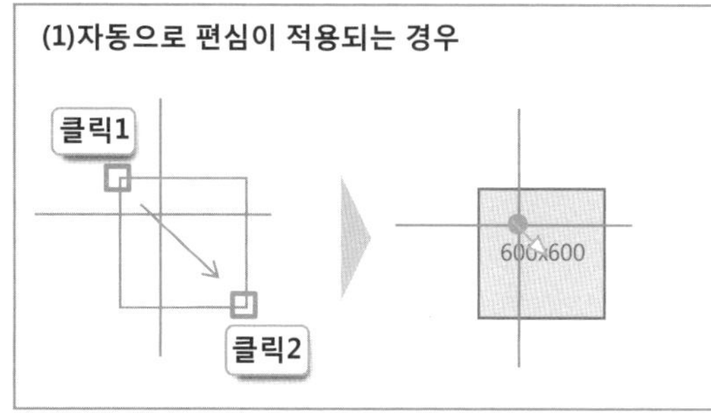

(2) [편심이동]기능 이용하여 편심 적용되는 경우

600x600

편심이동

❖ CAD도면 밑그림에 의해 부재 생성 시, 부재의 중심과 중심선의 교차점이 다른경우 편심이 자동으로 적용된다.

❖ 부재의 중심과 중심선의 교차점이 동일한 부재 생성 후 [편심이동]기능을 사용하여 직접 이동시켜 편심을 적용한다.

따라하기

1층 벽을 생성하자.

1. 작업환경 설정

- [뷰네비게이션]의 [TOP] 클릭
  또는 단축키 : Ctrl + Shift + T

2. 벽체 생성

- 메뉴 : [모델링] > [부재생성] > [벽] 아이콘 벽 클릭
  또는 단축명령어 : CW

3. 벽 단면 변경

① 메시지창에 [새단면등록] 'N'입력 후 Enter

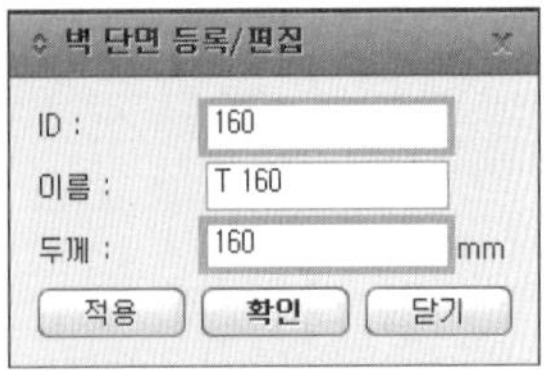

② [벽 단면 등록/편집] 창에서 [ID]에 '160'입력

③ [두께]에 '160'입력
→ 두께를 입력하면 이름은 T160 형태로 자동설정 된다.

④ [확인] 버튼 클릭
(벽 단면 기본설정값 : 200)

4.벽 모델링

- 벽의 절점과 기둥의 절점이 연결 되도록 시작점과 끝점을 클릭 하여 모델링

NOTE

- 벽체가 기둥과 만나있을 때에는 벽의 구조선과 기둥의 구조선이 만나도록 기둥 절점까지 클릭한다.
- 절점을 연결하여 모델링을 하기 때문에 벽체의 모서리가 떨어져 보이거나 벽의 일부가 중복되어 보이게 된다.

2) 1층 벽 생성

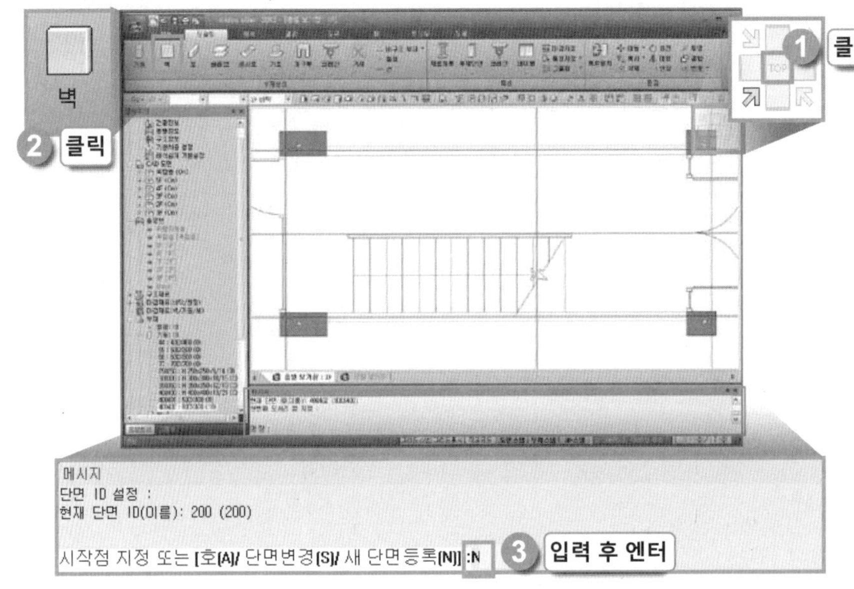

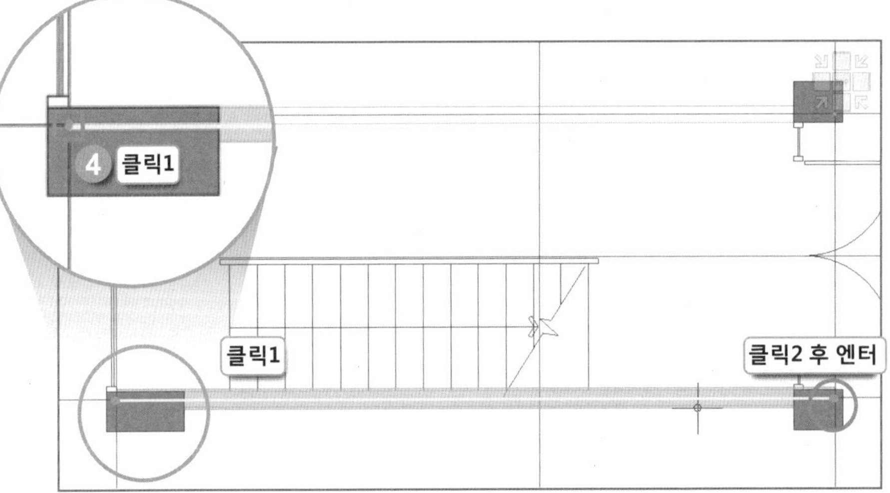

➢ 기둥과 연결되는 벽은 절점을 공유할 수 있도록 기둥절점에 벽체절점을 생성해야 한다.

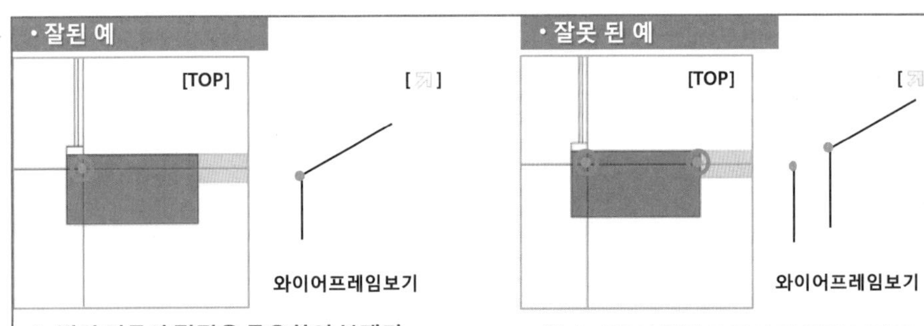

▶ 벽과 기둥이 절점을 공유하여 부재가 연결이 된 상태(O)

▶ 벽과 기둥의 절점이 만나지 않아 부재가 연결되지 않은 상태(x)

따라하기

1층 큰 보를 생성하고, 수정하자.

3) 1층 큰 보 생성

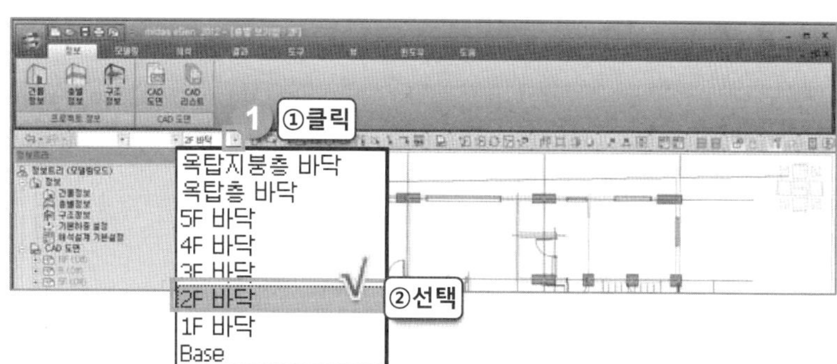

1. 작업화면 설정

① 층지정 드롭다운 버튼 클릭

② [2F 바닥] 선택

③ CAD 밑그림이 2F 레벨 위치에 있는지 확인

→ 보이지 않는 경우 [정보트리] > [CAD 도면] > 2F(On) 인지 확인

→ 2F(Off)인 경우 마우스 우클릭 후 [보이기/숨기기(S)] 클릭하여 활성화 한다.

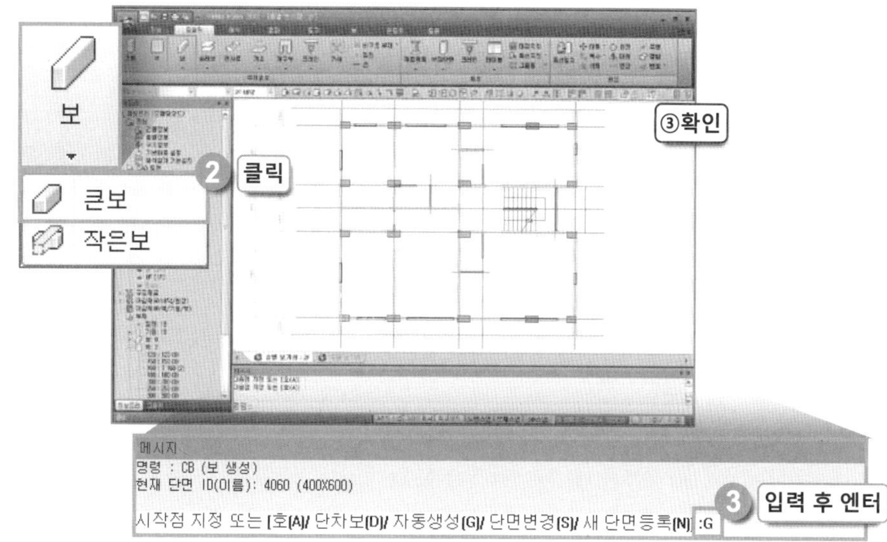

2. 큰 보 생성시작

- 메뉴 : [모델링] > [부재생성] > [보] 아이콘 클릭 > [큰 보] 큰보 클릭

  또는 단축명령어 : CB

3. 큰 보 자동생성

- 메시지창에 [자동생성] 'G' 입력 후 Enter

- 큰 보가 자동생성 된다.

4. 자동 생성된 큰 보 확인

5. 큰 보 수정계획 확인

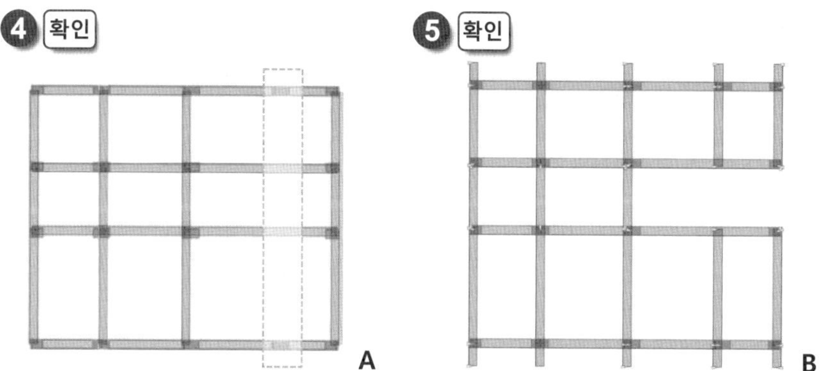

> 중심선을 기준으로 A형태와 같이 기둥간 보가 자동배치 되었다.

> 자동 생성되지 않은 부분에 큰 보를 직접 생성합니다. 또한 캔틸레버보를 생성한다.

> 그리고, 1층 보가 상부의 내력벽을 지지할 수 있도록 편심이동 하여 보를 B와 같이 수정 작업하겠다.

NOTE

- 큰 보 자동생성 기능은 중심선을 기준으로 기둥과 기둥 사이에 보를 배치하므로 중심선이 없거나 캔틸레버보와 같은 경우에는 자동생성 되지 않는다.
- 자동생성 기능을 활용할 때에는 누락된 부재가 없는지 반드시 확인한다.

6. 큰 보 추가 생성

① Enter 또는 Space 입력

→ 앞서 실행한 명령이 '큰 보'이기 때문에 자동으로 큰보 생성이 시작된다.

② A절점과 B절점 클릭 후 Enter

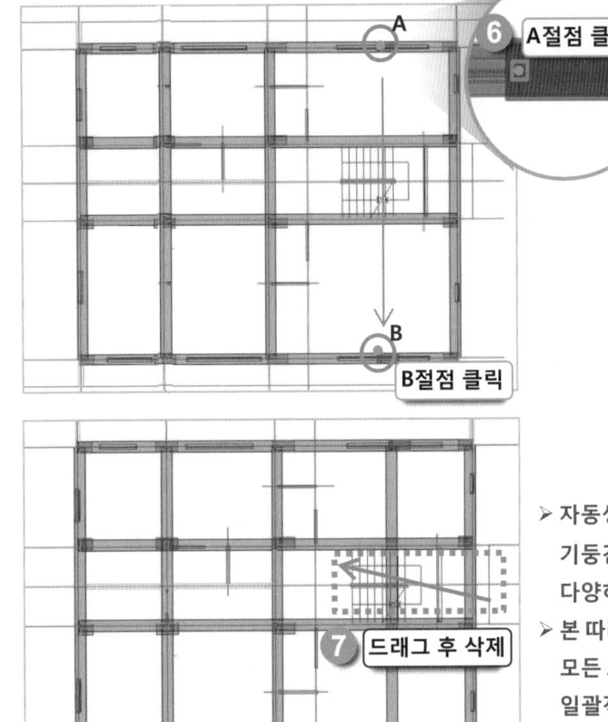

7. 큰 보 편집

① 해당 큰 보 드래그하여 선택

② Delete 키 누르거나 메시지창에 'E' 입력 후 Enter

> 자동생성된 보의 단면 크기는 기둥간의 스팬이 고려되어 다양하게 생성될 수 있다.
> 본 따라하기에서는 1층의 모든 보를 생성한 후 일괄적으로 단면 크기를 변경하겠다.

4) 1층 캔틸레버 보 생성

따라하기

1층 발코니 슬래브를 지지하기 위한 캔틸레버 보를 생성하자.

1. 캔틸레버 보 생성시작

- 메뉴 : [모델링] > [부재생성]> [보] 아이콘 클릭 > [큰 보] 큰보 클릭

또는 단축명령어 : CB

2. 캔틸레버 보 단면 확인

- 메시지창에 단면 [4060] 확인

3. 캔틸레버 보 모델링

4. 생성된 캔틸레버 보 확인

메시지
명령 : CB (보 생성)
현재 단면 ID(이름): 4060 (400X600)
2 확인
시작점 지정 또는 [호(A)/ 단차보(D)/ 자동생성(G)

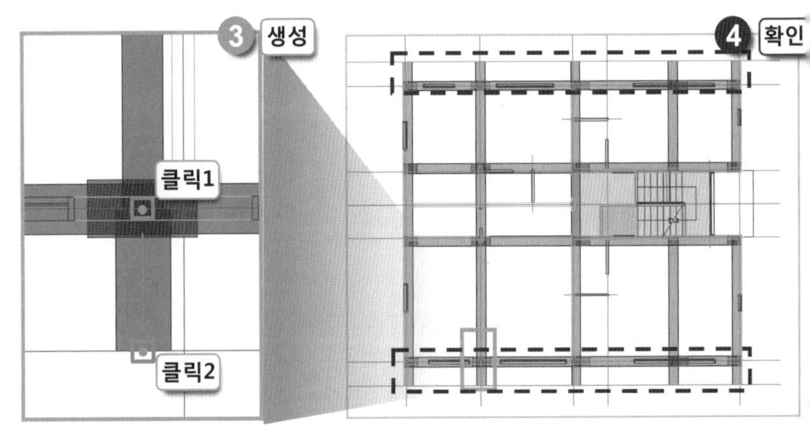

NOTE

- 기둥 – 기둥 : 큰 보로 모델링
- 보 – 보 : 작은 보로 모델링
- 기둥 과 연결된 캔틸레버 : 큰 보로 모델링

따라하기

1층 큰 보의 단면을 변경하자.

5) 1층 큰 보 단면변경

1. 단면 변경할 보 선택

- 기둥과 벽체를 제외하고 큰 보만 선택한다.

①부재별선택창에서 [큰 보 선택] 클릭

②1층 전체 드래그하여 선택

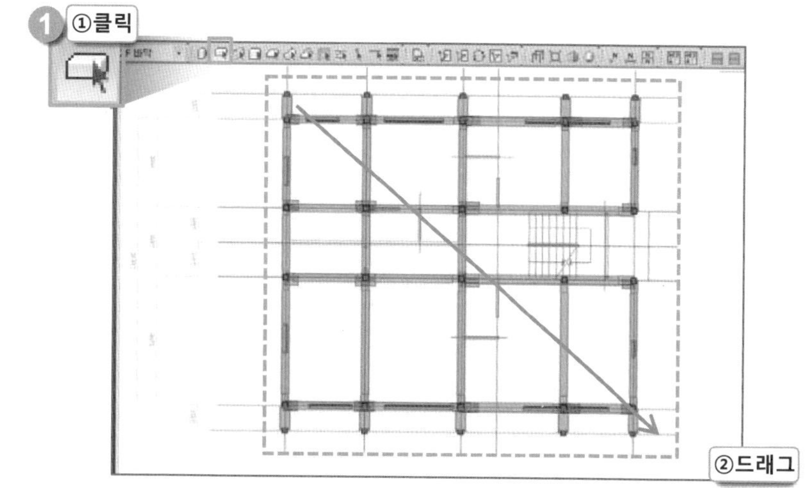

2. 변경할 단면항목 드래그 앤 드롭

• [정보트리] 에서 [4070 : 400 x700] 을 클릭한 채 드래그하여 작업창에 놓습니다.

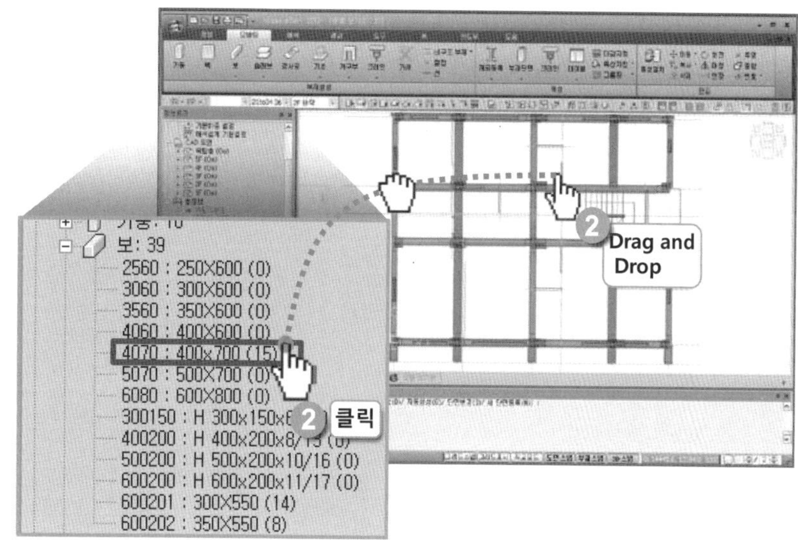

3. 변경된 단면 확인

- [정보트리]의 단면항목 괄호 안 숫자가 변경된다.
- 단면 변경된 부재 위로 단면이름이 나타난다.

TIP – 4070이 없는 경우 부재등록

① [모델링] > [특성] > [부재단면] > [보]

② 추가... 클릭

③ ID : 4070

b : 400

h : 700 입력 후 확인 클릭

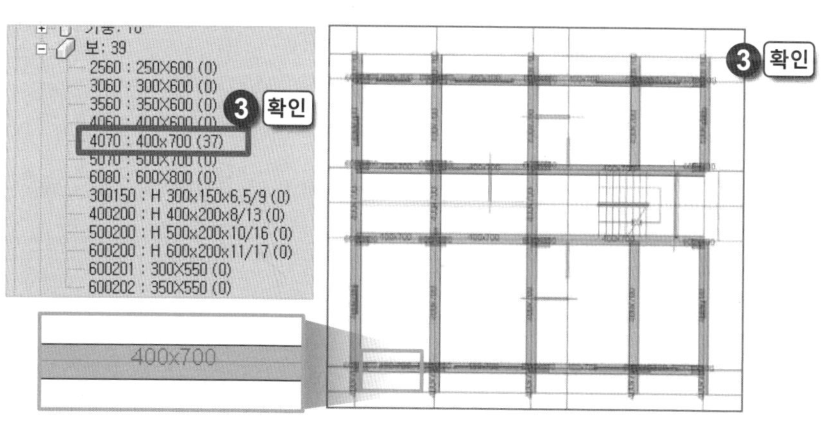

NOTE

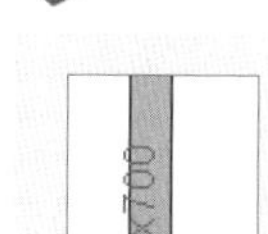

▪ 편심이동을 하거나 단면을 변경했을 때 부재에 변경된 정보가 표시된다.

▪ 사용자의 마지막 작업사항에 대해서 확인 해 주고, 이후 다른 작업을 진행하면서 표시는 사라진다.

따라하기

건물 외벽선에 맞추어 보의 위치를 편심이동 하자.

midas eGen 따라하기 Part. 2
"1. 부재기준으로 편심이동" 참조▶ 참조

- 홈페이지 > 교육 > 실무예제 따라하기 > 중급과정 > 필로티가 있는 RC다세대주택 따라하기의 완성된 모델파일(meb)을 참조해 보의 이동 위치를 확인할 수 있다.

1. 큰 보 편심이동

- 메뉴 : [모델링] > [편집] > [이동] 드롭다운 버튼 이동 > [편심이동] 편심이동 클릭
  또는 단축명령어 : OM

2. 큰 보만 선택

① 부재별선택창에서 [큰 보 선택]

클릭

② 이동할 서측외벽 지지보를 드래그하여 선택 후 Enter

3. 편심이동 수행

- [A]지점과 [B]지점 순서대로 클릭하여 편심이동 수행

4. 편심이동된 보 확인

5. 나머지 큰 보도 같은 방법으로 편심이동 수행

TIP - 편심이동 시 스냅이 잘 안잡힐 경우 보의 끝선과 기둥 끝선을 사선으로 클릭해도 수직방향으로 편심이동 된다.

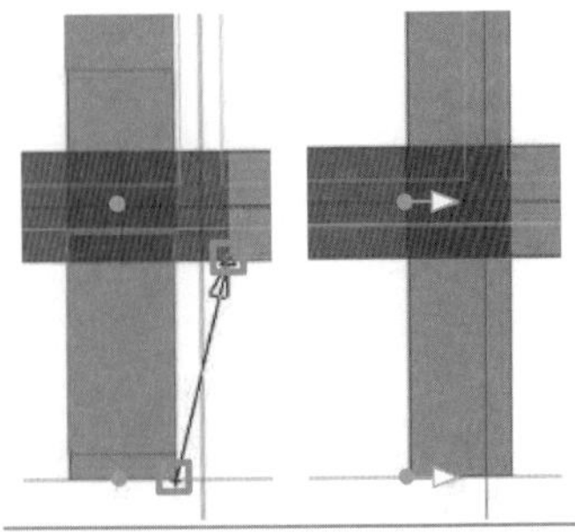

6. 편심이동된 큰 보 확인

6) 1층 보 편심이동

midas eGen의 [이동]에는 일반적인 [이동]과 [편심이동]이 있다.

본 따라하기 모델의 경우 상부 내력벽의 하중이 하부 보로 안전하게 전달되기 위해 벽과 보의 절점과 구조선이 만나도록 모델링 하는 것이 중요하다. 따라서 기둥의 절점 간 연결된 보부재의 외곽선의 시공성을 고려하여 편심이동 하도록 하자.

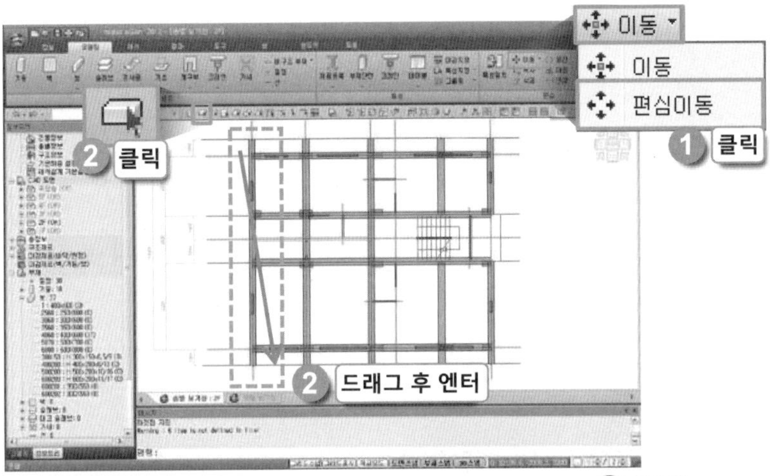

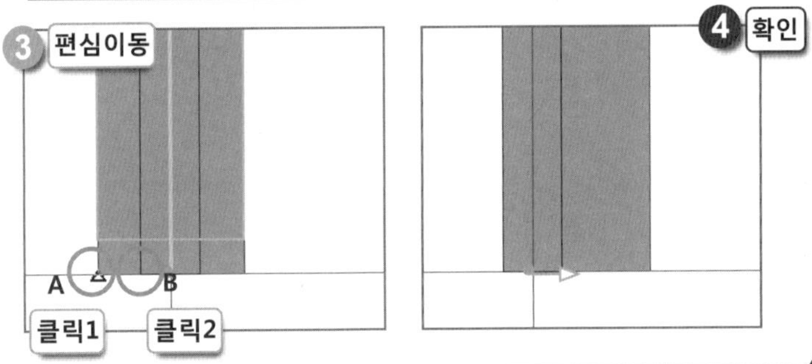

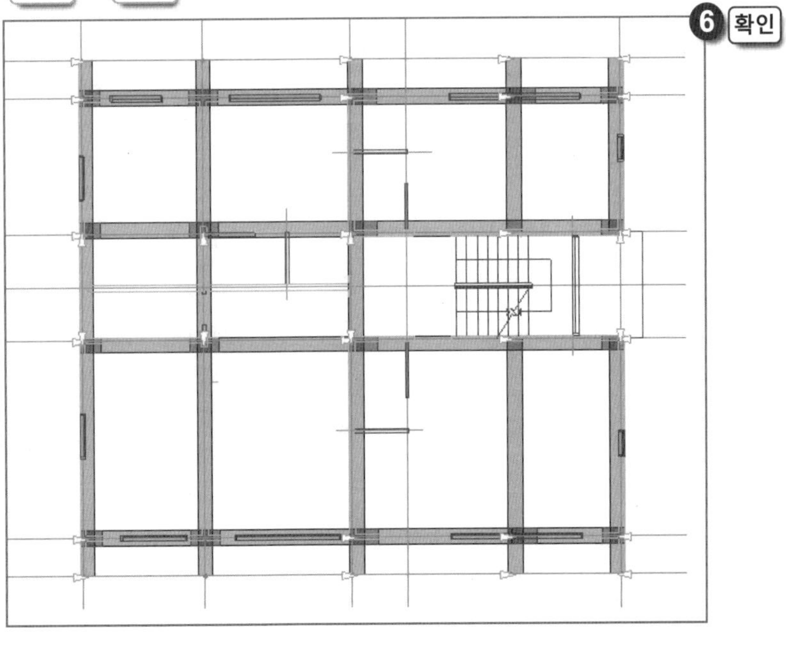

이동
이동
편심이동
① 클릭
② 클릭
② 드래그 후 엔터
③ 편심이동
A
B
클릭1
클릭2
④ 확인
⑥ 확인

7) 특성 지정

(1) 전이보 지정

따라하기

1층에 생성된 큰 보를 전이보로 지정하자.

midas eGen에서는 전이층의 보를 '전이보'로 지정할 경우 해당 보와 그 보를 지지하고 있는 기둥에는 특별 지진하중이 적용된다. 본 따라하기는 상부 내력벽식 구조에서 1층의 기둥-보 형식으로 전이되는 구조로, 1층의 큰 보를 전이보로 지정하는 과정을 학습하자.

1. 전이보 지정 실행

- 메뉴 : [모델링] > [특성] > [특성지정] 특성지정 클릭 > [전이보 지정] 전이보 지정 클릭 또는 단축명령어 : TR

2. 큰 보만 선택

- 부재별선택창에서 [큰 보 선택] 클릭

3. 해당 보 선택

- 1F 부재를 선택

4. 전이보 지정 확인

- 1층 보를 전체 전이보 지정하여도 벽체 상부의 보는 전이보가 자동 해지 된다.

<전이보 지정 계획>

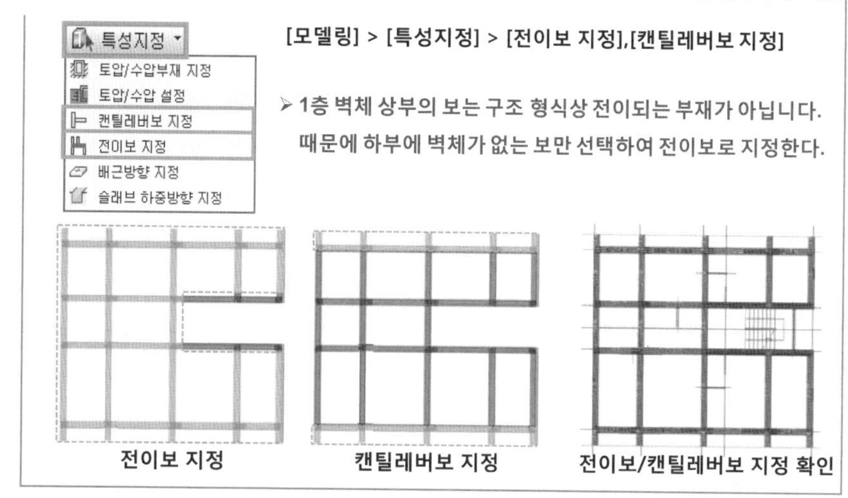

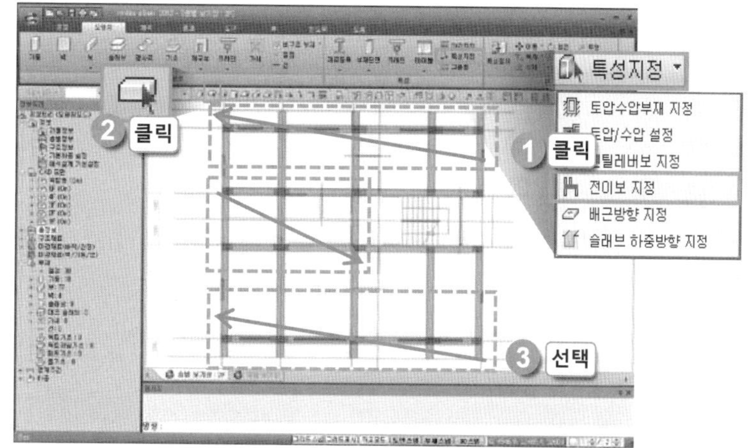

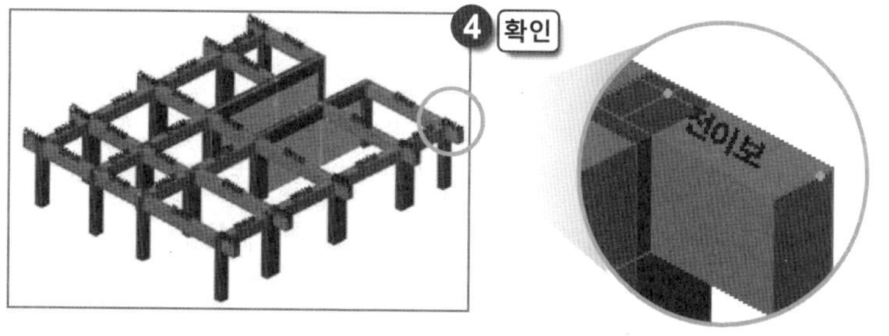

➢ 전이보가 지정되면 전이보 라는 텍스트가 표시되고, 보의 색이 변경된 것을 확인할 수 있다.

NOTE

- 구조형식이 바뀌는 전이층이 있는 건물의 경우 'KBC2009'에서는 '특별지진하중'을 적용하라고 명시되어 있다. 전이층이 체크된 층의 보를 전이보로 지정하게 되면 보와 연결된 기둥 부재들 역시 특별지진하중이 자동으로 적용된다.

따라하기

발코니 슬래브를 지지하는 캔틸레버보의 특성을 지정하자.

(2) 캔틸레버보 지정

발코니 슬래브를 지지하는 보는 외팔 보 이므로 캔틸레버보로 특성지정 한다.

1. 캔틸레버보 지정 실행

- 메뉴 : [모델링] > [특성] > [특성지정] 특성지정 클릭 > [캔틸레버보 지정] 캔틸레버보 지정 클릭
  또는 단축명령어 : CR

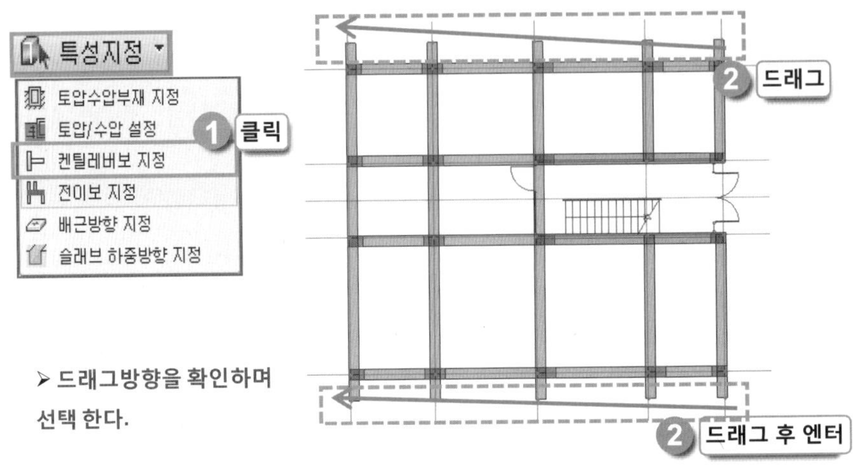

2. 발코니 하부 보 선택

- 해당 부재를 드래그 후 Enter

➤ 드래그방향을 확인하며 선택 한다.

3. 지정된 캔틸레버보 확인

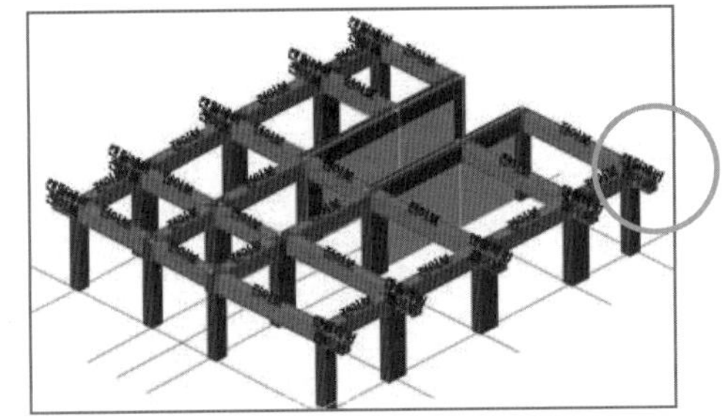

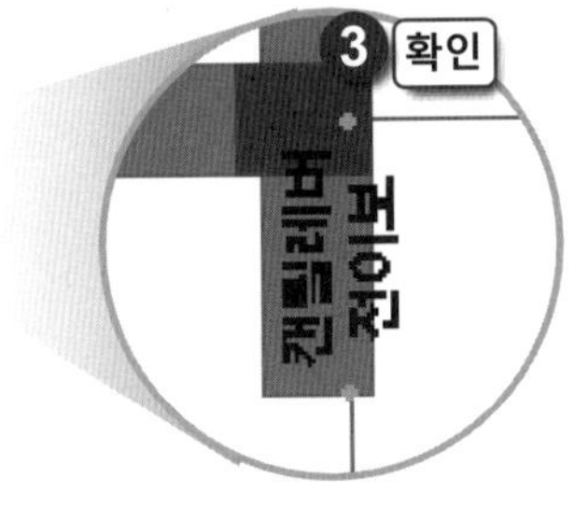

NOTE

- 일반적으로 캔틸레버보와 길이가 짧은 보의 경우 전 단면 동일한 배근을 사용한다. midas eGen에서 보 부재를 캔틸레버 보로 특성지정하면 위와 같은 배근이 적용된다.

따라하기

1층 슬래브를 자동생성하자.

8) 1층 슬래브 자동생성

midas eGen의 자동생성 기능을 활용하여 1층 슬래브를 생성하자.

현재 작업레벨(2F 바닥)에서 보,벽으로 둘러싸인 폐구간에 슬래브가 자동생성 된다.

1. 작업환경 확인

- 작업층 [2F 바닥] 확인

2.슬래브 생성

- 메뉴 : [모델링] > [부재생성] > [슬래브]아이콘 슬래브 클릭 > [슬래브] 슬래브 클릭
  또는 단축명령어 : CS

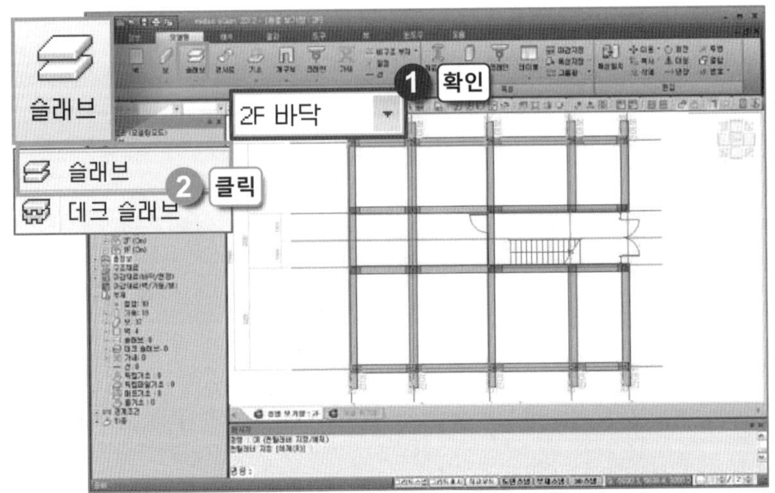

3. 슬래브 단면 확인

- 메시지창에 [단면 ID] 200 확인
  (슬래브 단면 기본설정값 : 150)

TIP - 슬래브 단면 변경방법
① 슬래브 단면변경 'S' 입력 후 Enter
② '200' 입력 후 Enter

4. 슬래브 자동생성

- 메시지창에 [자동생성] 'G' 입력 후 Enter
- 보나 벽으로 구획된 폐구간에 생성된다.

5. 발코니 슬래브 생성

TIP - Enter 또는 Space 를 입력하면 전 단계의 명령을 한번 더 실행할 수 있다.

- 발코니 슬래브 생성 할 양쪽 대각선 양 끝 절점 클릭 하여 직접 생성

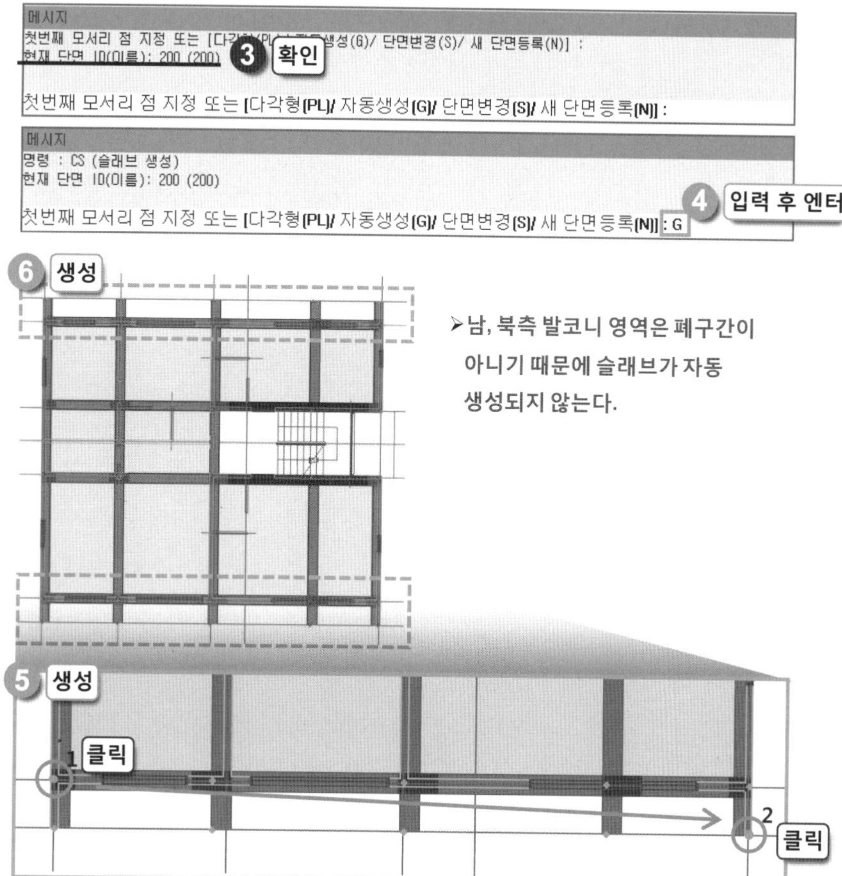

➤남, 북측 발코니 영역은 폐구간이 아니기 때문에 슬래브가 자동 생성되지 않는다.

6. 북쪽 발코니 슬래브 생성

- 같은 방법으로 나머지 발코니 슬래브를 생성

7. 생성된 슬래브 확인

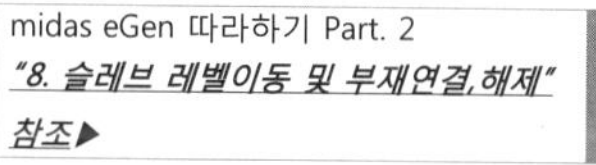
midas eGen 따라하기 Part. 2
"8. 슬래브 레벨이동 및 부재연결, 해제" 참조▶
참조

➤메뉴의 [뷰] 또는 도구막대의 [분리보기]를 선택하면 생성된 슬래브의 영역 확인이 용이하다.

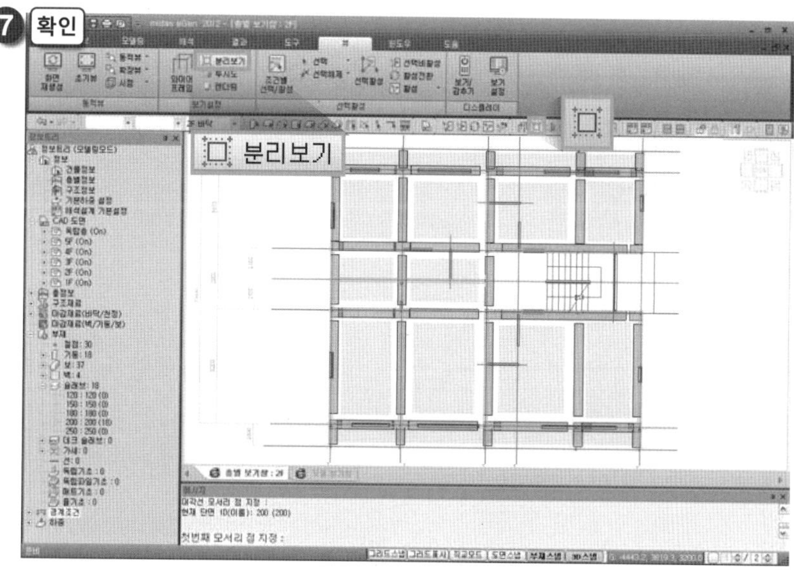

NOTE

- 슬래브 생성은 해당 층의 CAD도면 기준이 아닌, 하부의 수직부재를 기준으로 생성하는 것이 좋다. 이렇게 생성된 슬래브는 하부의 수직부재에 의해 지지되고 상부의 하중을 전달하게 된다.

9) 1층 경사로 생성

(1) 계단참 생성

따라하기

절점 생성에 유의하며 계단참을 생성하자.

1. 계단참 생성

- 메뉴 : [모델링] > [부재생성] > [경사로]아이콘 경사로 클릭
  또는 단축명령어 : CST

2. 계단참 단면 확인

- 메시지창에 [단면 ID] 200 확인
  (경사로 단면 기본설정값 : 200)

TIP – 경사로 단면변경 방법
① [단면변경] 'S' 입력 후 Enter
② '200' 입력 후 Enter

3. [직교모드], [도면스냅] 활성

온라인 도움말 F1 > 모델링 > 부재생성 > 경사로 참조

4. 계단참 절점 생성

- 계단과 계단참을 연결해야 하므로 계단참 중간에 두 점을 클릭하여 절점을 생성
- 6번 지점까지 클릭한 뒤 메시지 창에 'C'입력 후 Enter 하거나, 1번을 다시 클릭하여 계단참 생성을 완성한다.

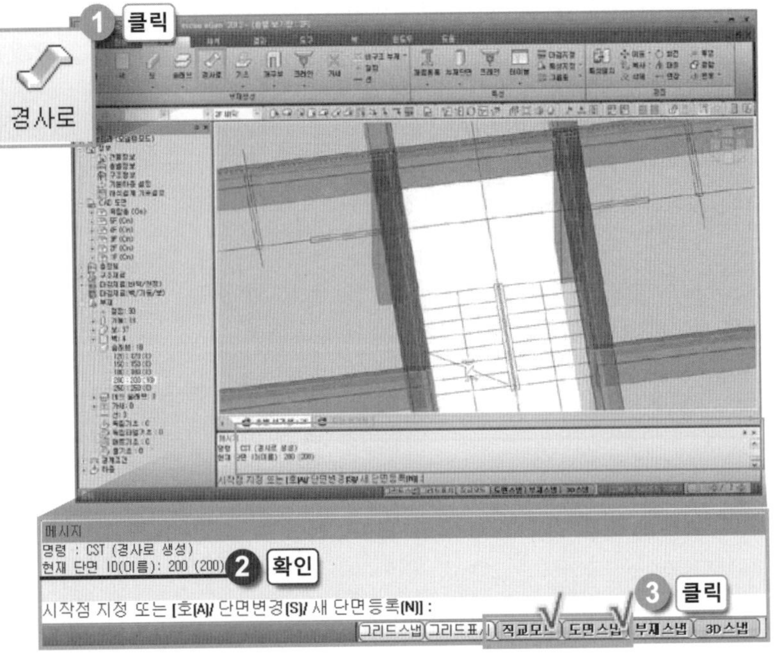

➢ [직교모드]와 [도면스냅]을 활성화해 경사로 모델링을 한다.

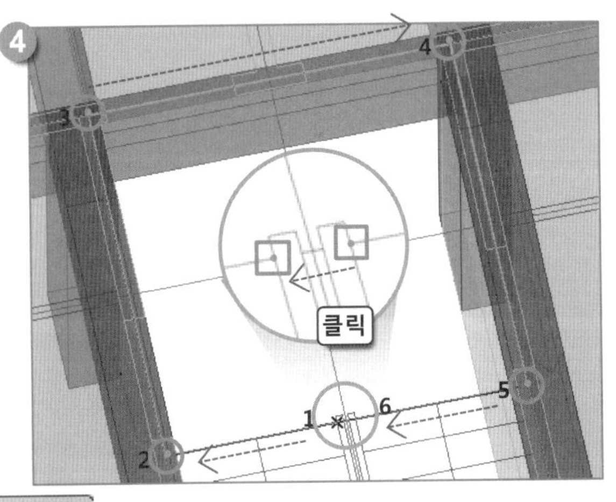

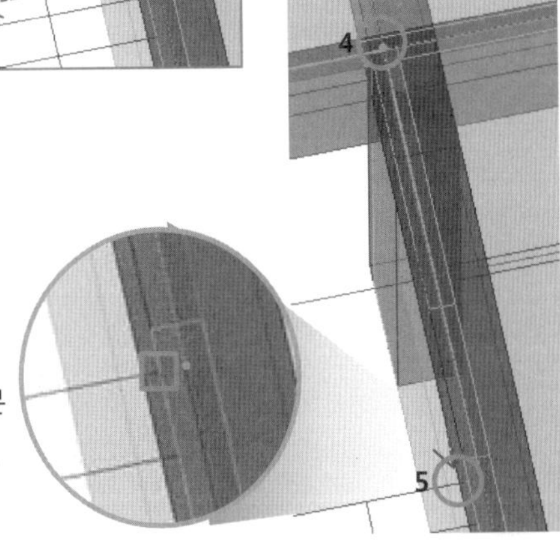

직교모드

❖스냅되지 않는 [5번]지점에서는 [직교모드]를 활용하면 쉽게 생성할 수 있다.

❖[4번] 절점 클릭 후 [5번]지점을 선택해야 하는데, 도면상의 교차점이나, 모델링의 절점이 없어 스냅할 지점이 없다.

❖이때, [직교모드]가 켜진 상태에서 계단부분의 도면 교차점을 클릭하면 [5번]지점에 절점이 형성된다.

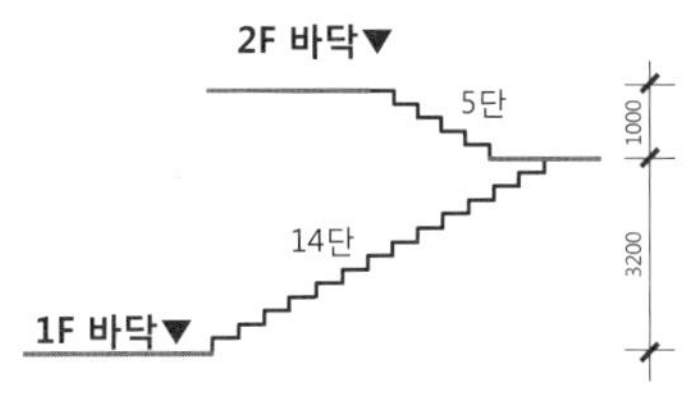

- 위 그림과 같이 1층 계단이 생성된다

5. 반대쪽 계단참 모델링

- 같은방법으로 반대쪽 계단참을 [2F 바닥]에 모델링

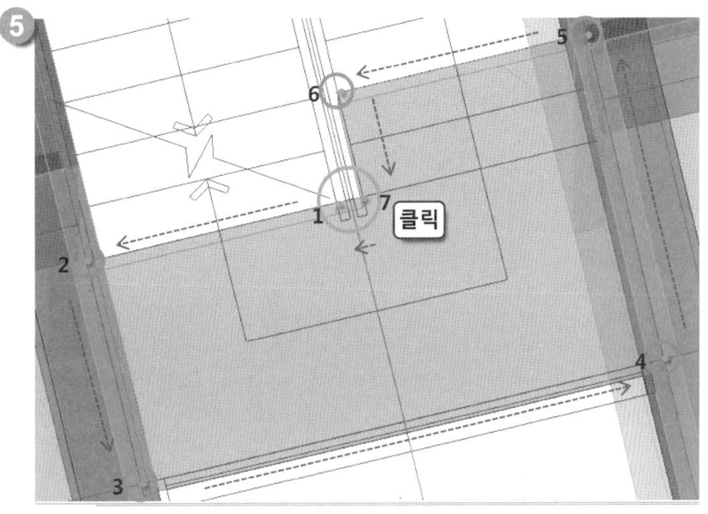

6. 계단참을 위치에 맞게 이동

[부재 이동 순서]

① 메뉴 : [모델링] > [편집] > [이동] 이동 클릭
또는 단축명령어 : M

② 이동 부재 클릭
→ 이동할 계단참 클릭 후 Enter

③ 이동 기준점 지정
→ 이동 할 절점 클릭
→ 어떤 절점을 선택해도 무방

④ 이동거리 입력
→ Z방향 아래쪽으로 1m 이동을 위해 메시지창에 '0,0,-1000' 입력 후 Enter

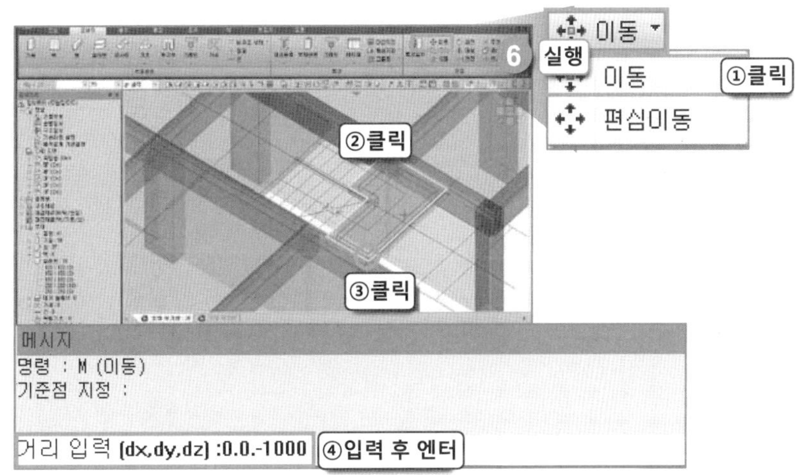

7. 계단참 이동 확인

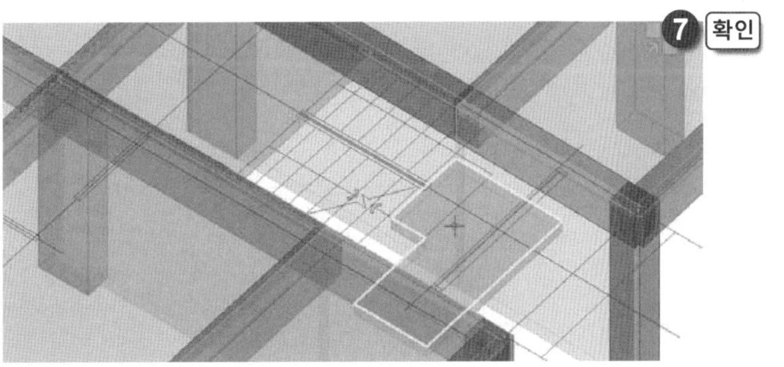

(2) 계단 생성

따라하기

1층 계단을 생성하자.

1. 작업환경 설정

• 작업층을 [1F 바닥]으로 설정

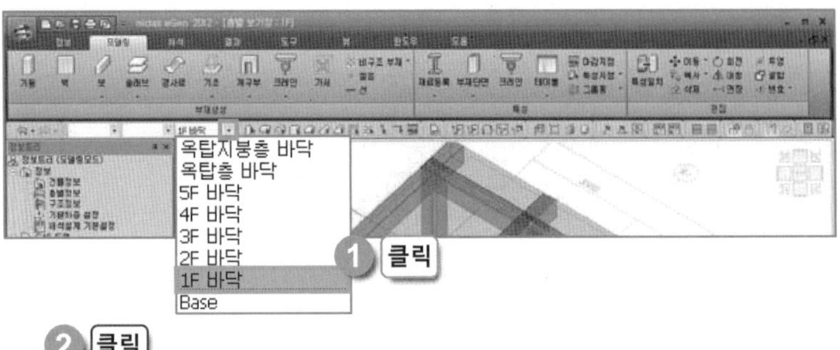

2. 계단참 선택활성화

- 작업의 편리성을 위해 계단부분만 선택활성 한다.

① 부재별선택창에서 [경사로 선택] 클릭

② 계단참 부분 드래그하여 선택

③ F2 누르거나 [선택활성] 클릭

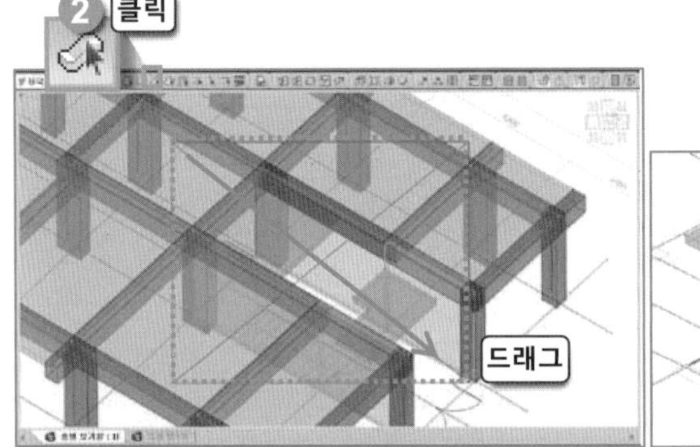

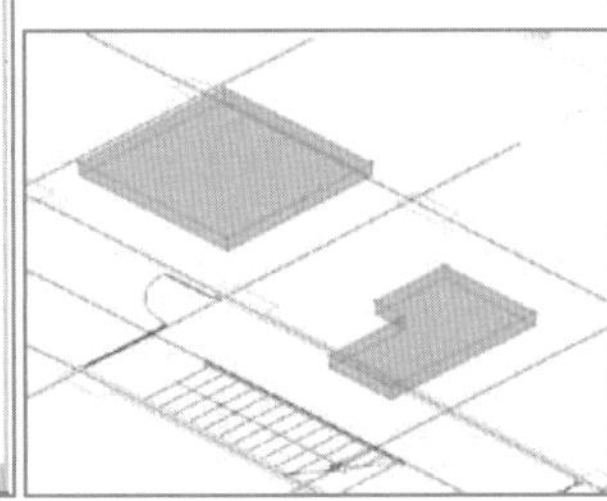

3. 경사로 생성

• 메뉴 : [모델링] > [부재생성] > [경사로] 아이콘 경사로 클릭

또는 단축명령어 : CST

4. 경사로 단면 확인

• 메시지창에 [단면 ID] 200 확인

(경사로 단면 기본설정값 : 200)

5. 경사로 모델링

• 경사로 생성 부분을 차례로 클릭하여 경사로 생성

- 스냅모드의 [직교모드]를 클릭해 해제한다.

- 4번 절점을 클릭한 뒤 메시지창에 'C'입력 후 Enter 하거나, 1번 절점 다시 클릭하여 영역 지정한다.

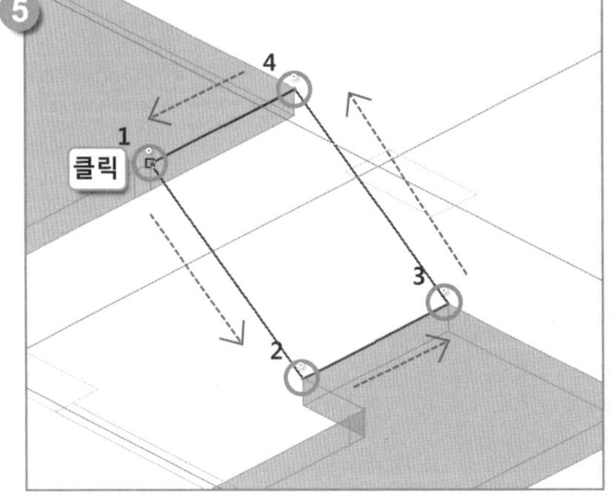

6. 단수 입력

• 메시지창에 [단수 설정] '5' 입력 후 Enter

7. 생성된 경사로 확인

8. 반대쪽 경사로 모델링

① 경사로 생성 부분 차례로 클릭
→ [1F 바닥] 에 [도면스냅]하여 경사로 생성부분을 차례로 클릭

② 메시지창에 [단수 설정] '14' 입력 후 Enter

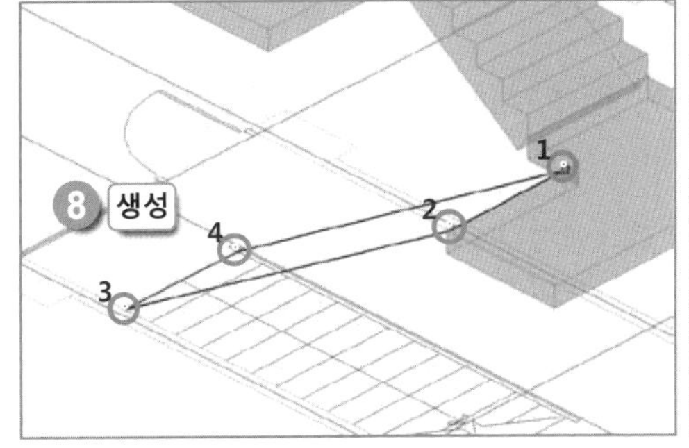

9. 생성된 경사로 확인

1층 모델링이 완료되었다.

- [와이어 프레임] 보기를 통해 모델링을 확인한다.
- [와이어 프레임]아이콘 클릭 또는 단축키 : Ctrl + H

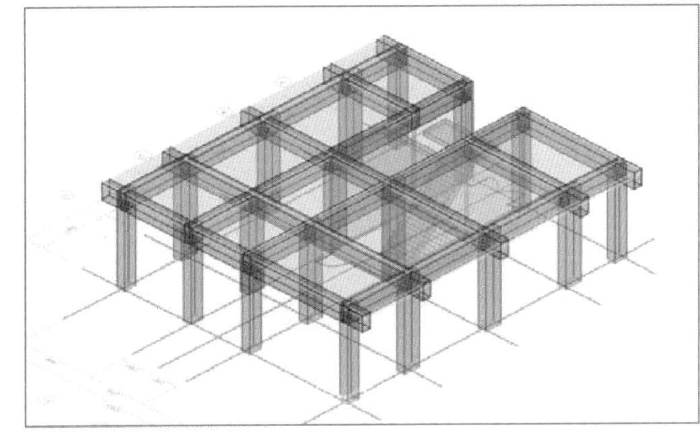

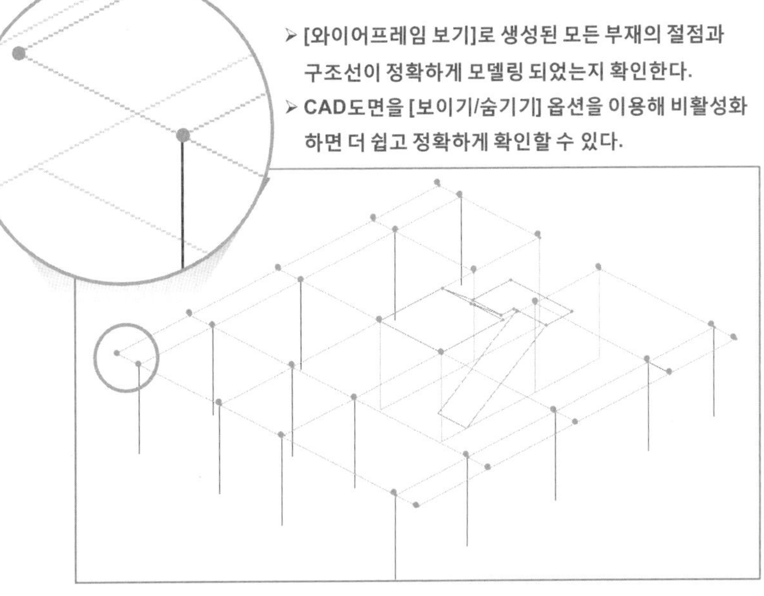

- [와이어프레임 보기]로 생성된 모든 부재의 절점과 구조선이 정확하게 모델링 되었는지 확인한다.
- CAD도면을 [보이기/숨기기] 옵션을 이용해 비활성화 하면 더 쉽고 정확하게 확인할 수 있다.

TIP – 절점번호 보기 설정

구조부재가 한 개의 절점에서 정확하게 연결 되었는지 확인하기 위해서 N 를 클릭하거나 [보기/감추기]에서 절점번호를 체크하면 아주 인접한 위치에 절점이 2개 이상 생성된 곳을 쉽게 확인할 수 있다.

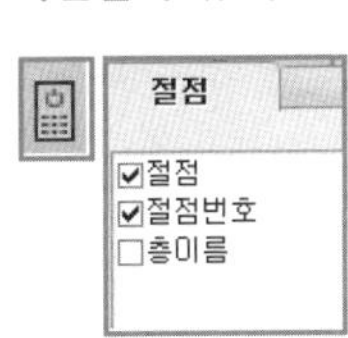

6.3.2 2층 부재 생성

따라하기

2층 내력벽을 생성하자.

내력벽과 비내력벽을 생성하여 내력벽시스템의 2층을 모델링하고,개구부와 슬래브를 생성하자.

1) 2층 내력벽 생성

1. 작업환경 설정

- 작업층을 [2F 바닥] 으로 설정
- [뷰네비게이션]의 [TOP] 클릭
  또는 단축키 : Ctrl + Shift + T
- 층활성아이콘 [상부층] 클릭

2. 벽체 생성

- 메뉴 : [모델링] > [부재생성] > [벽] 아이콘 클릭
  또는 단축명령어 : CW

3. 벽 단면 변경

- 메시지창에 [단면 ID] 160 확인

4. 벽 모델링

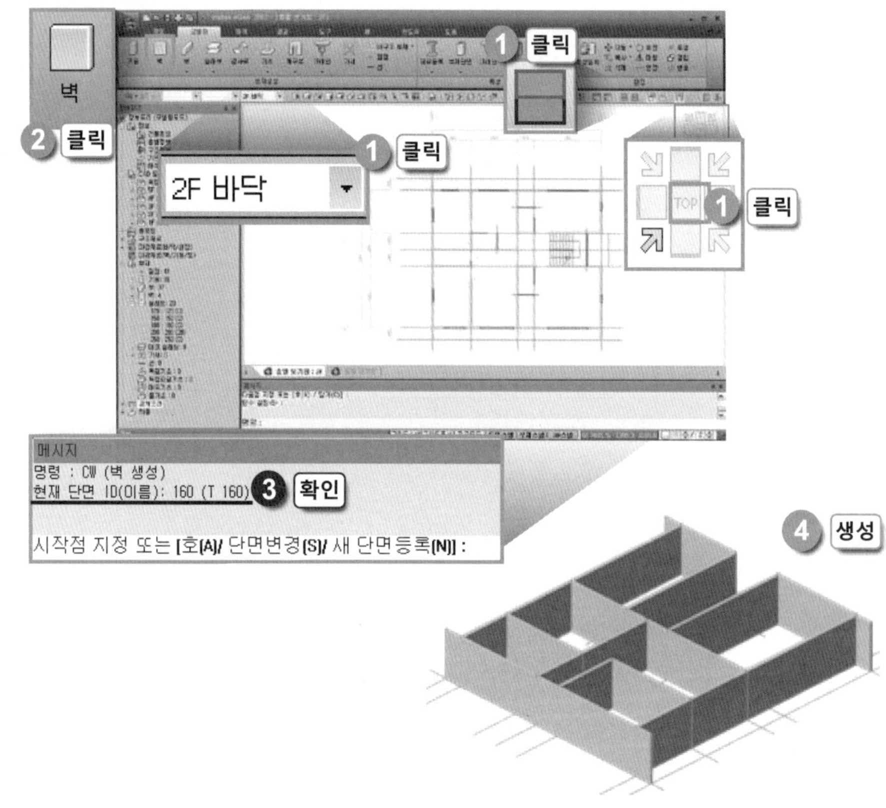

따라하기

2층의 비내력벽인 콘크리트 벽을 생성하자.

2) 2층 비내력벽 생성

1. 벽체 생성

- 메뉴 : [모델링] > [부재생성] > [비구조부재] 비구조 부재 드롭다운 버튼 > [콘크리트벽] 콘크리트벽 클릭
  또는 단축명령어 : NW

2. 벽 단면 확인

- [콘트리트벽] 단면 '100' 확인
  (콘크리트 벽 단면 기본설정값 : 두께 100)

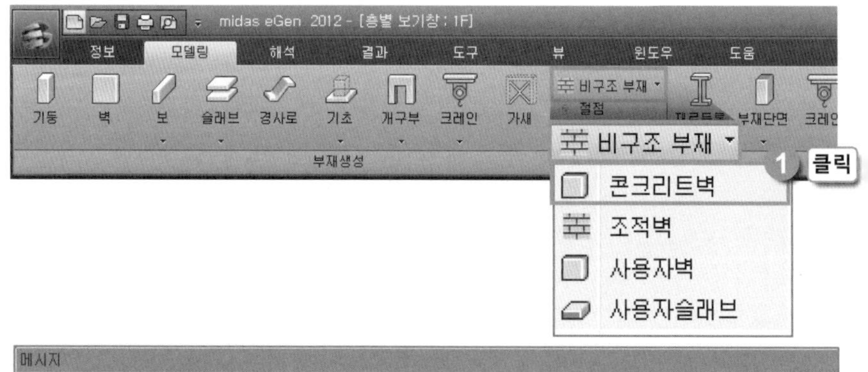

3. 벽 모델링

- CAD도면의 중심선을 기준으로 교차점에 스냅하여 벽체를 생성

4. 생성된 벽체 확인

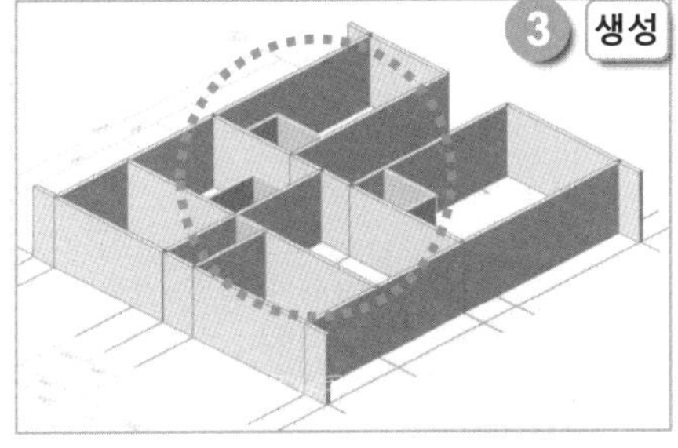

TIP - 비구조부재 활성화

위의 [비구조 부재 선택] 아이콘 클릭 후 2층 벽체 드래그 한 뒤 선택활성 F2 눌러 비구조 부재만 확인할 수 있다.

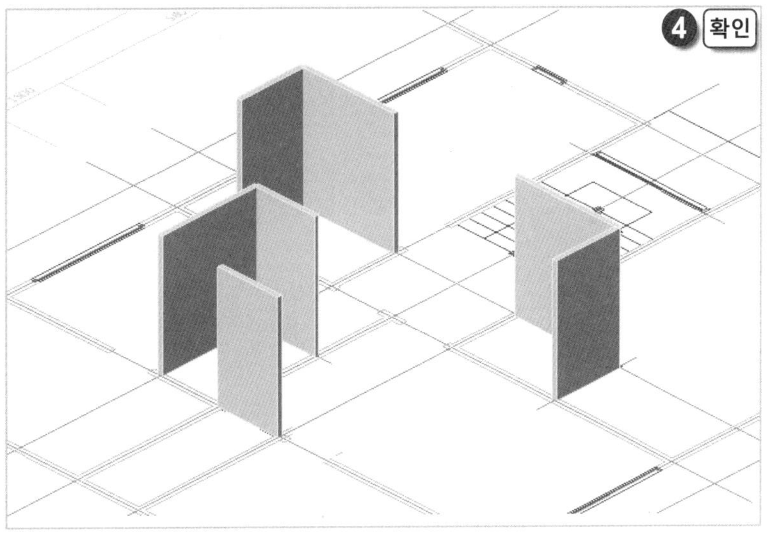

NOTE

- 비내력벽의 경우 도면상에 중심선을 그리지 않는 것이 일반적이므로, eGen으로 구조모델링을 하기 위해 미리 비내력벽의 중심선을 그려 두면 작업하는 데에 보다 효율적이다.

3) 2층 벽 개구부 생성

벽에 다양한 크기의 개구부를 생성합니다. 개구부 생성 작업계획을 확인하고, 개구부 모델링을 학습하자.

NOTE

- 개구부 높이(H) : 개구부의 창문 높이 를 말한다.
- 하단거리(D) : 바닥슬래브에서 개구부 최하단까지 거리를 말한다.

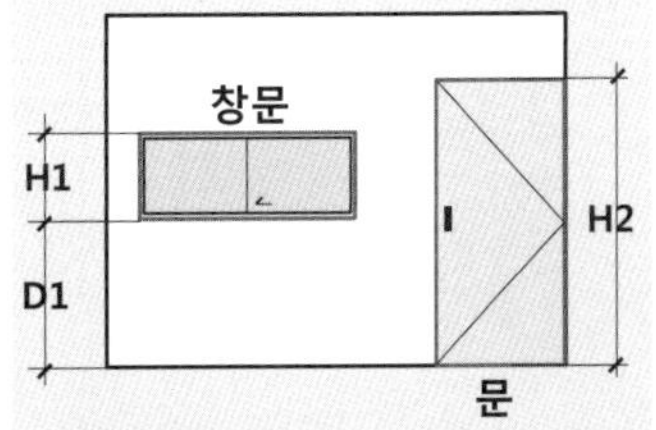

- 창문 개구부 크기 : 높이 H1, 하단거리 D1
- 문 개구부 크기 : 높이 H2, 하단거리 0

<벽 개구부 생성계획>

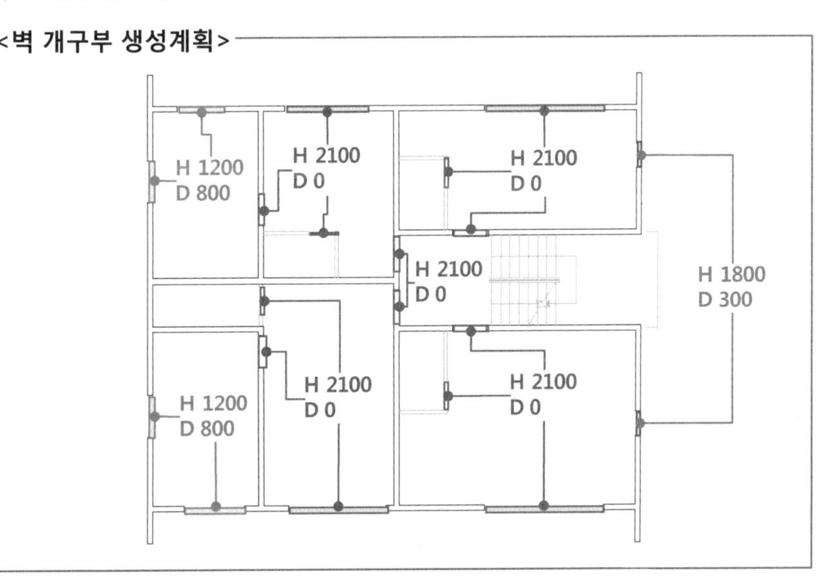

2층 벽 개구부를 생성하자.

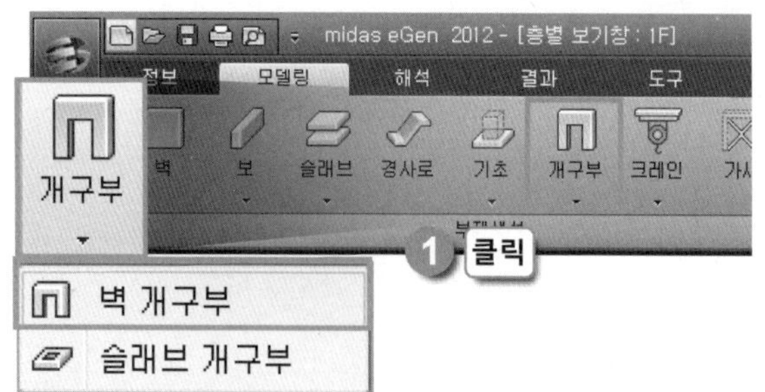

1. 벽 개구부 생성

• 메뉴 : [모델링] > [부재생성]> [개구부]아이콘 클릭 > [벽 개구부] 벽 개구부 클릭

또는 단축명령어 : CWO

메시지
명령 : CWO (벽 개구부 생성)
현재 설정 : 개구부 높이(H) =2100, 바닥으로부터 개구부 하단까지의 거리(d) = 0 ❷ 확인
시작점 지정 또는 [개구부높이(H)/ 하단거리(D)] :

2. 개구부 크기 확인

• 메시지창에 [개구부 높이] 2100, [하단거리] 0 확인

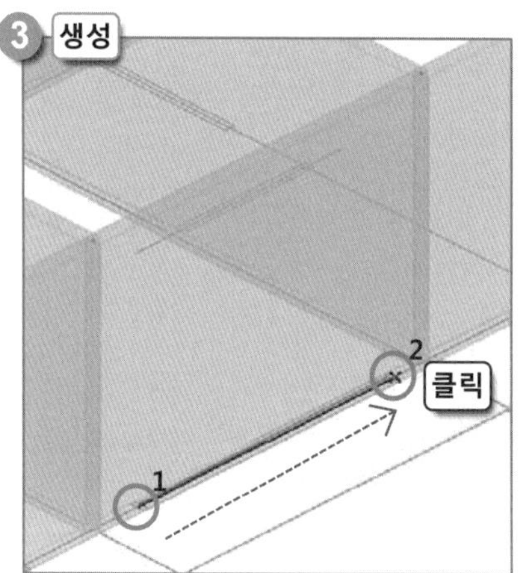

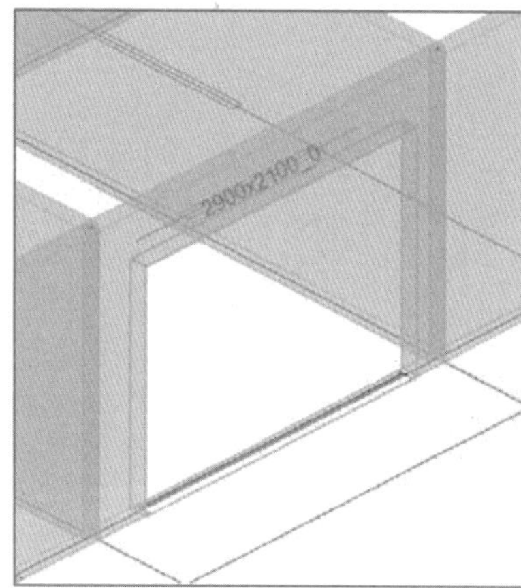

3. 개구부 모델링

• 도면에 스냅하여 개구부 생성할 양 끝지점 클릭

➢벽 개구부가 생성되면 위와같이 테두리가 표현되고, 개구부 크기를 확인할 수 있다.

4. 나머지 벽 개구부 생성

- Space 또는 Enter 입력하면 바로 번 명령을 다시 할 수 있다.

TIP - 개구부 크기 변경방법

① [개구부높이] 'H' 입력 후 Enter

② '1800' 입력 후 Enter

③ [하단거리] 'd' 입력 후 Enter

④ '300' 입력 후 Enter

5. 생성된 개구부 확인

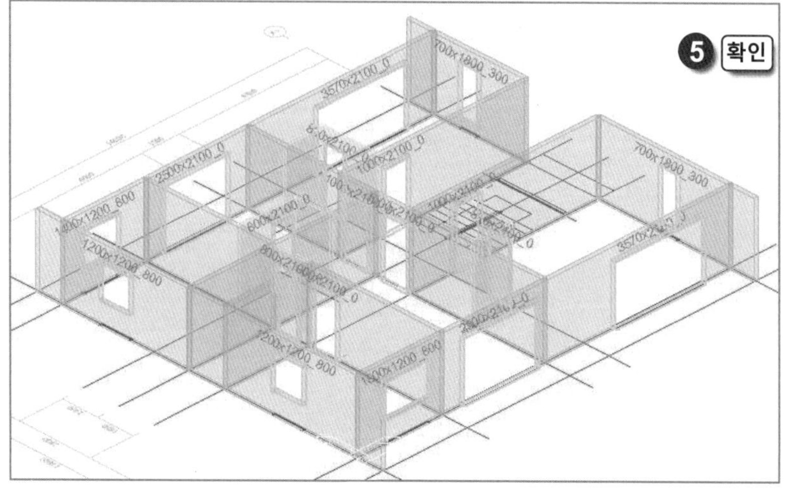

따라하기

2층 슬래브를 자동생성 하자.

1. 작업환경 설정

- 작업층을 [3F 바닥]으로 설정

2. 슬래브 생성

- 메뉴 : [모델링] > [부재생성] > [슬래브] 아이콘 (슬래브) 클릭 > [슬래브] (슬래브) 클릭
  또는 단축명령어 : CS

3. 슬래브 단면 변경

① 메시지창에 [단면변경] 'S' 입력 후 Enter

② '150' 입력 후 Enter

(슬래브 단면 기본설정값 : 150)

4. 슬래브 자동생성

- 메시지창에 [자동생성] 'G' 입력 후 Enter

- 벽으로 구획된 폐구간에 슬래브가 자동생성 된다.

5. 발코니 슬래브 직접생성

- 발코니 슬래브 생성 할 양쪽 대각선 양 끝 절점 클릭

- 북측 발코니 슬래브도 생성된다.

6. 생성된 슬래브 확인

4) 2층 슬래브 생성

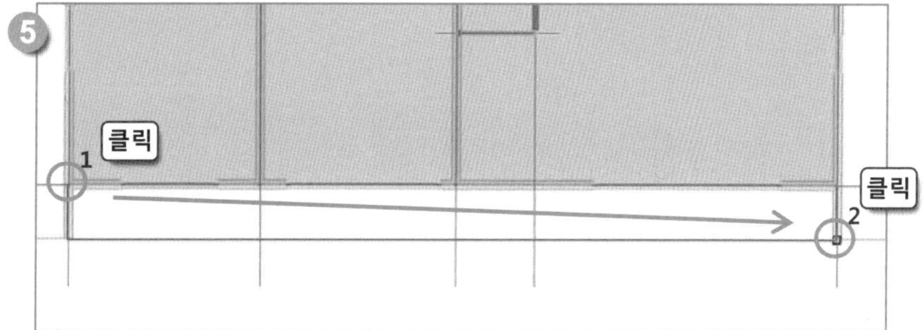

➤[분리보기]를 선택하면 생성된 슬래브의 영역 확인이 용이하다.

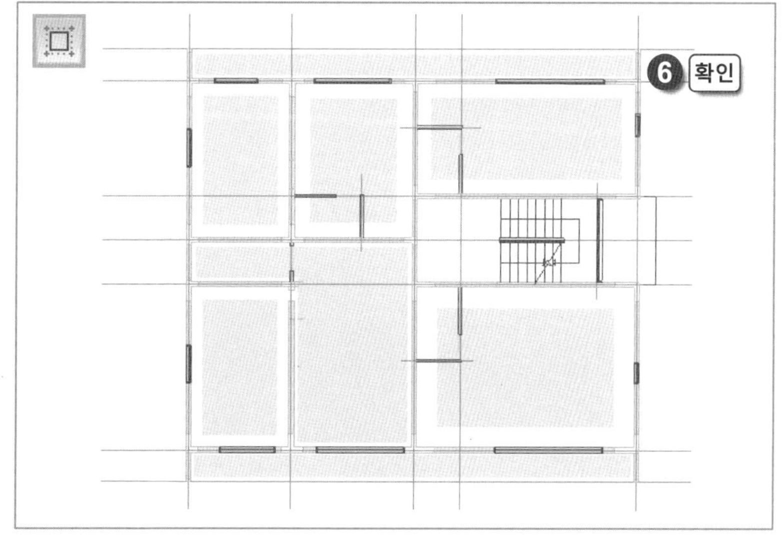

5) 2층 경사로 생성

따라하기

2층 경사로를 생성하자.

1. 1F 계단과 동일한 방식으로 계단 생성

- 단면 : 200
- 중간 계단참 z축으로 -1300 이동
- 단수 설정 : 7

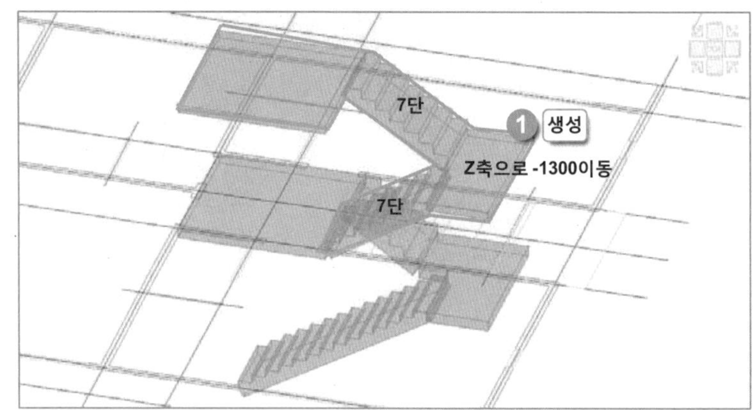

2층 모델링이 완료되었다.

- [와이어 프레임] 보기를 통해 모델링을 확인한다.
- [와이어 프레임] 아이콘 클릭 또는 단축키 : Ctrl + H

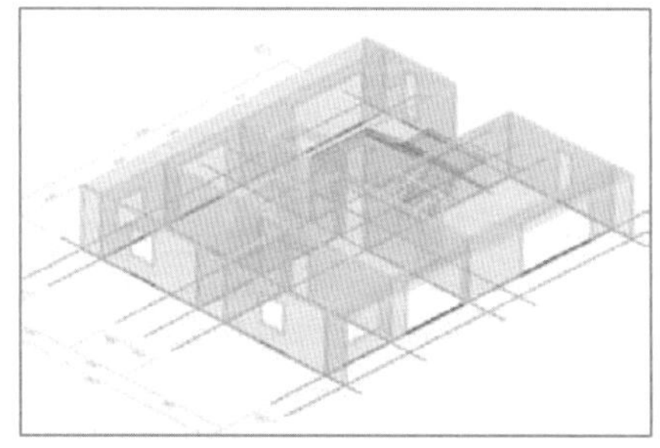

➢ [와이어프레임 보기]로 생성된 모든 부재의 절점과 구조선이 정확하게 모델링 되었는지 확인한다.

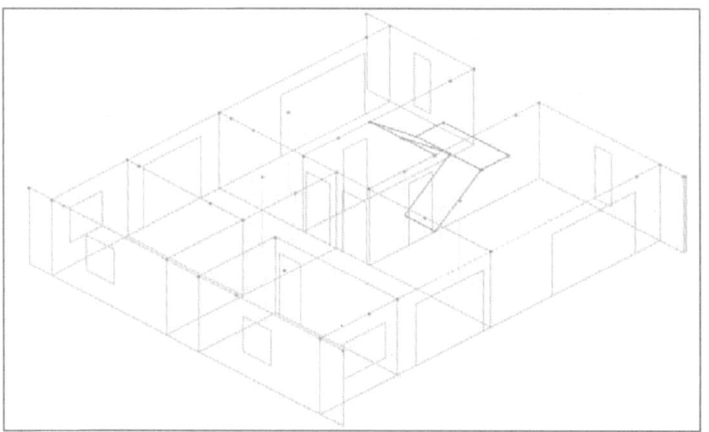

6.3.3 3층, 4층 부재 생성

따라하기

2층의 모든 부재를 층간복사 기능으로 3,4층에 복사하도록 하자.

본 예제모델과 같이 2~4층이 동일한 평면일 경우 **2층을 모델링 한 후 층간복사 하여 3층과 4층을 보다 빠르게 생성 할 수 있다.**

1. 완성된 2층 모델링 확인

- 화면하단의 [모델 보기창] 클릭
- [뷰네비게이션] 의 [정면] 클릭
  또는 단축키 : Ctrl + Shift + F
- 층간복사의 결과는 [모델보기창]에서 확인 할 수 있다.

2. 층간복사 실행

- 층간복사 기능으로 2층 전체를 3,4층에 동일하게 복사한다.

[층간복사 실행 순서]

① 메뉴 : [모델링] > [편집] > [복사] 복사 클릭 > [층간복사] 층간복사 클릭
또는 단축명령어 : SCO

② 대상부재 선택
→ 2층 부재 전체 드래그 후 Enter

③ 복사할 층번호 입력
→ 메시지창에 '3,4' 입력 후 Enter

TIP – 대상 부재 선택시 1층 상부 슬래브까지 선택하지 않도록 유의한다.

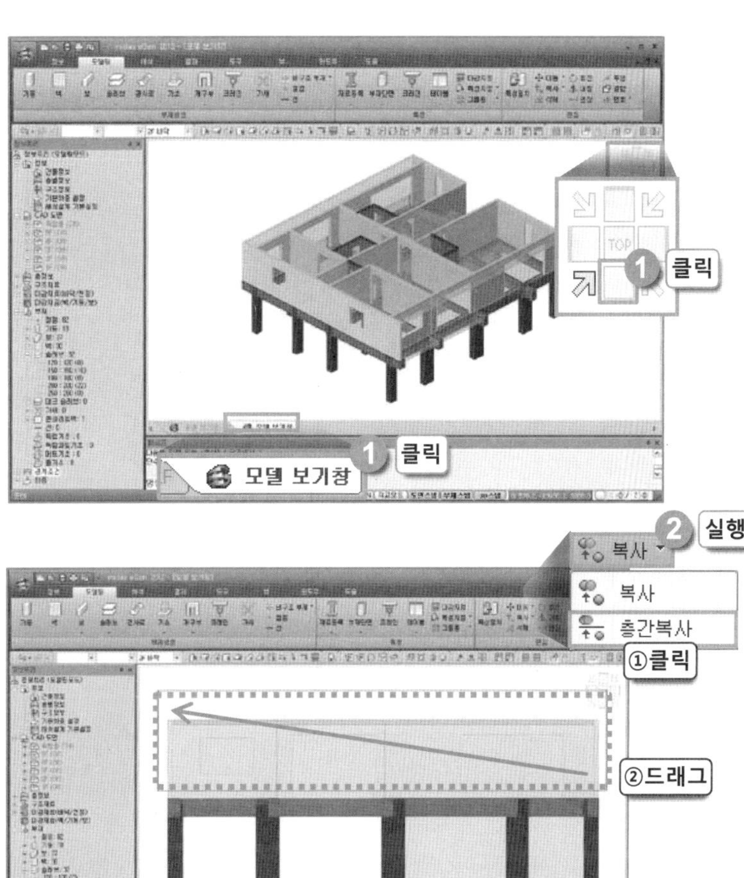

3. 층간복사 된 모델링 확인

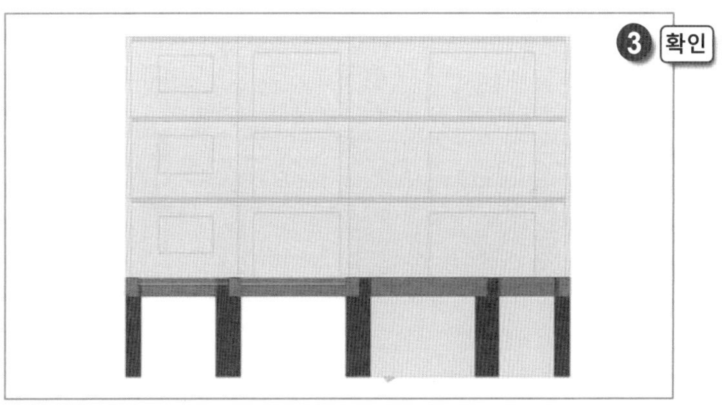

6.3.4 5층, 옥탑층 부재 생성

따라하기

5층 내력벽을 생성하자.

1) 5층 내력벽 생성

1. 작업환경 설정

- 화면하단의 [층별보기창] 클릭
- 작업층을 [5F 바닥] 으로 설정
- [뷰네비게이션]의 [TOP] 클릭
  또는 단축키 : Ctrl + Shift + T
- 층활성아이콘 [상부층] 클릭

2. 내력벽 생성

- 내력벽 단면 : 160

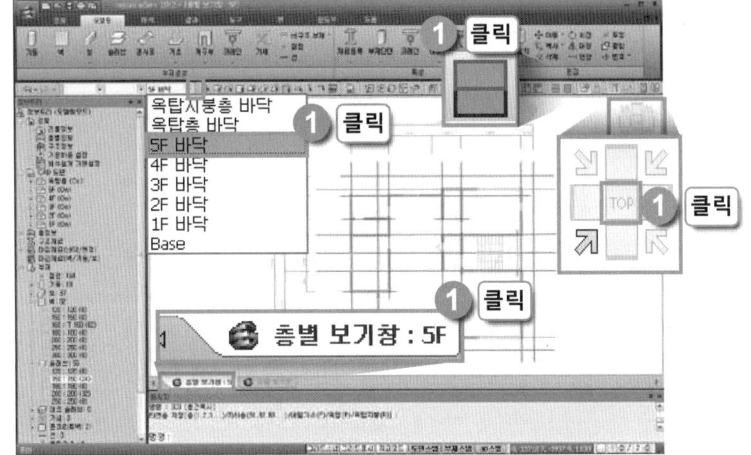

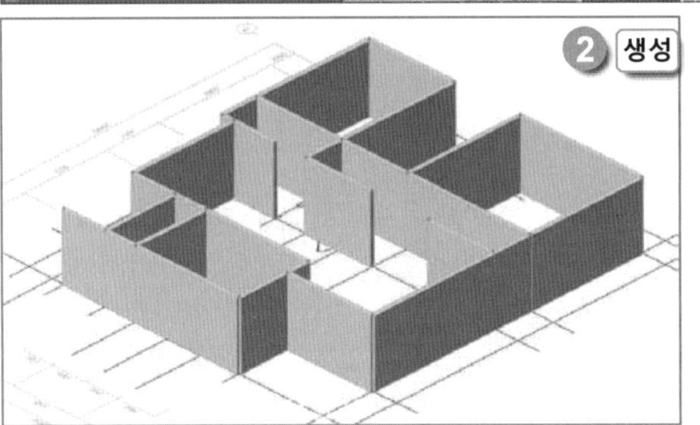

따라하기

5층 비내력벽인 조적벽을 생성하자.

2) 5층 비내력벽 생성

(1) 조적벽 생성

1. 조적벽 생성

- 조적벽 단면 : 200
  (조적벽 단면 기본설정값 : 100)

TIP
① T 입력 후 Enter
② 200 입력 후 Enter

비구조 부재 ▾

① 클릭 콘크리트벽
조적벽
사용자벽
사용자슬래브

메시지

명령 : MW (조적벽 생성)
현재 설정 : 벽돌벽 T100

시작점 지정 또는 [호(A)/ 두께 변경(T)/ 블록(L)] :

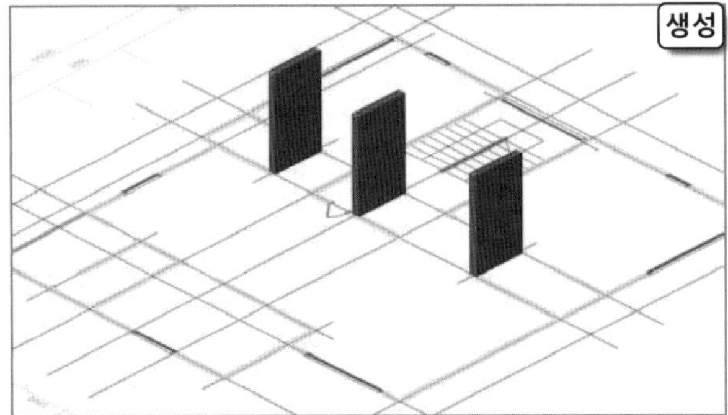

따라하기

5층 비내력벽인 콘크리트벽을 생성하자.

1. 콘크리트벽 생성

• 콘크리트 벽 단면 : 100

• 벽체 높이 : 1200

(2) 콘크리트벽 생성

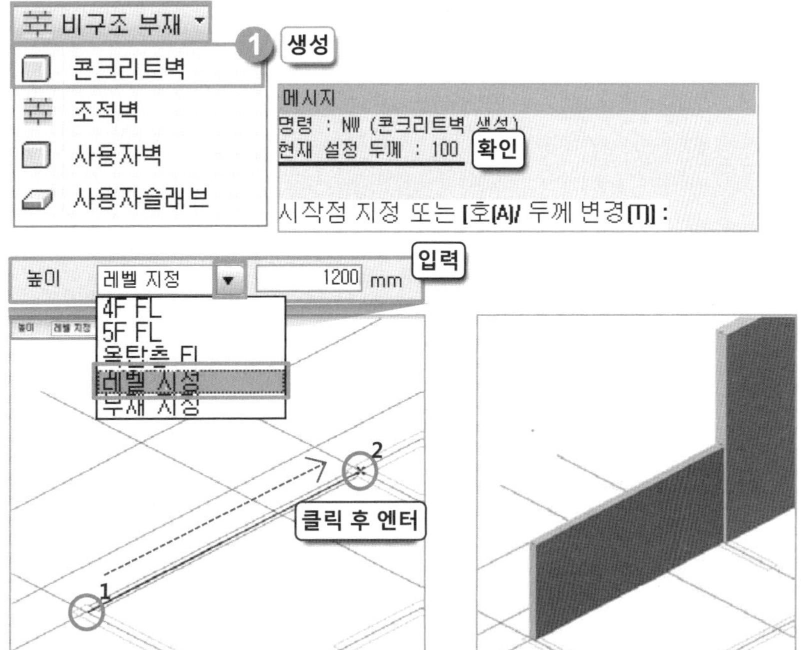

따라하기

5층 벽 개구부를 생성하자.

1. 벽 개구부 생성시작

• 메뉴 : [모델링] > [부재생성]> [개구부] 클릭 > [벽 개구부] 벽 개구부 클릭

또는 단축명령어 : CWO

2. 개구부 모델링

3) 5층 벽 개구부 생성

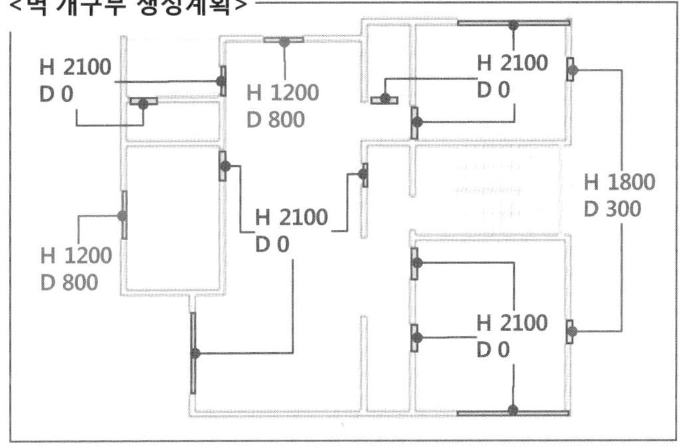

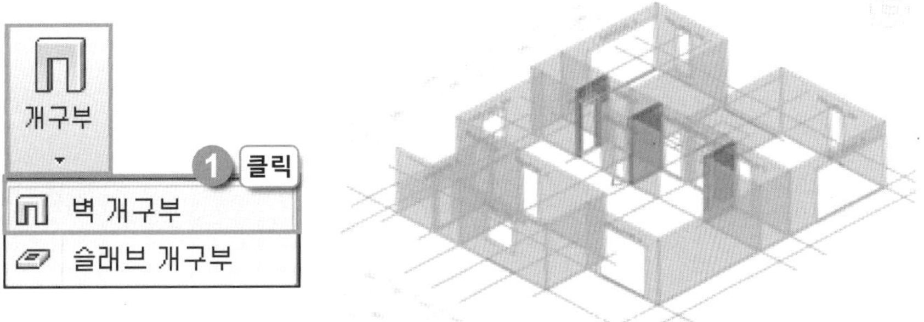

따라하기

5층 큰 보를 생성하자.

4) 5층 큰 보 생성

5층 거실공간의 상부 슬래브 길이가 길면 슬래브 처짐이 발생할 수 있으므로 슬래브를 지지하는 보를 생성한다.

1.큰 보 생성시작

- 메뉴 : [모델링] > [부재생성]> [보] 아이콘 클릭 > [큰 보] 큰보 클릭

또는 단축명령어 : CB

2. 큰 보 단면 등록

① 메시지창에 [새 단면 등록] 'N' 입력 후 Enter

→ [보 단면 등록/편집]창이 열립니다.

② [단면 ID]에 '2040' 입력

③ [b]에 '200' 입력

④ [h]에 '400' 입력

⑤ [확인] 버튼 클릭

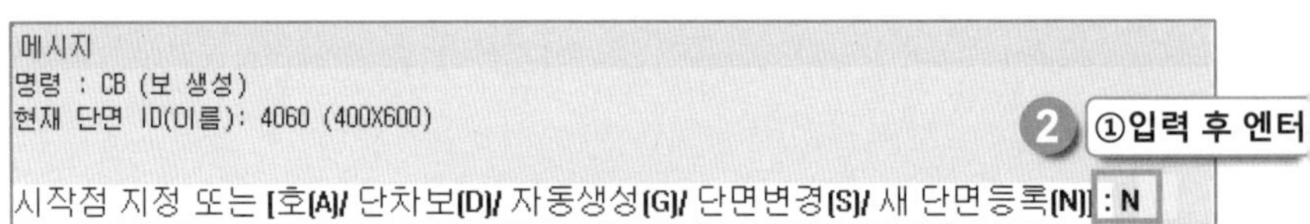

➢ 시공의 편의를 위해 벽 두께와 동일한 폭의 보 단면을 등록하겠다.

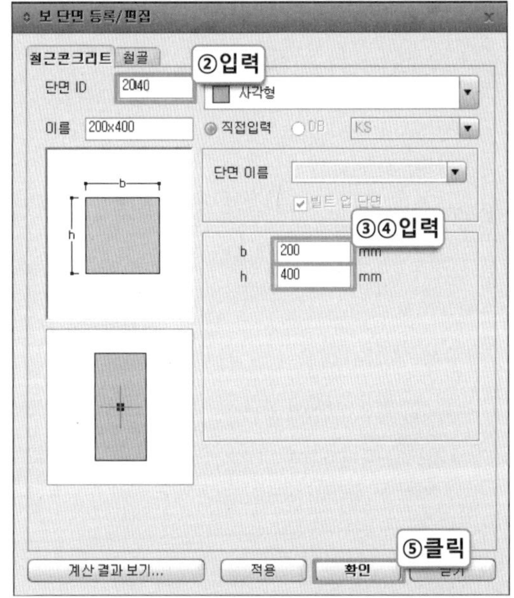

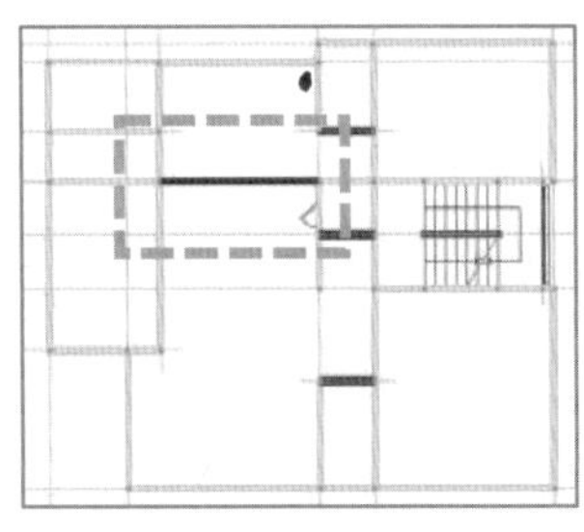

뷰네비게이션 [TOP]

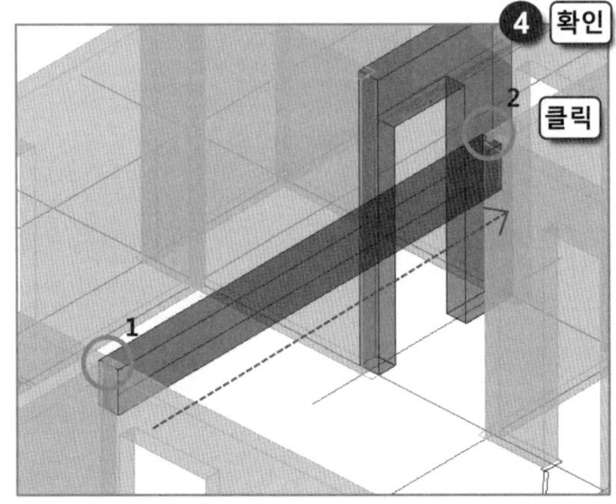

5) 5층 슬래브 생성

따라하기

5층 슬래브를 생성하자.

1. 작업화면 설정

- 작업층바닥을 [옥탑층 바닥]으로 설정

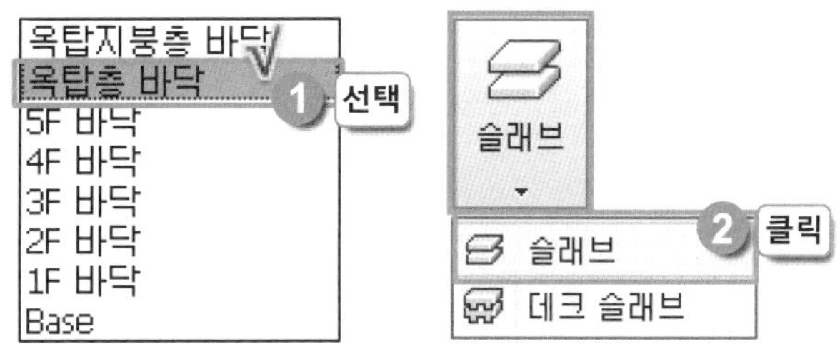

2. 슬래브 생성

- 메뉴 : [모델링] > [부재생성] > [슬래브] 아이콘 클릭 > [슬래브] 슬래브 클릭

  또는 단축명령어 : CS

3. 슬래브 단면 변경

① 메시지창에 [단면변경] 'S' 입력 후 Enter

② '200' 입력 후 Enter

(슬래브 단면 기본설정값 : 150)

4. 슬래브 자동생성

- 메시지창에 [자동생성] 'G' 입력 후 Enter

5. 발코니 슬래브 직접생성

뷰네비게이션 [TOP]

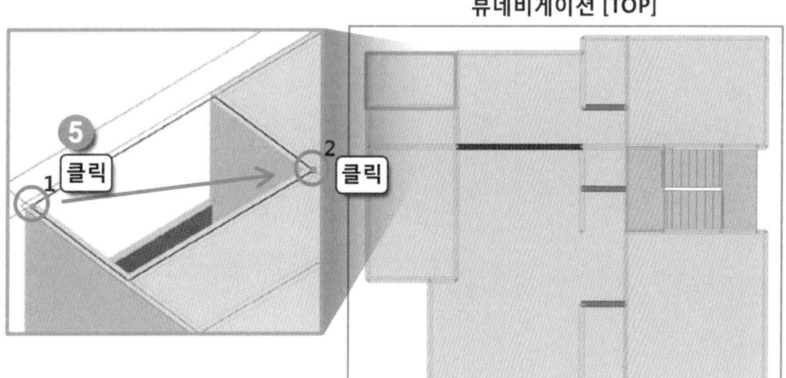

6) 5층 계단 생성

따라하기

5층 계단을 생성하자.

1. 5층 계단 생성

- 단면 : 200
- 중간 계단참 z축으로 -1300 이동
- 단수 설정 : 7

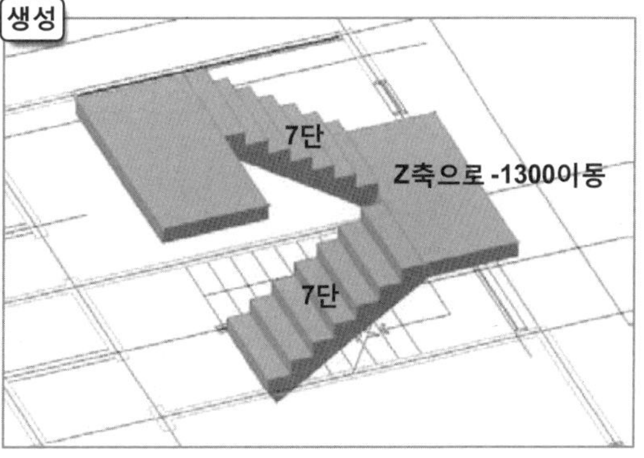

7) 옥탑층 벽 생성

따라하기

옥탑층 벽을 생성하자.

1. 작업환경 설정

- 작업층 [옥탑층 바닥] 확인
- [뷰네비게이션]의 [TOP] 클릭
  또는 단축키 : Ctrl + Shift + T
- 층활성아이콘 [상부층] 클릭
  - 아랫층을 비활성화 한다.

2. 내력벽 및 조적벽 생성

- 내력벽 단면 : 160mm
- 조적벽 단면 : 200mm

3. 작업화면 전환

- [전체 활성] 아이콘 클릭
  또는 단축명령어 Ctrl + Shift + A

4. 콘크리트 낮은 벽 생성 (파라펫)

- 콘크리트 벽 단면 : 100mm
- 콘크리트 벽 높이 : 1000mm

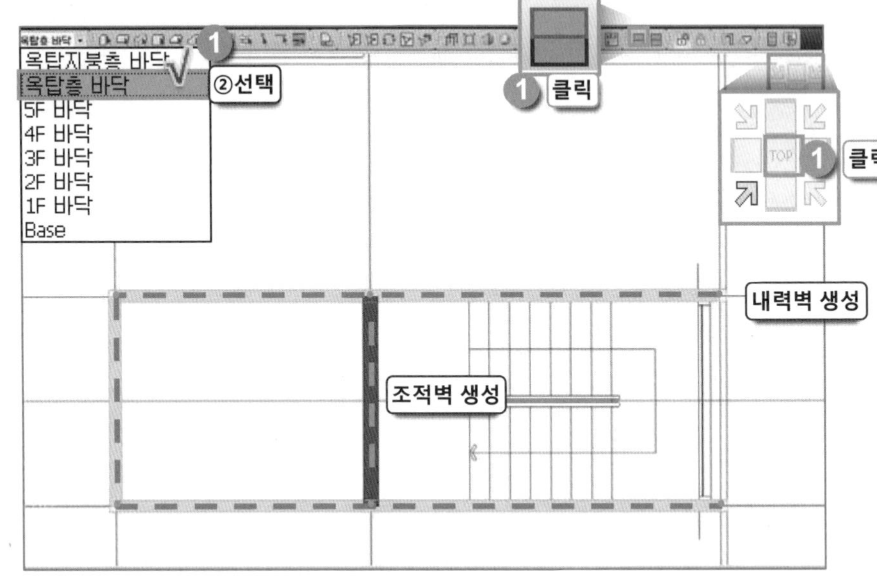

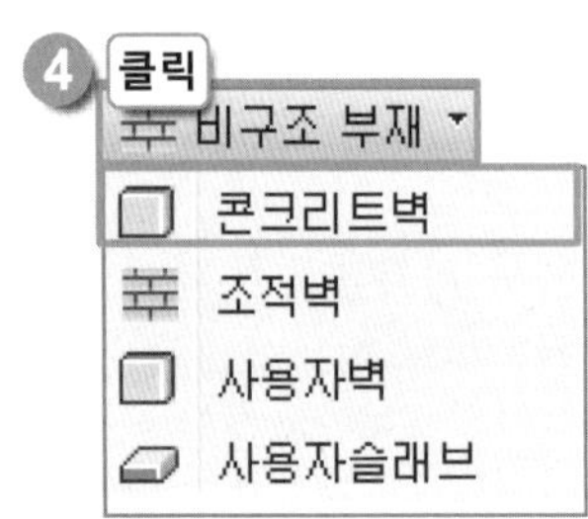

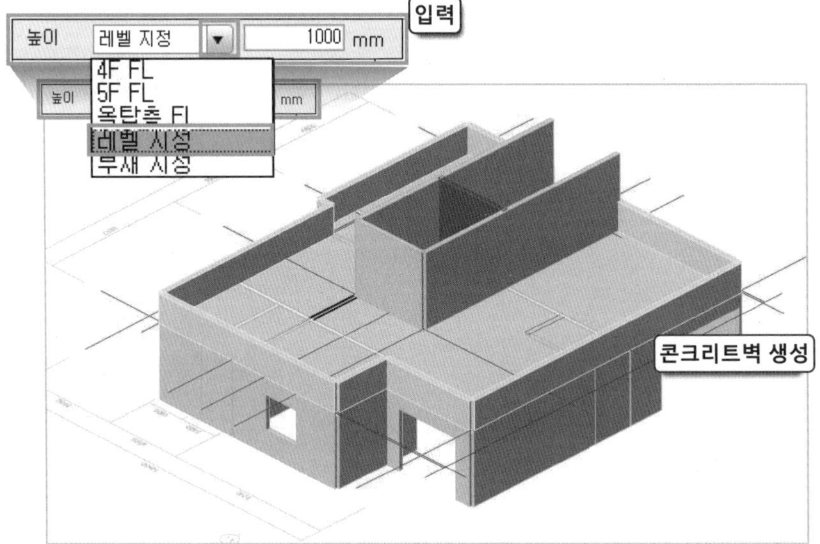

NOTE

- 파라펫은 구조적인 역할을 하는 요소가 아니므로 비구조 부재로 모델링하는 것이 좋다.

8) 옥탑층 벽 개구부 생성

따라하기

옥탑층 벽 개구부를 생성하자.

1. 작업환경 설정

- 층활성아이콘 [상부층] 클릭

2. 벽 개구부 생성

- 창문 개구부 : 높이 300mm 하단 거리 1400mm
- 문 개구부 : 높이 2100mm, 하단 거리 0

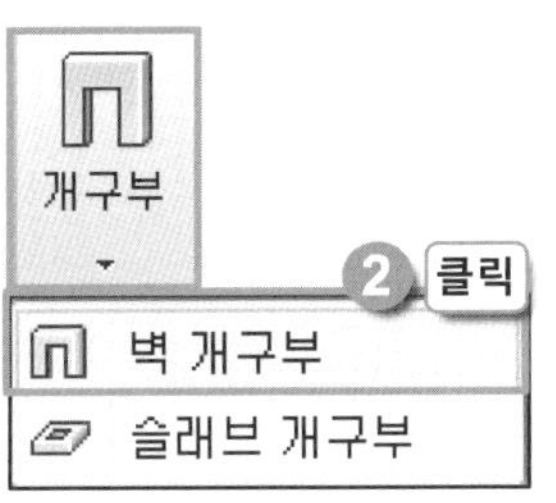

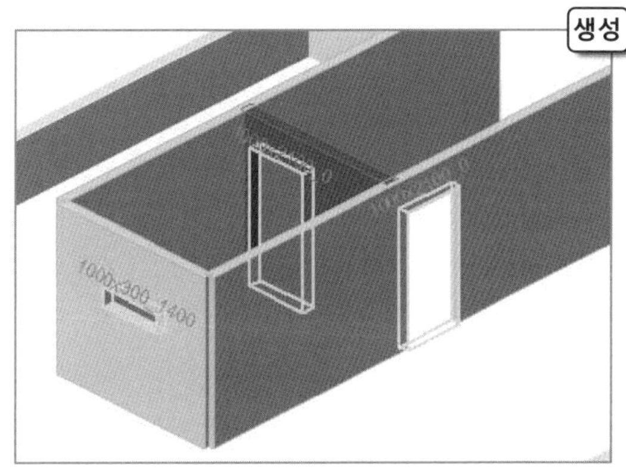

9) 옥탑층 큰 보 생성

따라하기

옥탑층의 큰 보를 생성하자.

1. 작업환경 설정

- 작업층을 [옥탑지붕층 바닥] 으로 설정

2.큰 보 생성

- 큰 보 단면 ID : 200400

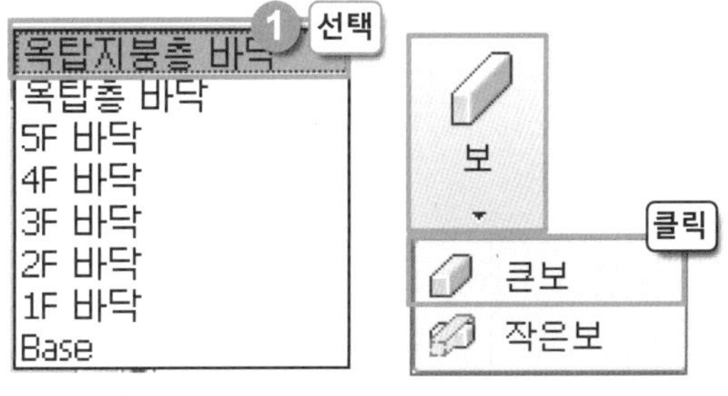

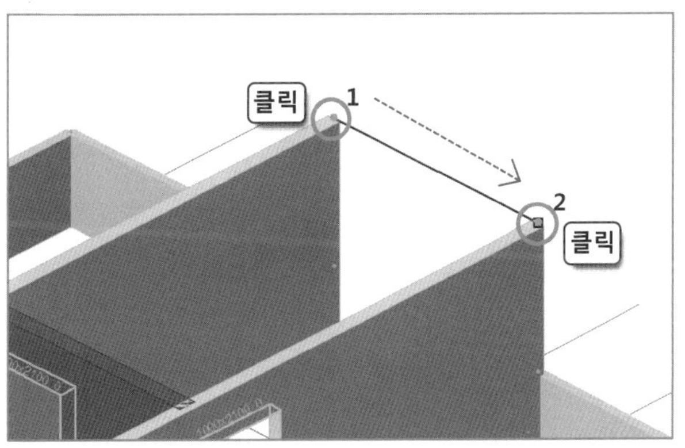

10) 옥탑층 슬래브 생성

따라하기

옥탑층의 슬래브를 직접 생성하자.

1. 슬래브 생성

- 슬래브 단면 : 150mm

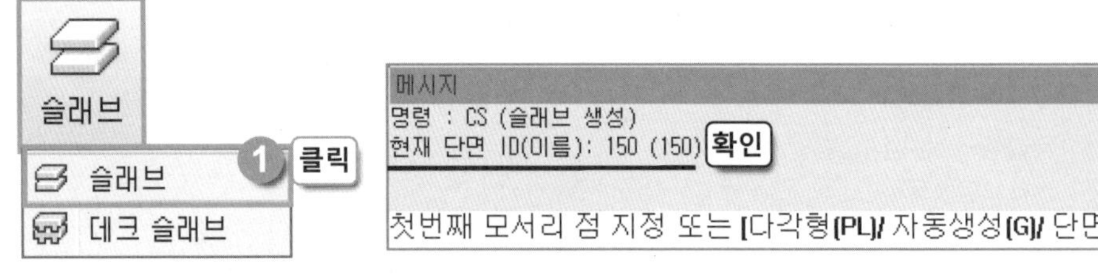

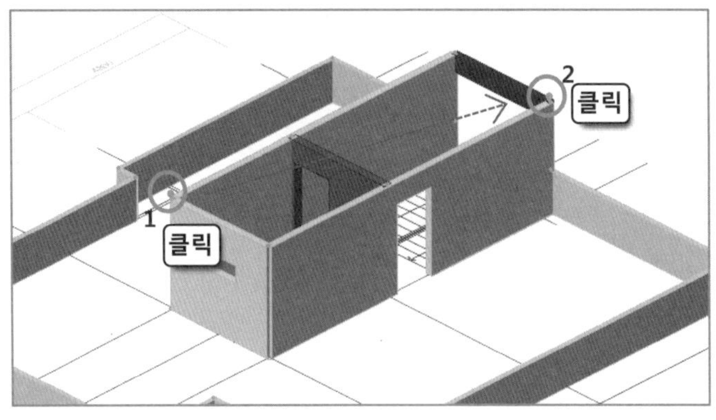

11) 옥탑층 파라펫 생성

따라하기

옥탑지붕층의 파라펫을 생성하자.

1.낮은콘크리트벽 생성(파라펫)

- 콘크리트벽 단면 : 100mm
- 콘크리트벽 높이 : 300mm

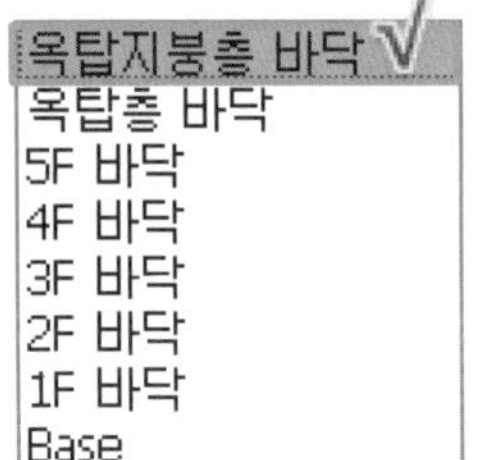

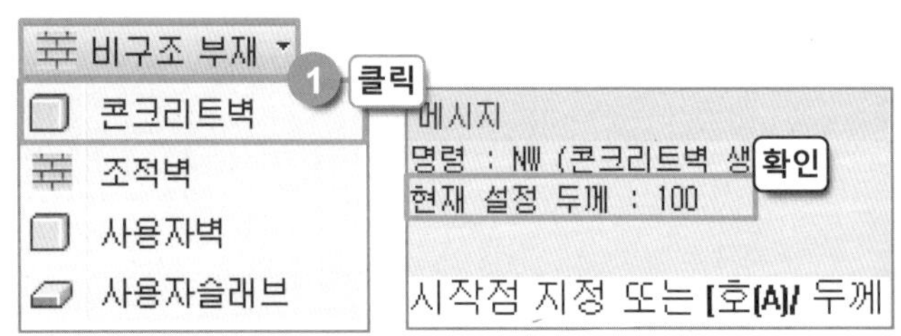

> 파라펫의 높이는 300mm 입니다. 현재 옥탑지붕층의 층고가 300mm 으로 설정되어 있기 때문에 ROOF까지 벽체가 생성되어도 300mm의 벽체가 생성된다.
> 옥탑지붕층 층고 변경은 [정보] >[층별정보]에서 수정할 수 있다.

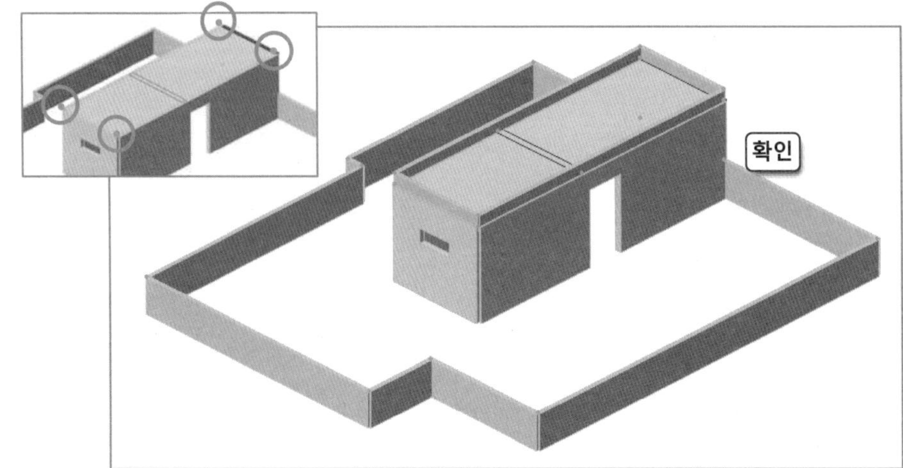

따라하기

매트기초를 생성하자.

6.3.5 매트기초 생성

1. 작업환경 설정

- 화면하단의 [층별 보기창] 확인
- 작업층을 [1F 바닥] 으로 설정
- [뷰네비게이션]의 [남서방향] 클릭

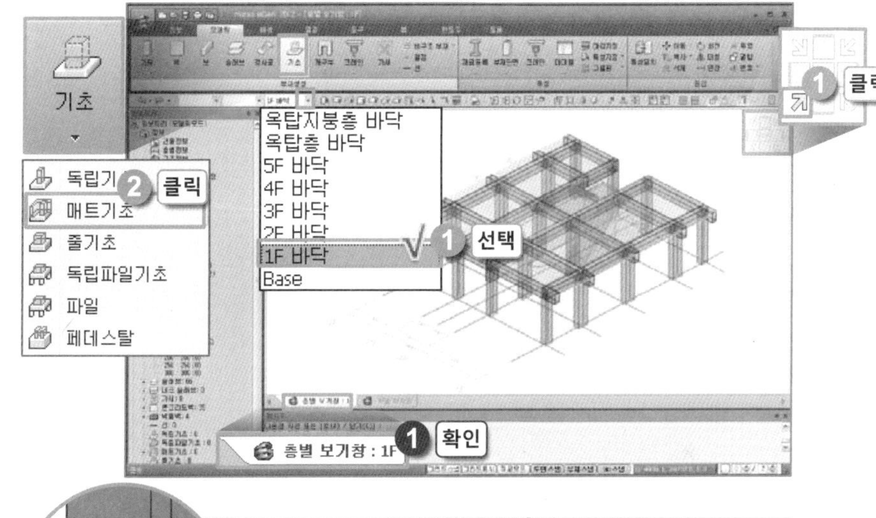

2. 매트기초 생성시작

- 메뉴 : [모델링] > [부재생성] > [기초] 아이콘 클릭 > [매트기초] 매트기초 클릭

또는 단축명령어 : FM

3. 시작점 지정

- CAD도면 중심선 교차점을 기준으로 기둥 외곽의 교차점을 클릭
- 4번 교차점까지 클릭한 뒤 'C' 입력 후 Enter 하거나 1번 교차점 다시 클릭해 모델링을 완료한다.

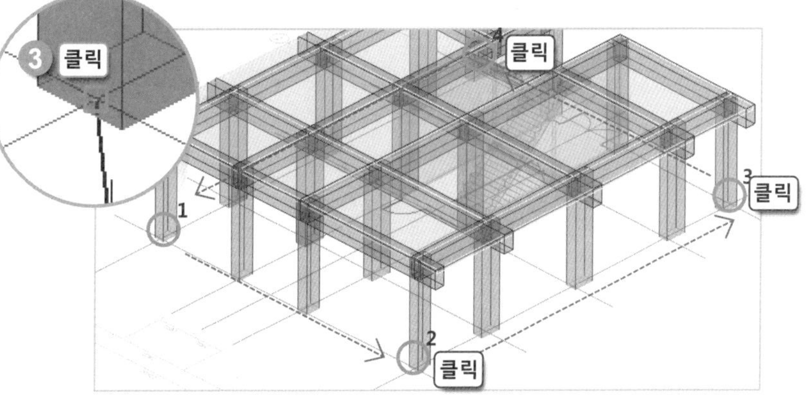

4. 연단거리 설정

- 메시지창에 [연단거리 설정] '500' 입력 후 Enter

메시지
다음점 지정 또는 [호(A) / 닫기(C)] :
다음점 지정 또는 [호(A) / 닫기(C)] :
연단거리 설정 <0> :500

5. 생성된 매트기초 확인

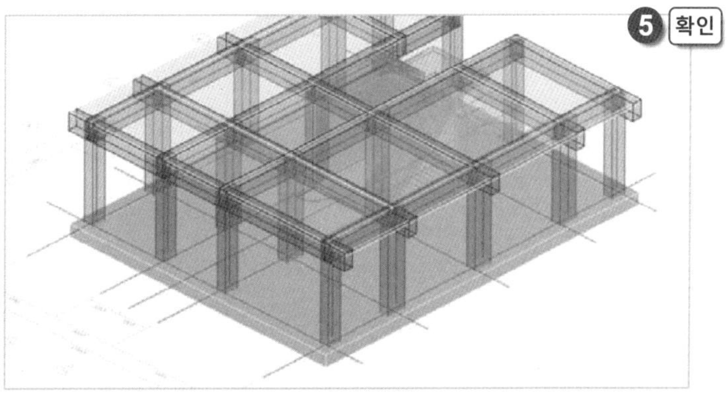

midas eGen 따라하기 Part. 2
"3. 파일매트기초 설계하기" 참조▶ 참조

구조 해석/설계를 위한 모델링이 완료되었다.

- [와이어 프레임] 보기를 통해 모델링을 확인한다.
- [와이어 프레임]아이콘 클릭 또는 단축키 : Ctrl + H

모델보기창

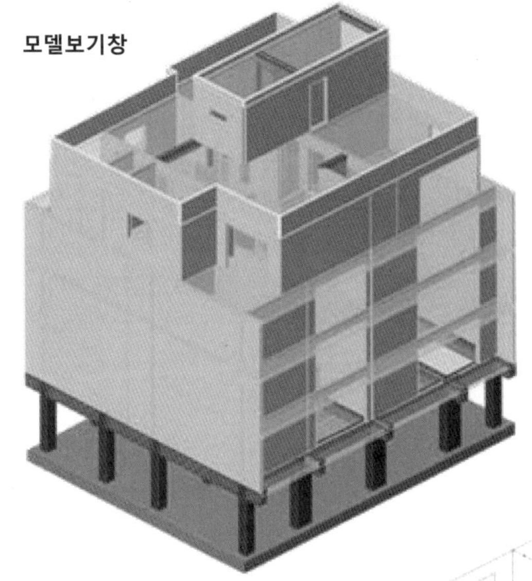

➢ 와이어프레임 보기를 활용해 절점과 구조선이 정확하게 모델링 되었는지 확인한다.

층별보기창 – 5층 와이어프레임

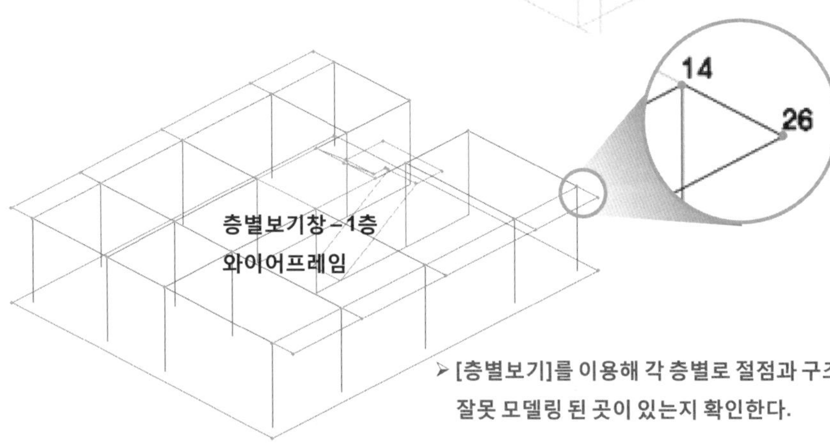

층별보기창 – 1층 와이어프레임

➢ [층별보기]를 이용해 각 층별로 절점과 구조선이 잘못 모델링 된 곳이 있는지 확인한다.

NOTE

▪ TIP – 절점번호 보기설정
[보기\감추기] (Ctrl + E)를 활용해 절점과 절점번호를 확인 하도록 설정 할 수 있다.

절점
☑절점
☑절점번호
☐층이름

• 절점 모델링 확인

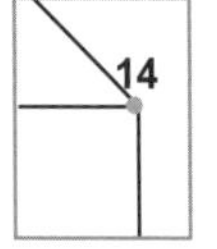

절점이 공유되 부재 연결

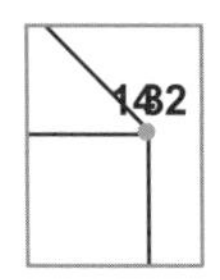

절점이 각각 생성되어 부재 연결안됨

❖ 절점과 절점번호( )보기를 통해 구조모델링이 정확하게 되었는지 확인한다.
❖옆의 그림처럼 절점번호가 겹쳐 보인다면, 가까운 지점에 미세하게 다른 두 절점이 생성된 경우이다.
❖부재생성시 실수가 있었는지 확인하도록 한다.

6.3.6 마감지정

[구조정보]에서 층별로 등록된 마감하중과 활하중 값을 한 층 내에서 사용자가 직접 영역을 지정하여 입력할 수 있다. 본 따라하기에서는 발코니 슬래브에 마감하중과 활하중을 지정하도록 하자.

✓ **구조정보 창에서 마감하중 확인**

- [정보] > [프로젝트 정보] > [구조정보] 클릭

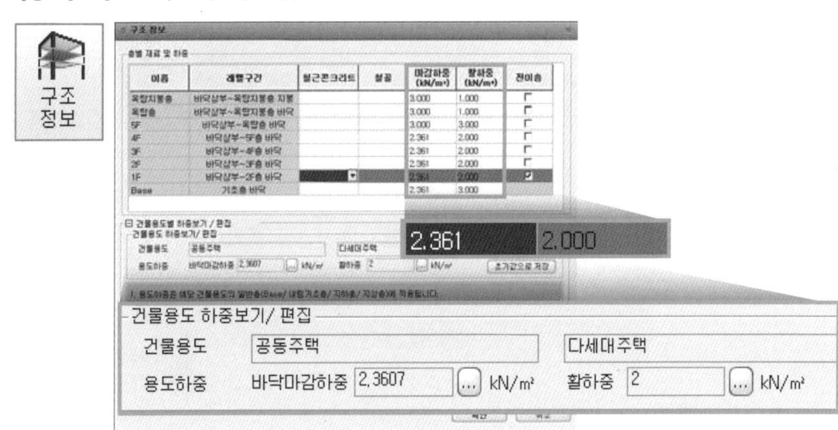

midas eGen에서는 사용자가 지정한 건물 용도에 따라 마감하중과 활하중이 자동으로 모든 슬래브에 재하된다. 본 따라하기는 용도가 **[공동주택/다세대주택]**이며, 그에 해당하는 하중이 자동 적용 되었다.

TIP – 슬래브 마감하중 확인하기

① 메뉴 : [뷰] > [디스플레이] > [보기/감추기] 아이콘 클릭
또는 [도구막대]의 [보기/감추기] 아이콘 클릭
또는 단축명령어 : Ctrl + E
② [보기/감추기] 창에서 [하중] 탭 클릭
③ [슬래브(마감)하중]에 체크 후 [확인]버튼 클릭

✓ **하중 확인**

- 층지정 드롭다운 > [1F 바닥] 선택
- 빠른메뉴 > [상부층 보기] 클릭
- [보기/감추기] 설정(TIP 참조)

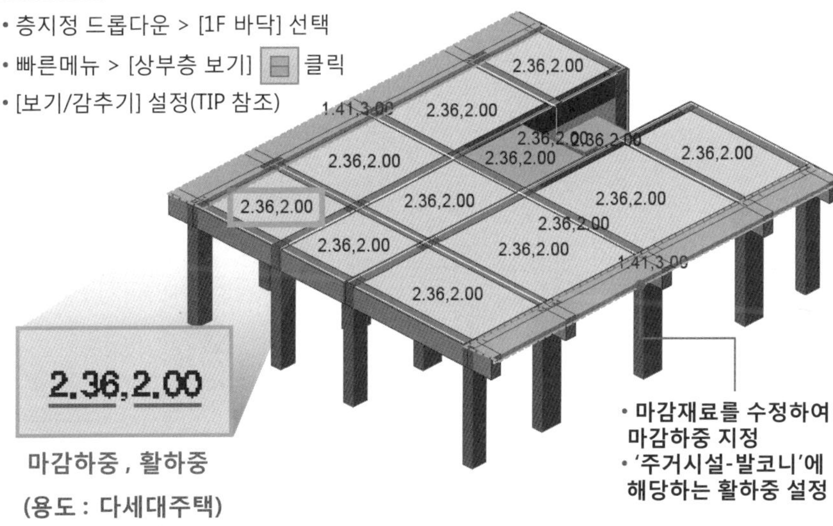

구조정보에서 확인한 용도하중(다세대주택, 2.36/2.00)이 모든 슬래브에 동일하게 재하되어 있다.
본 따라하기 과정에서는 발코니 슬래브의 하중(주거시설-발코니, 1.41/3.00)을 직접 지정하는 과정을 학습한다.

1) 발코니 마감지정

따라하기

사용자가 직접 마감을 지정하고 발코니에 재하 시킨다.

1. 작업환경 설정

- 작업층을 [1F 바닥] 으로 설정
- [뷰네비게이션]의 [TOP] 클릭
  또는 단축키 : Ctrl + Shift + T
- 층활성아이콘 [상부층] 클릭

2. 마감지정 대화상자 열기

- 메뉴 : [모델링] > [특성] >
  [마감지정] 마감지정 클릭
  또는 단축명령어 : FA

3. 마감 구분 선택

- [바닥/천정 마감] 선택 확인

4. 마감재료 등록

① [마감하중 상세설정] ... 클릭
② [발코니] 에 체크
③ [상세설정] ... 클릭

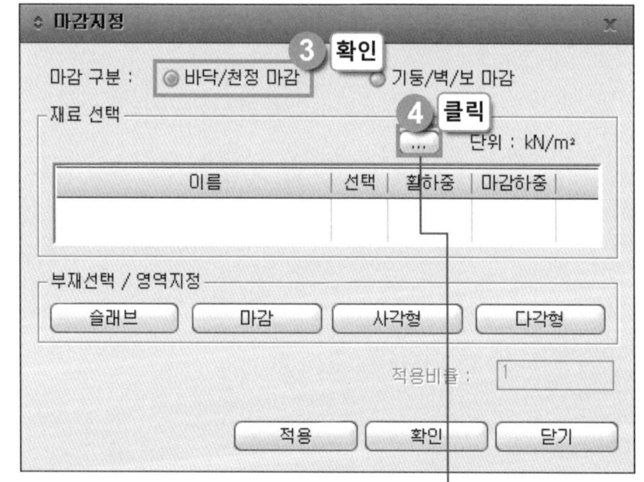

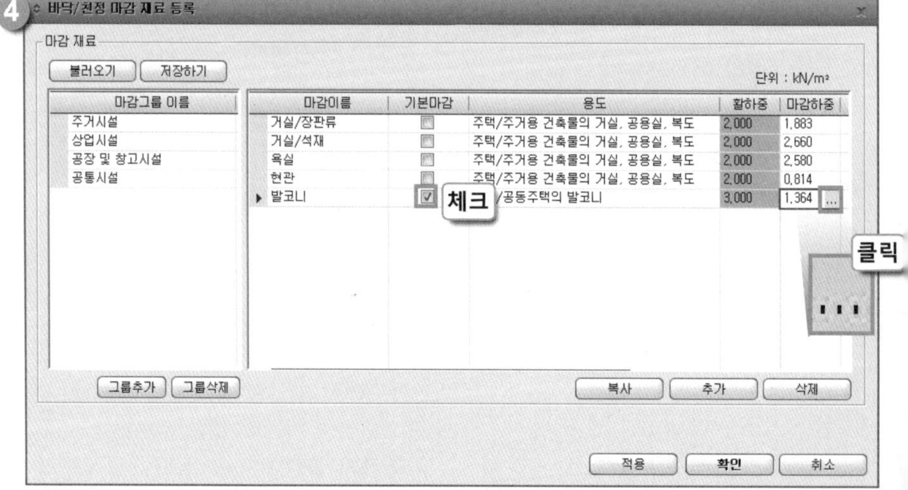

5. 마감재료 변경

- 본 따라하기에서는 마감재료를 [자기질 타일] 에서 [도기질 타일]로 변경해 마감하중까지 변경하는 방법을 학습한다.

① [자기질 타일]의 [상세설정] ... 클릭

→ [마감재료 DB]창이 열린다.

② [타일] > [도기질 타일] 선택

③ [확인]버튼 클릭

6. 마감재료 두께 변경

① [도기질 타일]의 [두께] '10' 입력

② [확인]버튼 클릭

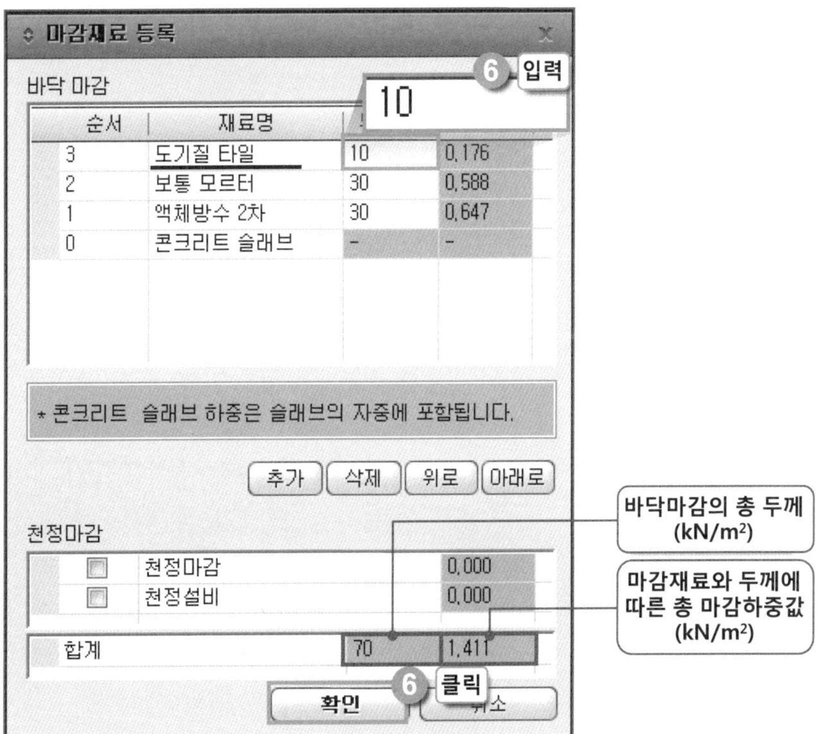

7. 발코니 마감하중 입력 완료

① [발코니]의 [마감하중] 값 [1.411] 확인

② [확인]버튼 클릭

8. 마감하중 부재 선택

① [주거시설-발코니] 선택 체크

② [슬래브] 버튼 클릭

③ 발코니 부분 슬래브 선택 후 Enter

④ [확인] 버튼 클릭

9. 마감하중 재하 확인

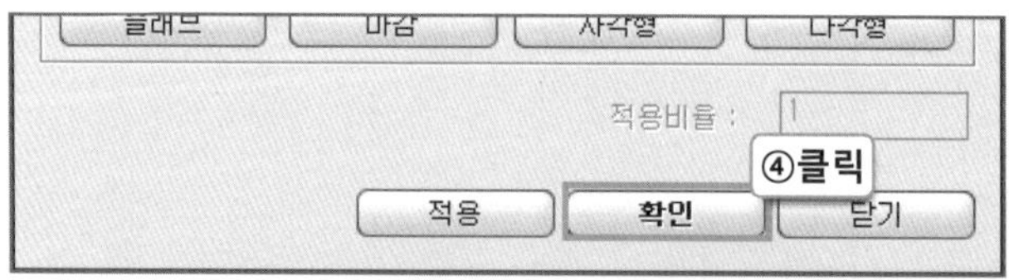

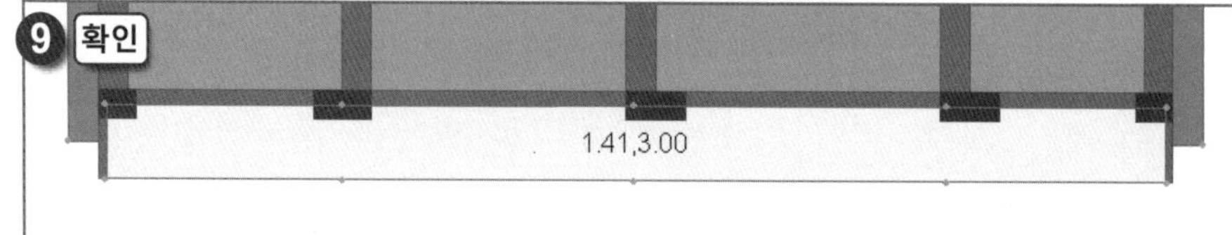

 **NOTE**

▪ 사용자가 재료와 두께를 직접 지정할 수 있으며, 지정한 값에 따라 DL이 자동계산된다.

10. 같은 방법으로 나머지 발코니 슬래브 마감하중 지정

TIP – 지정된 마감하중 삭제방법
생성된 마감하중 면만 선택 후 삭제하면 지정된 마감하중이 삭제된다. 슬래브를 삭제하지 않도록 유의한다.

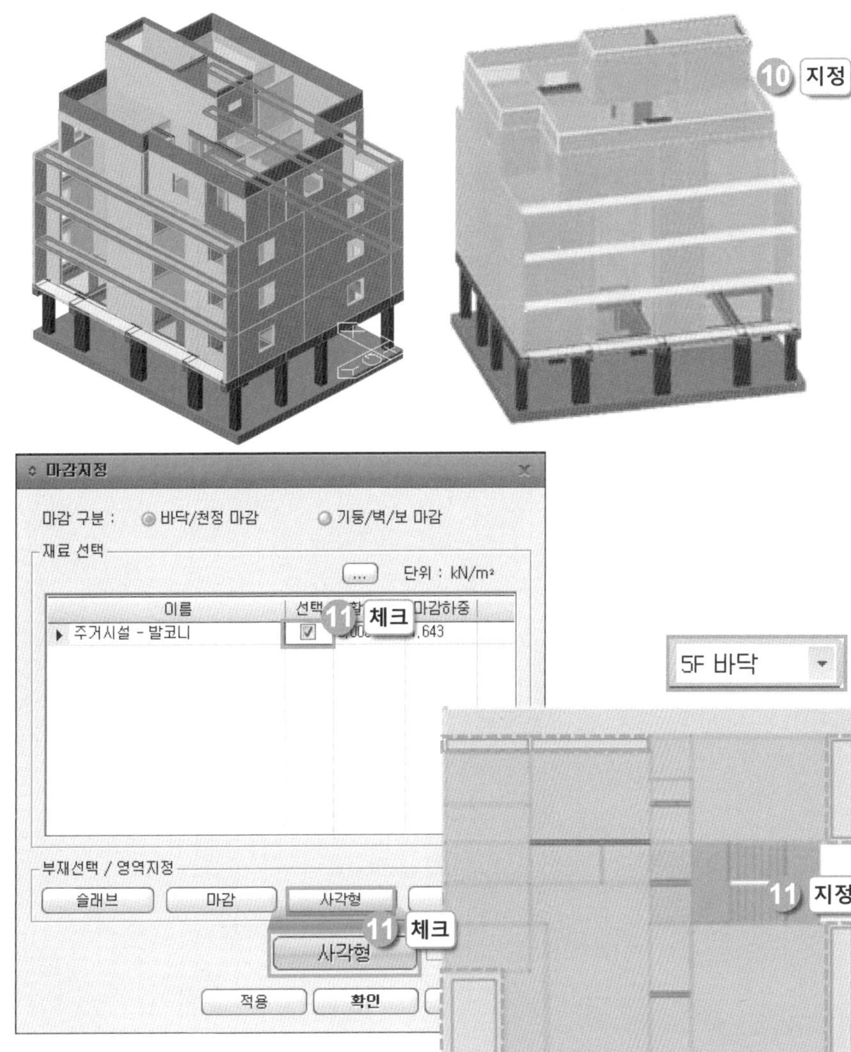

11. 4F 바닥 마감하중 추가 입력

- 사각형 영역지정으로 발코니 마감하중 입력

① Enter 또는 Space 눌러 [마감지정] 등록 창 열기
→ Enter 또는 Space 입력으로 이전명령을 실행할 수 있습니다.

② [주거시설-발코니] 선택 체크

③ [사각형] 버튼 클릭

④ 해당 부분의 양쪽 모서리 클릭하여 지정

⑤ [확인]버튼 클릭

12. 마감하중 지정 확인

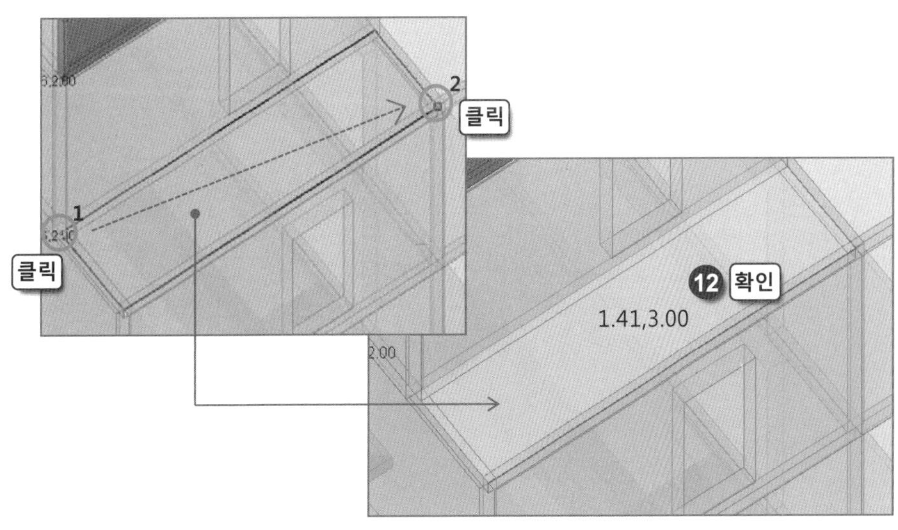

모델보기창

본 따라하기의 구조 모델링과 마감지정이 완료되었습니다. 모델 보기창에서 전체 모델링을 확인 할 수 있다.

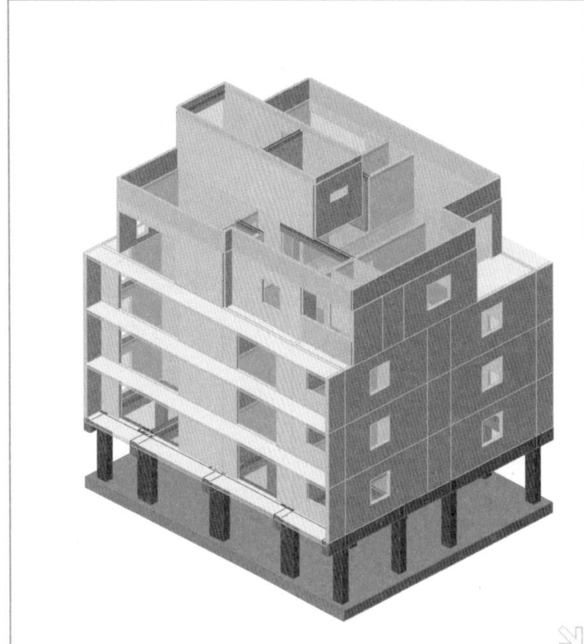

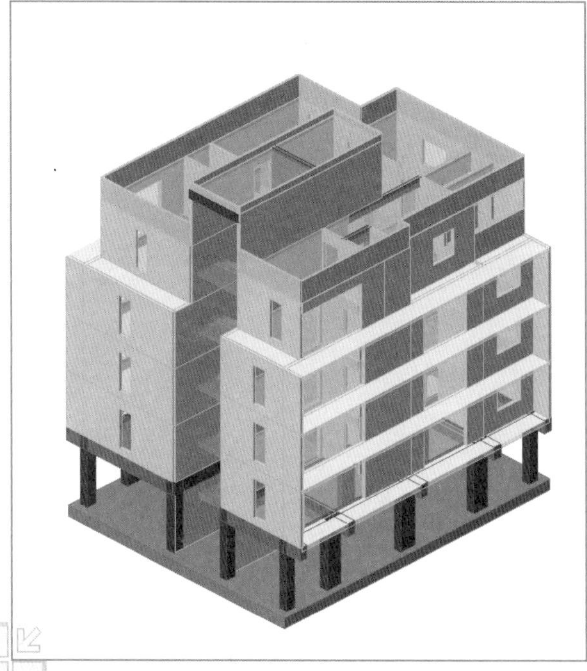

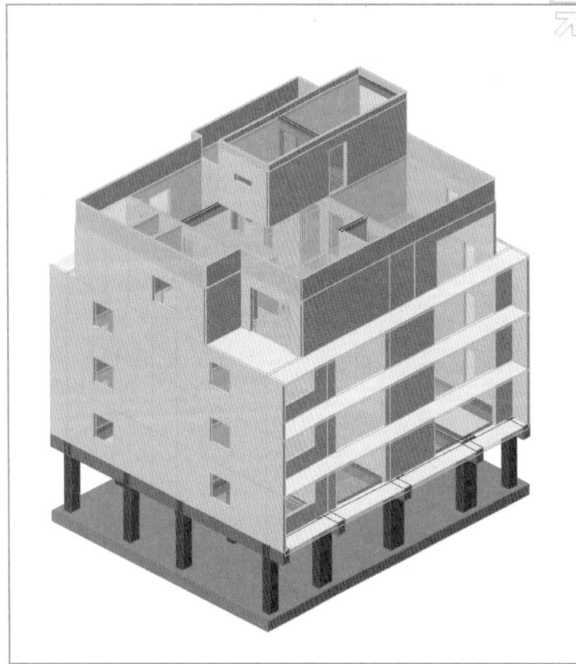

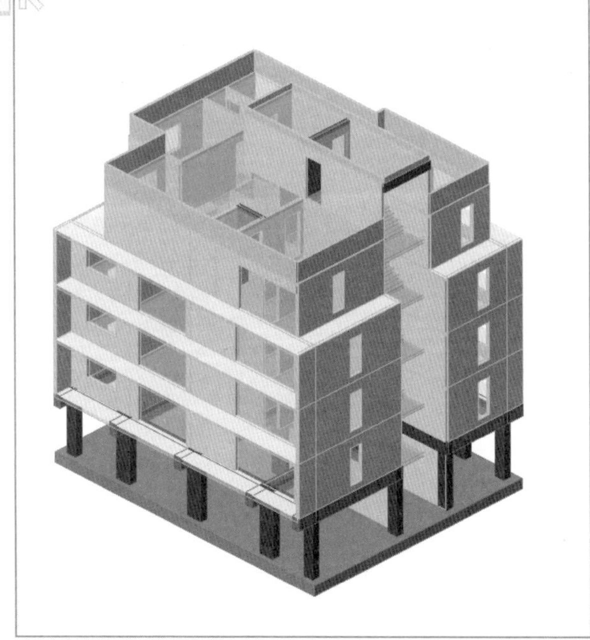

6.3.7 모델링 완성

따라하기

모델링이 완성되었습니다. 부재의 단면크기를 정확히 확인한다.

구조부재의 단면 크기에 맞게 정확하게 모델링 되었는지 확인한다. [정보트리]에서 각 부재의 정보를 확인 할 수 있으며, Drag & Drop으로 부재의 단면을 변경할 수 있다.

1. [정보트리]의 부재목록 보기

- [정보트리] > [부재] > 각 부재의 ⊞ 버튼 클릭
  - 부재목록이 열리며 목록을 더블클릭하면 작업창에서 단면에 해당하는 부재가 선택된다.

2. 생성된 부재 단면 확인

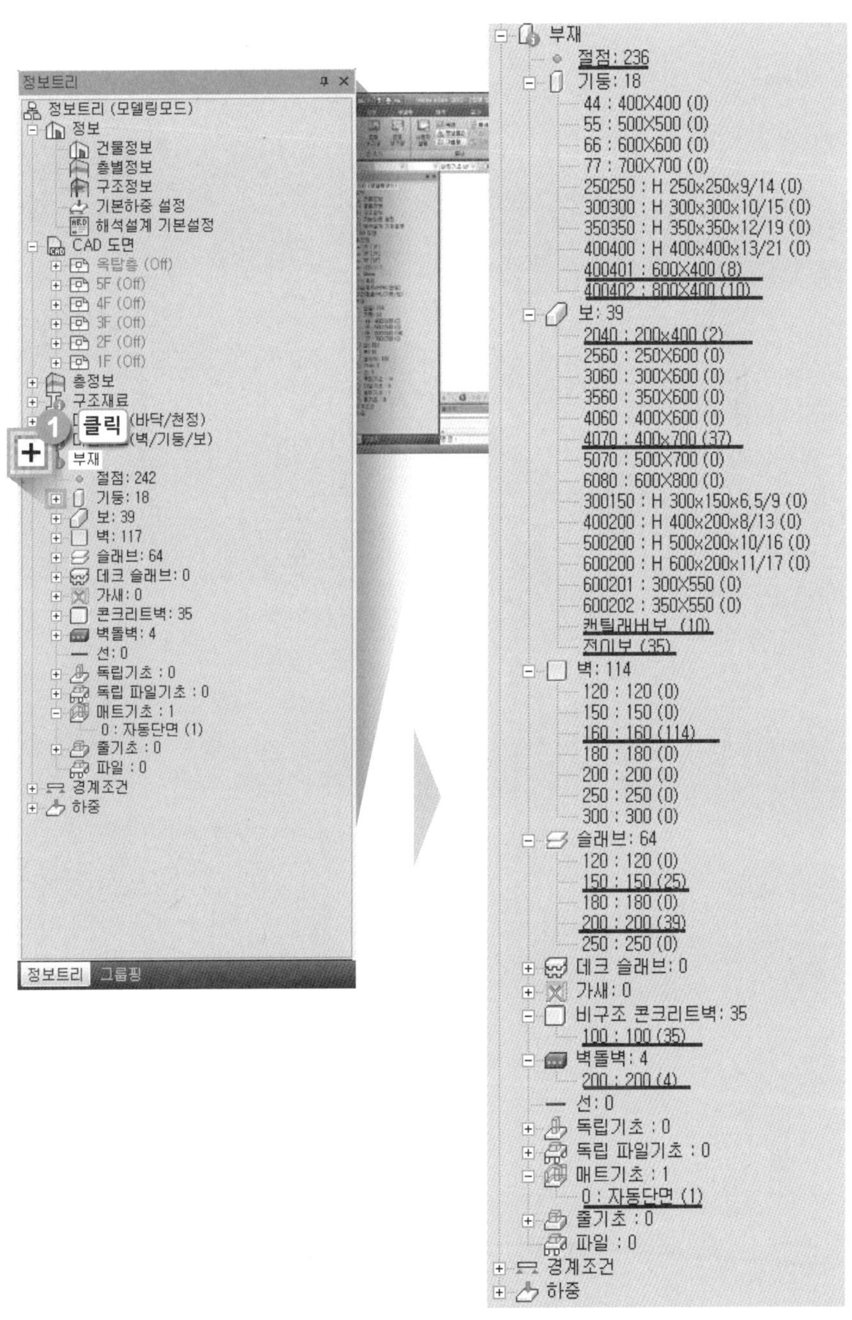

6.4 해석/설계 수행

해석/설계 결과에 대한 검토작업 프로세스는 다음과 같이 요약할 수 있다.

모델검토 수행 I → **해석/설계 수행** → **모델검토 수행 II**

본 학습 과정은 모델링 작업을 완료하고 해설설계와 모델검토를 수행한 후 결과를 확인, 검토하는 내용으로 구성되어 있다. 때문에 모델링 작업에 대한 내용을 충분히 숙지하는 것이 좋다.

따라하기

모델검토를 수행하자.

1. 모델검토 수행 시작

- 메뉴 : [도구] > [검토] > [모델검토] 아이콘 모델 검토 클릭

2. [모델 검토] 버튼 클릭

- 일반 사항의 체크리스트에 하중, 재료, 단면&배치 항목이 체크되어 있는지 확인 후 [모델검토] 버튼 클릭
- 모델 검토가 실행된다.

6.4.1 모델검토 수행 I

'해석 전 모델검토' 기능은 사용자가 입력한 하중, 재료 등의 입력 정보가 해석/설계 작업을 진행하기에 적합한지를 구조 기준과 다양한 실무검토 사항을 반영하여 검토한다.

해석/설계 수행 이전에 [모델검토]기능을 통해 사용자의 입력 데이터에 대한 오류 또는 적절성에 대한 검토가 선행되면, 보다 원활한 해석/설계 수행 및 신뢰할 수 있는 결과를 얻을 수 있다.

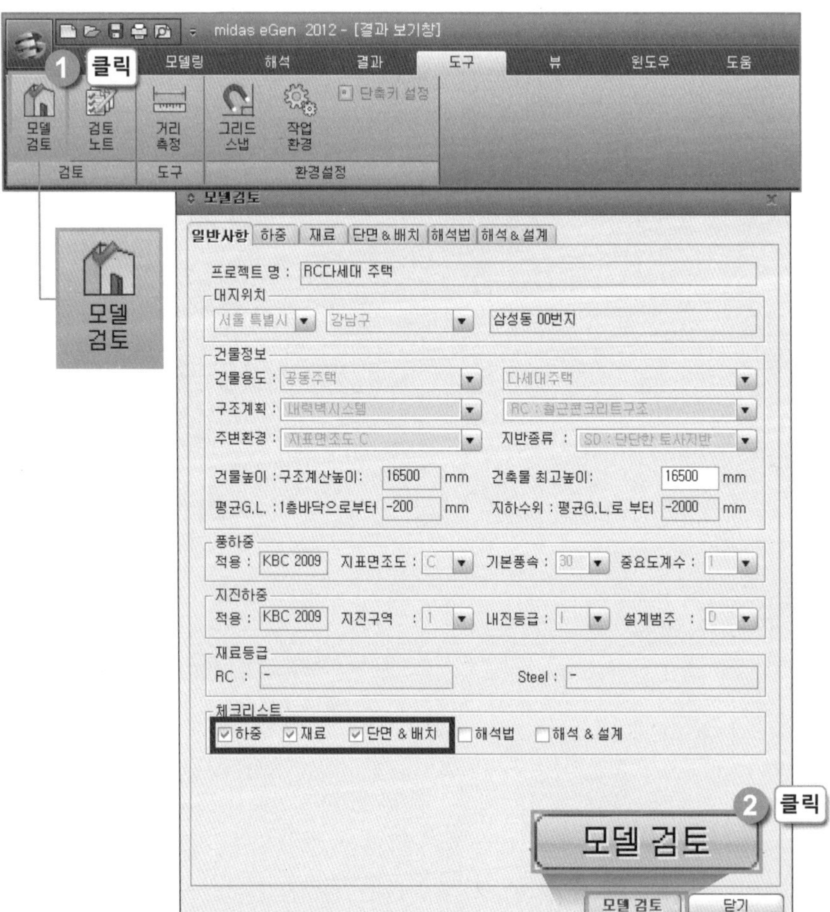

3. 모델검토 결과 확인

- [모델검토] 트리메뉴에서 각 항목의 적절성을 확인한다.

NOTE

- 검토결과 'OK/검토필요/검토 미수행' 여부에 따라 메뉴 색상이 구분된다.

• 검정색 : OK • 빨간색 : 검토필요 • 회색 : 검토미수행

- 모델검토 대화창에서 Check off 되었거나, 해석/설계 후에 모델검토가 가능한 항목은 전처리모드에서 모델검토가 되지 않는다.

모델검토
- 일괄 출력
  - All
  - NG
- 하중
  - 바닥 고정하중 크기 적절성 검토
  - 바닥 활하중 크기 적절성 검토
  - 기본풍속 적절성 검토
  - 풍하중 중요도계수 적절성 검토
  - 지진구역 적절성 검토
  - 지진지역계수 적절성 검토
  - 내진등급 적절성 검토
  - 지진하중 중요도계수 적절성 검토
  - 우발편심 고려여부 검토
  - 질량참여율 90% 확보여부 검토
  - 지진하중방향의 적절성 검토
  - 적설하중 중요도계수 적절성 검토
  - 수압에 의한 부력검토 필요성 검토
- 재료
  - 같은 층의 부재종류별 강도등급 동일성 검토
  - 같은 층의 보와 기둥의 강도크기 비교
  - 같은 층의 기둥과 벽체의 강도크기 비교
  - 상하층 기둥강도 비교
  - 상하층 벽체강도 비교
  - 상하층 기둥강도 차이 비교
  - 상하층 벽체강도 차이 비교
  - 부재에 사용된 주철근 강도와 부철근 강도 비교
- 단면 & 배치
  - 같은 위치의 상하층 기둥 단면크기 비교
  - 같은 위치의 상하층 기둥 배치각도 비교
  - 같은 위치의 상하층 벽체 두께 비교
  - 같은 위치의 상하층 기둥 단면 차이 비교
  - 같은 위치의 상하층 벽체 두께 차이 비교
  - 수직부재(기둥, 벽) 하부에 연결부재 검토
  - 지하외벽 설치여부 검토
  - 전이보 검토
  - 독립기초 편심크기 검토
  - 파일 간격 검토
- 해석법

➢ 하중 / 재료 / 단면&배치에 대한 다양한 검토사항에 대하여 모델검토가 완료되어 모델검토 트리메뉴가 나타난다.
전처리 모드에서 본 따라하기 예제의 [모델검토 I]를 수행하면 검토 항목이 없다.

➢ '해석법, 해석&설계'를 체크 하더라도 모델검토는 수행되지만 결과가 없어 비활성화 상태로 보여진다.

➢ 빨간색 항목은 '잘못됨'을 의미하는 것이 아니라 '검토'가 필요함을 의미한다. 즉, 해당 항목을 검토하여 문제가 없으면 항목이 붉은색이라도 모델링에는 문제가 없는 것이다.

6.4.2 해석/설계 수행

사용자가 입력한 데이터를 바탕으로 구조해석 및 설계가 진행된다. 구조해석 프로그램에서는 해석/설계 이전 단계를 '전처리모드'라 하며, 해석/설계 이후 단계는 '후처리모드'라 한다.

따라하기

해석/설계를 수행하자.

1. 해석/설계 수행 시작

- 메뉴 : [해석] > [해석/설계 수행]
  아이콘 해석설계 수행 클릭
  또는 단축키 F5

2. 해석 완료 확인

- 질량참여율 90% 도달 확인
- 메시지창 완료 확인
- 2D기본 작업창 확인
- 결과보기 창으로 전환

eGen 도우미

✓정형, 중저층 건물일 경우, 고유치 모드 수가 10 ~ 20차수에 질량참여율이 90%이상 확보되는데, 건물의 비정형성에 따라 다소 차이가 있을 수 있다. 하지만, 10차수 이상이 되djeh 질량참여율의 진행이 아주 미소하게 변화가 없다면 구조모델에서 부재의 연결상태가 부적절한 경우이므로 해석을 중단하고 구조모델을 검토해야 한다.

6.4.3 모델검토 수행 II

따라하기

해석 후 모델검토를 수행하자.

해석/설계 수행 이후 도출된 결과 데이터들의 오류 또는 적절성에 대해 검토한다.

1. 모델검토 수행 시작

- 메뉴 : [도구] > [검토] > [모델검토] 아이콘 클릭

2. 체크리스트 확인

- 해석법, 해석&설계 항목 체크

3. [모델 검토] 버튼 클릭

- 모델 검토가 실행된다.

4. 모델검토 결과 확인

- [모델검토] 트리메뉴에서 각 항목의 OK/NG를 확인한다.

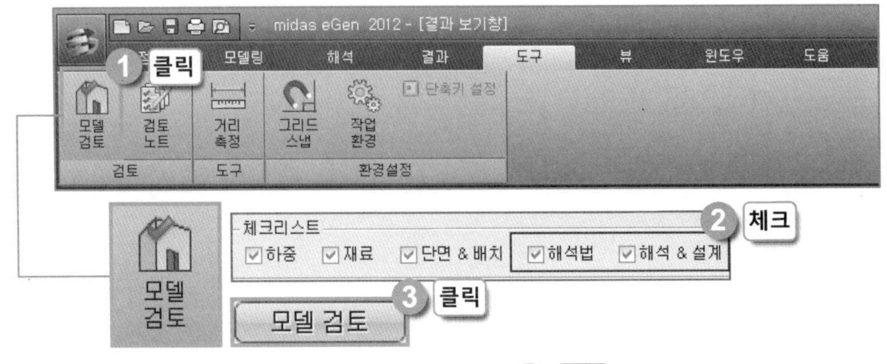

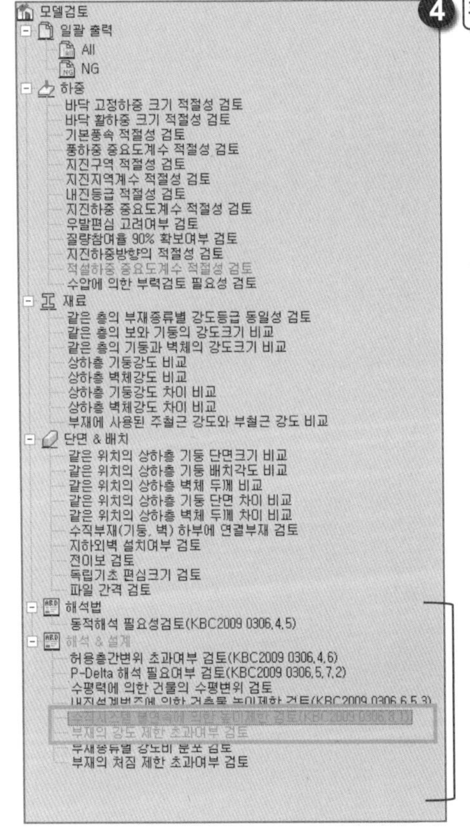

➢ 해석법, 해석&설계에 대한 검토 사항에 대하여 모델검토가 완료되어 해당 항목들이 트리메뉴가 나타난다.

➢ [모델검토 I] 과정에서는 해석/설계에 관련된 검토항목이 비활성화 되어 있으나, 해석/설계 수행 이후 모델검토를 수행하면 해석과 설계결과에 관련된 항목까지 확인 할 수 있다.

➢후처리 모드에서 본 따라하기 예제의 [모델검토II]를 수행하면 [수직시스템 불연속에 의한 높이제한 검토] 항목과 [부재의 강도 제한 초과여부 검토] 항목에서 검토를 요하는 빨간색 텍스트가 표시된다.

✓ [수직시스템 불연속에 의한 높이제한 검토(KBC 2009 0306.8.1)] 항목 NG

: 약층의 강도가 바로 위층 강도의 65% 미만인 구조물의 높이는 2층 또는 9m 이하가 되어야 한다는 기준에 대한 검토이다. 불연속으로 인한 높이가 제한될 수 있는 건축물임을 알려주고 있다.

현재 구조물의 경우에는 전이층, 전이보 설정으로 특별지진하중을 적용하였으므로 높이제한을 받지 않는다.

✓ [부재의 강도제한 초과여부 검토 항목 NG]

: 해석/설계 결과 강도비 1.0을 초과하는 NG부재가 존재함을 알려준다.

NG부재 검토는 뒤에 나오는 "결과검토"에서 알아보자.

NOTE

- 모델검토의 결과가 빨간색으로 표시되는 항목에 대해서는 사용자의 검토가 반드시 필요하다.

따라하기

2D 기본 결과의 [지내력/ 지지력 검토]를 확인하자.

6.5 결과 검토

6.5.1 2D 기본 결과 검토

1) 지지력/지내력 검토

1. 2D기본 트리메뉴의 [지내력/지지력 검토] 항목 더블클릭

2.각 기초별 지내력 결과 확인

- 본 따라하기의 모든 기초 지내력 검토결과는 OK이다.

필요지내력 ≤ 허용지내력 : **OK**
필요지내력 > 허용지내력 : NG

[지내력/지지력 검토]는 결과 확인 과정 중에서도 반드시 선행되어야 하는 작업이며, 부재별 설계결과 간략도에서 모든 층의 부재가 OK 결과를 나타내더라도 지내력/지지력에서 NG 결과가 확인된다면 상부 구조물의 설계결과는 무의미 하다. 때문에 NG 결과를 반드시 수정하여 상부구조의 안정성을 확보 후에 다음단계를 진행해야 한다.

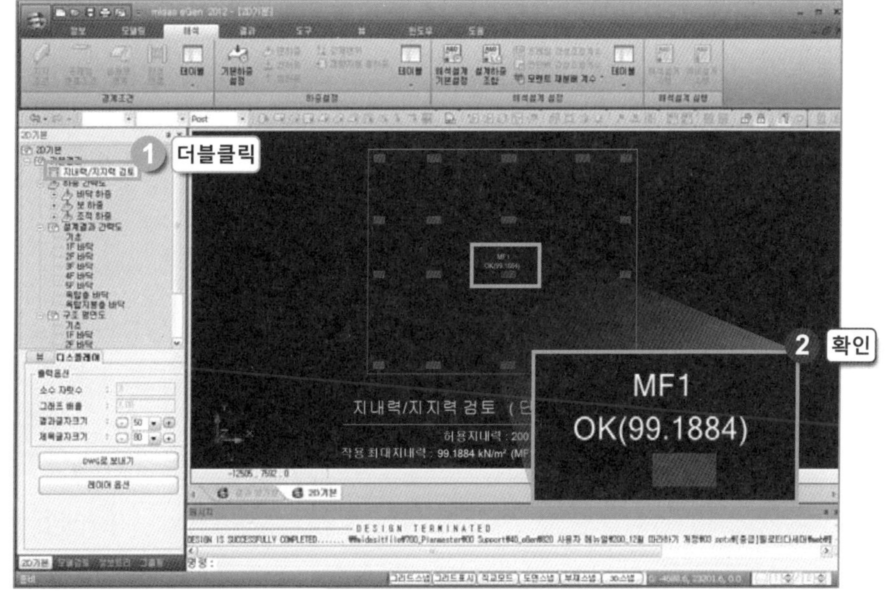

NOTE

- 허용지내력은 [정보]-[프로젝트 정보]-[건물 정보]에 입력한 지내력 값이다.

NOTE

- [지내력/지지력 검토]의 결과화면에서는 해당 지반 또는 파일이 상부 구조물에 대해 안전 여부를 판단하는 곳이므로 구조물과 관련된 정보를 편집할 수 없다.

NOTE

- 지내력이 NG인 경우 기초의 두께나 배근으로는 해결할 수 없다. 기초면적을 넓혀 해결해야 한다.

eGen 도우미

2D 기본 창이 없는 경우

1. 해석이 되지 않은 경우 (전처리 상태)

현재 작업 상태가 후처리 상태인지 확인 한다.

2. 창이 닫혀진 경우

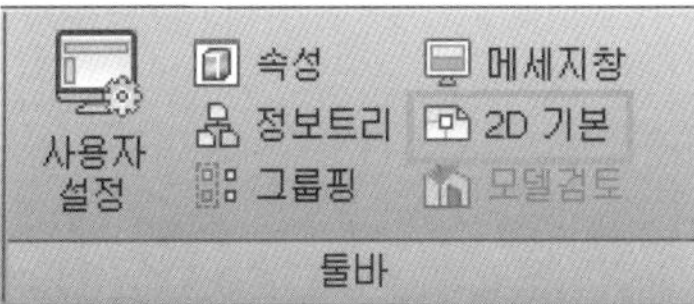

[윈도우]-[툴바]에서 [2D기본]을 활성화한다.

따라하기

2D 기본 결과의 [하중 간략도]를 확인하자.

- 2D기본의 하중간략도는 가장 하부층부터 검토한다.
- 본 따라하기에서는 2F바닥의 바닥하중만 검토하도록 한다.

1. 하중 간략도 확인

- 2D기본 > [하중 간략도] > [바닥하중] [+]클릭 > [2F 바닥] 더블클릭
  - 각 층별로 바닥하중, 보하중, 조적하중의 하중값을 확인할 수 있다.

2. 옵션체크 확인

- [뷰]옵션 클릭
- 고정, 활, 자중 체크 확인

3. 2D기본창의 결과 확인

2) 하중 간략도

[하중 간략도]는 해석/설계에 적용된 구조물의 하중을 확인하며, 본 항목에서는 하중을 수정할 수 없다. 하중의 수정이 필요한 경우에는 전처리 모드에서 수정한 후 재해석을 수행해야 한다. 본 따라하기에서는 하중간략도의 바닥하중 > 2F 바닥만 검토하겠다.

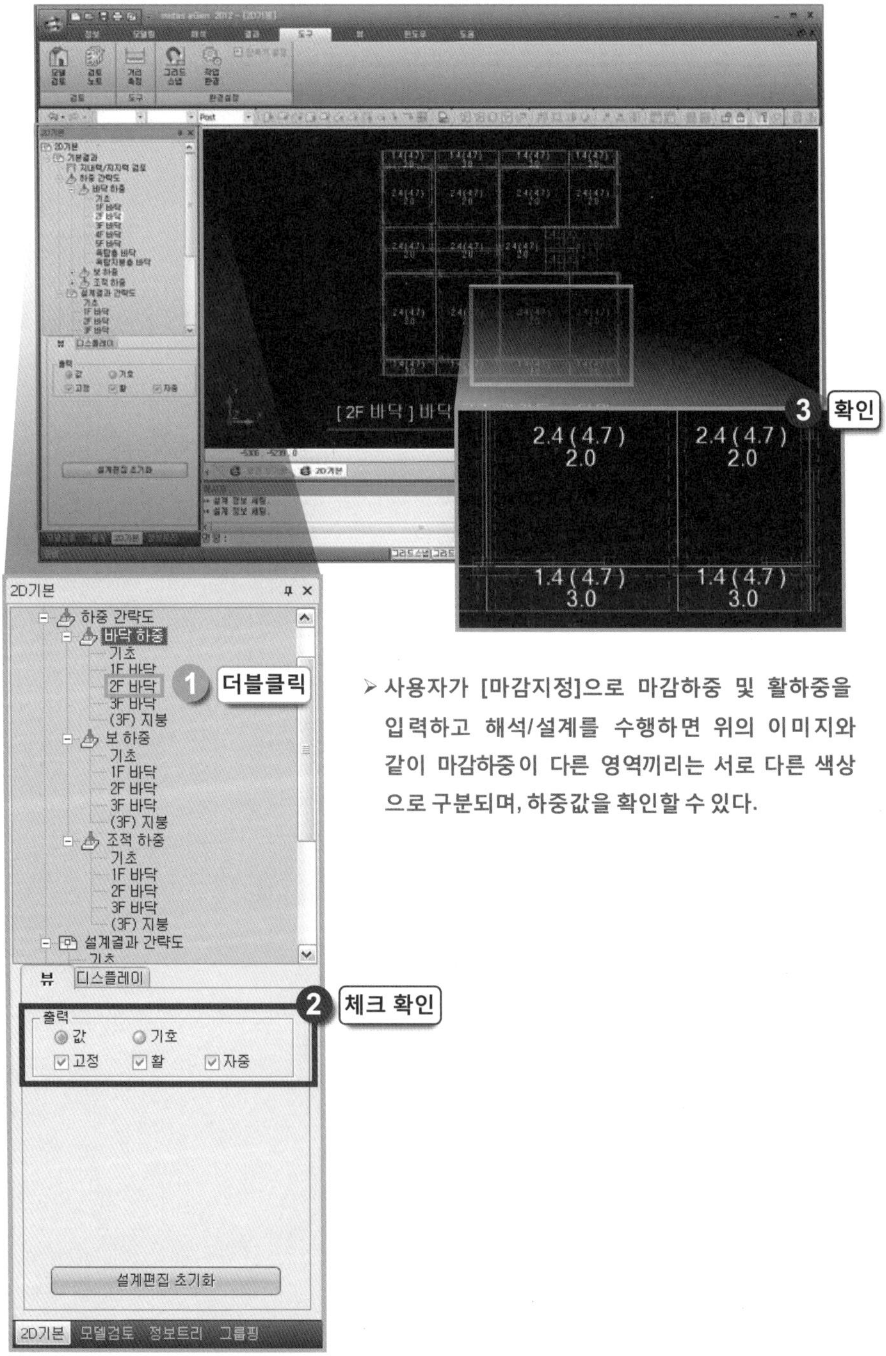

1 더블클릭

2 체크 확인

3 확인

➢ 사용자가 [마감지정]으로 마감하중 및 활하중을 입력하고 해석/설계를 수행하면 위의 이미지와 같이 마감하중이 다른 영역끼리는 서로 다른 색상으로 구분되며, 하중값을 확인할 수 있다.

NOTE

- 하중 간략도 > 바닥하중 > 2D 기본 창에 출력된 세가지 숫자는 다음을 의미한다.

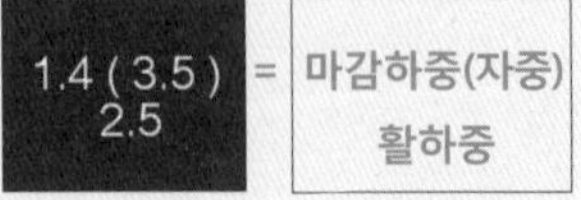

따라하기

2D 기본 결과의 [설계결과 간략도]를 확인하자.

- 2D기본의 설계결과 간략도는 가장 하부층부터 검토한다.

3) 설계 결과 간략도

부재별 설계 결과인 NG, OK, CK가 출력되며, 부재의 강도비(설계강도/ 부재강도)와 그룹이름을 확인할 수 있다. 그 외 부재 배근결과, 단면정보 및 재질정보를 확인 할 수 있다.

1. 설계결과 간략도 확인

- 2D기본 > [설계결과 간략도] > [1F바닥] 더블클릭

2. NG 부재 확인

- 1F 바닥에서 기둥의 NG를 확인 할 수 있다.

3. 간략도 확인

- [2F 바닥] ~ [옥탑지붕층 바닥] 까지 순차적 확인

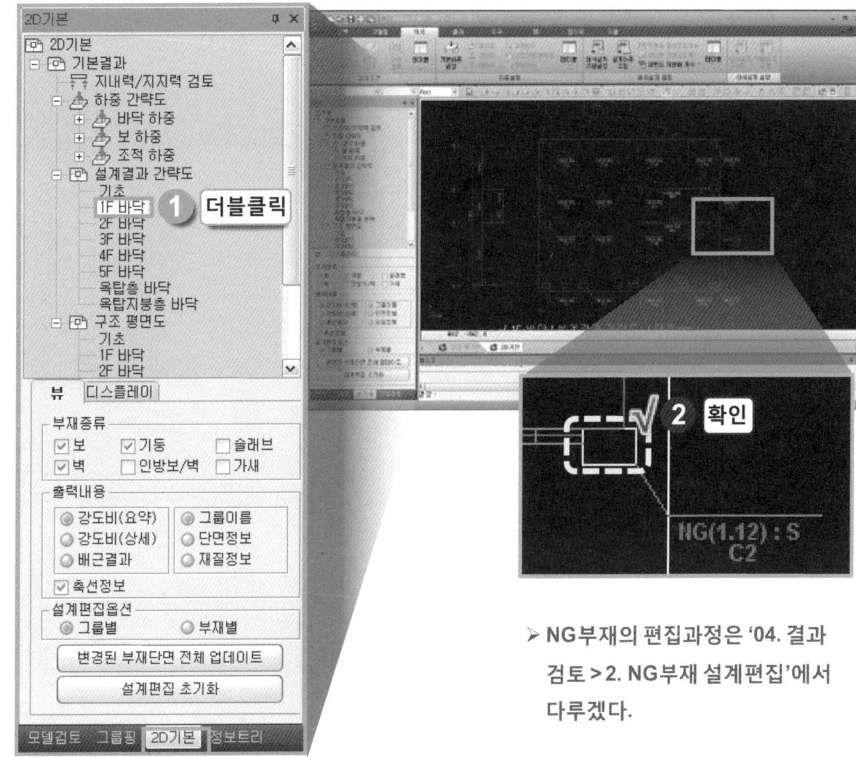

➢ NG부재의 편집과정은 '04. 결과검토 > 2. NG부재 설계편집'에서 다루겠다.

NOTE

- 부재선을 더블 클릭하면 해당 부재의 [설계결과 간략도] 창이 나타난다.
- [설계결과 간략도]는 건축구조 기준에 의해 각 부재별 강도검토 결과가 NG, OK 인지 확인할 수 있고, 구조 평면도에는 부재별 결과 및 각 부재별 그룹 이름을 확인할 수 있다.

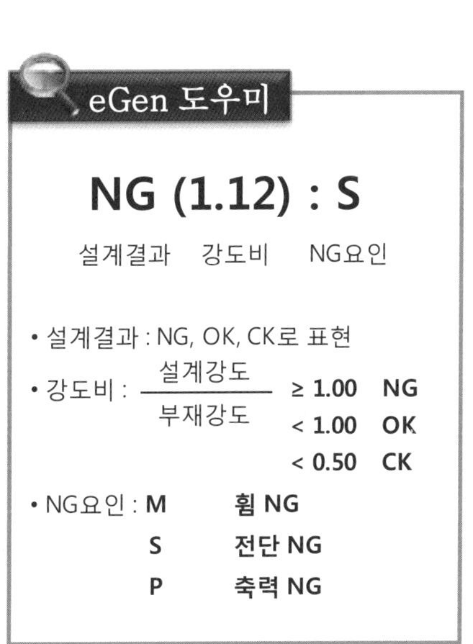

eGen 도우미

NG (1.12) : S

설계결과 강도비 NG요인

- 설계결과 : NG, OK, CK로 표현
- 강도비 : $\frac{\text{설계강도}}{\text{부재강도}}$ ≥ 1.00 NG, < 1.00 OK, < 0.50 CK
- NG요인 : M 휨 NG, S 전단 NG, P 축력 NG

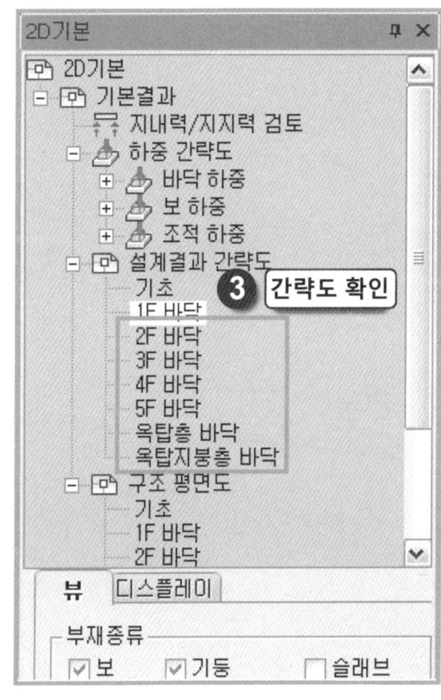

따라하기

2D 기본 결과의 [구조평면도]를 확인하자.

- 2D기본의 구조 평면도는 가장 하부층부터 검토한다.

4) 구조 평면도

✓ 최종 출력 형태 확인

✓ 시공성을 고려한 배근의 연속성 편집

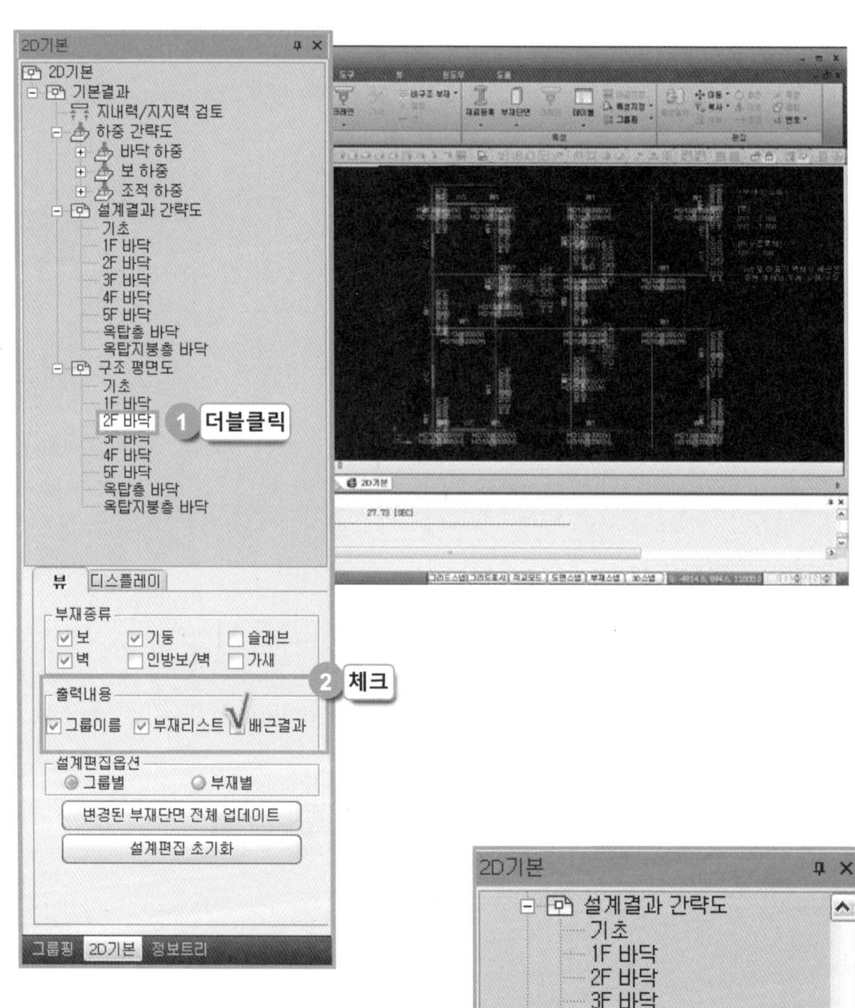

1. 구조 평면도 확인

• 2D기본 > [구조평면도] > [2F 바닥] 더블클릭

2. 그룹이름과 배근결과 확인

- 그룹이름과 배근결과를 동시에 확인할 수 있다.

3. 구조 평면도 확인

- [2F 바닥] ~ [옥탑지붕층 바닥]까지 순차적 확인

2D기본
설계결과 간략도
기초
1F 바닥
2F 바닥
3F 바닥
4F 바닥
5F 바닥
옥탑층 바닥
옥탑지붕층 바닥
구조평면도
기초
3 평면도 확인
1F 바닥
2F 바닥
3F 바닥
4F 바닥
5F 바닥
옥탑층 바닥
옥탑지붕층 바닥
뷰 디스플레이
부재종류
보 기둥 슬래브

NOTE

▪ 구조 평면도 결과에서 보이는 대로 구조계산서에 반영되므로 필요 시 글자크기와 배치 등을 적절히 조절하기 바란다.

6.5.2 NG 부재 설계 편집

본 따라하기 1F 바닥에서 기둥과 2F 바닥에서 보의 NG 결과를 가진다.
다음 학습과정 미리보기를 숙지하고, 순서에 따라 NG를 수정하도록 하겠다.

학습과정 미리보기

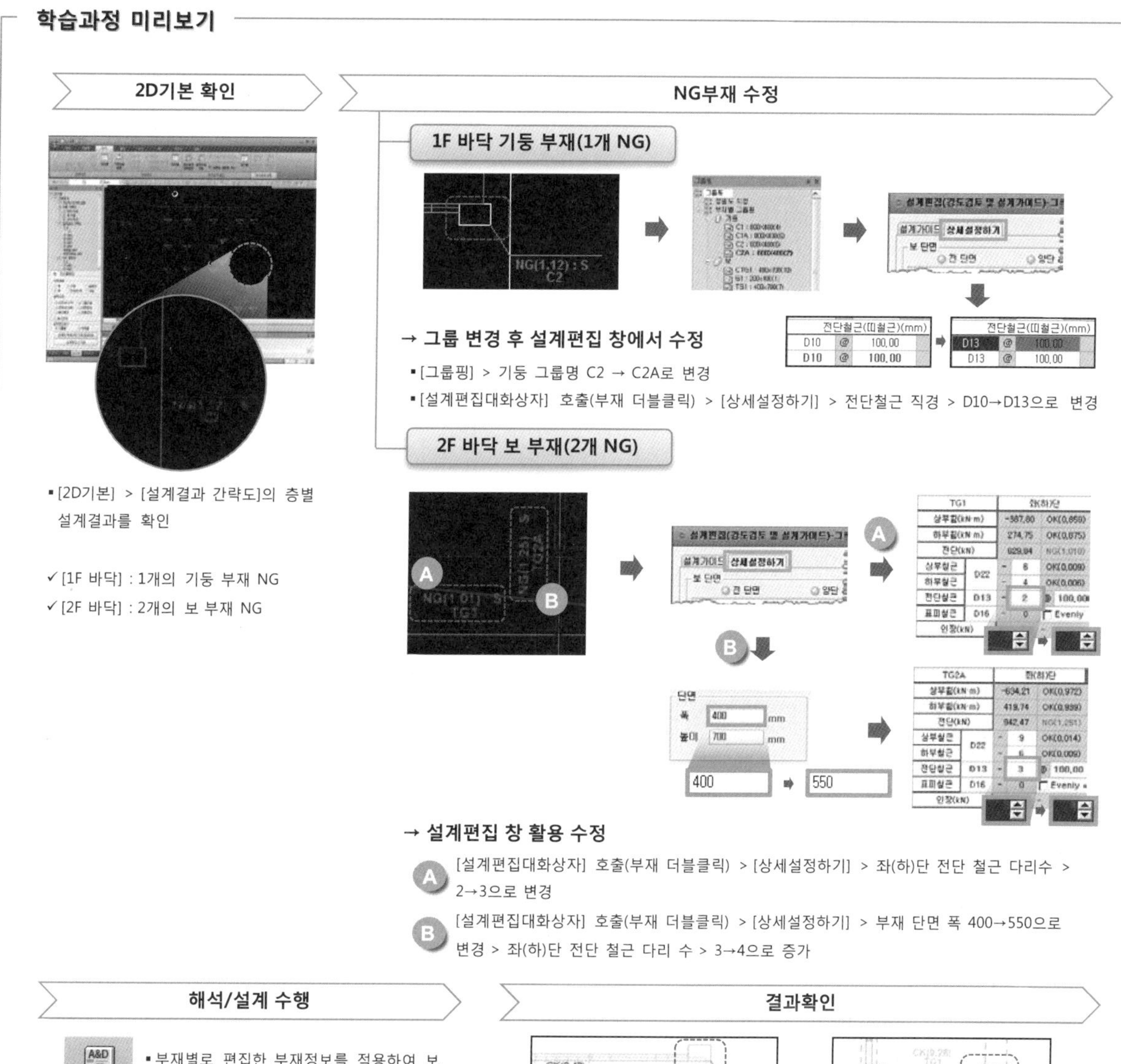

A&D 해석설계 수행

▪ 부재별로 편집한 부재정보를 적용하여 보다 정확한 결과를 확인하기 위해 다시 한번 해석/설계를 수행한다.

▪ NG 부재가 OK로 변경 되었는지 설계결과를 확인하고 2D 기본의 각 항목을 다시 한번 최종 검토한다.

따라하기

설계결과 간략도 – 1F 바닥을 검토하자.

1) 1F 바닥 NG부재 설계 편집하기

1. 설계결과 간략도 확인

- [2D 기본] > [설계결과 간략도] > [1F 바닥] 더블클릭
- NG부재 확인 (빨간색 텍스트)

따라하기

부재 그룹핑 변경 – 기둥의 그룹핑을 변경하자.

2. 그룹명 생성

① [그룹핑] > [기둥] 에서 마우스 우측 버튼 클릭

② 생성 클릭

③ 그룹명 : C2A 입력

3. 부재 그룹 변경

① 변경하려는 2개 부재 선택

② 생성한 C2A 그룹명 드래그 앤 드롭

NOTE

- 그룹명 변경 이유
  부재 설계편집 시 같은 그룹에 있는 부재는 동일하게 변경된다. 그룹 부재중 일부 부재의 설계결과만 변경하려는 할 경우에는 해당 부재의 그룹명을 따로 지정하여 설계편집을 해야 한다.

4. 그룹명 변경 확인

기둥 그룹명
C2 → C2A로 변경

5. 그룹핑 재설계

① [기둥] > [C2A] 에서
마우스 우측 버튼 클릭
② 재설계 클릭

TIP – 그룹명 글씨 표기법
- 검정색 : 자동 그룹핑
- 파란색 : 사용자 그룹핑
- 굵은체 : 재설계 필요

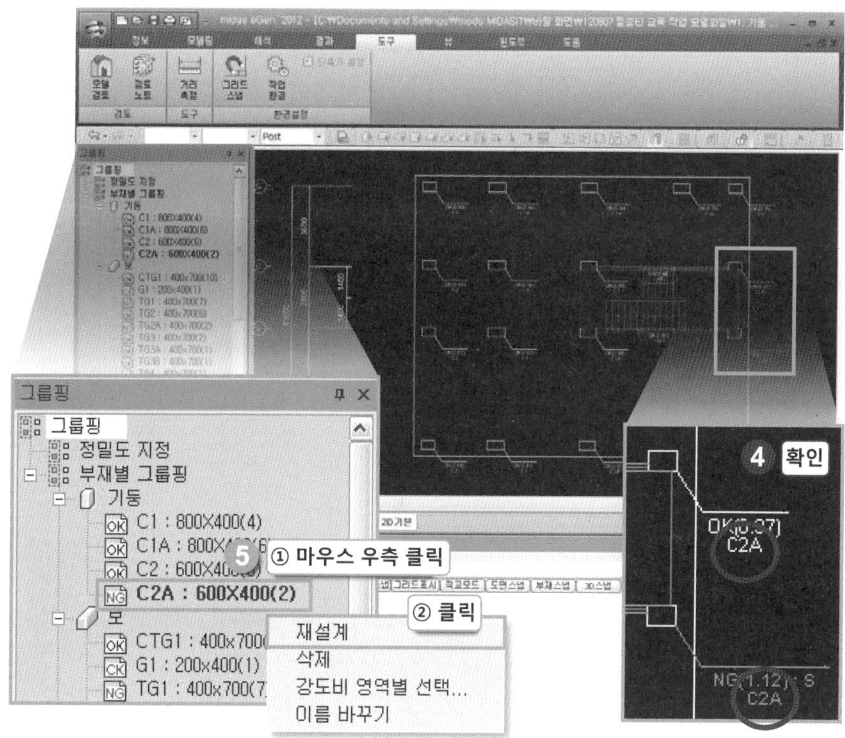

NOTE

- 해석설계 후 그룹을 수정한 경우 '그룹 재설계'를 반드시 수행해야 한다.
- 그룹핑은 동일 단면, 두께 일때 가능하며 그룹핑 후 재설계를 클릭하면 부재의 응력이 가장 불리한 조건의 배근으로 통일하다.

따라하기

설계편집 대화상자를 호출하여 각 부재의 강도검토 및 설계결과에 대한 상세정보를 검토하고 수정하자.

1. 설계편집 대화상자 호출

- 1F바닥의 NG 기둥 부재 레이어 더블클릭

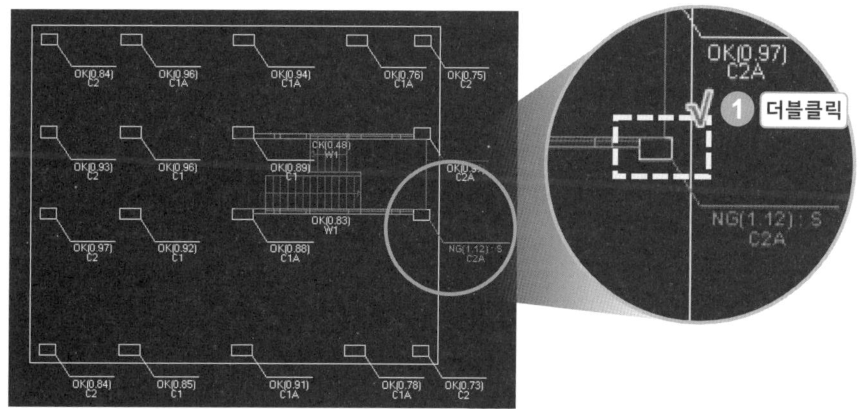

2. 상세설정하기 탭 클릭

• 좌측 상단의 [상세설정하기] 탭 클릭

3. [NG 가이드] 확인

• [NG 가이드] ⊞버튼 클릭

- [NG 가이드]에서는 해당 부재의 NG 수정방법과 실행해야 할 기능을 설명한다. 본 부재는 단면증가 또는 배근 수정을 통하여 전단 NG를 수정할 수 있다.
- 본 따라하기에서는 철근정보 수정으로 NG를 해결하겠다.

4. 배근정보 수정

- NG 가이드에 따라 철근 직경 증가를 위해

① 중앙부 전단철근 직경 D10 → D13 변경

② 단부 전단철근 직경 D10 → D13 변경

5. 결과 확인

• [결과확인] 버튼 클릭

- 변경사항에 대한 결과값을 확인한다. 모든 항목이 OK 결과가 나오도록 한다.

6. NG부재 수정 완료

- 해당 부재의 NG가 수정되면 [NG 가이드]의 항목이 사라진다.

• [확인] 버튼 클릭

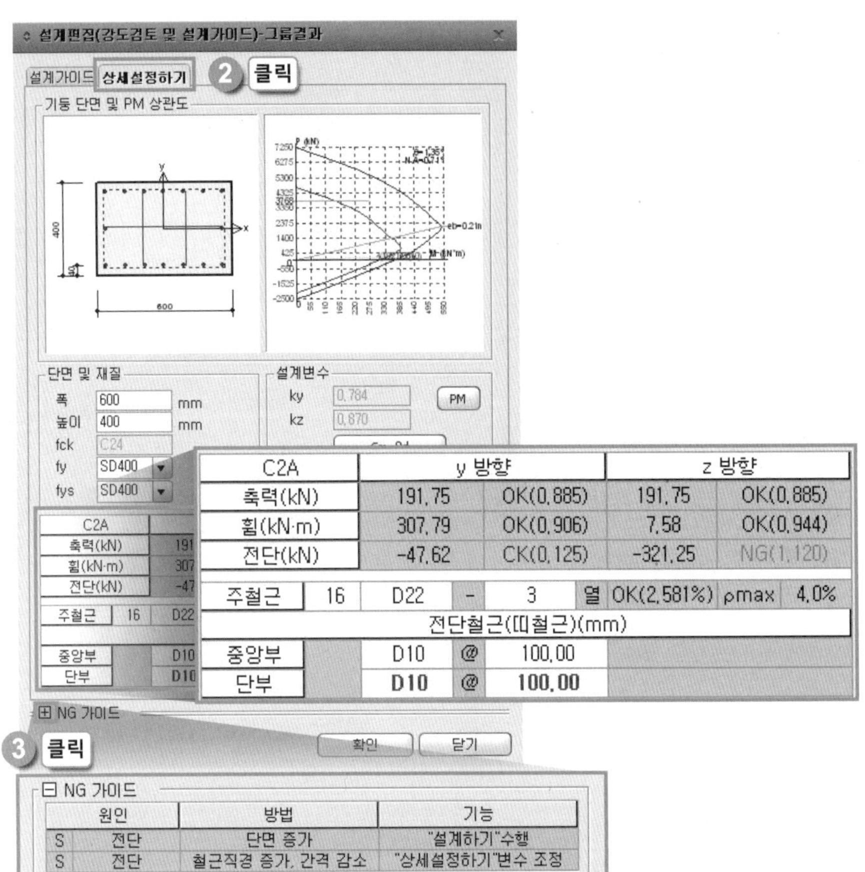

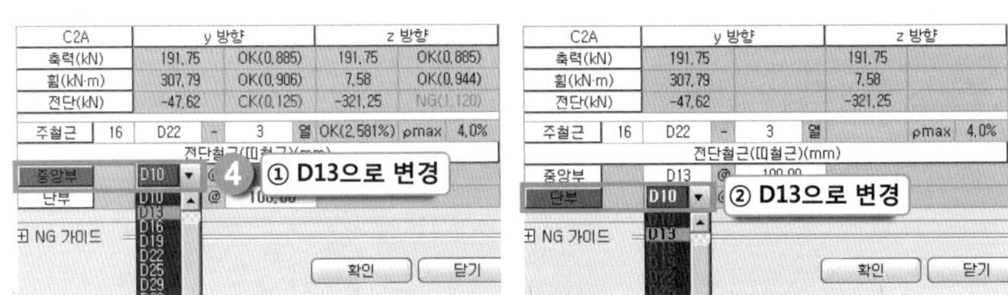

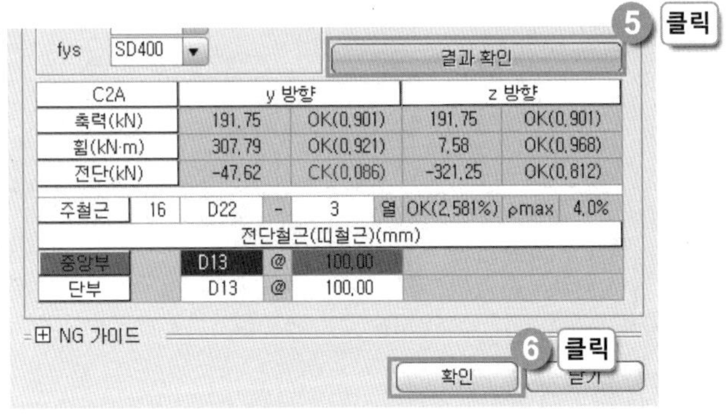

7. 수정된 결과 확인

NG 수정 사항이 적용되어 2D 본에서도 OK 결과로 출력되는지 확인한다.

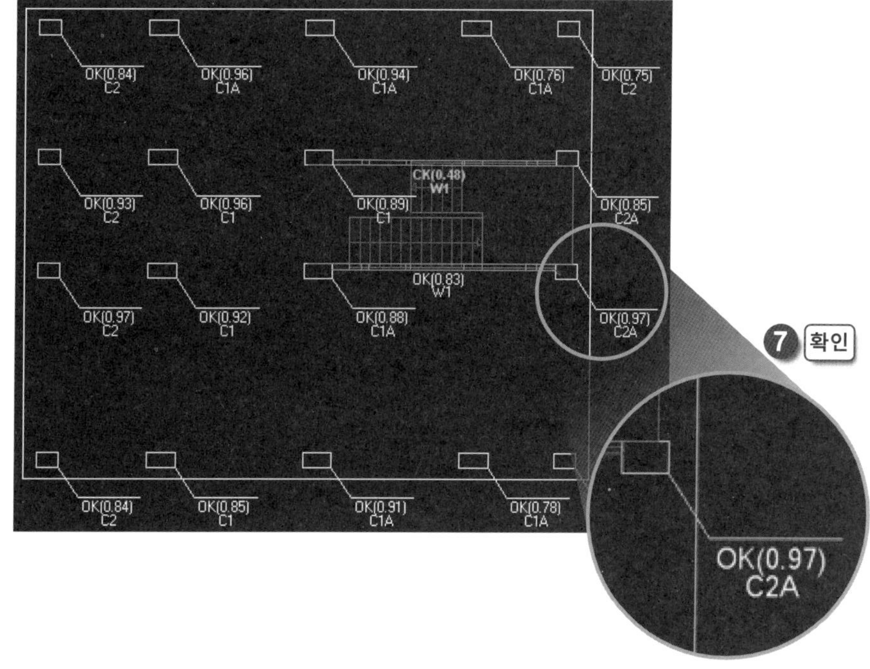

2) 2F 바닥 NG부재 설계 편집하기

따라하기

설계편집 대화상자를 호출하여 각 부재의 강도검토 및 설계결과에 대한 상세정보를 검토하고 수정하자.

1. 설계결과 간략도 확인

- [2D 기본] > [설계결과 간략도] > [2F 바닥] 더블클릭

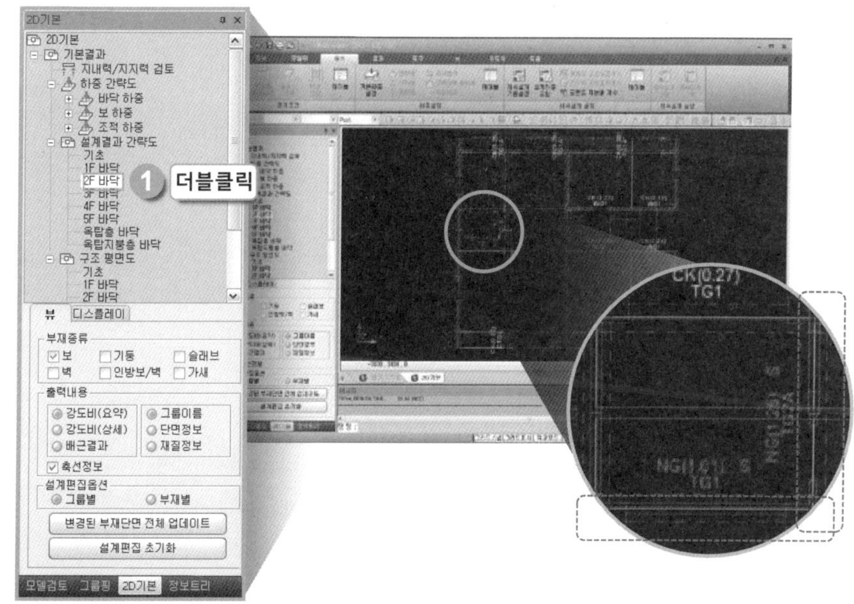

- ➢ 2개의 보에 전단에서의 NG 발생을 확인할 수 있다.
- ➢ 해당 보의 레이어를 더블클릭하면 [설계편집 대화상자]가 호출되고, 단면의 배근정보를 확인, 편집할 수 있다.

NOTE

- 설계편집을 취소할 때에는 화면 좌측의 [설계편집초기화]를 클릭하여 설계편집 이전 상태로 돌아갈 수 있다.

설계편집 초기화

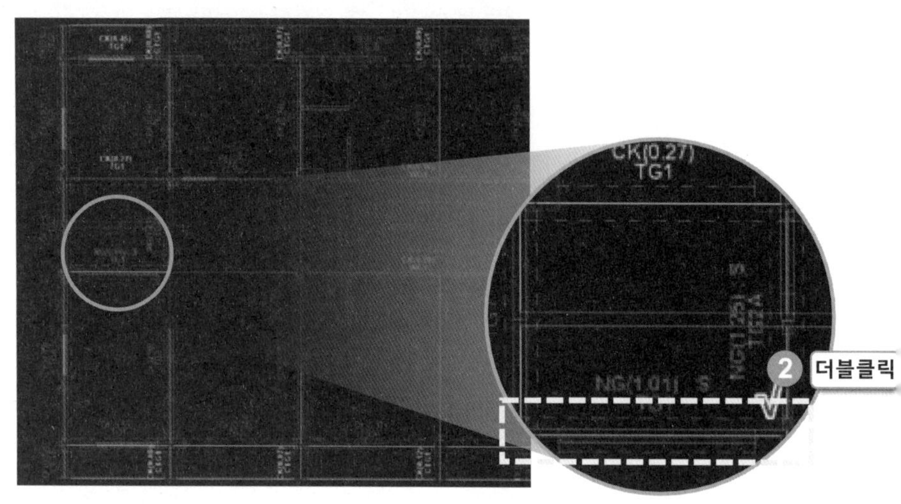

2. 설계편집 대화상자 호출

- 2F바닥의 X방향 NG 보 부재 레이어 더블클릭

3. 상세설정하기 탭 클릭

- 좌측 상단의 [상세설정하기] 탭 클릭

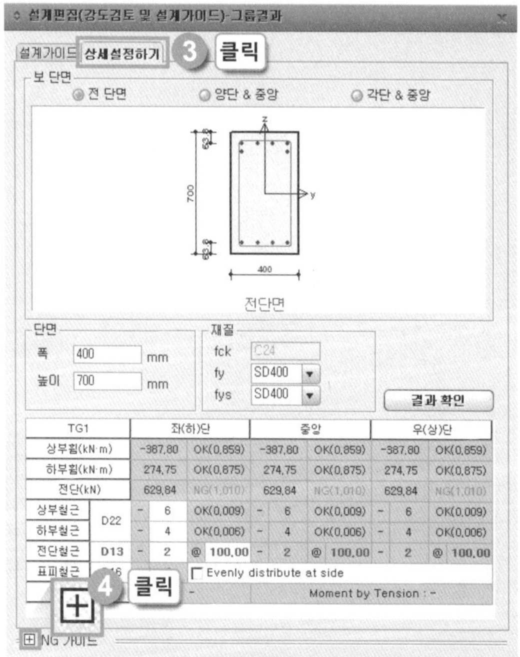

TG1		좌(하)단		중앙		우(상)단	
상부휨(kN·m)		-387.80	OK(0.859)	-387.80	OK(0.859)	-387.80	OK(0.859)
하부휨(kN·m)		274.75	OK(0.875)	274.75	OK(0.875)	274.75	OK(0.875)
전단(kN)		629.84	NG(1.010)	629.84	NG(1.010)	629.84	NG(1.010)
상부철근	D22	- 6	OK(0.009)	- 6	OK(0.009)	- 6	OK(0.009)
하부철근	D22	- 4	OK(0.006)	- 4	OK(0.006)	- 4	OK(0.006)
전단철근	D13	- 2	@ 100.00	- 2	@ 100.00	- 2	@ 100.00

4. [NG 가이드] 확인

- [NG 가이드] ⊞ 버튼 클릭
  - [NG 가이드]에서는 해당 부재의 NG 수정방법과 실행해야 할 기능을 설명한다. 본 부재는 단면증가 또는 배근 수정을 통하여 전단 NG를 수정할 수 있다.
  - 본 따라하기에서는 철근정보 수정으로 NG를 해결하겠다.

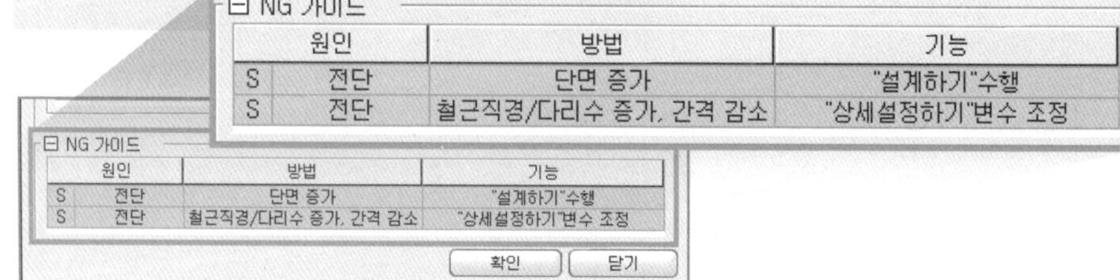

⊟ NG 가이드

	원인	방법	기능
S	전단	단면 증가	"설계하기"수행
S	전단	철근직경/다리수 증가, 간격 감소	"상세설정하기"변수 조정

NOTE

- 강도검토 및 설계편집 대화상자를 확인하기 위해서는 텍스트가 아닌 부재선을 클릭해야 한다.

5. 배근정보 수정

- NG 가이드에 따라 철근 다리수 증가를 위해
- 전단철근 다리수 '2→3'으로 변경

6. 결과 확인

- [결과확인] 버튼 클릭
- 변경사항에 대한 결과값을 확인한다. 모든 항목이 OK 결과가 나오도록 한다.

7. NG부재 수정 완료

- 해당 부재의 NG가 수정되면 [NG 가이드]의 항목이 사라진다.
- [확인] 버튼 클릭

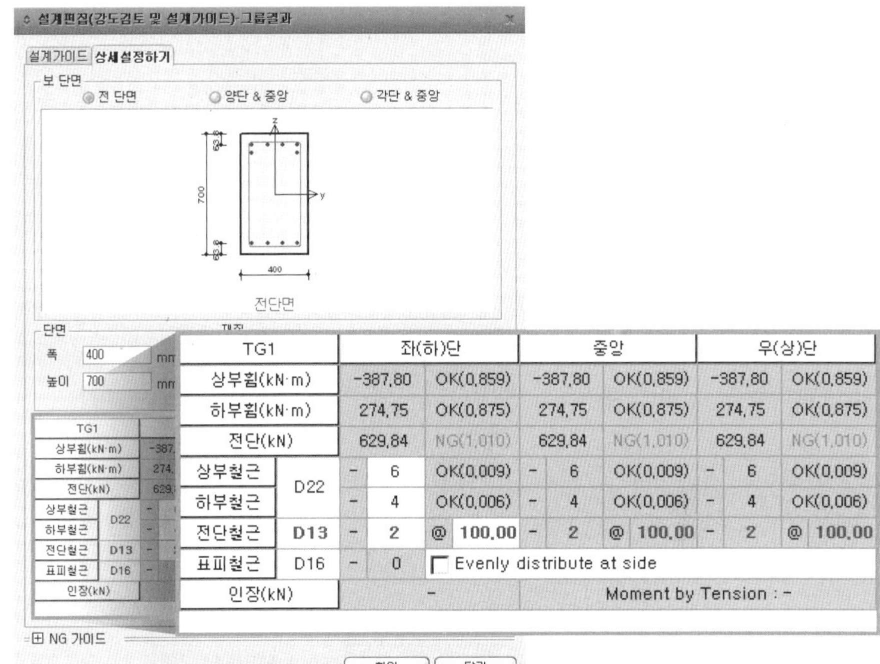

TG1		좌(하)단			중앙			우(상)단		
상부휨(kN·m)		-387.80	OK(0.859)		-387.80	OK(0.859)		-387.80	OK(0.859)	
하부휨(kN·m)		274.75	OK(0.875)		274.75	OK(0.875)		274.75	OK(0.875)	
전단(kN)		629.84	NG(1.010)		629.84	NG(1.010)		629.84	NG(1.010)	
상부철근	D22	-	6	OK(0.009)	-	6	OK(0.009)	-	6	OK(0.009)
하부철근	D22	-	4	OK(0.006)	-	4	OK(0.006)	-	4	OK(0.006)
전단철근	D13	-	2	@ 100.00	-	2	@ 100.00	-	2	@ 100.00
표피철근	D16	-	0	Evenly distribute at side						
인장(kN)		-		Moment by Tension : -						

TG1		좌(하)단			중앙			우(상)단		
상부휨(kN·m)		-387.80			-387.80			-387.80		
하부휨(kN·m)		274.75			274.75			274.75		
전단(kN)		629.84			629.84			629.84		
상부철근	D22	-	6		-	6		-	6	
하부철근	D22	-	4		-	4		-	4	
전단철근	D13	-	3	@		3	@ 100.00	-	3	@ 100.00
표피철근	D16	-	0	Evenly distribute at side						
인장(kN)		-		Moment by Tension : -						

5 3으로 변경

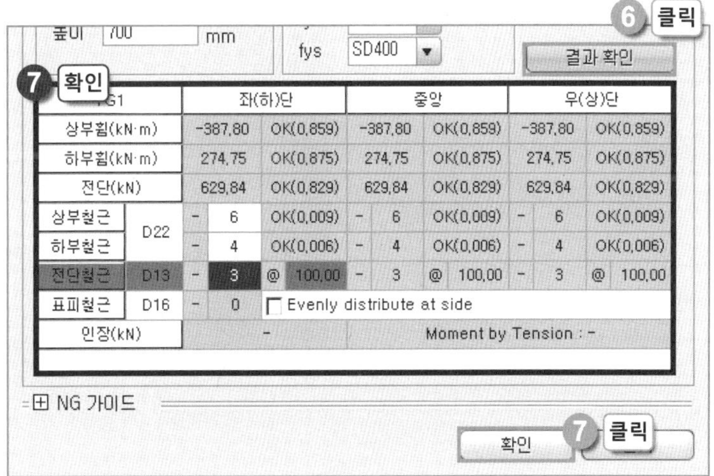

TG1		좌(하)단			중앙			우(상)단		
상부휨(kN·m)		-387.80	OK(0.859)		-387.80	OK(0.859)		-387.80	OK(0.859)	
하부휨(kN·m)		274.75	OK(0.875)		274.75	OK(0.875)		274.75	OK(0.875)	
전단(kN)		629.84	OK(0.829)		629.84	OK(0.829)		629.84	OK(0.829)	
상부철근	D22	-	6	OK(0.009)	-	6	OK(0.009)	-	6	OK(0.009)
하부철근	D22	-	4	OK(0.006)	-	4	OK(0.006)	-	4	OK(0.006)
전단철근	D13	-	3	@ 100.00	-	3	@ 100.00	-	3	@ 100.00
표피철근	D16	-	0	Evenly distribute at side						
인장(kN)		-		Moment by Tension : -						

8. 수정된 결과 확인

- NG 수정사항이 적용되어 2D 기본에서도 OK결과로 출력되는지 확인한다.

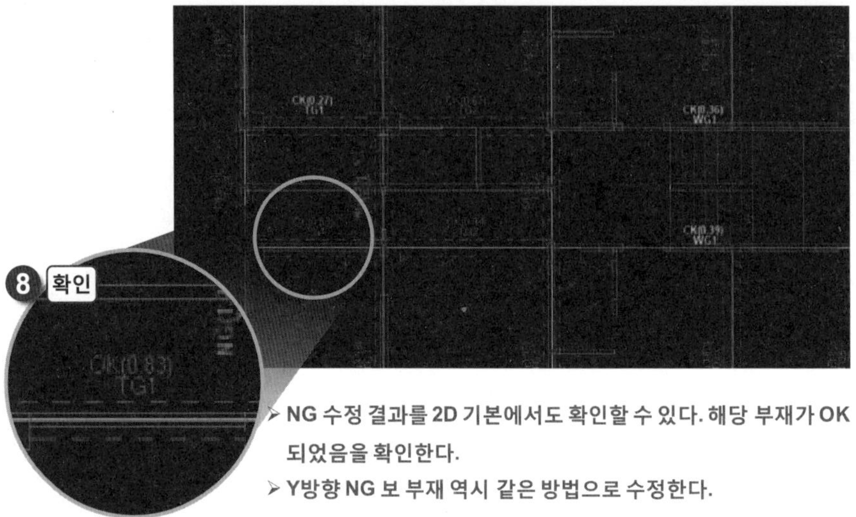

➢ NG 수정 결과를 2D 기본에서도 확인할 수 있다. 해당 부재가 OK 되었음을 확인한다.

➢ Y방향 NG 보 부재 역시 같은 방법으로 수정한다.

따라하기

부재 그룹핑 변경 – 보의 그룹핑을 변경하자.

1. 그룹명 변경할 부재 확인 후 변경

TG2, TG2A → TG2B

TG3 → TG3C

2. 그룹명 변경확인

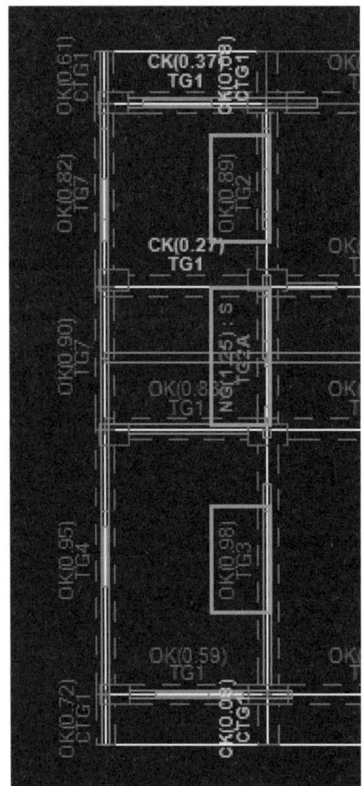

➢ NG 가 발생된 보의 결과 수정시단면 변경이 필요한 경우 변경하려는 보를 포함한 양단의 보의 단면도 함께 변경하는 것이 좋다.

➢ 변경방법은 기둥의 그룹명 변경 방법과 동일하다. 앞서 학습한 기둥의 그룹명 변경 방법을 참고하여 그룹명을 변경한다.

3. 그룹핑 재설계

① [보] > [TG2B] 에서
마우스 우측 버튼 클릭
② 재설계 클릭
③ [보] > [TG3C] 에서
마우스 우측 버튼 클릭
④ 재설계 클릭

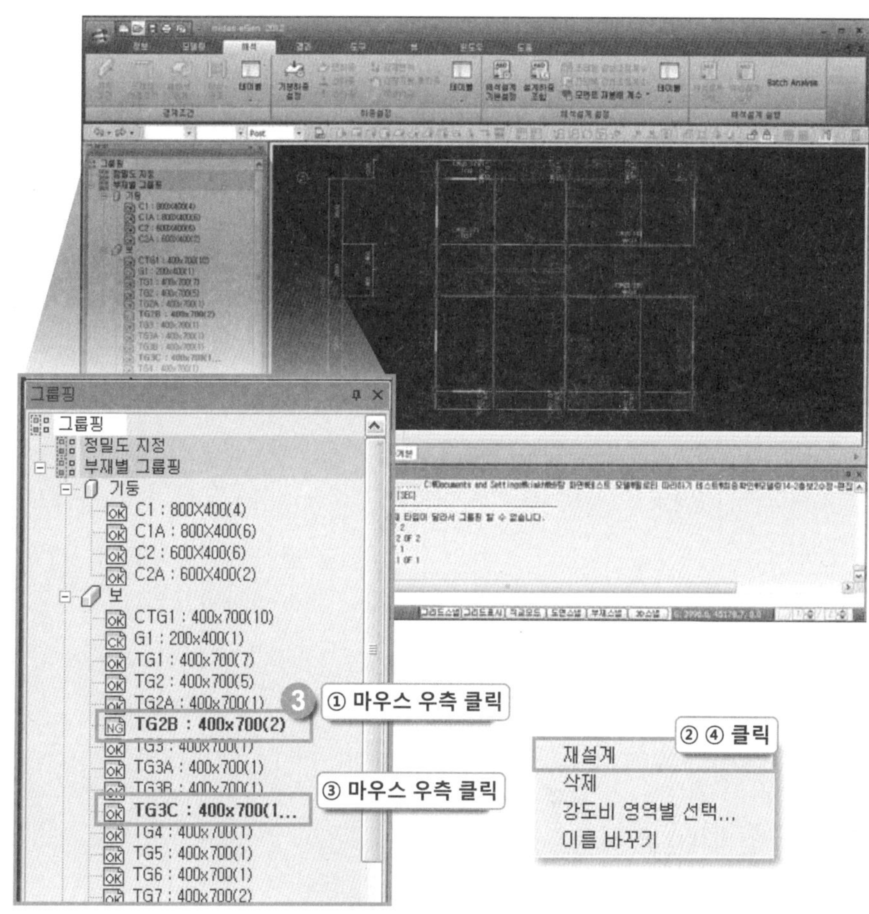

NOTE

- 해석설계 후 그룹을 수정한 경우 '그룹 재설계'를 반드시 수행해야 한다.
- 그룹핑은 동일 단면, 두께 일때 가능하며 그룹핑 후 재설계를 클릭하면 부재의 응력이 가장 불리한 조건의 배근으로 통일된다.

4. TG2B NG 부재 수정

① Y방향 NG 보부재 더블클릭
[강도검토 및 설계가이드] 대화상자 호출
② [상세설계하기] 탭 클릭
③ 단면 폭
'400 → 550' 으로 변경
④ 전단철근 다리수
'3 → 4' 으로 변경
⑤ [결과확인] 버튼 클릭
⑥ [확인] 버튼 클릭

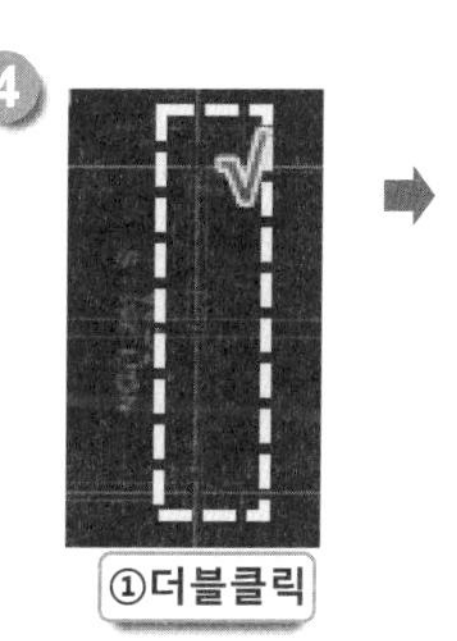

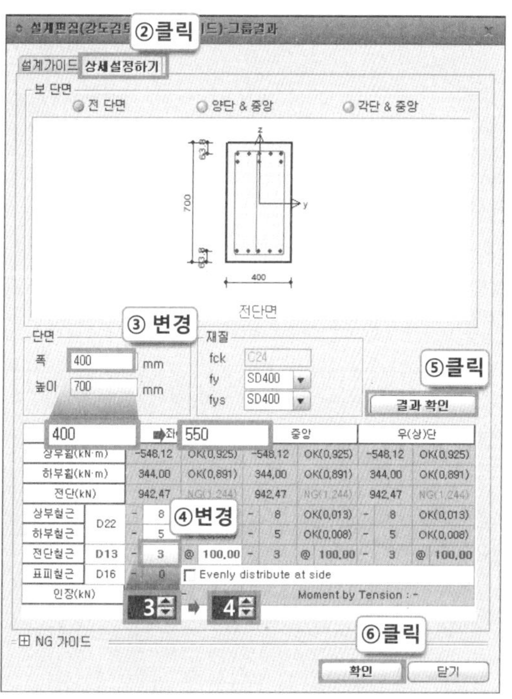

4. TG3C 부재 단면 수정

① Y방향 NG 보부재 더블클릭 [강도검토 및 설계가이드] 대화상자 호출

② [상세설계하기] 탭 클릭

③ 단면 폭 '400 → 550' 으로 변경

④ 전단철근 다리수 '3 → 4' 으로 변경

⑤ [결과확인] 버튼 클릭

⑥ [확인] 버튼 클릭

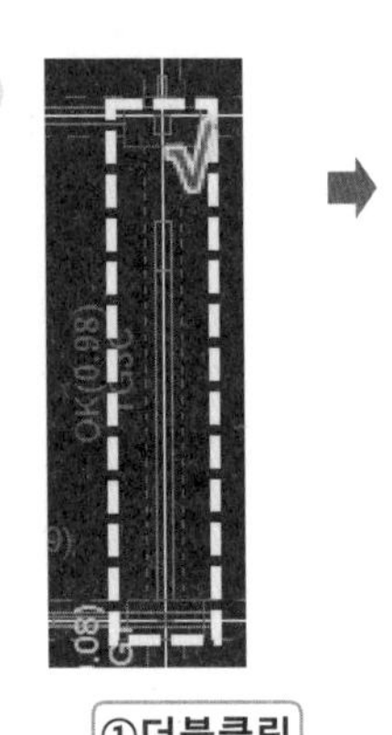

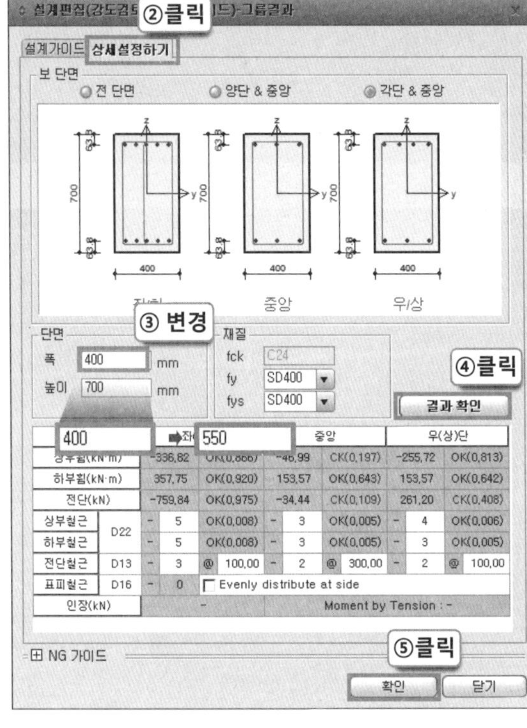

5. '아니오' 클릭

- 다시 설계편집이 가능하다.

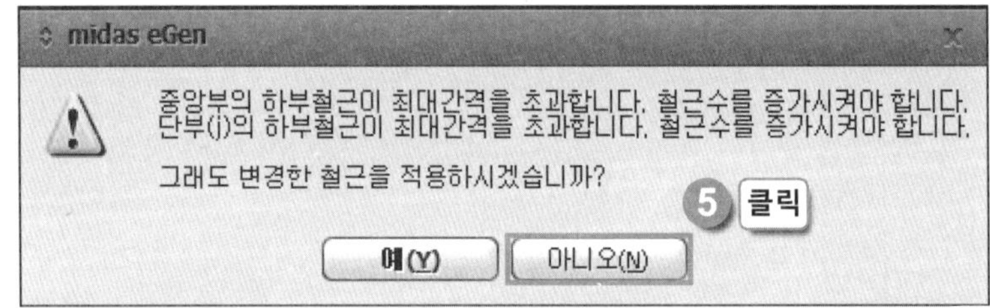

➢ 부재의 단면이 변경되는 경우 기존 배근이 설계 기준에서 정한 최소 기준이나 최대 기준에 부합하지 않는 경우 나타난 안내 창이다.

➢ 부재가 받는 응력과는 상관없이 RC 단면 크기에 따라 요구되는 철근개수와 배치의 관계 때문이다.

➢ 때문에 응력과는 상관없이 배근을 조정해야 한다.

6. 부재 배근 수정

① 중앙부 하부철근 '3 → 4' 으로 추가

② 우(상)단 하부철근 '3 → 4' 으로 추가

③ [결과확인] 버튼 클릭

④ [확인] 버튼 클릭

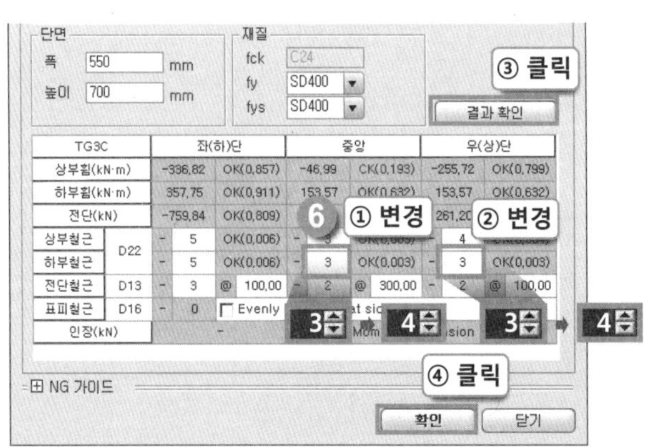

7. 수정된 결과 확인

- NG 수정사항이 적용되어 2D 기본에서도 OK결과로 출력되는지 확인한다.

8. [변경된 부재단면 전체 업데이트] 수행

- [변경된 부재단면 전체 업데이트] 클릭
  - 버튼을 클릭하면 버튼 안의 글씨가 굵게 표현되며, 다시 한번 클릭하면 글씨가 얇아진다. 글씨가 굵은 상태가 전체 업데이트 된 상태이다.

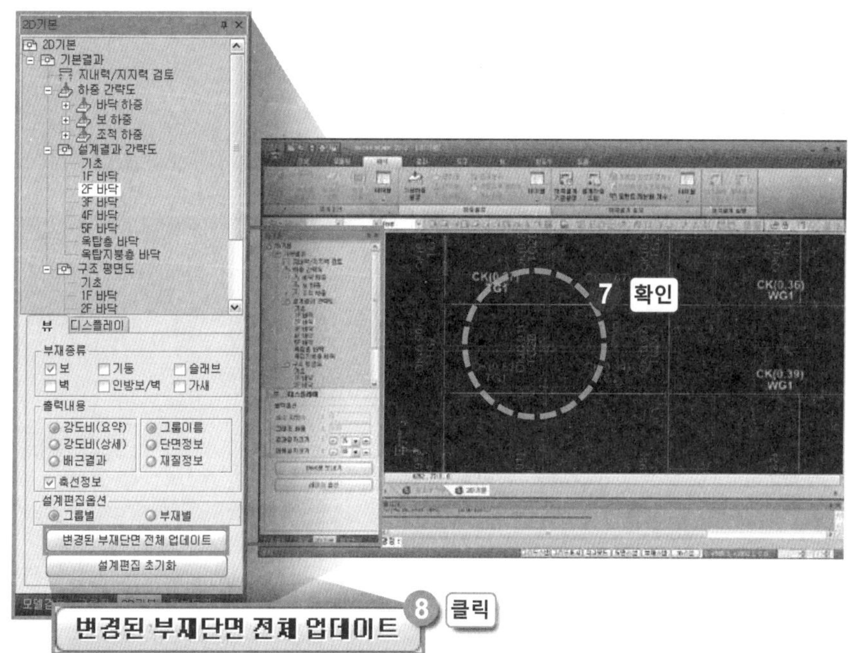

NOTE

▪ 설계 편집시 부재 단면 크기가 변경된 경우 반드시 [변경된 부재단면 전체 업데이트]를 수행해야 한다.

9. 기존 해석/설계결과 삭제

- 변경된 단면정보를 반영하여 재설계하기 위해 기존의 해석/설계 정보는 삭제한다.

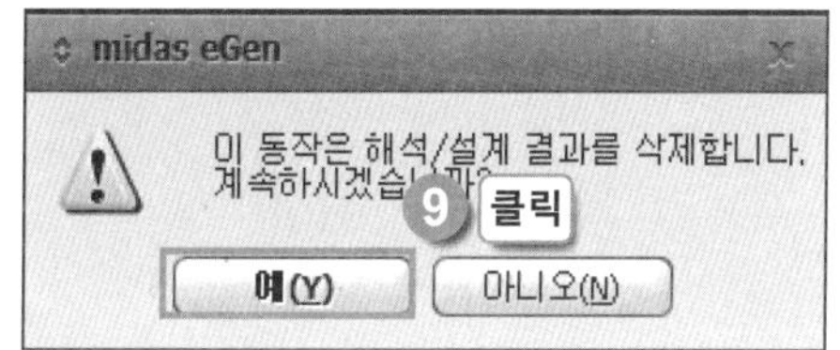

3) 해석/설계 후 결과 확인하기

따라하기

변경된 부재단면정보를 적용하여 정확한 결과를 얻기 위해 다시 해석/설계를 수행한다.

1. 전처리모드 전환 확인

- 해석/설계를 재수행하기 위해
- [전처리모드 전환] 버튼 확인

2. 해석/설계 재수행

- 메뉴 : [해석] > [해석/설계 수행] 아이콘 (해석설계 수행) 클릭 또는 단축키 : F5

3. 최종 수정된 설계결과 간략도 확인

- [모델검토]와 [2D기본]의 각 항목들을 순서대로 확인
- 모든 항목과 부재가 OK인지 확인한다.

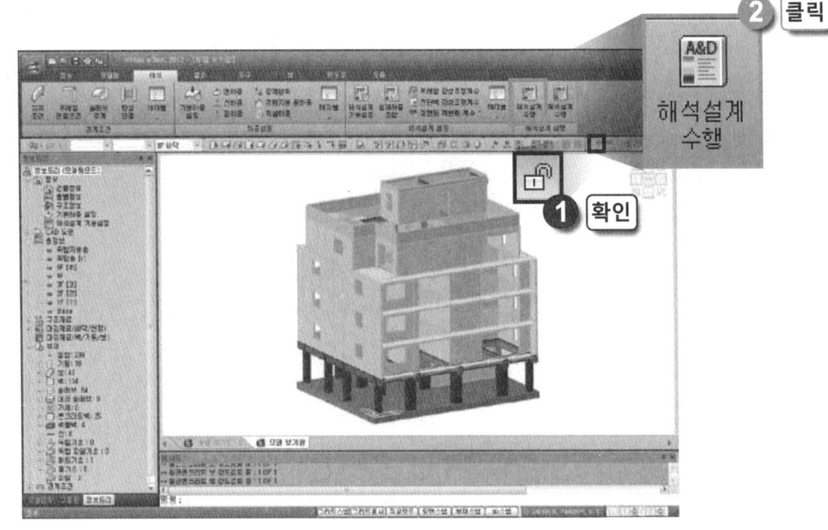

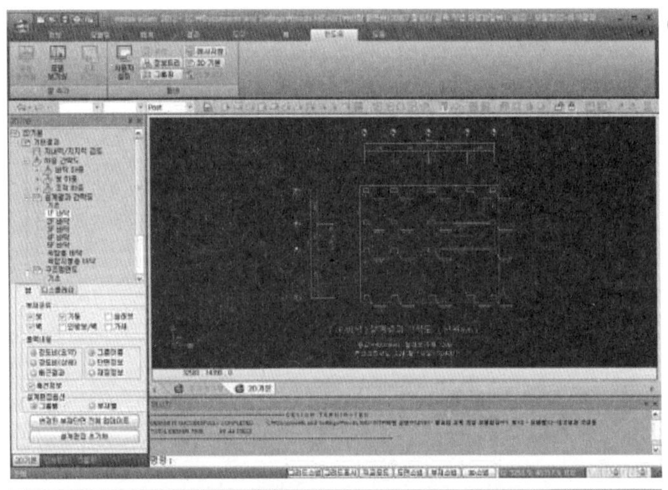

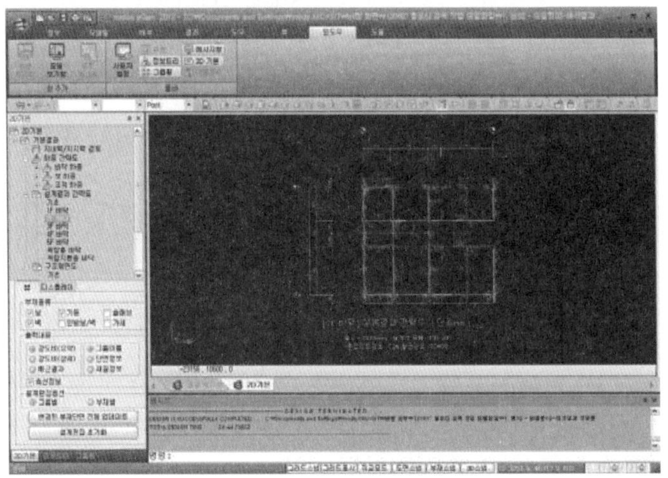

NOTE

- midas eGen에서는 구조평면도 작업을 편리하게 할 수 있도록 2D 기본의 모든 결과물을 CAD파일로 변환하여 저장하는 기능을 제공하고 있다.
[2D 기본] - [디스플레이] - [DWG로 보내기]

6.5.3 성과물 생성

따라하기

구조계산서를 출력하자.

1) 구조계산서 출력

1. 건물개요 설정 실행

- 메뉴 : [결과] > [구조설계 결과]
  [건물개요 설정] 아이콘 클릭

2. 구조계산서와 안전확인서에 포함될 건물 일반사항 입력

3. [확인] 클릭

- [건물개요 설정]에서 입력된 사항은 [정보] > [건물정보]/[층별정보] 사항에 입력된 정보가 자동으로 입력된다.
  [건물개요 설정]에서 수정된 항목은 [건물정보]와 [층별정보]에서는 수정되지 않는다.
- 사용자에 대한 정보는 [도구] > [작업 환경] > [일반] 사항에서 입력한다.

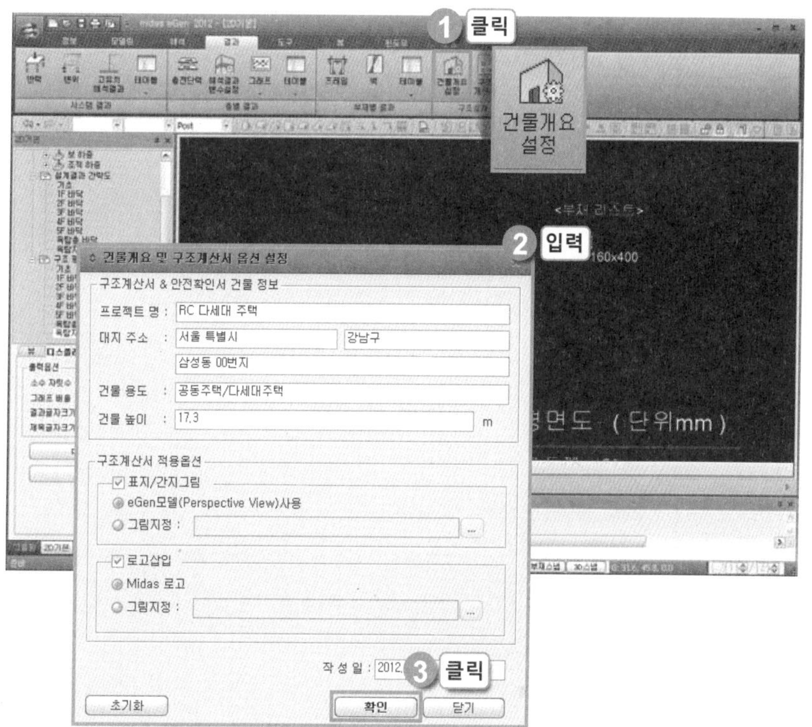

4. 구조계산서 실행

- 메뉴 : [결과] > [구조설계 결과]
  [구조계산서] 아이콘 클릭

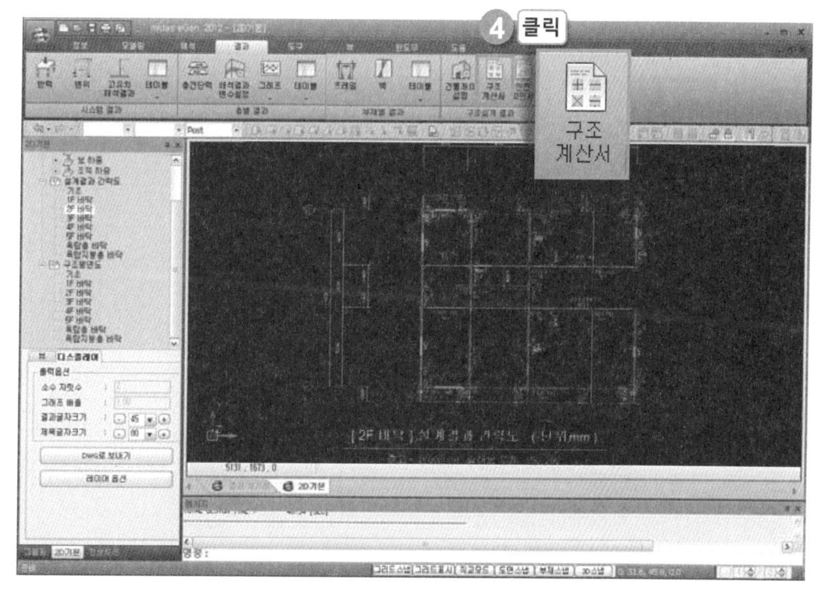

5. 구조계산서 출력물 확인

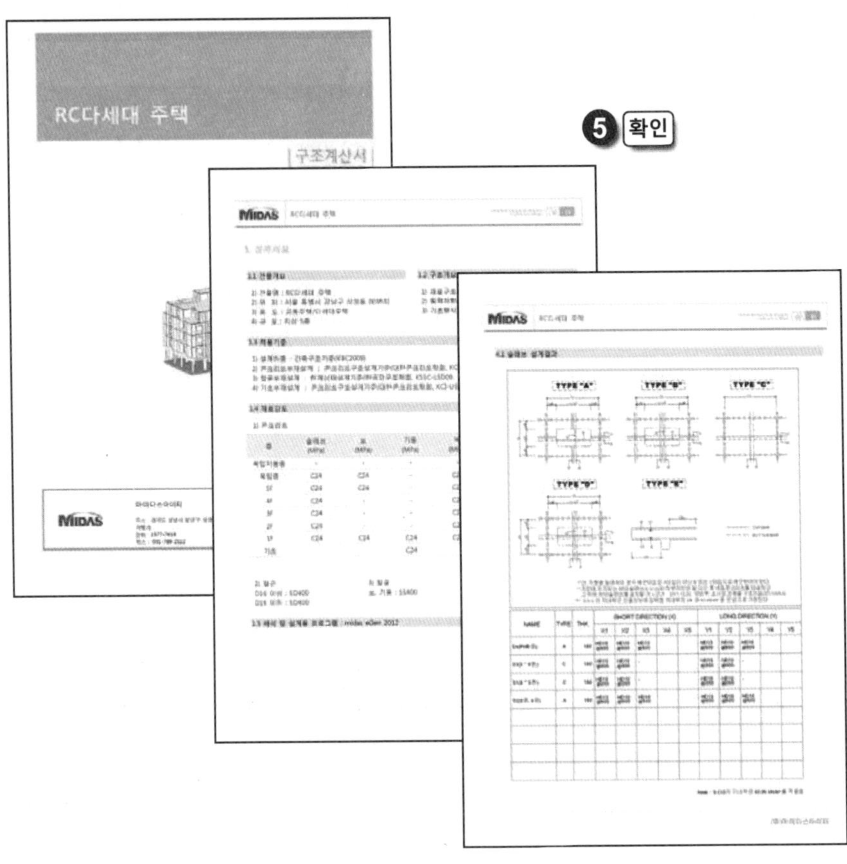

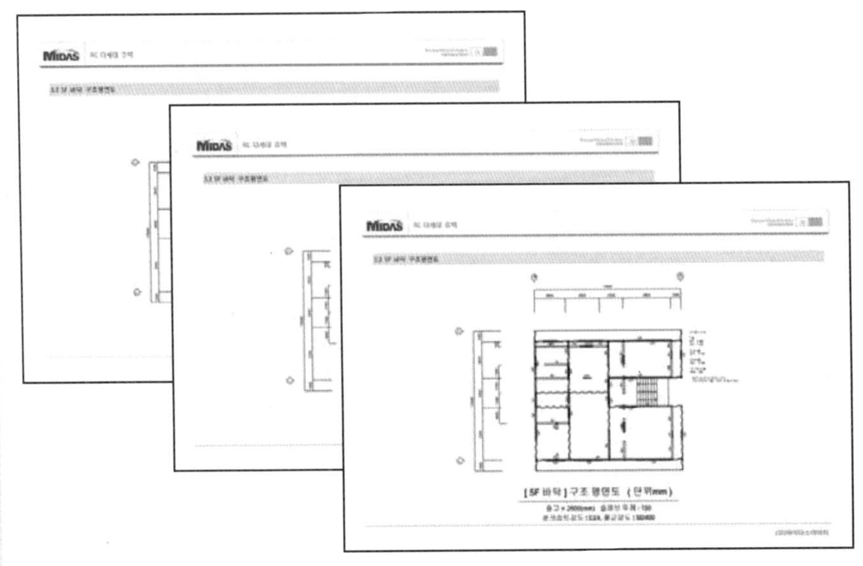

NOTE

- 구조계산서를 PDF 문서로 저장하기 위해서는 PDF 파일 생성 프로그램이 설치되어 있어야 한다.
- 구조계산서 출력 시 프린터 설정 옵션에서 PDF를 선택하여 출력하면 된다.

2) 내진 안전확인서 출력

따라하기

안전확인서를 출력하자.

1. 결과메뉴의 안전확인서 클릭

- 메뉴 : [결과] > [구조설계 결과]

  [안전 확인서] 아이콘  클릭

2. 출력 옵션 선택 후 [확인서 출력] 버튼 클릭

- 안전확인서는 워드파일로 생성하거나 바로 프린트 할 수 있는 Print View 2가지 형태로 제공된다.

3. [안전확인서] 출력 확인

- 일부 글꼴파일이 없는 경우 안전확인서에 글씨가 출력되지 않을 수 있다.

홈페이지 > 지원 > 질문과 답변 > *"34. PDF문서 만드는 방법 [나는 이렇게 해결한다!vol.1] "*▶ 참조

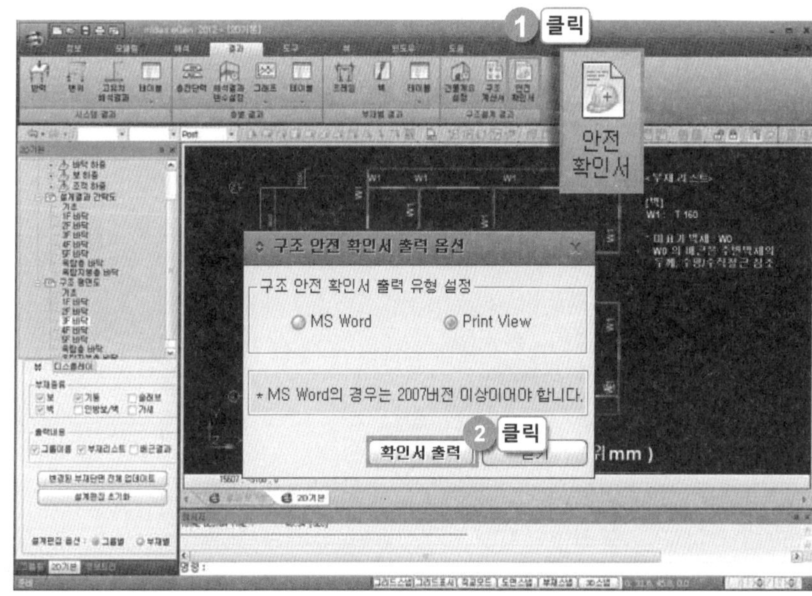

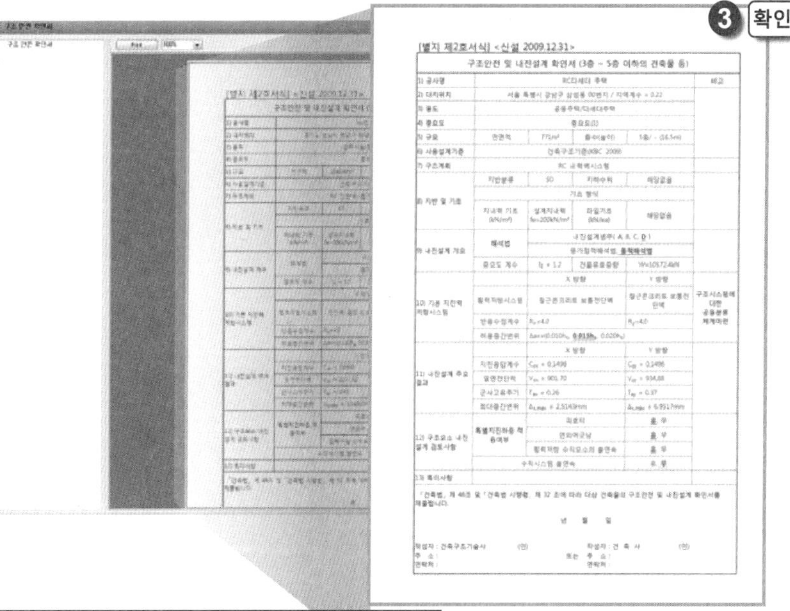

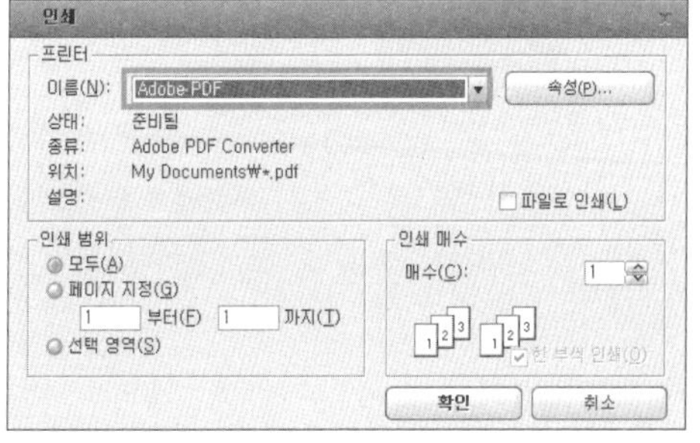

➤ PDF문서로 출력하려면 프린터이름에 사용자의 컴퓨터에 이미 설치된 PDF 변환기로 PDF문서를 만들 수 있다.

NOTE

- 워드 파일로 저장하기 위해서는 PC에 2007버전 이상의 MS Word가 설치되어 있어야 가능하다.

About MIDAS IT

마이다스아이티 회사소개

건설공학 소프트웨어 세계 1위 보급율

* 2014년 3월 기준

No. 1

건설 공학 소프트웨어 보급률 세계 1위

110

세계 110개국 수출

600

마이다스아이티 임직원 600명

7,000

마이다스아이티 고객사 7,000개사

30,000

마이다스 소프트웨어 사용자 30,000명

마이다스아이티(MIDAS Information Technology Co., Ltd.)는 공학기술용 소프트웨어 개발 및 보급 그리고 구조분야 엔지니어링 서비스와 웹 비즈니스 통합 솔루션 서비스를 제공하는 회사입니다.
2000년 9월에 설립되어 현재 600여 명의 글로벌 전문기술인력을 보유하고 있으며, 미국, 일본, 중국, 인도, 영국, 러시아, 싱가폴, 두바이의 현지 법인과 35개국의 전 세계 네트워크를 통해 110여 개국에 공학기술용 소프트웨어를 수출하는 세계적 기업으로 성장하였습니다.

마이다스아이티는 공학해석 분야의 핵심 기술인 컴퓨터 그래픽 기반의 시뮬레이션 기술과 첨단 해석 및 최적화 설계분야에서 세계 수준의 기술을 보유하고 있습니다. 마이다스아이티가 개발하고 보급하는 MIDAS Family Program은 모든 공학 및 산업 영역에서 안정성과 경제성 분석을 위한 해석과 설계에 적용 되고 있으며, 특히 건축, 토목, 지반 등 건설분야에서의 시장 점유율은 세계 1위 라는 선도적인 위치에 있습니다.

마이다스아이티는 향후 글로벌 엔지니어링 솔루션 개발 및 보급사로 성장 할 비전을 다지고 있습니다. 대한민국 공학기술 자립화의 꿈을 넘어, 장차 우리의 기술이 바로 세계 표준이 되는 그날까지 부단히 정진하는 것이 마이다스아이티가 추구하는 궁극적인 목표입니다.
마이다스아이티를 역동적으로 살아 움직이게 하는 원천은 항상 최고를 향한 최선의 노력을 아끼지 않는 마이다스아이티의 모든 임직원입니다. 그리고 불가능의 역사를 가능의 현실로 만들어 온 마이다스아이티는 대한민국 공학 기술과 인터넷 기술의 우수성을 전 세계에 알리는 대표 기업이 될 것입니다. 마이다스아이티는 끊임없는 열정과 정진으로 세계로의 드높은 비상을 위한 도약대에 우뚝 서 있습니다.

Global Network

글로벌 네트워크

글로벌 전문 기술인력을 중심으로

전세계 110개국으로 수출하는 세계적인 기업

마이다스아이티는 600여 명의 글로벌 전문기술인력을 중심으로 미국, 일본, 중국, 인도, 영국, 러시아, 싱가폴, 두바이의 현지 법인과 35개국의 네트워크를 통해 전 세계 110개국에 공학기술용 소프트웨어를 수출하는 명실상부한 대한민국 공학 분야 소프트웨어의 대표 기업으로 성장하였습니다.

건설 CAE(구조해석) 소프트웨어 세계 시장 점유율 1위
기계 CAE(구조해석) 소프트웨어 국내 시장 판매 1위
건축엔지니어링 분야 국내 점유율 1위
중국 토목 구조해석분야 시장점유율 1위
일본 건축 구조해석분야 시장점유율 1위

MIDAS Family Program

마이다스 패밀리 프로그램 소개

MIDAS Family Program은 국산기술로 탄생시킨 최첨단 CAE(Computer Aided Engineering) 솔루션 입니다.

MIDAS Family Program은 구조기술의 국산화를 통하여 기술 자립 및 선진 기술력을 확보한다는 목표 아래 1989년 개발에 착수, MIDAS 기술진의 희생과 열정 그리고 기술자들의 관심과 격려 속에서 10여 년의 개발 기간을 거쳐 순수한 국내 기술로 탄생시킨 국내 최초의 첨단 구조해석 및 최적설계 소프트웨어 입니다.

MIDAS Family Program은1996년 출시 이후 국내외 5,000여 프로젝트에 적용되어 시스템의 우수성과 신뢰성이 입증 되었으며, 현재는 과학 기술용 소프트웨어의 본고장인 미국, 일본, 유럽에 역수출됨으로써 마이다스아이티와 대한민국 구조기술의 우수성을 세계에 떨치고 있습니다. 또한 2001년 2월 국산 과학기술용 소프트웨어로는 최초로 해외에 수출한 이래 현재는 미국, 일본, 인도, 영국, 러시아, 싱가폴, 두바이의 현지 독자법인을 포함하여 110여 개국에 수출하고 있습니다.

MIDAS Family Program은 건축, 토목, 지반, 기계분야에서 약 20여종의 소프트웨어가 전 세계 관련 기술자들에 의해 사용되고 있습니다. 향후 글로벌 엔지니어링 솔루션 개발 및 보급사로 성장할 비전을 실현하기 위하여 우리의 핵심기술인 CAD SW 솔루션 개발 기술을 조선, 항공, 전자, 환경 및 의료 분야 등 차세대 첨단공학 및 미래 산업분야에 확대 적용해 나갈 계획입니다.

Building Software

midas Gen
midas eGen
midas Building
midas ADS
midas SDS
midas Modeler
midas Drawing
midas Set / Design+

Bridge Software

midas Civil
midas FEA
midas UMD

Geotechnical Software

GTS NX
SoilWorks
midas GeoXD
Soil+ (CTC in Japan)

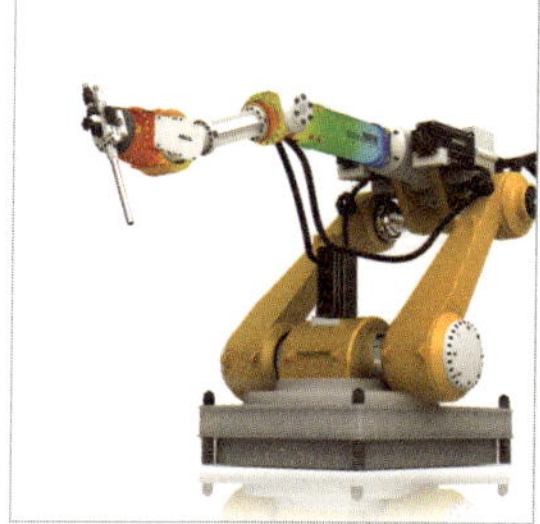

Mechanical Software

midas NFX
Nastran FX
midas FX+
FEpartner

On-Line Training

온라인 교육센터

http://www.midasarchi.com

마이다스아이티는 건축구조설계의 기본개념부터 프로그램을 활용한 실무해석기술을 효과적으로 학습할 수 있는 온라인 교육센터를 운영하고 있습니다.

다양한 고객지원 프로그램을 통해 누구나 쉽게 사용!

마이다스아이티는 사용자가 프로그램을 쉽고 편리하게 사용할 수 있도록 **온라인 교육**을 운영하고 있으며, 기술자(실무자)의 실무능력 배양과 기술 경쟁력 향상을 위한 기술세미나와 기술강좌를 제공하고 있습니다.

입문필수 학습에서는 처음 구조설계 프로그램을 시작하는 학습자가 프로그램을 사용하기 전에 반드시 알아야 할 사항과 기능을 습득할 수 있는 필수 학습과정을 제공하고 있습니다.

실무예제 학습은 midas eGen, midas Drawing을 이용하여 본 교재의 실무 초급, 실무 중급 과정의 프로젝트를 진행하고자 하는 분을 위해 모델링에서 해석, 설계 결과물 출력까지 모든 과정에서의 기본적인 사용법을 온라인 동영상으로 제공하고 있습니다.

실무활용 학습은 실무예제학습을 통해 다루어지는 내용뿐만 아니라 다양한 응용과정을 포함하고 있습니다. 각 프로그램마다 따라하기 문서와 모델파일을 통하여 모델링부터 해석, 설계까지의 모든 과정을 손쉽게 학습하고 실무에 응용할 수 있는 따라하기로 제공됩니다.

건축학 전공자를 위한

건축 구조설계 실무 | 학습편 |

2015년 7월 10일 1판 1쇄 인쇄
2015년 7월 15일 1판 1쇄 발행

저 자 마이다스아이티
발 행 인 강해작
발 행 처 기문당
주 소 서울시 성동구 무학봉28길 4-1 (왕십리동 966-22)
전 화 02) 2295-6171(代)~5
팩 스 02) 2296-8188
출판등록 1976. 10. 7(1-44)
홈페이지 http://기문당
www.kimoondang.com
I S B N 978-89-6225-674-1 93540

정 가 22,000원

검인생략